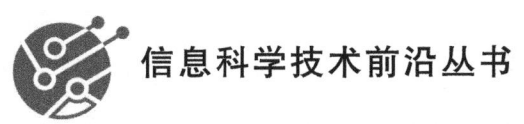

基于深度学习的多源图像融合技术

李碧草 著

北京邮电大学出版社
www.buptpress.com

内 容 简 介

本书主要介绍了与深度学习相关的基础知识及常用的多源图像融合算法。全书包括三大部分：第一部分（第1章）涉及图像融合的定义、发展历史、研究现状和分类，让读者对图像融合有一个直观的认识，并从研究背景与意义、研究现状、评价体系3个角度讲述了多源图像融合的基础知识。第二部分（第2～8章）介绍了基于多模态特征学习和注意力机制的融合方法及在医学领域中的应用。第三部分（第9～12章）介绍了基于深度卷积神经网络的融合框架及在红外与可见光图像融合领域的应用。

本书的理论知识由浅入深，通俗易懂，比较适合初学者了解多源图像融合技术，并结合目前常用的深度学习框架及图像融合实验，深入分析各种算法的性能。本书可作为计算机、通信与信息系统、信号与信息处理等专业的研究生教材或参考书，也可作为多源图像分析、多源图像融合等领域的技术人员和研究人员的参考书。

图书在版编目(CIP)数据

基于深度学习的多源图像融合技术 / 李碧草著.
北京：北京邮电大学出版社，2025. -- ISBN 978-7-5635-7610-4

Ⅰ. TP391.413

中国国家版本馆 CIP 数据核字第 2025P2R853 号

策划编辑：刘纳新　　责任编辑：满志文　　责任校对：张会良　　封面设计：七星博纳

出版发行：北京邮电大学出版社
社　　址：北京市海淀区西土城路10号
邮政编码：100876
发 行 部：电话：010-62282185　传真：010-62283578
E-mail：publish@bupt.edu.cn
经　　销：各地新华书店
印　　刷：保定市中画美凯印刷有限公司
开　　本：787 mm×1 092 mm　1/16
印　　张：15.25
字　　数：386 千字
版　　次：2025 年 9 月第 1 版
印　　次：2025 年 9 月第 1 次印刷

ISBN 978-7-5635-7610-4　　　　　　　　　　　　　　　　定价：89.00 元

・如有印装质量问题，请与北京邮电大学出版社发行部联系・

前言

在当今信息爆炸的时代，多源数据的融合与协同处理已成为推动科技进步的重要驱动力。图像融合作为多模态信息处理领域的核心技术，在医学影像分析、遥感监测、智能安防、自动驾驶等众多领域展现出不可替代的价值。随着传感器技术的革新和人工智能算法的突破，图像融合正从传统的像素级、特征级与决策级方法向更具智能化的深度学习融合算法演进，其理论深度与应用广度均呈现出前所未有的发展潜力。

多源图像融合是多源图像处理的基础，可以将各种互补的信息融合在一起。鉴于该领域的重要性及今后的发展前景，本书首先从图像融合的基本概念出发，介绍多源图像融合的意义、应用领域及国内外研究现状；其次介绍基于深度特征学习的医学图像融合技术，让读者了解深度学习在多模态医学图像融合中的应用；最后介绍了几种基于深度学习理论的红外与可见光图像融合算法。

本书共分为 12 章，大致可分为 3 个部分。第一部分（第 1 章）主要介绍多源图像融合的基本知识。简要介绍了图像融合技术的概述、多源图像融合的研究背景与意义、图像融合的主要应用领域、多源图像融合技术的分类、国内外研究现状、图像融合规则及融合结果的评价等。

第二部分（第 2～8 章）主要介绍基于深度学习的多模态医学图像融合方法。第 2 章介绍了基于密集连接网络和自注意力机制的医学图像融合，首先利用密集连接神经网络构造编码器网络对输入图像进行特征提取，然后利用解码器对提取的图像特征进行融合重构；第 3 章介绍了基于三叉戟膨胀感知的超密集连接压缩—分解网络，并研究其在医学图像融合中的应用；第 4 章介绍了基于 Transformer 多任务学习的医学图像融合算法；第 5 章介绍了基于双级联注意力的医学图像融合算法，并详细介绍了这个算法的融合策略、双级联注意力模块的设计思路和两阶段训练策略；第 6 章介绍了基于跨域双向交互网络的多模态医学融合方法，解决全局信息提取不全面和中间特征提取不充分的问题；第 7 章介绍了基于跨尺度迭代注意力网络的多模态医学图像融合方法；第 8 章介绍了基于显著性引导跨域聚合网络的多模态医学图像融合方法，引入了嵌套金字塔残差注意力模块，突出图像中的重要区域特征和全局上下文关系。

第三部分（第9～12章）着重研究基于深度特征的红外与可见光图像融合方法。第9章介绍了基于巢连接与注意力的红外与可见光图像融合方法。将注意力机制引入到多尺度网络中，充分利用通道注意力信息，解决基于卷积神经网络方法中细节丢失的问题；第10章介绍了基于 Swin-Transformer 和混合特征聚合的红外与可见光图像融合方法，并提出了一种新的混合特征聚合模块；第11章介绍了基于熵注意力的混合特征聚合红外与可见光图像融合方法，以提高红外和可见光图像融合的性能；第12章介绍了基于双流交互与 Transformer 的红外与可见光图像融合方法，同时利用卷积神经网络和 Transformer 的优势，设计 CNN 和 Transformer 路径，分别挖掘源图像的局部和全局信息，取得了令人满意的融合性能。

作者多年来一直从事多源图像融合及相关方面的研究工作，本书是作者多年来从事该领域研究工作的结晶。该书受到河南省高校科技创新人才计划项目（编号：23HASTIT030）、中原工学院学术专著出版基金的资助，在此表示感谢。本书由中原工学院的李碧草撰写，全书由李碧草负责整理修订。由于作者水平有限，书中不足之处在所难免，恳请广大读者批评指正。

作　者

目录

第 1 章　绪论 ··· 1
　1.1　引言 ·· 1
　　　1.1.1　什么是图像融合 ··· 1
　　　1.1.2　图像融合的应用 ··· 2
　1.2　多源图像融合的研究背景与意义 ·· 3
　　　1.2.1　医学图像的模态 ··· 3
　　　1.2.2　研究背景与意义 ··· 5
　1.3　多源图像融合的国内外研究现状 ·· 8
　　　1.3.1　传统的图像融合方法 ··· 8
　　　1.3.2　基于深度学习的医学图像融合 ·· 14
　　　1.3.3　图像融合规则 ·· 16
　　　1.3.4　医学图像融合结果的评估 ·· 20
　1.4　本书的结构与内容安排 ·· 24
　　　本章参考文献 ·· 26

第 2 章　基于密集连接网络和自注意力机制的医学图像融合 ··· 36
　2.1　引言 ·· 36
　2.2　相关工作 ··· 37
　　　2.2.1　传统图像融合方法 ··· 38
　　　2.2.2　基于深度学习的融合方法 ·· 39
　　　2.2.3　自注意力机制 ·· 39
　2.3　提出的融合模型 ·· 40
　　　2.3.1　动机 ··· 40
　　　2.3.2　问题公式化 ·· 41
　　　2.3.3　融合网络的结构 ·· 42
　　　2.3.4　损失函数 ·· 45
　　　2.3.5　训练细节 ·· 46
　2.4　实验结果 ··· 48
　　　2.4.1　实验数据与参数设置 ·· 48
　　　2.4.2　评价度量 ·· 48

		2.4.3 不同网络结构的验证	50
		2.4.4 不同损失的有效性	54
		2.4.5 对比实验	57
	2.5	本章小结	61
		本章参考文献	61

第3章 基于三叉戟膨胀感知的超密集连接压缩—分解网络 … 67

- 3.1 引言 … 67
- 3.2 相关工作 … 69
    - 3.2.1 传统融合方法 … 69
    - 3.2.2 基于深度学习的图像融合 … 69
- 3.3 提出的融合模型 … 73
    - 3.3.1 问题公式化 … 73
    - 3.3.2 网络结构 … 74
    - 3.3.3 三叉戟膨胀感知 … 75
    - 3.3.4 损失函数 … 77
- 3.4 实验结果与分析 … 78
    - 3.4.1 实验设置 … 78
    - 3.4.2 三叉戟膨胀感知的验证 … 79
    - 3.4.3 双残差超密集连接的有效性 … 81
    - 3.4.4 分解网络的影响 … 82
    - 3.4.5 内容感知损失函数的作用 … 84
    - 3.4.6 灰度损失的验证 … 85
    - 3.4.7 压缩损失的影响 … 87
    - 3.4.8 主观视觉评估 … 88
    - 3.4.9 客观度量评价 … 88
- 3.5 本章小结 … 91
    - 本章参考文献 … 91

第4章 基于Transformer多任务学习的医学图像融合算法 … 96

- 4.1 引言 … 96
- 4.2 Transformer相关理论知识 … 97
- 4.3 基于变压器多任务学习的融合网络结构 … 97
    - 4.3.1 三项自监督图像重建任务 … 98
    - 4.3.2 自适应Transformer模块 … 99
    - 4.3.3 全局特征增强注意力 … 100
    - 4.3.4 损失函数 … 100
- 4.4 实验设计及结果分析 … 101
    - 4.4.1 实验设置 … 101

		4.4.2	消融实验	102
		4.4.3	主观和客观融合结果对比	103
	4.5	本章小结		104
		本章参考文献		105

第5章　基于双级联注意力的医学图像融合算法 　107

- 5.1　引言　107
- 5.2　注意力机制相关理论知识　107
- 5.3　基于双级联注意力的融合网络结构　108
  - 5.3.1　融合策略　109
  - 5.3.2　双级联注意力模块　109
  - 5.3.3　两阶段训练策略　110
- 5.4　实验设计及结果分析　113
  - 5.4.1　实验设置　113
  - 5.4.2　消融实验　114
  - 5.4.3　主观和客观融合结果对比　114
- 5.5　本章小结　116
  - 本章参考文献　116

第6章　基于跨域双向交互网络的多模态医学图像融合方法 　119

- 6.1　引言　119
- 6.2　方法　120
  - 6.2.1　网络框架　120
  - 6.2.2　跨域双向交互模块　121
  - 6.2.3　Swin-Transformer支路　122
  - 6.2.4　损失函数　123
- 6.3　实验设计与结果分析　124
  - 6.3.1　实验设置　124
  - 6.3.2　实验结果　124
  - 6.3.3　消融实验　126
- 6.4　本章小结　126
  - 本章参考文献　127

第7章　基于跨尺度迭代注意力网络的多模态医学图像融合方法 　128

- 7.1　引言　128
- 7.2　方法　129
  - 7.2.1　问题描述　129
  - 7.2.2　网络框架　130
  - 7.2.3　细节保留模块　131

7.2.4　跨模态并行注意力模块 ………………………………………………………… 131
　　　7.2.5　损失函数 ………………………………………………………………………… 132
　7.3　实验设计与结果分析 ……………………………………………………………………… 133
　　　7.3.1　数据集与实验设置 ……………………………………………………………… 133
　　　7.3.2　CT-MRI 数据集实验结果 ……………………………………………………… 134
　　　7.3.3　PET-MRI 数据集实验结果 ……………………………………………………… 136
　　　7.3.4　SPECT-MRI 数据集实验结果 …………………………………………………… 139
　　　7.3.5　消融实验 ………………………………………………………………………… 141
　7.4　本章小结 …………………………………………………………………………………… 143
　　　本章参考文献 ………………………………………………………………………………… 143

第8章　基于显著性引导跨域聚合网络的多模态医学图像融合方法 …………………… 145

　8.1　引言 ………………………………………………………………………………………… 145
　8.2　方法 ………………………………………………………………………………………… 146
　　　8.2.1　问题公式化 ……………………………………………………………………… 146
　　　8.2.2　网络框架 ………………………………………………………………………… 147
　　　8.2.3　嵌套金字塔残差注意力模块 …………………………………………………… 148
　　　8.2.4　显著性引导的双重注意力模块 ………………………………………………… 149
　　　8.2.5　损失函数 ………………………………………………………………………… 152
　8.3　实验设计和结果分析 ……………………………………………………………………… 153
　　　8.3.1　实验配置 ………………………………………………………………………… 153
　　　8.3.2　CT-MRI 数据集实验结果 ……………………………………………………… 154
　　　8.3.3　PET-MRI 数据集实验结果 ……………………………………………………… 157
　　　8.3.4　SPECT-MRI 数据集实验结果 …………………………………………………… 159
　　　8.3.5　消融实验 ………………………………………………………………………… 162
　8.4　本章小结 …………………………………………………………………………………… 164
　　　本章参考文献 ………………………………………………………………………………… 165

第9章　基于巢连接与注意力的红外与可见光图像融合方法 …………………………… 167

　9.1　引言 ………………………………………………………………………………………… 167
　9.2　基于双注意力机制和巢连接的红外与可见光图像融合方法 …………………………… 167
　　　9.2.1　融合网络 ………………………………………………………………………… 168
　　　9.2.2　融合策略 ………………………………………………………………………… 170
　　　9.2.3　训练阶段 ………………………………………………………………………… 172
　　　9.2.4　实验及结果 ……………………………………………………………………… 172
　　　9.2.5　消融研究 ………………………………………………………………………… 173
　　　9.2.6　结果分析 ………………………………………………………………………… 175
　9.3　NAF：基于巢连接轴向注意力的红外和可见图像的融合方法 ………………………… 178
　　　9.3.1　网络结构 ………………………………………………………………………… 178

  9.3.2 轴向注意力 ··· 179
  9.3.3 训练细节 ··· 180
  9.3.4 消融研究 ··· 181
  9.3.5 结果分析 ··· 182
 9.4 本章小结 ··· 184
  本章参考文献 ··· 184

第10章　基于Swin-Transformer和混合特征聚合的红外与可见光图像融合方法 ······ 188

 10.1 引言 ·· 188
 10.2 融合方法 ··· 189
  10.2.1 网络结构 ·· 189
  10.2.2 特征聚合模块 ·· 191
  10.2.3 训练阶段 ·· 193
 10.3 实验与结果分析 ··· 193
  10.3.1 实验设置 ·· 194
  10.3.2 消融研究 ·· 194
  10.3.3 结果分析 ·· 195
 10.4 本章小结 ··· 198
  本章参考文献 ··· 198

第11章　基于熵注意力的混合特征聚合红外与可见光图像融合方法 ················· 200

 11.1 引言 ·· 200
 11.2 融合方法 ··· 200
 11.3 基于熵注意力的融合策略 ··· 203
 11.4 损失函数与训练设置 ··· 206
 11.5 实验与结果分析 ··· 208
  11.5.1 对比方法和评估指标 ·· 208
  11.5.2 主观评价 ·· 208
  11.5.3 客观评价 ·· 210
  11.5.4 消融实验 ·· 213
 11.6 讨论与分析 ··· 215
 11.7 本章小结 ··· 216
  本章参考文献 ··· 216

第12章　基于双流交互与Transformer的红外与可见光图像融合方法 ················· 220

 12.1 引言 ·· 220
 12.2 网络结构 ··· 221
 12.3 双支路交互策略 ··· 222
 12.4 损失函数 ··· 223

12.5 实验与结果分析	224
12.5.1 实验设置	224
12.5.2 实验结果对比	224
12.5.3 消融研究	228
12.6 本章小结	230
本章参考文献	231

第 1 章

绪　论

21 世纪是一个充满信息的时代,图像作为人类感知世界的视觉基础,是人类获取信息、表达信息和传递信息的重要手段。有资料显示,人类从外界获取的信息有超过 3/4 来自图像信息,因此图像在人类感知中扮演着最重要的角色。

然而在现实生活及科学研究中,由于成像环境(光照、温度、湿度等)的影响或者成像设备本身的局限,使得采集到的图像信息有时不能满足我们的要求。因此,常常需要通过图像处理技术对图像进行分析处理,帮助人们获取到更有用的信息。随着计算机技术的不断发展特别是各式各样的成像传感器的出现,图像处理技术得到了蓬勃发展而且已经广泛应用到了医学成像、地球遥感监测、天文学、生物学、法律实施、国防及工业领域[1]。

近年来,微电子、计算机、信息科学等的迅速发展和广泛应用带动了成像技术的飞速发展。成像设备的不断发展,使得人类从图像中得到的信息量急剧增加。单个图像传感器获取的图像信息已经不能满足某些特定应用的需求,而且以往的图像处理方法不能很好地应对多成像设备组合使用所带来的新问题[2]。图像融合技术就是为了应对这些问题而提出的一种新方法,而且已经成为图像处理领域一项极为重要的组成部分。

本章主要介绍图像融合的概念、算法组成、应用领域,并概述了医学图像融合的研究背景与研究意义,分析了医学图像融合技术的研究现状,阐述了本书研究的内容及主要贡献,最后给出本书各章节的安排。

1.1　引言

1.1.1　什么是图像融合

图像融合是图像处理的一项重要技术,是图像配准后的一个直接应用方向。图像配准是将由同一传感器拍摄的不同时间、不同视角或者利用不同传感器得到的同一场景的两幅或多幅图像在空间位置上对齐的一个图像处理过程。图像融合是将配准后的两幅图像上的有效信息整合到一幅图像中,实现不同图像信息的互补。图像融合的关键在于确定两幅或多幅源图像中对应像素点对融合结果的贡献度大小,从而根据源图像上每个点的像素值及贡献度估计出融合图像中对应点的像素值。

给定两幅源图像,I_1 和 I_2,图像融合的示意图如图 1-1 所示。由于我们在计算机上处理的图像都是数字图像,换句话说图像上每一点的坐标值都是整数。为了便于观察,将两幅源图像以网格的形式显示,网格中的交叉点代表图像的像素,图中黑色的圆点和三角分别代表两幅源图像中的一个坐标点(x,y)。图像融合实际上是根据源图像中每个点的像素值及各自的贡献度计算融合图像中对应点像素值的过程,由此,图像融合的过程可以表示为

$$I_F(x,y)=\alpha I_1(x,y)+\beta I_2(x,y) \tag{1-1}$$

式中,I_F 表示融合后的图像,α 和 β 分别代表源图像 I_1 和 I_2 在点 (x,y) 处的权重参数,值越大表示该源图像在 (x,y) 点对融合图像的贡献度越大。

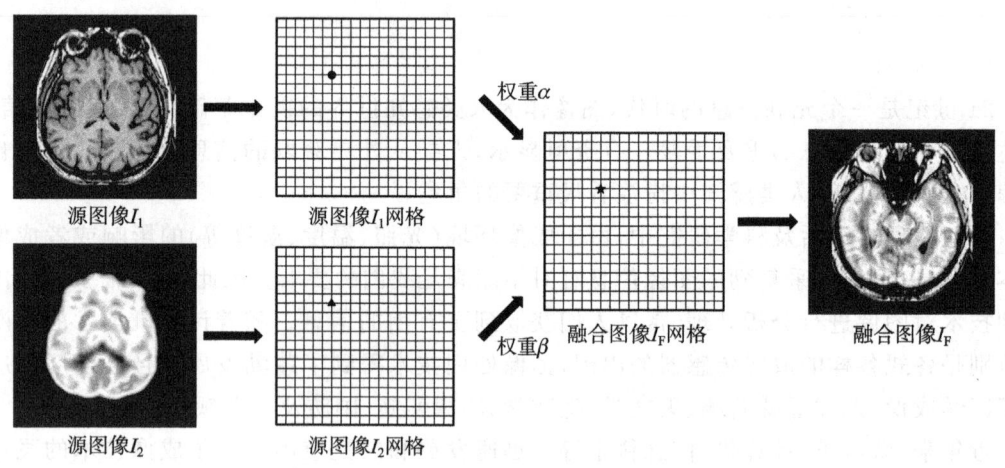

图 1-1 图像融合的定义

式(1-1)表明两幅待融合图像与融合图像对应点之间的像素值是通过估计各自贡献度 α 和 β 来实现的,图 1-1 给出了更直观的描述,由此看出,图像融合的关键问题是确定源图像 I_1 和 I_2 对融合图像 I_F 各对应点的权重参数 α 和 β。

1.1.2 图像融合的应用

自 1985 年图像融合出现以来,图像信息融合在军事和民用领域得到了迅速发展,随着成像设备的发展和计算机计算能力的提升,图像融合技术的应用越来越广泛。主要包含以下方面:计算机视觉和模式识别、构建形状信息;医学图像分析,如计算机辅助手术治疗、肿瘤检测、病变定位、放射治疗等。成像技术在医学诊断中起着重要的作用。单一模态的医学图像有时不能满足医生的临床需求,多种模态图像的融合可以提供各种互补的信息。而且多模态医学图像融合可以使肿瘤达到精确的定位,从而为医生诊断和治疗病情提供更全面的信息;地球遥感图像分析,不同波段的遥感图像配准、不同成像设备航拍的遥感图像融合为人类更全面认识环境和自然资源提供了可能,通过遥感图像融合可以检测农作物生长、海洋中海水的潮汐、天气预报、自然灾害预防等。近年来,我国航空航天事业的发展也推动了

遥感图像融合的广泛应用；另外，图像融合技术也应用到军事和国防领域，比如军事目标的检测、识别和跟踪等[3]。

1.2 多源图像融合的研究背景与意义

本书的主要研究工作是融合技术在多源图像中的应用。本节先介绍医学图像的各种模态，接着分析各种模态图像的特点，然后阐述多源图像融合的研究背景与意义。

1.2.1 医学图像的模态

在选择医学图像融合方法之前，首先要弄清楚配准的对象（待融合图像的模态），了解待融合图像的成像原理、各自的特点。为此介绍几种本书用到的医学成像方式：磁共振成像（Magnetic Resonance Imaging，MRI）、计算机断层扫描成像（Computed Tomography，CT）及正电子放射断层成像（Positron Emission Tomography，PET）。

1. 磁共振成像

磁共振图像是本文中使用最多的医学图像模态。磁共振（Magnetic Resonance，MR）现象是1946年由美国科学家 Bloch 和 Purcell 发现的，1971年 Paul C. Lauterbur 发明了磁共振成像[4]。直到1977年人类第一张身体磁共振图像问世[5,6]，MRI 作为最先进的诊断手段进入医学界。经过30多年的发展，如今的磁共振成像设备体积小、成像质量好、速度快，为多种疾病的诊断提供可靠的依据。临床上，MRI 有较高的软组织分辨能力，能够敏感地检出人体组织中水含量的变化，因此可以有效和早期地发现病变。MRI 对人体没有电离辐射损伤，并且对软组织显示清晰，为明确病变性质提供丰富的影像信息。然而，MRI 也有不足之处，带有心脏起搏器的患者或有某些金属异物的部位不能作 MR 检查，另外价格昂贵、扫描时间较长、伪影多。

MRI 是基于核磁共振[7]（Nuclear Magnetic Resonance，NMR）原理产生的。由于人体各组织含有大量的水和碳氢化合物，因此氢核成为人体磁共振成像的首选。通过对磁场中的人体施加特定频率的射频（Radio Frequency，RF）脉冲，使人体组织中的氢核发生磁共振现象，当射频脉冲停止后，氢核在弛豫过程中发出射频信号而成像。NMR 信号强度与氢核密度有关，人体各个组织所含的水的密度不同，也即氢核的数量不一样，从而使产生的 NMR 信号强度存在差异，采用这种差异作为度量，把人体的各种组织分开，这样就生成了磁共振图像。根据人体正常组织、病变组织之间的弛豫时间 T1、T2 及氢核密度3个参数，可以将 MRI 分成3种类别。图1-2所示为 T1 加权、T2 加权和 PD 加权的 MRI 图像。这些图像都采集自同一病人而且3种模态的图像之间是彼此对齐的。

MRI 图像对人体的软组织器官有极佳的成像效果，并且图像质量精确，分辨率高，还可以对血管进行成像，是医生诊断病情的重要手段。除了上边介绍的3种 MRI 图像外，还有其他种类的磁共振图像，如扩散的磁共振图像[8]（Diffusion MRI）、磁共振血管造影[9]（Magnetic Resonance Angiography）、磁共振光谱[10,11]（Magnetic Resonance Spectroscopy）、功能磁共振图像[12]（Functional MRI）等。由于本书并未涉及这几种 MRI，在此不作详述，更多关于 MRI 的物理描述和特点可以参考文献[13]。

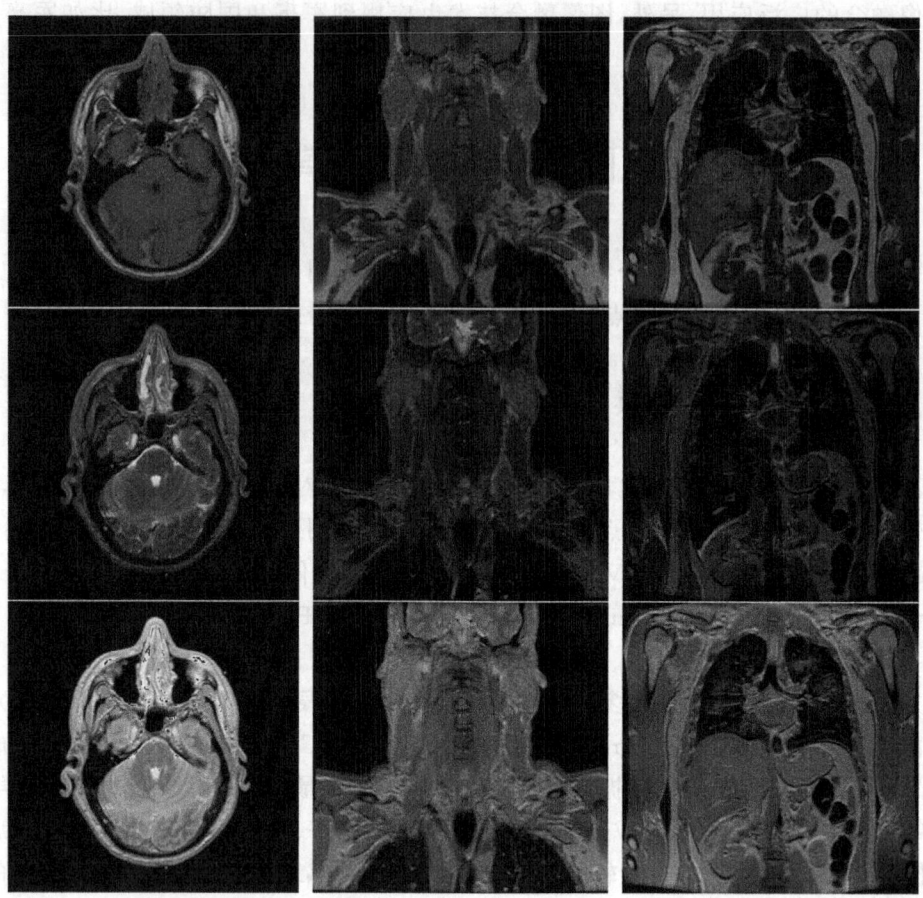

图1-2 3种模态的MRI图像；第一、二和三行分别代表T1、T2和PD加权的MRI图像

2. 计算机断层扫描成像

另外一种本文中用到的数据模态是计算机断层扫描成像（Computed Tomography，CT）。1971年10月，第一张病人头部CT扫描图像拍摄完成[14]，其中每一层扫描大概花费5分钟时间，而利用这些扫描层重建整幅CT图像则耗时2.5个小时。随着近几十年的发展，CT图像的扫描和重建时间都大大地降低，CT的成像设备也有了很大提升，如螺旋CT（Spiral CT）、电子束CT[15]（Electron Beam Tomography，EBT）等。由于CT成像逼真、清晰、分辨率高等特点，CT已经成为医学诊断的一项重要工具。特别地，CT成像可以用来突出人体器官中的血管结构及其他的解剖结构，从而将它们与周围其他组织区分开。

CT成像最初也称为X-ray CT或者计算机轴向断层扫描[16]（Computerized Axial Tomography，CAT）。CT的成像原理如下：利用从不同角度发射的X线束对人体所要检查的部位按一定厚度的层面进行扫描，透过该扫描层的X射线由探测器接收，并转变为可见光后，再由光电转换器转变为电信号，最后经模数转换器将模拟信号变为数字信号输入计算机进行处理。接着对所选定扫描层分成若干个体积相同的长方体（称作体素），扫描每一个体素，所得信息经计算获得此体素的X线衰减系数，再排成矩阵。最后由数模转换器把矩阵中的数字转化为不同灰度的小方块（像素），排列成矩阵即为CT图像。人体不同部位的3个CT扫描层如图1-3所示。

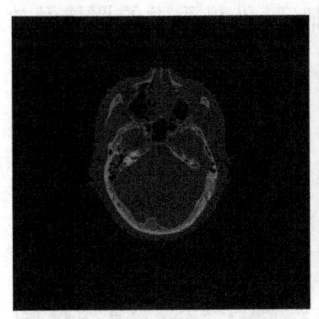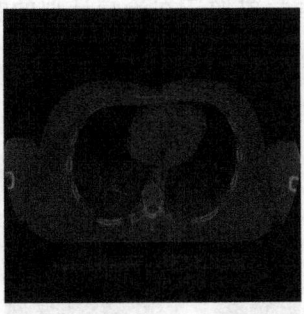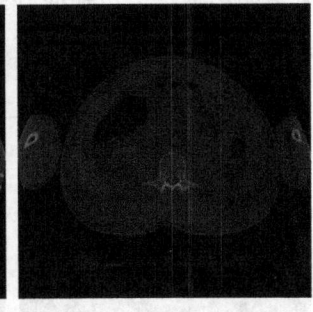

图 1-3　人体不同部位的 3 个 CT 扫描层

过去的 20 年间，CT 图像的应用在很多国家得到显著增加[17]。2007 年，美国有大约 7 200 万人次照射了 CT 图像[18]。在 CT 成像过程中，人体需要暴露在 X 射线下，因此经常照射 CT 图片会增加 X 射线对人体的危害。有研究估计美国 0.4%的现有的癌症病人是由于 CT 图像的照射而患病的，而且到 2007 年这个比例甚至增加了 1.5%～2.0%[19]。然而，这个估计至今还存在争议，因为关于低水平的放射剂量是否对人体造成危害并没有一个统一的说法[20]。

3. 正电子放射断层成像

正电子放射断层成像（Positron Emission Tomography，PET）是核医学发展的一项新技术，也是功能成像技术的一种。与 MRI 和 CT 描述解剖的结构特征不同，PET 图像主要用来分析人体组织的功能信息，如头部的血流动力学（Hemodynamic Phenomena，HP）、人体的新陈代谢（Metabolism）等。20 世纪 50 年代，David E. Kuhl 等科学家提出了发射和透射断层成像的概念，不久后在他们的工作基础上，几个断层成像设备在宾夕法尼亚大学被设计和构建。1961 年在布鲁克海文国家实验室 James Robertson 和他的同事们一起构建了第一台单层 PET 扫描仪[21]。随后 Michel Ter-Pogossian 等人又进一步研究和发展了断层成像技术[22,23]。

PET 图像的成像原理是：首先将短寿命的放射性药物注射到人体内，放射性物质在人体不同代谢下表现出不同的聚集，不同聚集程度的放射性物质释放出信号被体外的 PET 扫描仪接收，继而生成影像，反应人体内新陈代谢情况[24]。

图 1-4 所示为 3 个病人头部 PET 图像的轴向面。与 MRI 和 CT 相比，PET 图像可以显示人体内的化学变化及代谢状况；安全性好，每次检查所用放射性药物很少，而且半衰期短，在人体内存留的时间很短[25]。然而 PET 图像也有自身的缺点，成像分辨率低，采集时间长，检查费用昂贵。从图 1-4 可以很直观地看出，PET 图像的分辨率很低，而且脑部的边界很模糊，脑部外有一定的干扰信号。虽然 PET 在临床上对一些特定疾病的诊断有着显著的效果，但是它的这些缺点也限制了其在医学上的普遍推广。

1.2.2　研究背景与意义

上节我们介绍了几种常用的医学图像模态，并了解了它们各自的成像原理与特点。本节将从几种模态各自的应用范围及局限性，阐述多源图像融合的研究背景以及为什么要对多源图像进行融合。在临床医学上，医学成像是很多临床应用的关键，为医生诊断病情提供了可靠有力的依据。不仅如此，医学成像还在治疗计划的制定、外科手术的评估及放射治疗方案的提出等多个医学应用方面起到关键作用。

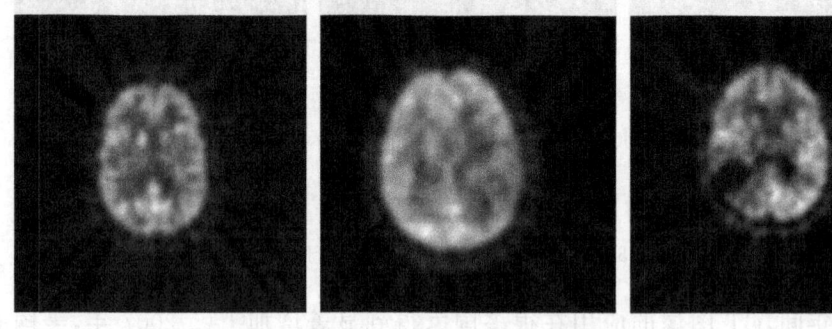

图 1-4　头部 PET 图像的轴向面

通过医学成像技术，可以无创伤地获取人体内的组织和器官的结构信息和功能信息。现代医疗设备可以分为解剖成像设备和功能成像设备两大类。相应地，医学图像被分为解剖图像和功能图像。

解剖图像主要描述人体组织和器官的生理结构，例如，CT 图像是以不同灰度表示，反映人体不同组织对 X 线吸收系数的差别，即组织厚度及密度的差异，黑影表示低吸收区，即低密度区，如含气体多的肺部，而白影则表示高吸收区，即高密度区，如骨骼。另外 CT 图像的密度分辨率高，对软组织、骨与关节的成像比较清晰，是观察骨关节及软组织病变的一种较理想的检查方式。但是 CT 成像对人体的辐射伤害较大；而同为解剖图像的 MRI 检测的信号则是生物组织中原子核所发出的磁共振信号，磁共振成像系统通过接收共振信号并经过计算机重建图像，用图像反映人体组织中质子状态的差异，从而显示体层内的组织形态和生理、生化信息。由于 MRI 的组织密度对比范围大，因此对人体软组织有极好的分辨率，对膀胱、直肠、子宫、阴道、骨、关节、肌肉等部位的检查明显优于 CT。此外，MRI 的多个成像参数能够提供丰富的诊断信息，还可以通过调节磁场自由选择矢状面、冠状面与横断面的成像，而且对人体没有电离辐射损伤。然而对肺部的检查 MRI 成像并不优于 CT，对肝脏、胰腺、前列腺的检查也不比 B 超优越，而且费用昂贵得多。另外由于病人的移动，使得 MRI 图像容易产生伪影，且扫描时间长，空间分辨率不够理想。

功能图像描述不同状态下人体组织器官的功能活动状况，核医学成像是典型的功能成像，它反映人体组织器官内的化学变化及代谢状况。单光子发射计算机断层成像技术（Single-Photon Emission Computed Tomography，SPECT）和正电子发射断层成像技术（Positron Emission Tomography，PET）是核医学的两种 CT 技术，它们都是对从病人体内发射的 γ 射线成像，因此也统称为发射型计算机断层成像技术（Emission Computed Tomography，ECT）。ECT 所检测信号是人体内的放射性核素所放出的射线，图像信号反映放射性核素的浓度分布，显示形态学信息和功能信息。ECT 与其他影像学成像具有本质的区别，其影像取决于脏器或组织的血流、细胞功能、细胞数量、代谢活性和排泄引流情况等因素，并不是人体组织或器官的密度变化。它是一种功能性影像，影像的清晰度主要取决于脏器或组织的功能状态，由于病变过程中功能代谢的变化往往发生在形态学改变之前，故 ECT 也被认为是最具有早期诊断价值的检查手段之一。ECT 能够获得区域脑血流量定量的图像和脑组织的代谢状况,还可以用于诊断心肌梗死,并计算出梗死的大小。但是 ECT 的空间分辨率不高,不能精确地确定病灶的解剖位置,而且检查费用昂贵。

虽然目前不同的医疗成像设备已经取得很大进展,成像的质量也得到很大提高,但由于它们各自成像原理的不同使得在临床应用中无法相互代替。不同模态的医学图像各具优势与特点,然而单一模态的医学图像提供的信息是有限的,若能够快速有效地利用多种模态的图像,就可以为医生提供病变组织或器官的多种互补信息,从而为医生诊断病情提供更全面的依据。解决上述问题的最佳途径是采用多模态医学图像融合技术,例如,在前列腺癌的高强度聚焦超声[26-28](High Intensity Focused Ultrasound, HIFU)治疗中,往往需要将手术中的前列腺超声图像与术前的 MRI 图像进行融合得到病变部位的精确位置[29,30]。不同模态医学图像相互间的配准、融合能够为医生提供病变器官的多种信息,有利于不同模态图像之间信息的互补,从而提高医学诊断和治疗的水平。

除上述多模医学图像融合之外,单模态医学图像融合在临床上同样重要。比如,在放射治疗中,为了检测病人治疗的效果,医生需要将治疗后的图像与放疗前的图像进行观察比对。在放疗计划[31,32]中,病人经过一段时间放射治疗后,医生要了解治疗的效果,需要为病人照射 CT 图像,然后将放疗后的 CT 图像与治疗前的 CT 图像进行融合,通过对比医生可以掌握脑瘤的生长情况,为下一步治疗方案的制定提供依据。另外,病人与病人之间相同器官的图像配准与融合,病人图像与图谱间的配准融合也是医学图像配准领域的研究内容。

早在 20 世纪 80 年代就有学者致力于医学图像配准与融合算法的研究,课题一经提出就引起了广泛关注,成为医学图像处理邻域的一项热门研究课题。这与医学成像技术的发展是分不开的,多种模态的医学图像可以提供无穷的信息资源,促进医生和研究人员去思考如何更好地利用这些信息,医学图像配准与融合技术才能更好地发展下去;另外,医学图像融合中哪些图像信息更重要,也为成像技术的发展提供方向。医学图像融合可以说是医学成像技术的发展的必然产物,而医学成像技术为医学图像融合方法的发展提供了坚实基础。从 20 世纪 90 年代开始,医学图像融合方法得到很大发展,学者们提出许多融合方法,而且与临床应用结合更加紧密。

此外,可见光与红外图像融合也是一项重要的多源融合技术,可见光图像通过反射光的形式来成像,提供更丰富的目标细节信息,因此适用于白天或强光条件下的目标检测与识别。但是,由于可见光成像设备的局限性,成像质量很容易受到光照条件、天气变化等因素的影响,产生的图片对于环境中的目标信息显示效果不好,但目标信息相对价值较高,这导致了可见光成像的局限性。红外图像主要是通过探测物体表面发射出的红外辐射来成像,其像素亮度反应了物体表面的温度。红外图像可以穿透一些物体表面并在不同光照条件下都能获得有效信息,因此适用于夜间、低照度、烟雾、云层等复杂环境下的目标检测与识别。但红外传感器由于其成像原理,图像通常分辨率较差,对比度低,信噪比低,视觉效果模糊,无法反应环境的细节。红外与可见光图像融合可以用于环境监测、资源调查、气象预测等领域。此外,随着机器学习和深度学习的发展,红外与可见光图像融合还可以用于智能无人驾驶、智能机器人等领域,提高机器视觉的识别和判断能力。

使用多源图像融合技术将两幅图像中的互补信息融合到一张图像中,生成一副包含更多信息且更符合人类视觉感知的图像非常重要。综上所述,深入研究精确、快速的多源图像融合算法,具有很重要的临床意义和实用价值。

1.3 多源图像融合的国内外研究现状

近年来,随着计算机计算能力的提升和多源成像技术的发展,多源图像融合技术有了巨大的发展。美国、欧洲等国家的研究成果处于领先地位,相对而言我国的多源图像融合技术研究起步相对较晚,不过近年国内也有很多医疗机构和科研单位在做这方面的研究,而且也取得了丰硕的成果,提出了很多有代表性的多源图像融合方法。本节将从图像融合算法的分类、融合规则的制定及融合结果的评估出发,详细介绍近年来多源图像融合技术的国内外研究现状。

单模态医学图像提供的有限信息已经不能满足需要大量信息的临床诊断需要,使得医学图像融合研究成为热点领域。医学图像融合可分为单模态融合和多模态融合。由于单模态融合所呈现的信息有限,因此有许多研究者从事多模态融合的研究。多模态医学图像融合是图像融合领域的一个重要分支[33]。随着图像融合技术的不断发展,许多先进的图像融合方法被引入到医学图像融合领域。

在医学图像领域,计算机断层扫描(CT)、磁共振成像(MRI)、正电子发射断层扫描(PET)、单光子发射计算机断层扫描(SPECT)等成像技术为临床医生提供了人体结构特征、软组织等信息。不同的成像方法保持不同的特征,不同的传感器获取同一部分的成像信息也不尽相同。融合的目的是获得更好的对比度,融合质量和感知体验。融合结果应满足以下条件:①融合后的图像应完全保留源图像的信息;②融合图像不应产生任何合成信息,如伪影;③应避免不良状态,如错误配准和噪声[34]。图像融合方法大致可分为传统技术和基于深度学习的融合框架。

1.3.1 传统的图像融合方法

传统的医学图像融合分为空间域和变换域方法。基于空间域的医学图像融合方法是最早研究的热点。典型的方法有主成分分析和 HIS。然而,空间域技术会造成融合图像的频谱失真和空间失真[35]。为了获得更好地融合效果,研究人员将他们的研究重点转向变换域。变换域方法将源图像变换到频域或其他域中进行融合,然后进行重建操作。融合过程分为 4 个级别,即信号级、特征级、符号级以及像素级[36]。像素级在当今应用广泛,其典型代表包括轮廓变换、离散小波变换和金字塔变换。基于变换域的方法具有良好的结构和避免失真的优点,但在融合过程中也会产生噪声。因此,去噪也是图像融合面临的一个挑战[37,38]。从过去两年的论文中可以看出,几乎没有单独使用空间域的融合算法。然而,有许多新的方法将空间域方法与变换域相结合,如 PCA-DWT[39]。

1. 基于空间域的融合技术

基于空间域的医学图像融合技术是早期研究的热点。其融合技术简单,融合规则可以直接应用于源图像像素,得到融合图像。空间域的融合方法包括高通滤波法、主成分分析法、色调强度饱和度法、平均法、最大选择法、最小选择法和 Brovey 法。由于空间域融合图像中的光谱失真和空间失真,近年来医学图像融合方法的空间域研究热度逐渐降低。研究者经常使用空间域融合策略作为转换域的一部分,提出新的研究方法。我们主要简单介绍一下具有较高使用价值的 HIS 融合方法。

美国科学家 Munsell 提出的 IHS 模型,解释了人类视觉系统的特征。它具有两个特点:①强度分量与图像的颜色信息无关;②色调和饱和度分量与人们感知颜色的方式密切相关。因此,在图像融合过程中,研究者经常使用该模型来解决颜色问题,特别是在含有颜色信息的 PET/SPECT 图像融合中。

陈[40]将 IHS 模型与 Log-Gabor 变换相结合,提出了一种新的 MRI 与 PET 图像融合方法,并利用 IHS 对 PET 图像进行分解,得到色调(H)、饱和度(S)和强度(I)3 个基本特征。强度分量表示图像的亮度,因此利用由 Gabor 滤波器的对数变换组成的 Log-Gabor 变换对 MRI 和 PET 图像的强度分量进行分解,得到高频子带和低频子带。高频子带的融合带来了最大的选择;低频子带融合提出了一种基于能见度测量和加权平均规则的两级融合新方法。将逆 Log-Gabor 变换分量与原始色调和饱和度分量进行逆 HIS,得到融合图像。它可以有效地保留源图像的结构和细节,并减少颜色失真。该方法在视觉感知方面优于现有的 IHS+FT 方法。Haddadpour 等[41]提出了一种将 IHS 方法与二维希尔伯特变换相结合的融合方法。这种方法在合并高频和低频子带时引入了 BEMD 的概念[42]。BEMD 被称为双向经验模态分解,并被经验模态分解所推广。由于其具有良好的包络面,被广泛应用于生物医药领域。该算法无明显失真,在对比度和颜色强度方面均优于 PCA 和小波算法。其缺点是信息熵(EN)相对较低。图 1-5 所示为用于 MRI 和 PET 图像融合的 IHS 域融合方法框图。

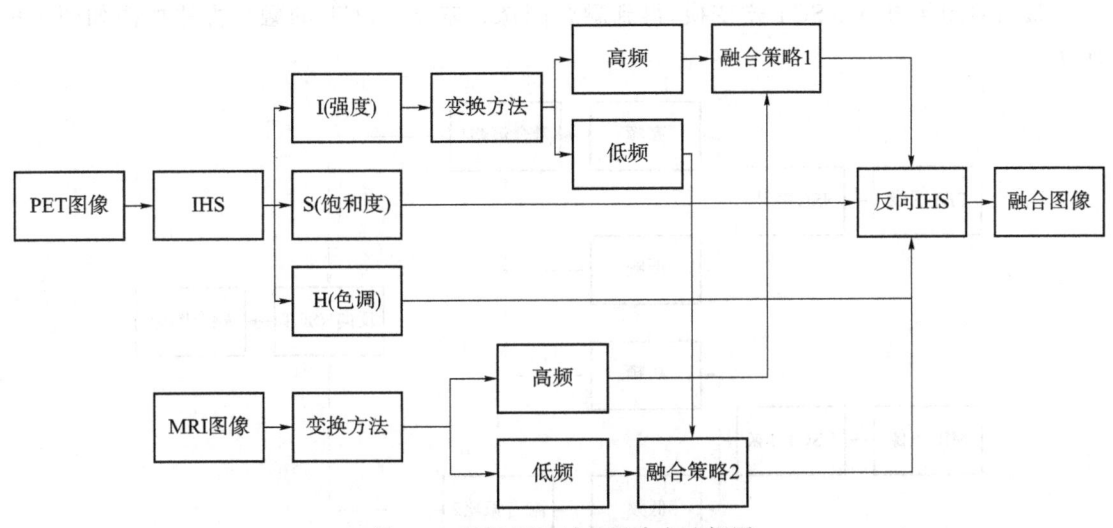

图 1-5 基于 IHS 域的融合方法框图

为了获得更好的结果,不同的研究人员倾向于研究分解变换,如 DST 和 Log-Gabor 变换。他们还研究了关于分解变换的融合算法,如 SR 算法和最大选择算法。

2. 基于变换域的融合算法

变换域的医学图像融合方法大多基于多尺度变换(MST)理论,也是近年来的研究热点。基于 MST 的融合方法通常分为 3 个步骤:分解、融合和重建。基于变换域的医学图像融合方法是将源图像从时域变换到频域或其他域,得到低频系数和高频系数。本节重点介绍医学图像融合方法中最常用的3种变换：非下采样轮廓波变换、非下采样剪切波变换和离散小波变换。

(1) 基于非下采样轮廓波变换(NSCT)的融合

由 Do 等[43]提出的轮廓波变换是多尺度的。它适用于构造多分辨率、多方向的情况，并在平滑处理方面具有优势。然而，它不具有平移不变性，并且很容易在重建图像的奇异点附近生成伪吉布斯现象，导致图像失真，所以不是图像融合的最佳选择方法。为此，许多研究者作了更深入的研究。经过轮廓波变换后，Cunha 等[44]提出了一种优于轮廓波变换的多尺度分解方法，这是对轮廓波变换的改进，称为非下采样轮廓波变换。NSCT 具有平移不变性和避免光谱混叠的特点。在分解和重建过程中保留了源图像的结构信息，能够更好地提取方向信息。非下采样轮廓波变换是近年来广泛应用于变换域医学图像融合的方法之一。首先，对源图像进行 NSCT 分解，得到粗层和细化层，其次，利用 NSPFB 和 NSDFB 滤波器进行多尺度和多方向分解，得到不同尺度和方向的子带图像。

用低频带融合规则进行粗层融合：

$$L_k^F(p) = \begin{cases} L_K^A(p), u_K^A(p) \geqslant u_K^B(p) \\ L_K^B(p), u_K^A(p) < u_K^B(p) \end{cases} \tag{1-2}$$

采用高频带融合规则进行细节层融合：

$$D_{k,h}^F(p) = \begin{cases} D_{K,h}^A(p), g_{K,h}^{A^2}(p) \geqslant g_{K,h}^{B^2}(p) \\ D_{K,h}^B(p), g_{K,h}^{A^2}(p) < g_{K,h}^{B^2}(p) \end{cases} \tag{1-3}$$

最后对图像进行 NSCT 逆变换，得到融合图像。基于 NSCT 的融合方法框图如图 1-6 所示。

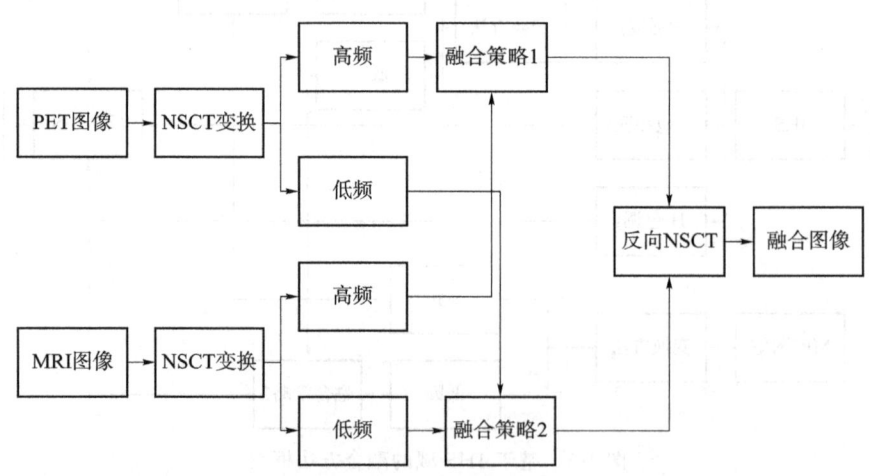

图 1-6 基于 NSCT 域的融合方法框图

大部分算法都会对融合规则做深入的研究和修改。用于合并高频子带的规则有 Log-Gabor、基于局部能量的加权策略、类型 2 模糊逻辑算法[45]和自适应双通道脉冲耦合神经网络算法(PCNN)[46]，基于改进的 PCNN 神经网络[47]和重要的匹配度量规则[48]。

用于低频子带合并的规则有相位一致性、基于灰度均值设计的加权策略、基于局部特征的局部能量算法[45]，稀疏表示算法[46,48]，以及基于改进的 PCNN 神经网络[47]。

为了解决融合图像的质量问题。Xin-qiang 等[49]提出了一种基于局部邻域特征和 NSCT 的图像融合方法。首先对源图像进行 NSCT 处理，得到每个方向的 LF 和 HF，其中 LF 采用基于灰度均值偏差的加权融合策略，HF 采用基于局部能量的加权融合策略，融合后的图像经过逆 NSCT 变换。为了提取更多有用的特征信息，Padmavathi 等提[50]出了一种将达尔文粒子群优化算法与 NSCT 法相结合的融合方法。粒子群优化（PSO）中的元素可以用来提取所需的特征并去除冗余部分[51]，这是一种提取特征的好方法。然而，粒子群算法的缺点是元素可能被固定在不正确的局部最优点上。DPO 提出了达尔文粒子群优化算法来解决这个问题。

NSCT+DPSO 的算法得到的融合图像效果优于 PSO 算法，且存储要求较低。Mohammed 等[46]提出了一种基于 NCST 的多模态组合方法，利用稀疏表示算法对低频带进行融合，利用自适应双通道脉冲耦合神经网络对高频带进行融合。该方法融合后的图像质量高且可捕获。该方法的融合图像质量高，能够捕捉细微细节，适应 HVS 的特点，在主观和客观分析上都表现出良好的性能。由于该方法使用了 SR 和 PCNN 算法，因此会造成较大的计算缺陷。Tian 等[47]提出了一种基于 NSCT 域的改进的 PCNN（IPCNN）多模态医学图像融合算法。在传统的 PCNN 模型中，引入局部区域奇异值作为 PCNN 模型中神经元的连接强度参数，构造局部结构信息因子并激活神经元，形成改进的 PCNN 模型。该模型用于高低频系数的融合，融合后的图像具有更好的鲁棒性、可靠性和视觉效果。最近的研究出现了一种融合算法，结合了基于 NSCT 的 PCNN 算法和混合蛙跳算法，显著提高了空间分辨率[52]。Shabanzade 和 Ghassemian[48]提出在基于 NSCT 的多模态融合方法中，采用稀疏表示算法对低频带进行融合，而如何选择好的字典是稀疏表示算法的关键。为此，提出了一种基于主成分分析和聚类方法相结合的字典学习算法。它可以有效分离低通带系数的显著特征；克服了 KSVD 计算机速度慢、DCT 基或小波基受输入图像限制等缺点；并且具有计算速度快、成本低、结构紧凑、适应性强的优点。同时，利用显式匹配测度规则对高频子带进行融合。该方法优于基于视觉效果和量化指标的多尺度变换和稀疏表示。

然而，一些研究者倾向于将 NSCT 和其他算法结合到新的方法中。Madanala 和 Jhansi Rani[39]结合小波变换频率和时间局部化的优点和非下采样轮廓波变换的位移不变性，提出了一种基于 DWC+NSCT 域级联的融合框架。在该框架下，第一阶段利用小波变换对源图像进行分解，得到细节系数和近似系数，利用主成分分析法融合细节系数和近似系数，减少冗余。最后，利用小波逆变换进行第一阶段的重构。第二阶段，对第一阶段的产品进行NSCT 滤波，得到高频和低频系数。利用最大选择规则进行融合，然后通过逆 NSCT 得到最终的融合图像。第二阶段解决了第一阶段产生的位移方差问题，使得融合后的图像具有适用性强、效果良好的特点。同样，Bhateja 等[53]级联平稳小波变换和非下采样轮廓变换域的组合。该算法减少了融合图像的冗余度，增强了诊断特征的对比度。

（2）基于非下采样剪切波变换（NSST）域的融合方法

2005 年，Labate 等[54]提出的剪切工具具有多尺度、方向性和其他特征，但不具有平移不变性。直到 2007 年，Easley 等[55]提出了一种非下采样剪切波变换，在保持剪切波方向性的基础上，解决了平移不变性问题。NSST 由非下采样拉普拉斯金字塔（NSLP）和多重剪切滤波器组成。利用 NSLP 将源图像分解为高频分量和低频分量，然后使用方向滤波器处理不同方向的不同子带和系数，其中低频子带是迭代分解的。使用剪切矩阵进行方向滤波，因此它具有很强的方向性。如图 1-7 所示,当分解级别为 $m=3$ 时,图像被分解为 $m+1=4$ 的 4 个子带,子带的大小与源图像的大小相同,从而保证了位移的不变性[56]。与 NSCT 相比,NSST 在克服一定方向分量局限性的同时,具有更高的灵敏度和更低的计算复杂度。

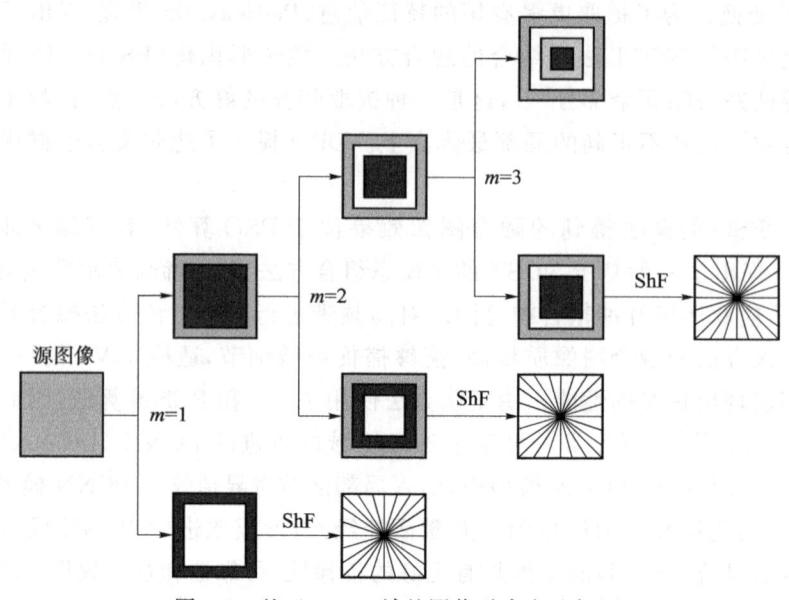

图 1-7 基于 NSST 域的图像融合方法框图

(3) 基于 NSST 域的脉冲耦合神经网络(PCNN)融合方法

NSST 变换是医学图像融合中一种突出特征信息的常用变换。它因其高灵敏度、多向性和高速处理能力而受到研究者的青睐。源图像的 NSST 分解生成的像素点对应于具有较大变换系数的边缘信息和纹理信息,不同传感器获取的多模态医学图像信息量有极大的不同。融合图像既要保留源图像的特征信息,又要保证良好的视觉效果和较小的失真,因此采用 PCNN 融合图像分解高频系数[57]。PCNN 是一个生物启发的反馈神经网络,它是一个单层二维水平连接的神经元阵列。PCNN 神经元由一个接收场(树突)、一个相连的调制场和一个脉冲发生器组成。PCNN 无须经过训练就可以从源图像中提取有用信息,而神经元的特性使其在生物背景中具有更大的优势。它已经广泛应用于图像处理领域[58]。然而,PCNN 也有很多缺点,比如参数太多,参数设置困难。因此,研究者们提出了更多的优化方法。

Yin 等[59]提出了基于 NSST 的 PA-PCNN 多模态医学图像融合方法,对多模态源图像 NSST 进行分解,得到源图像的多尺度、多方向表示。提出了一种新的低频系数融合策略。该策略中定义为 WLE 的活动级度量解决了图像融合处理中的能量保存问题。为了充分提取源图像中的细节,引入了一种新的活动水平度量 WSEML 加权和。采用参数自适应脉冲耦合神经网络(PA-PCNN)模型对高频系数进行融合,解决了传统 PCNN 模型参数设置困难的问题。最后,进行 NSST 重建。该算法收敛速度快、迭代次数少、效果好,这是第一个应用于医学图像融合的例子。Ouerghi 等[60]提出了基于 NSST 的一种简化的脉冲耦合神经网络(S-PCNN)。与其他融合方法不同,该方法将 PET 图像分割成 YIQ 分量。仅对 MRI 图像和 PET 图像的 Y 分量执行 NSST 变换。低频子带融合了权值区域的标准差和局部能量。通过 SPCNN 滤波器将高频与自适应连接强度系数激励相融合。该算法的融合效果较好，但应用范围相对较小。基于 NSST 域的 PCNN 融合方法仍有很多研究[61-63]。

（4）基于 NSST 域的 Frei-Chen 算子医学图像融合方法

提取图像的方向信息是图像融合的一个挑战，Frei-Chen 算子可以获得源图像的边缘和方向信息。利用平均滤波器对源图像进行缩放，得到 9 个子图，其中 W1～W4 是边缘子空间图，W5、W6 是直线，W7、W8 是离散拉普拉斯变换，W5～W8 是线子图，W9 是 9 个子图的平均值。

在 Mishra 等[64]使用 Frei-Chen 算子进行红外与可见光图像融合，取得了较好的效果，在此之后，Ganasala[65]提出了一种基于 NSST 域的 Frei-Chen 算子医学图像融合方法。与其他方法相似，对源图像进行 NSST 分解，但为了保持源图像的显著性特征和结构相似性，使用 Frei-Chen 算子对近似子带和细节子带系数定义合适的显著性或活动性测度，并根据其测度值选择系数。不同数据集的图像融合质量标准值较好，量化评价指标优于现有方法。仍然有许多基于 NSST 域和其他算法相结合的新算法[66,67]，这仍然是许多研究人员感兴趣的领域。

（5）基于离散小波变换的融合方法

离散小波变换能够使不同输入频率信号保持稳定的输出，在时域和频域都有很好的定位，有助于保留图像的特定信息。因此，在多模态医学图像融合算法的早期研究中，离散小波变换（DWT）是应用最广泛的变换。离散小波变换克服了主成分分析的局限性，具有良好的视觉和定量融合效果。基于小波变换的融合方法大部分应用于 MRI 和 PET 图像融合[68,69]，但也应用于其他领域[70]。对源图像进行预处理和增强，利用 IHS 变换从 PET 图像中提取强度分量，保留了更多的解剖信息，减少了颜色失真。对 MRI 和 PET 的强度分量进行 DWT 变换，得到高低频子带。通过不同的融合规则分别融合高频子带和低频子带，并且执行逆 DWT 变换以获得融合图像[71]。基于小波变换融合方法框图如图 1-8 所示。

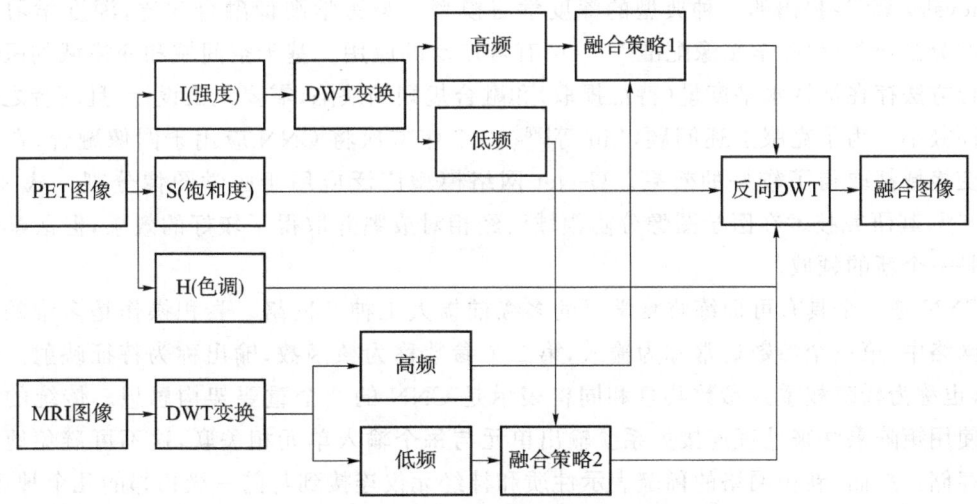

图 1-8　基于小波变换融合方法框图

大部分研究者都对融合规则进行了深入的研究。不同的融合规则显示不同的融效果。融合规则 1：平均法[68-71]。融合规则 2：模糊-c 均值聚类[68]。针对离散小波变换不具有位移不变性和无相位信息的缺点,研究者引入了复小波变换[72]。基于复小波变换,Singh等[73]提出了一种基于Daubechies复小波变换(DCxWT)的多模态医学图像融合方法,该方法在变换域上优于空间域融合方法(PCA和线性融合)和离散小波方法。Kingsbury[74]提出的双树复小波变换(DTCWT)具有方向选择性和位移不变性,能够保留源图像的边缘细节。这也是一种有效的图像融合方法[75,76],但是在图像分解中,受方向影响的因子相对较大。近年来,研究人员经常将DTCWT算法与其他算法相结合,形成新的方法。

Padmavathi等[77]提出了一种基于双树复小波变换和主成分分析相结合的方法。主成分分析法是基于特征向量的多元分析方法之一。更好地去除DTCWT分解产生的冗余信息,也是块级融合发展的方向。Talbi和Kholladi[78]提出了一种基于双树复小波变换和捕食优化器(DTCWT+PPO)的混合算法,将DTCWT和PPO相结合,利用互信息技术获得两种方法的双重优势。利用绝对高值法对分解后的高频系数进行融合,利用加权平均法对低频系数进行融合,利用捕食优化器对权值进行估计和优化,最后利用逆变换得到融合图像。该算法具有鲁棒性强、效率高的特点。

1.3.2 基于深度学习的医学图像融合

随着深度学习热潮的到来,2017年出现了一种基于深度学习的医学图像融合方法。近年来,卷积神经网络(CNN)、递归神经网络(RNN)、U-Net网络、GAN等深度学习模型已广泛应用于医学图像配准与分割,但只有CNN和U-Net网络被应用到医学图像融合中。卷积神经网络是一种用于图像处理的神经网络,由卷积层、汇聚层和全连通层组成。用于医学图像融合的深度学习框架包括Caffe、TensorFlow、MatConvNet等。目前,已发现U-Net网络在Pytorch深度学习框架上训练。

深度学习是近年来医学图像融合研究的一个新领域。卷积神经网络(CNN)是Krizhevsky等[79]提出的一种典型的深度学习模型。与医学图像融合相比,深度学习在医学图像分割[80-82]和医学图像配准[83-85]中有着广泛的应用。基于空间域和变换域的医学图像融合方法存在活性水平度量(特征提取)和融合规则的缺陷,需要人工设计,且两者之间的相关性极小。为了克服上述问题,Liu等[86]2017年首次将CNN应用于图像融合,在空间域和变换域都取得了较好的效果。U-Net网络模型广泛应用于医学图像分割。从2D到3D[87,88],其研究技术在医学图像分割领域已经相对成熟并取得了较好的效果,但医学图像融合是一个新的领域。

CNN是一个具有可训练监督学习的多级前馈人工神经网络。卷积操作是多维的。在卷积网络中,第一个参数通常称为输入,第二个参数称为核函数,输出称为特征映射。稀疏表示(也称为稀疏权重)、参数共享和同构表示是CNN的3个重要架构思想。传统的神经网络使用矩阵乘法来处理连接关系。输出单元与每个输入单元相关联,这不可避免地需要大量存储。然而,卷积网络的稀疏表示性质和神经元仅连接到与前一级相邻的几个神经元,并且执行局部卷积运算,这降低了存储要求并提高了计算效率。CNN的参数共享摒弃了传统网络中权重的不均匀性。CNN阶段的权重是恒定的,这在存储要求上优于其他阶段。传统的自动编码器是完全连接的。矢量输出和源图像不一定在空间上对齐,而U-Net采用局部连接结构。矢量输出和源图像在空间上对齐,因此融合图像的视觉效果更好。U-Net是一个全卷积网络[89],其由收缩路径和膨胀路径组成。深度学习训练需要大量样本,而U-Net是基于全卷积神经网络改进的,利用数据增强可以训练少量样本。这一优势正好弥补了医学图像数据样本量小的缺点。

1. 基于卷积神经网络的图像融合方法

医学图像在同一位置的强度不同,因此[86]提出的融合方法并不适用于医学图像融合。Yu 等[90]首先提出了一种基于 CNN 的医学图像融合方法。该方法利用暹罗(Siamese)网络生成权重图。暹罗网络[91]是 CNN 模型中比较面片相似性的 3 种模型之一。由于其两个权重分支相同,源图像的特征提取或活动水平测量方法也相同。这与伪暹罗和双通道模型相比具有一定优势,暹罗模型易于训练也是其在融合应用中受到青睐的原因。在获取权重图之后,采用高斯金字塔分解,利用金字塔变换进行多尺度分解,使得融合过程更符合人类视觉感知。此外,采用基于局部相似度的融合策略自适应调整分解系数。该算法将常用的基于金字塔和相似度的融合算法与 CNN 模型相结合,产生了一种优越的融合方法。图 1-9 所示为基于 CNN 的融合算法示意图。

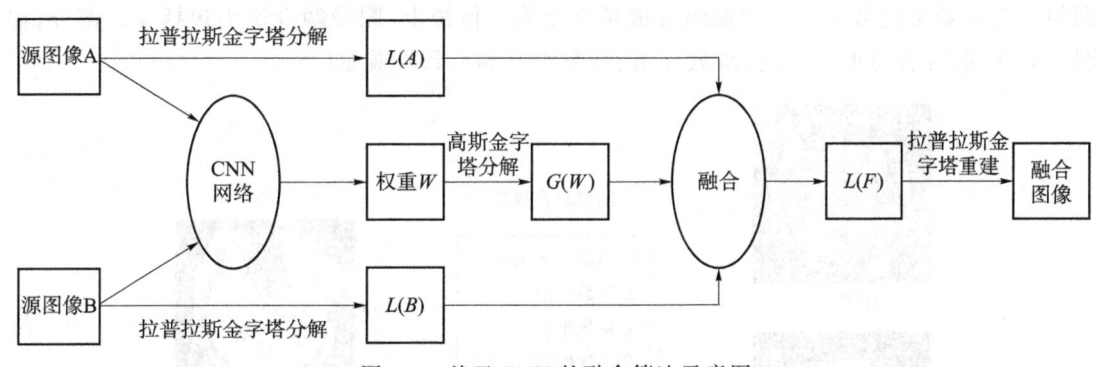

图 1-9 基于 CNN 的融合算法示意图

CNN 是医学领域的新挑战:主要的原因是:①需要大量带注释的训练集数据;②训练耗时长;③收敛问题复杂,过拟合需要反复调整。对于需要大量标注训练集的问题,Liang 等[92]提出 MCFNet 网络方法参考医学图像直方图的不同形式,并将 ILSVRC 2013 ImageNet 中的 120 万幅自然图像转换成具有与训练数据集相似的强度或纹理分布的医学图像。重建数据集与医学图像数据集非常相似。为了避免过拟合,从变换后的图像中随机抽取大小为 256×256 的图像,并用医学图像进行训练。优化该方法的损失函数仍然是未来研究的方向。继 Liu 之后,Hermessi 等[93]提出了 CNN+剪切波融合的方法来实现良好的融合效果。采用全卷积连体结构,训练框架是著名的 MatConvNet。它能很好地保留信息,视觉感知能力优于 CNN+MF 方法。但是也存在训练时间长、构建困难等问题。这也是该领域未来研究的方向。Vu 等[94]提出了一种基于稀疏自编码和卷积神经网络相结合的融合方法。预处理 SAE 被添加到 CNN 分类器中,这比以前的 CNN 要好。基于 CNN 的融合方法开始发展[95-97]。

2. 基于 U-Net 的图像融合方法

现有的医学图像融合方法忽视了图像语义,不重视语义冲突的处理,丢失了有用的语义信息。结果,融合后的图像出现模糊的边界,这让医疗工作者解析融合图像变得更加困难。Fan 等[98]提出了一种基于语义的医学图像融合方法,解决了融合图像的语义丢失问题。该算法利用两个 U-Net 构造 FW-Net 网络模型。在医学图像研究中,将 U-Net 与自动编码器相结合已经不是第一次了[99]。FW-Net 的左、右结构分别是编码器和解码器。它们都遵循 U-Net 的结构。编码器用于提取源图像的语义,解码器用于重构源图像。FW-Net 可以提取源图像中亮度的语义,然后自动将不同模态图像的亮度映射到同一语义空间进行图像融合。在 FW-Net 框架下,为了得到平滑清晰的图像,在编码器和解码器的每一层都加入了双线性插值。融合后的图像没有语义冲突,在视觉效果方面优于其他方法该算法仅适用于 MRI 和 CT。其他模式融合,如 MR 与 PET 融合、MR 与 SPECT 融合等,将是未来的研究趋势。同时,U-Net 在医学图像中的研究还不成熟,因此 U-Net 在医学图像融合中的研究也是一个热点。

1.3.3 图像融合规则

图像融合规则指找出突出图像中感兴趣的特征并抑制不重要的特征算法。图像融合规则的主要贡献是把多个原始图像组合成单个图像。传统上,图像融合规则包括 4 个部分(如图 1-10 所示):活动水平测量、系数分组、系数组合和一致性验证[100]。

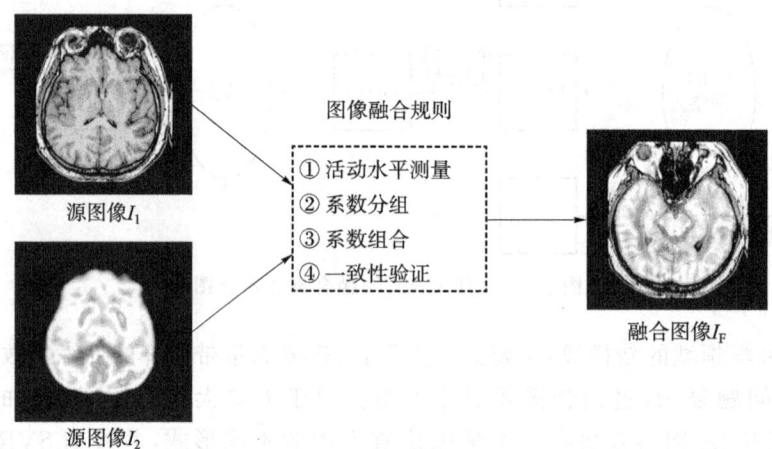

图 1-10 图像融合规则示意图

(1) 活动水平测量

活动水平体系反映了每个系数在不同尺度上的显著性,它可分为基于系数的活动(CBA)、基于窗口的活动(WBA)和基于区域的活动(RBA)。

(2) 系数分组

系数分组方案大致包括无分组(NG)、单尺度分组(SG)和多尺度分组(MG)。SG 方案意味着相同尺度下不同子图像之间的系数通过相同的策略进行融合。

(3) 系数组合

系数组合方案的类别包括最大规则(MR)、平均规则(AR)和加权平均规则(WAR)。一种常见的系数组合方案是 MR

$$C_F = \begin{cases} C_i^1, \text{if } C_i^1 > C_i^2 \\ C_i^2, \text{if } C_i^1 < C_i^2 \end{cases} \tag{1-4}$$

式中，C_F 是组合系数，C_i^1、C_i^2 是输入图像 I_1、图像 I_2，在第 i 级的系数。AR 可以用于不同的原始图像。

$$C_F = \frac{1}{2}(C_i^1 + C_i^2) \tag{1-5}$$

WAR 可以通过第 i 级输入图像 I_1、图像 I_2 的权重来实现

$$C_F = \frac{1}{2}(w_i^1 \times C_i^1 + w_i^2 \times C_i^2) \tag{1-6}$$

(4) 一致性验证

一致性验证方案确保邻域中的系数用相同的规则融合。

有效的融合规则在融合图像的客观质量评估中起着重要作用。通常，融合规则可以在 3 个级别上实现：像素级、特征级和决策级[101]。在像素级，利用源图像的相应像素值获得融合图像。像素级融合规则处理与每个像素相关的信息。融合规则处理与区域相关的信息，并应用显著性特征、可见性或纹理等特征进行融合。在决策层，融合图像基于统计规则、模糊逻辑和机器学习。接下来，介绍了 4 类用于多模式医学图像融合的融合规则。

1. 模糊逻辑

模糊逻辑方法[102-104]属于在决策层实现的图像融合规则。基于模糊逻辑的图像融合规则用于解决模糊融合图像的困难。模糊逻辑方法有两种模型：Mamdani 模型和 T-S 模型。与 Mamdani 模型相比，T-S 模型更准确，避免了解模糊。

设 C^1、C^2 是通过与模糊逻辑相结合来计算每个像素值的权重，从输入图像中提取的图像特征。首先，输入由 IF-THEN 规则的模糊逻辑处理，如下所示。

R^1：如果 C^1、C^2 高，那么 C_w 高。

R^2：如果 C^1 低、C^2 高，那么 C_w 为中等。

R^3：如果 C^1 高、C^2 低，那么 C_w 为中等。

R^4：如果 C^1、C^2 低，那么 C_w 低。

其次，高、中、低分量计算如下：

$$C_{w,i}(y) = e^{-(y-\mu_i/\sigma_i)^2}, i=1,2,3 \tag{1-7}$$

式中，值为 1、2 和 3 的 i 分别表示高、中和低，μ 是平均值，σ 是方差值。最后，通过使用中心平均解模糊器处理模糊输出来获得模糊逻辑的权重。

2. 统计数字

基于统计的方法与数据驱动技术以及高阶统计相关，以揭示隐藏的显著性结构。用于多模式医学图像融合的静态方法的示例有主成分分析（PCA）[105-107]和隐马尔可夫树（HMT）[108,109]。

主成分分析方法被用作降维工具，是指形成新的不相关主成分的向量的线性组合。

设 C^1、C^2 是输入图像的两个系数

$$C^1 = [x_1^1, x_2^1, \cdots, x_N^1]^T, C^1 = [x_1^2, x_2^2, \cdots, x_N^2]^T \tag{1-8}$$

式中，x_i^1、x_i^2 是系数 C^1、C^2 的列向量，两个系数的协方差矩阵由式(1-9)给出：

$$\mathbf{Cov}(C^1, C^2) = E[(C^1 - \mu_1)(C^2 - \mu_2)] \tag{1-9}$$

式中，E 是向量的期望值，μ_1、μ_2 是系数 C^1、C^2 的平均值

$$\mu_1 = \frac{1}{N}\sum_{i=1}^{N} x_i^1, \mu_2 = \frac{1}{N}\sum_{i=1}^{N} x_i^2 \tag{1-10}$$

然后通过协方差矩阵 **Cov** 的特征值 V 计算归一化分量 w_1、w_2。

$$w_1 = \frac{V(1,1)}{V(1,1)+V(2,1)}, w_2 = \frac{V(2,1)}{V(1,1)+V(2,1)} \tag{1-11}$$

最后,计算了两幅输入图像的融合系数 C_F。

$$C_F = w_1 \times C^1 + w_2 \times C^2 \tag{1-12}$$

与 PCA 方法不同,采用两状态 HMT 方法对系数进行建模。HMT 方法通过两个高斯随机分布的混合来描述内部系数,通过四叉树模型中一个父系数和 4 个子系数的隐藏状态之间的链接来描述内部系数。对于每个系数 C,相邻 NC 表示同一频带中 C 的相邻系数,父 PC 表示立即尺度中相同空间位置的系数。除了 NC 和 PC 之外,系数被称为 CC,它在相同的空间位置和尺度上,但在不同的方向频率。HMT 方法与状态转移概率相关。

$$\boldsymbol{p}_{mn} = \begin{bmatrix} p_{mn}^{11}, p_{mn}^{12} \\ p_{mn}^{21}, p_{mn}^{22} \end{bmatrix} \tag{1-13}$$

式中,p_{mn}^{xy} 是从状态 x 中的系数 m 到状态 y 中的父系数 n 的转移概率。每个系数由概率密度函数确定。

$$C^i = \sum_{m=0}^{1} p_i(m) \times f(C^i | S_i = m) \tag{1-14}$$

式中,$f(C^i, S^i = m)$ 是状态 $m(m=0,1)$ 下系数 C_i 的概率密度函数。然后,融合系数为

$$C_F = \begin{cases} C^1, \text{if} |C^1| \geqslant |C^2| \\ C^2, \text{if} |C^1| \leqslant |C^2| \end{cases} \tag{1-15}$$

3. 人类视觉系统

基于人类视觉系统(HVS)[110-116]的方法模拟了图像识别和理解的过程。受 HVS 的启发,检测角点、边缘和显著性特征的算法被用作多模式医学图像融合中的融合规则,例如可见性[107]、最小单阀段同化核(SUSAN)[110]、人工神经网络(ANN)[111-114]和视网膜启发模型(RIM)[117]。

$$V(x,y) = \frac{1}{m \times n} \sum_{x=1}^{m} \sum_{y=1}^{n} \left(\frac{1}{\mu}\right)^{\alpha} \frac{|I(x,y)-\mu|}{\mu} \tag{1-16}$$

可见度显示了图像的清晰度。能见度越大,模糊度越小。融合系数是最大可见性方案的选择。

图像块中的可见性受到图像 HVS 的启发。数学上,图像 I 的可见性由式(1-16)说明。在这个公式中,$m \times n$ 是图像 I 的维数,μ 是图像 I 的平均值,α 是一个介于 0.6 到 0.7 之间的常数。

SUSAN 是一个从 HVS 启发的图像中提取特征的函数。SUSAN 将每个像素与其强度相似的局部区域相关联。较小的局部区域在中心像素周围的一个块中包含关于图像结构的最重要信息。SUSAN 计算为

$$d(\boldsymbol{r}, \boldsymbol{r}_0) = \exp\left(\frac{-(\boldsymbol{r}-\boldsymbol{r}_0)}{2\eta^2}\right) \exp\left(-\left(\frac{F(\boldsymbol{r})-F(\boldsymbol{r}_0)}{T}\right)^6\right) \tag{1-17}$$

式中,T 是亮度差的阈值,η 是一个距离缩放因子。$F(\boldsymbol{r})$ 是通过半径为 $\boldsymbol{r}$ 的圆形掩模处理的输入图像 $F(\boldsymbol{r}_0)$ 是中心像素附近的邻域像素,半径为 $|\boldsymbol{r}_0|$。

人工神经网络模型能够从输入中学习处理特征。神经网络模型的示例包括映射神经网络（MNN）[111]和脉冲耦合神经网络（PCNN）[112-114]。MNN模型受自组织神经网络启发，提供了多级融合策略。此外，PCNN模型已被广泛用作小波变换分解的低频和高频段的图像融合规则。PCNN模型是基于对猫视皮层同步脉冲的生物实验观察，从人工神经网络发展而来的。每个神经细胞由接受域、调制域和脉冲发生器组成。图像中每个像素的强度对应于PCNN模型中的神经细胞。首先，两个通道是输入和输出系数。其次，通过加权求和对两个通道的输入进行调制，以获得中间状态。最后，根据阈值生成脉冲。

此外，RIM模型[115]被用作IHS分解方法中组件的融合规则。边缘由5个基本层组成。第一层是高分辨率锥形光感受器阵列的表示。第二层和第三层是空间特征提取器和水平单元。第四层和第五层是双极细胞和神经节细胞。总之，基于边缘的图像融合规则可以用以下公式解释：

$$C_F = f_1 \times C^1 + f_2 \times C^2 \tag{1-18}$$

式中，C^1、C^2是两个输入图像的强度分量，f_1、f_2是特征提取器的滤波器。过滤器f_1的原理是一个高尺度空间特征提取程序，它是高分辨率和低分辨率图像之间空间位置的差异。此外，滤波器f_2是水平单元的输出的组合。随后，将RIM模型发展为多尺度RIM[116]。

4. 客观评价指标

客观评价指标的测量值用作图像融合规则的反馈，从而潜在地提高融合图像的图像质量。在多模式医学图像融合中，有几种情况下，指标是从客观评估指标的定义中推导出来的，例如空间频率（SF）[118]、空间频率误差比（rSFe）[119]、小波熵（WE）[120]、方向对比度（DC）[121]、信噪比（SNR）[122]和互信息（MI）[123]。

SF度量被用作IHS中与PCA方法集成的多模式医学图像融合的融合规则。Eskicioglu和Fisher提出的SF用于测量图像的活性。SF的表达式定义为

$$SF = \sqrt{(RF)^2 + (CF)^2} \tag{1-19}$$

式中，RF是行频率，CF是列频率。与SF的定义类似，rSFe[119]以及融合图像（SF'_F）与输入图像（SF'_1, SF'_2）的SF'相比。首先，将子结构扩展为RF、CF、主对角线子结构（MDF）和次对角线子结构（SDF）的组合。

$$SF' = \sqrt{(RF)^2 + (CF)^2 + (MDF)^2 (SDF)^2} \tag{1-20}$$

然后通过等式(1-20)计算SF_1、SF_2和SF_F。最后，rSFe定义如下：

$$rSFe = \frac{1}{2}[(SF'_F - SF'_1)/SF'_1 + (SF'_F - SF'_2)/SF'_2] \tag{1-21}$$

WE通过多尺度熵计算，并基于香农熵来测量信号分布的信息[120]。WE通过式(1-22)来计算，

$$WE = -\sum_{j<0} p_j \cdot \ln p_j \tag{1-22}$$

式中，j表示分辨率，p_j是密度分布由细节信号E_j的能量和总能量E_{tot}计算。

$$p_j = E_j / E_{tot} \tag{1-23}$$

DC是一个像素与其相邻像素之间差异的测量值[121]。视觉系统对强度对比度DC高度敏感，DC是高频强度I_H和低频强度I_L的比值。

$$DC = I_{H(x,y)} / I_{L(x,y)} \tag{1-24}$$

为了解决图像中的失真问题,提出了基于 SNR[122] 的图像融合规则。融合方法定义为

$$A(k) = \frac{1}{M_k} \sum_{1 \leqslant l \leqslant M_k} p_l \quad (1-25)$$

式中,$A(k)$ 是每个区域的活动水平,M_k 是输入图像区域 k 中的像素数,p_l 是由等式计算的像素活动概率。

$$p_l = \frac{w}{n} \sum_{1 \leqslant i \leqslant n} \frac{1}{3 \cdot 2^{2(n-i)}} \sum_{j_1} \sum_{j_2} |d_i(j_1, j_2)| \quad (1-26)$$

式中,w 是来自图像 SNR 的权重,n 是分解层数,$d_i(j_1, j_2)$ 是详细的小波系数。

MI 被用作基于小波变换的多模式医学图像融合的融合规则[123]。通过最大化输入图像 I_1、I_2 之间的 MI 来计算融合系数 C_F,然后通过等式获得融合图像 I_F。

$$C_F = \frac{1}{2} [\mathrm{MI}(I_1, I_F) + \mathrm{MI}(I_2, I_F)] \quad (1-27)$$

1.3.4 医学图像融合结果的评估

图像质量评估在多模式医学图像融合中起着重要作用。图像质量评估研究旨在设计算法,实现以感知一致的方式自动评估图像质量[124]。此外,图像质量评估不是专门为评估医学图像融合方法的性能而设计的。例如,结构相似性(SSIM)、均方根误差(RMSE)、MI 和 SF 被用作医学图像融合和其他图像处理算法中的图像质量评估工具。SSIM 度量用作评估视频[125-128]和图像压缩[129]中图像质量的工具。MI 和 SF 度量用作评估多聚焦图像融合[130,131]和多传感器图像融合[132]中图像质量的工具。此外,在图像去噪中,均方根误差度量被用作预测图像质量的工具[133]。

目前为止,为多模式医学图像融合评估提供了主观试验方法和客观度量[134]。主观图像融合评估试验是图像融合方法中最可靠的方法,其中潜在用户被用于评估融合图像的质量。然而,由于大量组织和严格测试的困难,主观测试在许多应用中是不切实际的。目标融合度量是一种更容易计算的方法,无须复杂的观察者组织。客观指标生成一个数字分数,该分数表示在考虑输入图像和融合图像的情况下,融合算法的失真信号。

图像评估要求主观方法与客观方法一致[124,125]。最近,有几种质量评估算法对这两种方法进行了比较。任何新的图像融合客观质量指标都需要与主观标准以及其他现有性能指标良好相关。

1. 主观质量评估

主观质量指标很容易在非线性问卷中获得,因为它便于人们对调查进行补偿。此外,调查与主观验证应用范围和方法密切相关[124]。

主观质量评估的传统方法是计算每个受试者的分数,通过该受试者分数的均值和方差进行归一化,人数从 1 到 100 不等。首先,用形容词 bad、poor、fair、good 和 excellent 标记的 5 个指标的赋值为 1、2、3、4 和 5。其次,要求人类受试者为每幅图像分配一个质量感知分数,表示它们对该图像的评估,定义为伪影可见和令人讨厌的程度。原始分数更改为测试图像和参考图像之间的分数,然后转换为 1~100 范围的 Z 分数。最后计算每个测试图像的差异平均意见分数。最后,提出了一种双刺激方法,用于更准确地测量质量,以达到重新校

准的目的[135]。双刺激方法是将第一视图和第二视图与参考图像和相应测试图像的表示相结合的研究。

此外,主观分数的收集包括两组:对称和非对称比较,目的是揭示观察者的心理反应[126]。通过消除数据噪声来处理两组的主观得分。然后,我们从处理后的数据中排除不合格的观察者,以提高收集数据的可信度。

2. 客观质量评估

图像融合的质量度量是一种相关的质量评估工具,用于评估在融合过程中遭受各种畸变的图像的视觉质量下降。图像信号通常不稳定,而图像质量通常需要用单个数学值来评估图像。质量度量的目的是通过特定融合算法的最佳参数设置获得多重比较。

客观图像质量测量是各种图像处理应用中的首要问题。根据与测试图像进行比较的原始图像的可用性,基本上有三类称为全参考、减少参考和无参考的客观质量或失真评估方法[136]。在全参考图像度量中[127],假设参考图像是已知的。在简化的参考质量评估中,参考图像仅部分用于帮助评估测试图像的质量。无参考图像度量意味着参考图像不可用。

多模式图像融合中最广泛使用的客观质量评估是全参考质量度量。最简单的全参考指标基于信号失真和 HVM。基于严格数学理论[137-140]定义的信号失真的度量与熵(EN)、熵差(DEN)、整体交叉熵(OCE)、标准差(STD)、锐度(SP)、均方根误差、峰值信噪比(PSNR)合并等。基于 HVS 的第二类[141-146]是测量从输入图像传输到融合图像的显著特征信息,如 SSIM、基于相位一致性的指数(Q_G)、基于梯度的指数($Q_{AB/F}$)等。在梯度显著信息丢失的情况下,计算测试图像和参考图像之间的误差是有意义的,不同图像组件之间的对比度和边缘。

(1) 基于信号失真的指标

基于算术理论[124]的多模式医学图像融合算法评估指标为 RMSE、STD 和 SP。

$$\text{RMSE} = \left(\sum_{x=1}^{M} \sum_{y=1}^{N} [I_I(x,y) - I_F(x,y)]^2 \right)^{1/2} \quad (1\text{-}28)$$

RMSE 是算术平方根的方差。均方根误差由输入图像和大小为 $M \times N$ 的融合图像通过等式(1-28)定义。它是输入图像 I_I 和融合图像 I_F 之间每个像素值的差值。STD 是 RMSE 的平方。

$$\text{STD} = (\text{RMSE})^2 \quad (1\text{-}29)$$

SP 反映了融合图像的细节。

$$\text{SP} = \frac{1}{M \times N}$$

$$\sum_{x=1}^{M} \sum_{y=1}^{N} \sqrt{\frac{1}{2}\{[I_F(x,y) - I_F(x,y-1)]^2 + [I_F(x,y) - I_F(x-1,y)]^2\}} \quad (1\text{-}30)$$

此外,基于信号失真的一些其他指标受到信息理论的启发,例如峰值信噪比、EN、DEN、OCE、视觉信息保真度(VIF)[124]、MI[137] 和 SF。

峰值信噪比是最广泛使用的客观质量测量方法之一,由式(1-31)计算。

$$\text{PSNR} = 10 \cdot \lg[(M \times N)^2 / \text{RMSE}] \quad (1\text{-}31)$$

EN 表示融合图像中的信息。

$$\text{EN} = -\sum_{x=0}^{255} p_x \ln p_x \quad (1\text{-}32)$$

式中,p_i是像素的概率分布,其值等于i除以像素总数。DEN 表示输入图像 EN_I 和融合图像 EN_F 之间的熵差。

$$DEN = |EN_F - EN_I| \tag{1-33}$$

OCE 反映了两个输入图像 I_1,I_2 和融合图像 I_F 的熵。

$$OCE = \frac{1}{2}[(CE(I_1,I_F) + CE(I_2,I_F))] \tag{1-34}$$

式中,CE 是图像的交叉熵。

$$CE = \sum_{x=0}^{255} p_i^{I_1} \ln|p_i^{I_1}/P_i^{I_f}|, I_I = I_1, I_2 \tag{1-35}$$

VIF 定义为图像质量评估,是在考虑失真过程中图像信息和视觉质量之间的关系的情况下提出的,因为随着照明和亮度的变化而产生的失真是非结构性的,除结构性失真外,应对其进行不同的处理。如图 1-11 所示,VIF 框图是自然图像源、畸变通道和人类视觉系统模型的连接。

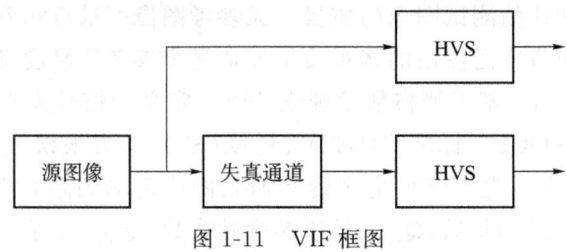

图 1-11 VIF 框图

应用高斯模型作为概率密度函数,基于自然场景统计模型构建自然源模型。然后,使用信号衰减公式和加性噪声模型来表示信号失真。

$$VIF = I(C;F)/I(C;E) \tag{1-36}$$

参考图像 E 和测试图像 F 是输入图像 N 以及自然源模型 C 和 HVS D 的输出,I 是计算图像互信息熵的函数。

MI 主要集中于估计从输入图像传输到融合图像的信息量。

$$MI(I_I, I_F) = H(I_I) + H(I_F) + H(I_I, I_F), I_I = I_1, I_2 \tag{1-37}$$

式中,$H(I_I, I_F)$ 是输入图像 I_I 和融合图像 I_F 之间的联合熵,$H(I_I)$、$H(I_F)$ 是 I_I、I_F 的边缘熵。然后,Hossny 将 MI 修改为归一化互信息(NMI)[138]。

$$NMI = 2\left[\frac{MI(I_1, I_F)}{H(I_1) + H(I_F)} + \frac{MI(I_2, I_F)}{H(I_2) + H(I_F)}\right] \tag{1-38}$$

SF 用于测量融合图像的整体清晰度水平。它是评估图像活动水平的常规工具,可以通过 1.3.3 节中描述的式(1-19)获得。此外,RF 和 CF 定义为

$$RF = \sqrt{1/M \times N \sum_{x=1}^{M} \sum_{y=2}^{N} [I_F(x,y) - I_F(x,y-1)]^2} \tag{1-39}$$

$$CF = \sqrt{1/M \times N \sum_{y=2}^{N} \sum_{x=1}^{M} [f(x,y) - f(x-1,y)]^2} \tag{1-40}$$

随后,受 HVS 启发,基于融合图像的结构信息,通过相关性损失、亮度失真和对比度失真的组合,设计了通用图像质量指数(UIQI)[139-141]。该索引适用于在测试图像和参考图像之间实现更好的质量预测。新指数的数学定义为

$$\text{UIQI} = \frac{\sigma_{I_1 I_F}}{\sigma_{I_1} \times \sigma_{I_F}} \cdot \frac{\mu_{I_1 I_F}}{(\mu_{I_1})^2 + (\mu_{I_F})^2} \cdot \frac{2\sigma_{I_1} \times \sigma_{I_F}}{(\sigma_{I_1})^2 + (\sigma_{I_F})^2} \tag{1-41}$$

式中,σ 是方差,μ 是平均值。Cvejic[140]将 UIQI 修改为无参考图像质量评估 Q_b。

$$Q_b = \mu(I_1, I_2, I_F)\text{UIQI}(I_1, I_F) + [1 - \mu(I_1, I_2, I_F)]\text{UIQI}(I_2, I_F) \tag{1-42}$$

通过测量输入图像 $\mu(I_1, I_2, I_F)$ 中的重要信息,计算来测量输入图像中重要信息的保存情况:

$$\mu(I_1, I_2, I_F) = \begin{cases} 0, \text{if } \sigma_{I_1 I_F}/(\sigma_{I_1 I_F} + \sigma_{I_2 I_F}) < 0 \\ \sigma_{I_1 I_F}/(\sigma_{I_1 I_F} + \sigma_{I_2 I_F}), \text{if } 0 \leqslant \sigma_{I_1 I_F}/(\sigma_{I_1 I_F} + \sigma_{I_2 I_F}) \leqslant 1 \\ 1, \text{if } \sigma_{I_1 I_F}/(\sigma_{I_1 I_F} + \sigma_{I_2 I_F}) > 1 \end{cases} \tag{1-43}$$

(2) 基于显著特征的度量

另一种客观图像质量评估是通过测量显著特征从输入图像转移到融合图像的情况来实现的。预测融合图像的能力允许对完全参考、减少参考和无参考图像进行多次更改。

SSIM 用于全参考图像质量评估,假设人类视觉感知高度适合提取结构信息[136]。SSIM 测量输入图像的结构信息保存得有多好。

$$\text{SSIM}(I_1, I_F) = [l(I_1, I_F)]^a \cdot [c(I_1, I_F)]^b \cdot [s(I_1, I_F)]^c \tag{1-44}$$

输入图像 I_1 和融合图像 I_F 的 SSIM 任务分为 3 个部分:亮度 l、对比度 c 和结构 s。此外,a、b 和 c 的值为 $1/3$。

Q_G 是基于图像的显著特征定义的,并提供了图像特征的绝对测量[141]。P 用于计算输入图像中保留的显著特征,并由 3 个相关系数定义为

$$Q_G = (P_P)^\alpha (P_M)^\beta (P_m)^\gamma \tag{1-45}$$

式中,P_P、P_M、P_m 分别表示相位一致性值、最大矩和最小矩,α、β、γ 是指数参数。

$Q_{AB/F}$ 衡量边缘信息从输入图像传输到融合图像的成功程度[142-145]。定义如下:

$$Q_{AB/F} = \frac{\sum_{x=1}^{M}\sum_{y=1}^{N}(Q_{I_1 I_F}(x,y)w_{I_1}(x,y) + Q_{I_2 I_F}(X,Y)w_{I_2}(x,y))}{\sum_{x=1}^{M}\sum_{y=1}^{N}(w_{I_1}(x,y) + w_{I_2}(x,y))} \tag{1-46}$$

式中,$Q_{I_1 I_F}(x,y)$,$Q_{I_2 I_F}(x,y)$ 是边缘的保留值以及位置 (x,y) 和 $w_{I_1}(x,y)$ 的方向信息,$w_{I_1}(x,y)$ 反映 $Q_{I_1 I_F}(x,y)$,$Q_{I_2 I_F}(x,y)$ 的重要性。

度量 Q_{CF} 包含对比度增强和图像融合,以衡量多模式医学图像融合算法的性能[116],定义如下:

$$Q_{CF} = \frac{1}{M}\sum_{(x,y)\in\tilde{\Omega}} S(x,y) \cdot O(x,y) \tag{1-47}$$

式中,$\tilde{\Omega}$ 是图像的非平坦区域,M 是 $\tilde{\Omega}$ 区域内的像素总数,$S(x,y)$ 是位置 (x,y) 处的边缘强度增量,$O(x,y)$ 是位置 (x,y) 处的边缘重合度。只有对比度增强和保留的显著特征在所有非平坦区域都较大时,Q_{CF} 才具有更大的价值。

最近,自然图像质量评估器(NIQE)[146]被用作医学图像融合中的无参考客观质量评估工具。NIQE 是一种盲图像质量分析模型,它测量图像质量时不需要事先了解失真或人类意见。

$$\text{NIQE} = \sqrt{(\mu_1 - \mu_2)^{\text{T}} \cdot \left(\frac{\sigma_1 + \sigma_2}{2}\right)^{-1} \cdot (\mu_1 - \mu_2)} \qquad (1\text{-}48)$$

式中，μ_1、μ_2 是畸变图像的自然多变量高斯模型（MVG）和 MVG 的平均向量，σ_1、σ_2 是畸变图像的自然 MVG 和 MVG 的协方差矩阵。

1.4 本书的结构与内容安排

本书共分为 12 章，各章节的具体内容安排如下：

第 1 章 首先介绍图像融合的概念及应用，然后从医学图像的模态出发阐述多源图像融合的研究背景和意义，并根据图像融合算法的分类、融合规则的制定及融合结果的评估等方面综述了图像融合方法的国内外研究现状，最后给出了本书主要的研究工作及各章节的安排。

第 2 章 介绍基于密集连接网络和自注意力机制的医学图像融合，首先利用密集连接神经网络构造一个编码器网络对输入图像进行特征提取，然后利用解码器对提取的图像特征进行融合重构。同时，我们在编码器和解码器之间引入通道和空间注意力模块，进一步自适应地融合图像的局部特征及其全局依赖性。此外，设计了一个包含图像损失、结构损失、梯度损失和感知损失的特殊损失函数，以保留更多的结构特征和细节特征，并锐化目标的边缘。公开数据集上的实验结果表明，与其他先进的融合方法相比，我们的框架具有定性观察和定量评估的优势。

第 3 章 介绍基于三叉戟膨胀感知的超密集连接压缩-分解网络，并研究其在医学图像融合中的应用，首先在压缩网络中，为了充分利用中间层信息，构造了一个对偶残差超密集模块。此外，我们建立了三叉戟扩展感知模块，精确地确定特征的位置信息，提高了网络的特征表示能力。而且，我们摒弃了普通的均方误差作为内容损失函数，提出了一种新的内容感知的内容损失，包括结构相似性损失和梯度损失，使融合后的图像不仅包含丰富的纹理细节，而且与源图像保持足够的结构相似性。公共数据集 PET 与 MRI 图像的融合实验表明，所提出的 HyperTDP-Net 取得了显著的融合性能，在主观视觉描述和客观度量评价方面领先于其他先进的融合方法。

第 4 章 介绍基于 Transformer 多任务学习的医学图像融合算法，本章主要介绍提出的基于 Transformer 多任务学习的医学图像融合网络，详细介绍了所提出的 3 项自监督重建任务、自适应 Transformer 模块、全局特征增强注意力和损失函数。相关实验表明，该算法能够充分提取和利用网络的全局和局部信息，提高多模态医学图像融合的性能。

第 5 章 介绍基于双级联注意力的医学图像融合算法，本章主要介绍提出的基于双级联注意力的医学图像融合网络，详细介绍了这个算法的融合策略、双级联注意力模块的设计思路和两阶段训练策略。相关实验表明，该算法能够有效地提取和融合源图像的细节纹理信息，提高多模态医学图像融合的结果。

第 6 章 介绍基于跨域双向交互网络的多模态医学图像融合方法，针对全局信息提取不全面和中间特征提取不充分的问题，为生成器网络设计了 CNN 和 Transformer 路径。两条 CNN 路径用于捕捉 MRI 和 PET 图像中的局部信息，另一个路径利用 Transformer 架构加强全局相关性。此外,还提出了一个跨域双向交互模块,通过两个 ReLU 整流器对来自不同路径的 ReLU 激活特征和停用特征进行交叉级联,然后将它们传递到另一条路径,从而减少因失活而丢失的有价值信息。

第 7 章 介绍基于跨尺度迭代注意力生成对抗的多模态医学图像融合方法。针对融合信息不平衡的问题,采用双鉴别器与生成器建立更平衡的对抗博弈。针对没有充分考虑特征保留不充分和不同模态图像的内在特征的问题,设计了一个特征保留模块和一个跨模态并行注意力集成模块来取代现有的简单融合策略。由通道注意力和空间注意力路径产生的注意权重被用来测量跨模态图像在相同尺度上的活动水平。同时,构建了跨尺度迭代解码器框架,与不同尺度的特征信息交互,并以迭代的方式不断优化活动水平。

第 8 章 介绍基于显著性引导跨域聚合网络的多模态医学图像融合方法。针对 CNN 在捕捉全局上下文信息方面的局限性和融合过程信息丢失的问题。首先引入了嵌套金字塔残差注意模块,强调图像中的重要区域特征和全局上下文关系。其中,用不同尺度的扩张卷积取代了 CNN 中的标准卷积。此操作在不增加卷积核大小的情况下扩大了感受野,从而促进了多尺度特征提取。此外,在解码器中嵌入了一个显著性引导的双重注意力模块,用来减少重构过程重要特征的丢失,增强融合图像的细节表现能力。

第 9 章 介绍基于巢连接与注意力的红外与可见光图像融合方法。将注意力机制引入到多尺度网络中,充分利用通道注意力信息,解决基于卷积神经网络方法中细节丢失的问题。首先利用解码器来提取特征图的多尺度信息。再将各个尺度的特征融合,分别输入到解码器的对应接口进行解码。由于在编解码过程中使用了注意力机制,突出对结果有重要影响的通道,使得融合结果保留了更多细节和纹理特征。利用提出的网络结构,可以在重构过程中保留更多的显著特征,提高图像融合的性能。此外,将轴向注意力引入多尺度网络,充分利用了长距离信息,突出对融合结果有重要影响的长距离相关性,因此融合结果保留了更多细节和纹理特征。

第 10 章 介绍基于 Swin-Transformer 和混合特征聚合的红外与可见光图像融合方法,并提出了一种新的混合特征聚合模块。将 Swin-Transformer 与注意力机制引入到多尺度网络中,充分利用长距离语义信息与通道注意力信息,解决基于卷积神经网络方法中细节丢失的问题。所提特征聚合将注意力与特征增强模块混合,能够保留更多背景细节信息。所提方法首先利用一个解码器来提取特征图的多尺度信息。再将各个尺度的特征用所提特征聚合进行融合,分别输入到解码器的对应接口进行解码。由于在编解码过程中使用了注意力机制,突出对结果有重要影响的通道,使得融合结果保留了更多细节和纹理特征。利用提出的网络结构,可以在重构过程中保留更多的显著特征,提高图像融合的性能。

第 11 章 介绍基于熵注意力的混合特征聚合红外与可见光图像融合方法,以提高红外和可见光图像融合的性能。网络可以在提取多尺度特征的同时捕获长距离语义信息。本书创新地提出了一种基于熵注意力的融合策略,该策略增强了特征表示的能力,并保留了更多的边缘细节,更符合人类的视觉感知。3 个公开数据集的融合结果验证了所提出方法的有效性,在主观和客观评估方面都取得了优异的性能。

第 12 章 介绍基于双流交互与 Transformer 的红外与可见光图像融合方法。具体来说,所提的网络同时利用卷积神经网络和 Transformer 的优势,设计一条 CNN 路径和一条 Transformer 路径,分别充分挖掘源图像的局部和全局信息。此外,构建了一个 CDAI 模块,通过两个 ReLU 整流器实现两条 CNN 路径之间的信息交互。它不仅解决了 ReLU 激活功能的局限性,而且为跨域交互保留了更多的上下文信息。3 个公开数据集上的实验结果表明,所提方法在主观视觉描述和客观测量评估方面领先于其他先进的融合方法,并取得了令人满意的融合性能。

本章参考文献

[1] Gonzalez R C, Woods R E. 数字图像处理[M]. 2 版. 阮秋琦,阮宇智,等译. 北京:电子工业出版社,2003.

[2] 张长江. 数字图像处理及其应用[M]. 北京:清华大学出版社,2013.

[3] 陈显毅. 图像配准技术及其 MATLAB 编程实现[M]. 北京:电子工业出版社,2009.

[4] Lauterbur P C. Image formation by induced local interactions:examples employing nuclear magnetic resonance[J]. Nature,1973,242(5394):190-191.

[5] Damadian R, Minkoff L, Goldsmith M, et al. Field focusing nuclear magnetic resonance (FONAR):visualization of a tumor in a live animal[J]. Science,1976,194(4272):1430-1432.

[6] Hinshaw W S, Bottomley P A, Holland G N. Radiographic thin-section image of the human wrist by nuclear magnetic resonance[J]. Nature,1977(270):722-723.

[7] Pohmann R. Physical basics of nmr[M]. In Vivo NMR Imaging. Humana Press,2011:3-21.

[8] Le Bihan D, Breton E, Lallemand D, et al. MR imaging of intravoxel incoherent motions:application to diffusion and perfusion in neurologic disorders[J]. Radiology,1986,161(2):401-407.

[9] Brown R W, Cheng Y C N, Haacke E M, et al. Magnetic resonance imaging:physical principles and sequence design[M]. John Wiley & Sons,2014.

[10] Golder W. Magnetic resonance spectroscopy in clinical oncology[J]. Oncology Research and Treatment,2004,27(3):304-309.

[11] Rosen Y, Lenkinski R E. Recent advances in magnetic resonance neurospectroscopy [J]. Neurotherapeutics,2007,4(3):330-345.

[12] Thulborn K R, Waterton J C, Matthews P M, et al. Oxygenation dependence of the transverse relaxation time of water protons in whole blood at high field[J]. Biochimica et Biophysica Acta (BBA)-General Subjects,1982,714(2):265-270.

[13] Cho Z H, Jones J P, Singh M. Foundations of medical imaging[M],1993.

[14] Beckmann E C. CT scanning the early days[J]. The British journal of radiology,2014,79(937):5-8.

[15] Retsky M. Electron beam computed tomography:challenges and opportunities[J]. Physics Procedia,2008,1(1):149-154.

[16] Herman G T. Fundamentals of computerized tomography:image reconstruction from projections[M]. Springer Science & Business Media,2009.

[17] Smith-Bindman R, Lipson J, Marcus R, et al. Radiation dose associated with common computed tomography examinations and the associated lifetime attributable risk of cancer[J]. Archives of internal medicine, 2009, 169(22): 2078-2086.

[18] de González A B, Mahesh M, Kim K P, et al. Projected cancer risks from computed tomographic scans performed in the United States in 2007[J]. Archives of internal medicine, 2009, 169(22): 2071-2077.

[19] Brenner D J, Hall E J. Computed tomography—an increasing source of radiation exposure[J]. New England Journal of Medicine, 2007, 357(22): 2277-2284.

[20] Tubiana M, Nagataki S, Feinendegen L E. Computed tomography and radiation exposure[J]. New England Journal of Medicine, 2008, 358(8): 850-853.

[21] Vaughan D. A vital legacy: Biological and environmental research in the atomic age [R]. Lawrence Berkeley National Lab., CA (United States), 1997.

[22] Ter-Pogossian M M, Phelps M E, Hoffman E J, et al. A Positron-Emission Transaxial Tomograph for Nuclear Imaging (PETT) 1[J]. Radiology, 1975, 114(1): 89-98.

[23] Hoffman E J, Mullani N A. Application of annihilation coincidence detection to transaxial reconstruction tomography J[J]. Nucl Med, 1975, 16: 210-224.

[24] Weissleder R, Mahmood U. Molecular Imaging 1[J]. Radiology, 2001, 219(2): 316-333.

[25] Valk P E. Positron emission tomography: basic sciences[M]. Springer Science & Business Media, 2003.

[26] Sanghvi N T, Hawes R H. High-intensity focused ultrasound[J]. Gastrointest Endosc Clin N Am, 1994, 4(2): 383-395.

[27] Kennedy J E. High-intensity focused ultrasound in the treatment of solidtumours[J]. Nature reviews cancer, 2005, 5(4): 321-327.

[28] Kennedy J E, Ter Haar G R, Cranston D. High intensity focused ultrasound: surgery of thefuture? [J]. The British journal of radiology, 2014.

[29] Thüroff S, Chaussy C, Vallancien G, et al. High-intensity focused ultrasound and localized prostate cancer: efficacy results from the European multicentric study[J]. Journal of Endourology, 2003, 17(8): 673-677.

[30] Blana A, Walter B, Rogenhofer S, et al. High-intensity focused ultrasound for the treatment of localized prostate cancer: 5-year experience[J]. Urology, 2004, 63(2): 297-300.

[31] Zhang P, DeCrevoisier R, Simon A, et al. A new deconvolution approach to robust fluence for intensity modulation under geometrical uncertainty[J]. Physics in medicine and biology, 2013, 58(17): 6095-6110.

[32] Chen Y, Yang Z, Hu Y, et al. Thoracic low-dose CT image processing using an artifact suppressed large-scale nonlocal means[J]. Physics in medicine and biology, 2012, 57(9): 2667-2688.

[33] Jiao D, Li W, Ke L, et al. An Overview of Multi-Modal Medical Image Fusion[J]. Neurocomputing, 2016(215): 3-20.

[34] Bikash, Meher, et al. A survey onregion based image fusion methods[J]. Information Fusion,2019.

[35] James A P,Dasarathy B V. Medical image fusion:A survey of the state of the art[J]. Information Fusion,2014(19):4-19.

[36] Venkatrao P H,Damodar S S. HWFusion:Holoentropy and SP-Whale optimisation-based fusion model for magnetic resonance imaging multimodal image fusion[J].IET Image Processing,2017,12(4):572-581.

[37] Zhao W, Lu H. Medical Image Fusion and Denoising with Alternating Sequential Filter and Adaptive Fractional Order Total Variation[J]. IEEE Transactions on Instrumentation and Measurement,2017(9):1-12.

[38] Iqbal N,Saleem S,Jehan W S,et al. Reduction of speckle noise in medical images using stationary wavelet transform and fuzzy logic[C].2017 International Symposium on Recent Advances in Electrical Engineering (RAEE). IEEE,2017.

[39] Madanala S,Rani K J. PCA-DWT based medical image fusion using non sub-sampled contourlet transform [C].2016 International conference on Signal Processing,Communication,Power and Embedded System (SCOPES). IEEE,2017.

[40] Chen C I. Fusion of PET and MR Brain Images based on IHS and log-Gabor Transforms[J].IEEE Sensors Journal,2017(21):1-1.

[41] Haddadpour M,Daneshvar S,Seyedarabi H. PET and MRI image fusion based on combination of 2-D Hilbert transform and IHS method[J].Biomedical Journal,2017, 40(4):219-225.

[42] Dilmaghani M S,Daneshvar S,Dousty M. A new MRI and PET image fusion algorithm based on BEMD and HIS methods[C].2017 Iranian Conference on Electrical Engineering (ICEE). Tehran,Iran,May 2017.

[43] Do M N,Vetterli M. The contourlet transform:an efficient directional multiresolution image representation[J]. IEEE Transactions on Image Processing, 2005, 14 (12): 2091-2106.

[44] da CunhaA L,Zhou J,Do M N. The nonsubsampled contourlet transform:theory,design,and applications[J]. IEEE Transactions on Image Processing, 2006, 15(10): 3089-3101.

[45] Yang Y, Que Y, Huang S, et al. Multimodal sensor medical image fusion based on type-2 fuzzy logic in NSCT domain [J]. IEEE Sensors Journal, 2016, 16 (10): 3735-3745.

[46] Mohammed A,Nisha K L,Sathidevi P S. A novel medical image fusion scheme employing sparse representation and dual PCNN in the NSCT domain[C].2016 IEEE Region 10 Conference (TENCON). Singapore,Singapore,November 2016.

[47] Tian Y,Li Y,Ye F. Multimodal medical image fusion based on nonsubsampled contourlet transform using improved PCNN [C]. 2016 IEEE 13th International Conference on Signal Processing (ICSP). Chengdu,China,November 2016:799-804.

[48] Shabanzade F, Ghassemian H. Multimodal image fusion via sparse representation and clustering-based dictionary learning algorithm in nonsubsampled contourlet domain [C].2016 8th International Symposium on Telecommunications (IST). Tehran, Iran, September 2016.

[49] Xinqiang Q, Jiaoyue Z, Gang H. Image fusion method based on the local neighborhood feature and nonsubsampled contourlet transform[C].2017 2nd International Conference on Image, Vision and Computing (ICIVC). Chengdu, China, June 2017:396-400.

[50] Mahima, Padmavathi N B, Karki M V. Feature extraction using DPSO for medical image fusion based on NSCT[C].2017 2nd IEEE International Conference on Recent Trends in Electronics, Information & Communication Technology (RTEICT). Bangalore, India, May 2017:265-269.

[51] Inbarani H H, Azar A T, Jothi G. Supervised hybrid feature selection based on PSO and rough sets for medical diagnosis[J].Computer Methods and Programs in Biomedicine,2014,113(1):175-185.

[52] Huang C, Tian G, Lan Y, et al. A new pulse coupled neural network (PCNN) for brain medical image fusion empowered by shuffled frog leaping algorithm[J].Frontiers in Neuroscience,2019:13.

[53] Bhateja V, Patel H, Krishn A, et al. Multimodal medical image sensor fusion framework using cascade of wavelet and contourlet transform domains[J].IEEE Sensors Journal,2015,15(12):6783-6790.

[54] Labate D, Lim W Q, Kutyniok G, et al. Sparse multidimensional representation using shearlets[C].Wavelets XI. San Diego, California, USA, August 2005:254-262.

[55] Easley G, Labate D, Lim W Q. Sparse directional image representations using the discreteshearlet transform[J].Applied and Computational Harmonic Analysis,2008,25(1):25-46.

[56] Singh S, Gupta D, An and R S, et al. Nonsubsampled shearlet based CT and MR medical image fusion using biologically inspired spiking neural network[J].Biomedical Signal Processing and Control,2015(18):91-101.

[57] Eckhorn R, Reitboeck H J, Arndt M, et al. A neural network for feature linking via synchronous activity[J].Canadian Journal of Microbiology,1989,46(8):759-763.

[58] Xiong Y, Wu Y, Wang Y, et al. A medical image fusion method based on SIST and adaptive PCNN[C].2017 29th Chinese Control And Decision Conference (CCDC). Chongqing, China, May 2017:5189-5194.

[59] Yin M, Liu X, Liu Y, et al. Medical image fusion with parameter-adaptive pulse coupled neural network in nonsubsampled shearlet transform domain[J].IEEE Transactions on Instrumentation and Measurement,2019,68(1):49-64.

[60] Ouerghi H, Mourali O, Zagrouba E. Non-subsampled shearlet transform based MRI and PET brain image fusion using simplified pulse coupled neural network and weight local features in YIQ colour space[J].IET Image Processing,2018,12(10):1873-1880.

[61] Mishra N S,Dhabal S. On combination of fuzzy memberships for medical image fusion using NSST based fuzzyPCNN[C].2018 Fifth International Conference on Emerging Applications of Information Technology (EAIT). Kolkata,India,January 2018:1-4.

[62] Kong W,Liu J. Technique for image fusion based on nonsubsampled shearlet transform and improved pulsecoupled neural network[J]. Optical Engineering,2013,52(1):017001.

[63] Jin X,Nie R,Zhou D,et al. Multifocus color image fusion based on NSST and PCNN[J].Journal of Sensors,2016,2016:8359602.

[64] Mishra A,Mahapatra S,Banerjee S. Modified FreiChen operator-based infrared and visible sensor image fusion for real-time applications[J].IEEE Sensors Journal,2017,17(14):4639-4646.

[65] Ganasala P,Prasad A D. Medical image fusion based on Frei-Chen masks in NSST domain[C].2018 5th International Conference on Signal Processing and Integrated Networks (SPIN). Noida,India,February 2018:619-623.

[66] Singh S,Anand R S,Gupta D. CT and MR image information fusion scheme using a cascaded framework inripplet and NSST domain[J].IET Image Processing,2018,12(5):696-707.

[67] Cao Q,Li B,Fan L. Medical image fusion based on GPU accelerated nonsubsampled shearlet transform and 2D principal component analysis[C].2017 IEEE 2nd International Conference on Signal and Image Processing (ICSIP). Singapore,Singapore,2017:203-207.

[68] Bhavana V,Krishnappa H K. Multi-modality medical image fusion using discrete wavelet transform[J].Procedia Computer Science,2015(70):625-631.

[69] Haribabu M,Bindu C H,Prasad K S. Multimodal medical image fusion of MRI-PETusing wavelet transform[C].2012 International Conference on Advances in Mobile Network,Communication and Its Applications. Bangalore,India,2012.

[70] Wang A,Sun H,Guan Y. The application of wavelettransform to multi-modality medical image fusion[C]. 2006 IEEE International Conference on Networking, Sensing and Control. Ft. Lauderdale,FL,USA,2006:270-274.

[71] El-Hoseny H M,Rabaie E S M E,Elrahman W A,et al. Medical image fusion techniques based on combined discrete transform domains[C].2017 34th NationalRadio Science Conference (NRSC). Alexandria,Egypt,2017.

[72] Nishan P H,Hill P,Canagarajah N,et al. Image fusion using complex wavelets[C]. Proceedings of the British Machine Vision Conference 2002. Cardiff, UK, 2002: 487-496.

[73] Singh R,Khare A. Multimodal medical image fusion using Daubechies complex wavelet transform[C].2013 IEEE Conference on Information and Communication Technologies. Thuckalay,Tamil Nadu,India,2013.

[74] Kingsbury N. Image processing with complex wavelets[J].Philosophical Transactions of the Royal Society of London. Series A:Mathematical,Physical and Engineering Sciences,1999,357(1760):2543-2560.

[75] Chabi N,Yazdi M,Entezarmahdi M. An efficient image fusion method based on dual tree complex wavelet transform[C].2013 8th Iranian Conference on Machine Vision and Image Processing (MVIP). Zanjan,Iran,2013.

[76] Sruthy S,Parameswaran L,Sasi A P. Image fusion technique using DT-CWT[C]. 2013 International MutliConference on Automation, Computing, Communication, Control and Compressed Sensing (iMac4s). Kottayam,India,2013.

[77] Padmavathi K,Karki M V,Bhat M. Medical image fusion of different modalities using dual tree complex wavelet transform with PCA[C].2016 International Conference on Circuits,Controls,Communications and Computing (I4C). Bangalore, India, 2016: 1-5.

[78] Talbi H,Kholladi M K. Predator prey optimizer and DTCWT for multimodal medical image fusion [C]. 2018 International Symposium on Programming and Systems (ISPS). Algiers,Algeria,2018:1-6.

[79] Krizhevsky A,Sutskever I,Hinton G E. Image net classification with deep convolutional neural networks [C]. International Conference on Neural Information Processing Systems. 2012:1097-1105.

[80] Çiçek Ö,Abdulkadir A,Lienkamp S S,et al. 3D U-net:learning dense volumetric segmentation from sparse annotation[C].Medical Image Computing and Computer-Assisted Intervention-MICCAI 2016. Springer,2016.

[81] Ronneberger O. Invited talk:U-net convolutional networks for biomedical image segmentation[C].Bildverarbeitung fürdie Medizin 2017. Springer Vieweg,2017.

[82] Milletari F,Navab N,Ahmadi S A. V-net:fully convolutional neural networks for volumetric medical image segmentation[C].2016 Fourth International Conference on 3D Vision (3DV). Stanford,CA,USA,2016.

[83] Balakrishnan G,Zhao A,Sabuncu M R,et al. VoxelMorph:a learning framework for deformable medical image registration[J]. IEEE Transactions on Medical Imaging, 2019,38(8):1788-1800.

[84] Hu Y,Modat M,Gibson E,et al. Weakly-supervised convolutional neural networks for multimodal image registration[J].Medical Image Analysis,2018(49):1-13.

[85] Yang X,Kwitt R,Styner M,Niethammer M. Quicksilver:Fast predictive image registration-A deep learning approach[J].Neuroimage,2017(158):378-396.

[86] Liu Y,Chen X,Peng H,et al. Multi-focus image fusion with a deep convolutional neural network[J].Information Fusion,2017(36):191-207.

[87] Ronneberger O, Fischer P, Brox T. U-net: convolutional networks for biomedical image segmentation[C].Medical Image Computing and Computer-Assisted Intervention-MICCAI 2015. Springer,2015.

[88] Zeng G, Yang X, Li J, et al. 3D U-net with multi-level deep supervision: fully automatic segmentation of proximal femur in 3D MR images[C].Machine Learning in Medical Imaging. Springer,2017.

[89] Alom M Z,Yakopcic C,Hasan M,et al. Recurrent residual U-Net for medical image segmentation[J].Journal of Medical Imaging,2019,6(1).

[90] Yu L,Xun C,Cheng J,Hu P. A medical image fusion method based on convolutional neural networks[C].2017 20th International Conference on Information Fusion (Fusion). Xi'an,China,2017.

[91] Zagoruyko S,Komodakis N. Learning to compare image patches via convolutional neural networks[C].2015 IEEE Conference on Computer Vision and Pattern Recognition (CVPR). Boston,MA,USA,2015.

[92] Liang X,Hu P,Zhang L,et al. MCFNet:multilayer concatenation fusion network for medical images fusion[J].IEEE Sensors Journal,2019,19(16):7107-7119.

[93] Hermessi H,Mourali O,Zagrouba E. Convolutional neural network-based multimodal image fusion via similarity learning in the shearlet domain[J].Neural Computing and Applications,2018,30(7):2029-2045.

[94] Vu T D,Yang H,Nguyen V Q,et al. Multimodal learning using convolution neural network and sparse autoencoder[C].2017 IEEE International Conference on Big Data and Smart Computing (BigComp). Jeju,South Korea,2017.

[95] Hou R,Zhou D,Nie R,et al. Brain CT and MRI medical image fusion using convolutional neural networks and a dual-channel spiking cortical model[J].Medical & Biological Engineering & Computing,2019,57(4):887-900.

[96] Singh S,Anand R S. Multimodal neurological image fusion based on adaptive biological inspired neural model in nonsubsampledshearlet domain[J].International Journal of Imaging Systems and Technology,2019,29(1):50-64.

[97] Han X. MR-based synthetic CT generation using a deep convolutional neural network method[J].Medical Physics,2017,44(4):1408-1419.

[98] Fan F,Huang Y,Wang L,et al. A semantic-based medical image fusion approach [EB/OL].(2019)[2024-11-7].http://arxiv.org/abs/1906.00225.

[99] Xia X,Kulis B. W-Net:a deep model for fully unsupervised image segmentation[EB/OL].(2017)[2024-11-7].Not provided in original,unable to complete full citation.

[100] Shen R,Cheng I,Basu A. Cross-scale coefficient selection for volumetric medical image fusion[J].IEEE Trans. Biomed. Eng,2013,60(4):1069-1079.

[101] James A P,Dasarathy B V. Medical image fusion:a survey of the state of the art[J]. Inf. Fusion,2014,19:4-19.

[102] Barra V,Boire J Y. A general framework for the fusion of anatomical and functional medical images[J].NeuroImage,2001,13(3):410-424.

[103] Wang P Y,Dang J W,Li Q,et al. Multimodal medical image fusion using fuzzy radial basis function neural networks[C].IEEE International Conference on Wavelet Analysis and Pattern Recognition,2007 (2):778-782.

[104] Javed U, Riaz M M, Ghafoor A, et al. Mri and pet image fusion using fuzzy logic and image local features[J]. Sci. World J, 2014.

[105] Hao-quan W, Hao X. Multi-mode medical image fusion algorithm based on principal component analysis[C]. IEEE International Symposium on Computer Network and Multimedia Technology, 2009: 1-4.

[106] Chen H. A multiresolution image fusion based on principle component analysis[C]. IEEE Fourth International Conference on Image and Graphics. 2007, 737-741.

[107] Vijayarajan R, Muttan S. Iterative block level principal component averaging medical image fusion[J]. Opt. Int. J. Light. Electron Opt, 2014, 125(17): 4751-4757.

[108] Wang L, Li B, Tian L F. EGGDD: an explicit dependency model for multimodal medical image fusion in shift-invariant shearlet transform domain[J]. Inf. Fusion, 2014, 19: 29-37.

[109] Wang L, Li B, Tian L. Multi-modal medical image fusion using the inter-scale and intra-scale dependencies between image shift-invariant shearlet coefficients[J]. Inf. Fusion, 2014(19): 20-28.

[110] Bhatnagar G, Wu Q M J, Liu Z. Human visual system inspired multi-modal medical image fusion framework[J]. Expert. Syst. Appl, 2013, 40(5): 1708-1720.

[111] Zhang Q P, Tang W J, Lai L L, et al. Medical diagnostic image data fusion based on wavelet transformation and self-organising features mapping neural networks[C]. IEEE Proc. Int. Conf. Mach. Learn. Cybern. 2004: 2708-2712.

[112] Liu Z, Yin H, Chai Y, et al. A novel approach for multimodal medical image fusion[J]. Expert. Syst. Appl, 2014, 41(16): 7425-7435.

[113] Li W, Zhu X F. A new image fusion algorithm based on wavelet packet analysis and PCNN[C]. IEEE Proc. Int. Conf. Mach. Learn. Cybern, 2005: 5297-5301.

[114] Wang N, Ma Y, Zhan K, et al. Multimodal medical image fusion framework based on simplified PCNN in nonsubsampled contourlet transform domain[J]. J. Multimed, 2013, 8(3): 270-276.

[115] Daneshvar S, Ghassemian H. MRI and PET images fusion based on human retina model[J]. J. Zhejiang Univ. Sci. A, 2007, 8(10): 1624-1632.

[116] Jang J H, Bae Y, Ra J B. Contrast-enhanced fusion of multisensor images using sub-band-decomposed multiscale retinex[J]. IEEE Trans. Image Process, 2012, 21(8): 3479-3490.

[117] Daneshvar S, Ghassemian H. MRI and PET image fusion by combining IHS and retina-inspired models[J]. Inf. Fusion, 2010, 11(2): 114-123.

[118] He C, Liu Q, Li H, et al. Multimodal medical image fusion based on IHS and PCA[C]. Proc. Eng, 2010: 280-285.

[119] Zheng Y, Essock E A, Hansen B C, et al. A new metric based on extended spatial frequency and its application to DWT based fusion algorithms[J]. Inf. Fusion, 2007, 8(2): 177-192.

[120] Wencang Z, Lin C. Medical image fusion method based on wavelet multiresolution and entropy[C]. IEEE International Conference on Automation and Logistics, 2008: 2329-2333.

[121] Bhatnagar G, Wu Q M J, Liu Z. Directive contrast based multimodal medical image fusion in NSCT domain[J]. IEEE Trans. Multimed, 2013, 15(5): 1014-1024.

[122] Garg S, Ushah Kiran K, Mohan R, et al. Multilevel medical image fusion using segmented image by level set evolution with region competition[C]. IEEE Engineering 27th Annual International Conference of Medicine and Biology Society, 2005: 7680-7683.

[123] Li X, Tian X, Sun Y, et al. Medical image fusion by multi-resolution analysis of wavelets transform[J]. Wavel. Anal. Appl, 2007: 389-396.

[124] Sheikh H R, Bovik A C. Image information and visual quality[J]. IEEE Trans. Image Process, 2006, 15(2): 430-444.

[125] Yang Y, Wang X, Guan T, et al. A multi-dimensional image quality prediction model for user-generated images in social networks[J]. Inf. Sci, 2014(281): 601-610.

[126] Yang Y, Wang X, Liu Q, et al. User models of subjective image quality assessment on virtual viewpoint in free-viewpoint video system[J]. Multimed. Tools Appl, 2014: 1-21.

[127] Yang Y, Dai Q. Contourlet-based image quality assessment for synthesized virtual image[J]. Electron. Lett, 2010, 46(7): 492-494.

[128] Wang Z, Lu L, Bovik A C. Video quality assessment based on structural distortion measurement[J]. Signal Process. Image Commun, 2004, 19(2): 121-132.

[129] Hore A, Ziou D. Image quality metrics: PSNR vs. SSIM[J]. ICPR, 2010, 34: 2366-2369.

[130] Zheng S, Shi W Z, Liu J, et al. Multisource image fusion method using support value transform[J]. IEEE Trans. Image Process, 2007, 16(7): 1831-1839.

[131] Zhao H, Shang Z, Tang Y Y, et al. Multi-focus image fusion based on the neighbor distance[J]. Pattern Recognit, 2013, 46(3): 1002-1011.

[132] Xiao-Bo Q, Jing-Wen Y, Hong-Zhi X, et al. Image fusion algorithm based on spatial frequency-motivated pulse coupled neural networks in nonsubsampled contourlet transform domain[J]. Acta Autom. Sin, 2008, 34(12): 1508-1514.

[133] Buades A, Coll B, Morel J M. A non-local algorithm for image denoising[C]. IEEE Computer Society Conference on Computer Vision and Pattern Recognition, 2005(2): 60-65.

[134] Petrović V. Subjective tests for image fusion evaluation and objective metric validation[J]. Inf. Fusion, 2007, 8(2): 208-216.

[135] Sheikh H R, Sabir M F, Bovik A C. A statistical evaluation of recent full reference image quality assessment algorithms[J]. IEEE Trans. Image Process, 2006, 15(11): 3440-3451.

[136] Wang Z, Bovik A C, Sheikh H R, et al. Image quality assessment: from error visibility to structural similarity[J]. IEEE Trans. Image Process, 2004, 13(4): 600-612.

[137] Hossny M, Nahavandi S, Creighton D. Comments on 'Information measure for performance of image fusion'[J]. Electron. Lett, 2008, 44(18):1066-1067.

[138] Horibe Y. Entropy and correlation[J]. IEEE Trans. System, Man, Cybern, SMC-15, 1985:641-642.

[139] Wang Z, Bovik A C. A universal image quality index[J]. IEEE Trans. Signal Process. Lett, 2002, 9(3):81-84.

[140] Cvejic N, Loza A, Bull D, et al. A similarity metric for assessment of image fusion algorithms[J]. Int. J. Signal Process, 2005, 2(3):178-182.

[141] Zhao J, Laganiere R, Liu Z. Performance assessment of combinative pixellevel image fusion based on an absolute feature measurement[J]. Int. J. Innov. Comput. Inf. Control, 2007, 3(6):1433-1447.

[142] Piella G, Heijmans H. A new quality metric for image fusion[C]. IEEE Int. Conf. Proc. Image Process, 2003(3-2):173-176.

[143] Xydeas C S, Petrović V S. Objective pixel-level image fusion performance measure[C]. Int. Soc. Opt. Photon, 2000:89-98.

[144] Li S, Yang B, Hu J. Performance comparison of different multi-resolution transforms for image fusion[J]. Inf. Fusion, 2011, 12(2):74-84.

[145] Xydeas C S, Petrović V. Objective image fusion performance measure[J]. Electron. Lett., 2000, 36(4):308-309.

[146] Mittal A, Soundararajan R, Bovik A C. Making a "completely blind" image quality analyzer[J]. IEEE Trans. Signal Process. Lett, 2013, 20(3):209-212.

第 2 章

基于密集连接网络和自注意力机制的医学图像融合

不同模态医学图像的融合技术通过整合多模态医学图像的互补信息,在众多临床应用中发挥着越来越重要的作用。在本章中,我们提出了一种新的 PET 和 MRI 图像融合模型,利用密集卷积网络和自注意力机制。该方法利用密集连接神经网络构造一个编码器网络对输入图像进行特征提取,然后利用解码器对提取的图像特征进行融合重构。同时,我们在编码器和解码器之间引入通道和空间注意力模块,进一步自适应地融合图像的局部特征及其全局依赖性。此外,本章设计了一个包含图像损失、结构损失、梯度损失和感知损失的特殊损失函数,以保留更多的结构特征和细节特征,并锐化目标的边缘。我们的方法有助于融合图像不仅保留丰富的 PET 图像功能信息,而且保留丰富的 MRI 图像细节结构。在公开数据集上的实验结果表明,与其他先进的融合方法相比,我们的框架具有定性观察和定量评估的优势。

2.1 引言

众所周知,医学影像技术在治疗计划、手术导航、疾病诊断等临床应用中发挥着越来越重要的作用[1]。在临床应用中存在着多种医学模式,如 CT、MRI 和 PET 图像等。其中,MRI 图像可以表征人体器官和组织的解剖和生理过程。此外,PET 是一种功能性成像技术,它利用放射性物质来可视化和测量人体的代谢过程。然而,PET 图像的空间分辨率和对比度普遍低于 MRI 图像。一般情况下,为了获得疾病诊断的补充信息,医生需要对各种医学图像分别进行观察和分析。然而,这种分离方式是有要求的,在某些特定的临床场合可能会造成不便[2]。因此,医学图像的融合目标是融合多模态图像中包含的补充信息[3,4]。特别是,MRI 与 PET 图像融合既能保存 PET 丰富的功能信息,又能保留 MRI 图像丰富的解剖结构。

近年来,许多医学图像融合方法被提出。传统的图像融合方法如多尺度分解

(MSD)[5]、稀疏表示(SR)[6-9]、变换域[10-13]和混合方法[14]，一般包括4个步骤：源图像分解、融合图像重建、融合规则设计和融合图像[4]评价。然而，在现有的大多数融合方法中，融合规则的设计一般采用手工方式，这使得融合规则越来越复杂，并造成一定的局限性。对于基于深度学习的融合方法，我们不需要为特定的融合任务设计特定的融合规则。然而，多模态图像的重要特征信息可能是多种多样的。此外，地面真实感融合图像的不足是基于深度学习的融合技术的主要障碍。为了解决这一问题，一些研究人员合成了参考融合图像。然而，这种模式并不适用于所有的融合任务，而且这种过程要求很高。

针对上述问题，提出了一种将密集网络与通道和空间注意力(Channel and Spatial Attention，CSpA-DN)相结合的 MRI 和 PET 图像融合网络。我们的融合模型由 3 部分组成：使用密集连接的编码器网络，带有解码器的注意力模块。编码器部分用于提取两个输入图像的深度特征。然后，将这些深度特征输入到通道和空间注意力模块中，自动集成局部图像特征和整体依赖性。最后，我们可以从这两个注意力模块中获得更好的图像特征表示，并将这些特征放入解码器中得到融合结果。此外，本章设计了包含图像损失、结构损失、梯度损失和感知损失的特殊损失函数，以约束最终融合图像在保持丰富结构信息和锐化目标边缘的同时保持与 MRI 图像相似。

总而言之，本章提出的融合模型包括以下 5 个主要贡献：

(1) 针对融合图像的真值不足问题，提出了一种新的基于深度学习的 MRI 和 PET 图像融合框架。

(2) 使用编码器-解码器框架作为骨干网络来制定我们的图像融合模型；因此，我们提出的融合网络可以进行端到端训练，并且不需要任何融合规则就能自动重建融合结果。

(3) 我们在编码器网络的每一层之间引入密集连接，导致每一层包含来自前一层的所有特征信息。同时，为了提高特征表示的判别能力，采用自注意力机制自适应地融合局部特征及其全局依赖关系。

(4) 我们设计了一种针对 MRI 和 PET 图像融合的损失函数，既能保留 MRI 图像丰富的细节和纹理信息，又能保留 PET 图像丰富的功能信息。

(5) 与目前的融合方法相比，在公开的测试图像上进行的实验结果表明，所提方法在定性观察和客观评估方面都取得了较好的性能。

在之前工作[15]的基础上，本章进一步提供了一个更系统、更全面的融合模型报告。此外，本章还补充了传统方法和深度学习方法的相关工作。此外，我们为 PET 和 MRI 图像融合提供了设计特定损失函数的动机，并进一步促进性能的改进。最后，我们提供了几种不同结构和损耗函数的消融实验，并进行了更全面的实验来评估我们的融合模型。

本章剩余的工作安排如下，2.2 节介绍图像融合方法的相关工作。2.3 节介绍本章提出的将密集连接块与通道和空间注意力相结合的模型。2.4 节介绍数据集和对 MRI 和 PET 图像的实验提供了与先进融合方法的比较结果。2.5 节介绍结论和观点。

2.2 相关工作

近年来，许多医学图像融合技术被提出。这些方法可以在 3 个级别上执行：像素级、决策级和特征级[16]。对于这些方法,在像素级上,利用预先设计好的规则集成源图像中的像素信息,获得融合结果[17]中每个像素的信息。基于特征的方法需要提取图像的特征,如像素强度、边缘等。在更高层次上对信息融合进行决策融合,将源图像中提取的信息通过决策规则进行组合,得到融合结果。随后,简要介绍了利用传统方法、深度学习技术和自注意机力机制的相关研究成果。

2.2.1 传统图像融合方法

由于成像原理的不同,多模态源图像中对应像素点的强度值通常变化较大。为此,提出了许多基于多尺度分解(MSD)的融合方法,取得了较好的效果。常用的 MSD 方法主要有 LP[5]、DWT[10]和 DCWT[11]、NSCT[12]和 NSST[13]。然而,最近的出版物报道这些 MSD 方法主要受一个合适的融合规则的影响。对于不同的融合任务,需要设计相应的具体融合策略,泛化能力较差。

稀疏表示(SR)是一种图像表示方法,它可以模拟人类视觉系统的稀疏编码原理,在医学图像融合中得到了很好的应用。Yang 和 Li[6]将源图像分成重叠的小块,采用字典获取稀疏表示,重建融合图像。在文献[7]中,将组稀疏性与图正则化相结合,提出了一种新的字典学习方法,从而提高了稀疏编码的效率。为了解决潜在的视觉伪影和降低计算复杂度,Liu 和 Wang[8]利用预分类图像块的梯度信息学习一组更紧凑的子字典,并自适应地为源图像选择一个子字典。Zhu 等[18]提出了一种基于图像分解和 sr 的多模态图像融合方法。他们将源图像分为卡通部分和纹理部分,并采用基于空间的方法保留形态结构。然后,引入基于 SR 的纹理分量融合算法。

除了 MSD 和 SR 融合方法外,还有一些方法直接计算源图像像素的权值并对融合后的图像进行估计,或者将源图像转换为其他域。例如,强度-色调-饱和度(IHS)技术可以快速集成大量数据。为了处理"光谱"失真,提出了一种带光谱平差的快速 IHS 融合算法。文献[20]提出了一种结合图像自适应系数和边缘自适应 HIS 的自适应 HIS 融合方法,生成了具有更高光谱分辨率和高空间分辨率的融合图像。Shahdoosti 和 Ghassemian[21]提出了一种将光谱主成分分析(PCA)与空间主成分分析(Spatial PCA)相结合的混合方法,并利用一种优秀的滤波器来获得高分辨率的最终融合结果。Arif 和 Wang[22]提出了一种基于遗传算法和曲波变换的医学图像多模态融合模型,解决了图像的怀疑和扩散问题。参考算法[23]利用离散小波变换和平稳小波变换实现了 MRI 和 PET 图像的融合。

各种图像变换都有其特定的优点,但也有一些缺点,即变换和逆变换中会遗漏图像信息。为了利用不同变换的这些优点,人们提出了各种混合模型。例如,Daneshvar 和 Ghassemian[24]提出了一种融合技术,将 HIS 模型与视网膜启发模型(RIM)相结合,用于 MRI 和 PET 图像。在文献[25]中,引入了形态学成分分析(MCA)与稀疏表示相结合的方法。首先将源图像分为卡通部分和纹理部分,利用这两部分的代表系数进行图像融合;Liu 等[14]将多尺度变换(MST)和 SR 算法相结合,提出了一种通用的图像融合框架。他们利用 MST 得到了源图像的高通和低通系数。然后,分别通过基于 SR 的算法和系数绝对值对这些波段进行合并。最后,采用逆 MST 算法,根据融合系数生成融合结果。Liu 等[26]还提出了一种新的 SP 模型,称为基于卷积稀疏性的形态学成分分析(CS-MCA),用于医学图像融合。他们利用 MCA 算法和卷积稀疏表示(CSR)[27]获取源图像的多个分量和全局 SR。对图像各分量的稀疏系数进行聚合,重构最终的融合结果。对于文献[2]方法,首先通过 NSST 分解得到输入图像的多尺度、多方向表示,利用 PA-PCNN 算法对高频波段进行积分。此外,还引入了一种新的融合方法来合并低频带,同时保留能量和细节。然而,这些传统的融合方法并不适用于所有的融合任务,尤其是多模态医学图像。

2.2.2 基于深度学习的融合方法

自从 AlexNet 在 2012 年 ImageNet[28]挑战中取得重大成就以来,深度学习(Deep Learning,DL)技术被广泛应用于(包括但不限于):目标检测[29]、特征提取[30]、分割[31]、图像分类[28]、图像去噪[32]、图像重建[33]等多个领域,并与其他传统方法相比性能更高。

目前 DL 技术已成功地应用于图像融合任务。通过图像补丁训练深度卷积神经网络(CNN),通过[34]学习从输入图像到融合结果的直接映射。多焦点图像融合的实验结果表明,CNN 框架在定性观察和客观评价两方面都取得了优越的性能。在文献[35]中,该方法从每个源图像中提取底层特征信息,并融合这些图像特征,得到无伪影的感知融合图像。Jung 等[36]也引入了一种无监督模型,称为深度图像融合网络(DIF-Net)。Zhang 等[37]利用 CNN 模型提出了一个普通的框架,称为 IFCNN。同样,Liu 等也提出了一种用于多光谱和全色图像融合的双流融合网络(TFNet)。

与基于深度学习的方法不同,Ma 等[39]引入了一个端到端网络,利用生成对抗网络(GAN)重构融合结果,而不使用任何融合规则设计任何活动水平度量。随后,他们提出了一个细节保留和目标边缘增强的损失函数,对红外图像和可见光图像进行对抗性学习,对红外图像[40]保留丰富的细节信息并锐化边缘。为了区分融合结果与输入图像之间的结构差异,Ma 等[41,42]提出了一种基于条件生成对抗网络(conditional Generative Adversarial Network,cGAN)的端到端模型,该模型使用 DDcGAN 两个鉴别器对不同空间分辨率的可见光和红外图像进行区分。

近年来,许多研究[30,43-45]都通过在前层和后层之间建立跳跃式连接来解决梯度消失和"冲洗"的问题。与 ResNets 的总和相比,特征映射被连接并传递到下一层[46],这被称为 DenseNet。Li 和 Wu 提出了一种新的基于 DenseNet 网络的融合网络,用于可见光和红外图像。该方法利用包含卷积层、融合层和密集模块的编码器获取特征信息,利用解码器网络重构融合结果。在文献[48]中,通过计算图像质量评价指标和熵来得到两个输入图像的权值。结合这些权重,他们使用称为 FusionDN 的密集网络构建了一个用于多个融合任务的新网络。神经网络采用密集连接的方式,可以在融合过程中有效获取前一层的特征。受此启发,我们采用 DenseNet 作为骨干构建编码器网络,用于捕获 PET 和 MRI 图像的特征信息。

2.2.3 自注意力机制

注意力机制可以模拟长期依赖,已被广泛应用于许多领域。Lin 等[49]提出了一种融合了 CNNs 和条件随机场(Conditional Random Field,CRFs)的图像语义分割方法,捕捉图像补丁之间复杂的上下文信息。与先进的方法相比,他们的方法在一些公共数据集上表现最佳。特别是 Vaswani 等[50]首先提出了自注意力(Self Attention)来获取全局依赖,并将其应用于机器翻译领域。Shen 等[51]引入了定向自注意力网络(DiSAN)用于句子编码和语言理解。他们利用定向自注意力来处理输入序列和对上下文依赖进行建模,并为所有标记获得上下文感知的表示。Lin 等[52]提出了一个带有正则化术语的句子嵌入自注意力模型,并将该模型应用于情感分类、作者剖析和文本蕴涵任务。Wang 等[53]探索了获得远程依赖的非局部操作。他们构建了非局部块,可以插入到计算机视觉的许多结构中。受非局部模型的启发,Zhang 等[54]将自注意力引入 GAN 网络,并提出了一个用于图像生成任务的自注意力 GAN 框架。Hu 等[55]专注于通道间的关系,并在注意力机制中建模这种关系。然后,他们构建了一个新的模块,称为挤压-激励网络(SEN),以增强深度网络的代表性能力。

最近的研究[56,57]报道了自注意力机制在曲线结构和场景分割领域的成功。在一些临床场合,存在许多树形结构,如血管拓扑、支气管系统等。此外,特征图的每个通道都可以被称为特定结构的响应。受文献[56]启发,我们构建了一个包含空间和通道两个注意力块的自注意力网络,以促进特征识别能力。相反,通道注意力策略充分利用了通道间的相互依赖关系。但是空间注意力矩阵的计算成本非常高($O((H \times W) \times (H \times W))$),其中 W 和 H 表示特征图的宽度和高度。为了降低计算复杂度,我们利用[58]构造的一个 Criss-Cross (CC-Net)注意力块来实现空间注意力。CCNet 利用纵横交叉的方式获取图像的上下文信息,对不同的特征获取低关注权值,对相似的特征获取高关注权值。因此,Criss-Cross 注意力块的计算复杂度降低到 $O((H \times W) \times (H+W-1))$。此外,为了捕捉不在纵横路径中的特征信息,我们以一种简单的循环方式利用 Criss-Cross 注意力块。

2.3 提出的融合模型

利用密集神经网络,以编码器-解码器的方式构建了一种新的图像融合模型。我们构建了一个双注意力网络,并将其插入编码器和解码器之间,同时设计了一个特定的损失函数来融合 PET 和 MRI 图像。我们的融合方法包括 3 个阶段:利用基于密集连接的编码器网络对源图像进行特征表示,利用注意力网络增强图像特征的表示能力,以及利用解码器生成融合图像。我们首先描述了提出融合模型的动机,然后阐述了图像融合的问题。在此基础上,详细描述了 CSpA-DN 模型的结构,并设计了具体的损失函数。最后介绍了融合模型的训练细节。

2.3.1 动机

在临床应用中,由于 PET 和 MRI 成像机制的不同,其对应位置所包含的信息和强度存在很大差异。PET 是一种主要对人体代谢信息进行可视化的功能性成像技术,也是核医学领域的重要成像手段之一。相比之下,MRI 图像是一类解剖图像,主要显示人体器官和组织的空间和结构信息。然而,很难确定 PET 和 MRI 图像中到底包含哪些功能和结构信息,以及我们如何分别表示这些特定的信息。已有的基于 NSCT[12]和 NSST[13]的图像融合方法相信高频波段中包含的细节和空间分量。Daneshvar 和 Ghassemian[24]采用视网膜启发模型保存更多光谱信息,并结合 IHS 算法对 PET 和 MRI 图像进行融合。然而,这些融合方法通常需要为不同的组件设计融合策略或活动水平测量。

近年来基于 CNN 的研究[1,35]通过训练数据学习网络参数来实现权值分配和活动水平测量。此外,CNN 模型可以获取源图像的底层特征,重建最终的融合图像。这些方法可以产生高视觉质量的融合结果。而 CNN 网络结构相对简单,无法充分获得源图像的显著特征。此外,这些方法利用最后一层的图像特征来重建最终结果,忽略中间层的有用信息。受到密集连接网络[46]能够充分表示图像特征并能从这些特征生成融合结果的成功启发[47,48],以及自注意力机制也能够促进特征表示的判别能力的现实激励,我们提出了一种将密集网络与双注意力相结合的 MRI 和 PET 图像融合新模型。

2.3.2 问题公式化

在临床上,PET 等功能图像一般以[2]伪彩色形式显示。前人研究[1,24,34,59]将 PET 图像作为彩色图像,利用 RGB 颜色模型进行融合处理。相反,MRI 图像是灰度图像。因此,PET 与 MRI 图像融合是一种典型的彩色图像与灰度图像的融合过程。解决这一问题的简单方法是将灰度图像与彩色图像的每个通道分量分别融合,然后将 3 个融合通道进行集成,得到一个彩色结果。然而,这种方法可能会带来严重的色彩失真。对于彩色图像,其细节信息和结构信息主要包含在亮度或亮度分量中。因此,将亮度分量从 RGB 彩色图像中分割出来的颜色管道变换方法是解决这一问题的有效方法。YUV 彩色管道可以将一幅彩色图像分为两个色度分量(U 和 V)和一个亮度元素(Y),在我们的工作中,我们将 RGB 通道转换为 YUV 管道来实现 PET 和 MRI 的融合问题,然后用我们提出的模型来融合 PET 图像和灰度 MRI 图像的 Y 元素。该方法将 PET 与 MRI 图像融合转化为单通道融合任务。

DenseNet 被证实在较少参数的情况下具有较强的特征提取能力,并能改善梯度和信息流。此外,密集连接具有规整影响,以减少小尺寸训练数据集[46]的过拟合。根据 DenseNet 的这些优点,我们首先利用 DenseNet 的主干构造一个编码器,对两个单通道源图像 I_1 和 I_2 进行特征提取。将 I_1 和 I_2 图像拼接为 $I=(I_1;I_2)$,以 1 个模块密集分块输入编码器 E。利用密集连接模式,E 的最后一层产生特征 $E_l(I)$,

$$E_l(I) = y_{i-1}(I) \oplus y_i(I), i \in [1, l] \tag{2-1}$$

式中,i 为模块号,y_i 为 e 的 i 模块的输出,符号"$\oplus$"表示拼接操作。中间层的特征通过整个编码器网络 E,集成到 E 的输出中,然后将特征 $E_l(I)$ 输入到自注意力网络 ACS 中,进一步提高特征表示的判别能力。最后,将增强特征 $ACS(E_l(I))$ 送入解码器 D,生成最终的融合结果 F。

$$F = D(A_{CS}(E_l(I))) = D(A(y_{l-1}(I) \oplus y_l(I))) \tag{2-2}$$

这些阶段被合并到一个体系结构中。因为我们提出的方法采用密集连接,并包括空间和通道注意力机制。因此,为了简单起见,我们将提出的模型命名为 CSpA-DN。

2.3.3 融合网络的结构

我们将详细阐述我们的网络结构,如图 2-1 所示,这是一个典型的编码器-解码器结构。该模型包括 3 个部分:利用密集连接方式获取源图像特征信息的编码器、增强特征表示的注意力网络和重建融合图像的解码器。

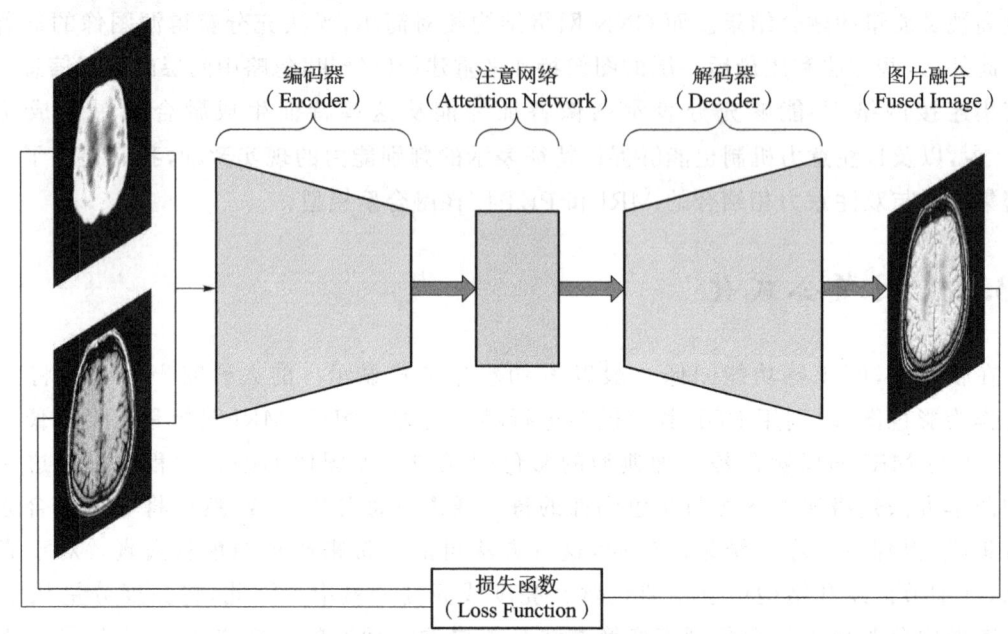

图 2-1 提出的融合框架结构示意图

1. 编码器

我们构建一个编码网络来获取两幅输入图像的特征信息。在许多使用深度学习技术的融合方法中,特征提取和表示的过程是重要的。为了充分获取中间层的特征,我们利用中间层之间的密集连接和短路径的输入方法和那些方法的输出。

由图 2-2 可以看出,编码网络包含两个部分:公共块 1 和由 4 个元素组成的密集块。公共块 1 由一个卷积层(内核大小为 3×3)和一个 Relu 激活函数组成。每个密集连接模块中都有两个卷积层,其内核大小为 3×3,stride 为 1。另外,两个卷积层之后分别是 BN 和 Relu 层。我们通过前馈的方式在每个模块和所有其他模块之间建立跳跃连接(如图 2-2 中彩色曲线所示),这样可以提高特征表示能力,降低计算复杂度。与 DenseNet[46]不同,我们的模型不包含任何池化层,在池化层中,下采样操作会在融合过程中丢弃一些细节特征。然后将两个单通道的源图像 I_1 和 I_2 进行拼接,输入到编码器中。此外,我们利用反射样式来填充源图像在我们提出的融合模型。通过这种方法,输入图像的尺寸可以是任何大小都合适的。编码器的输出是提取的特征 $E_l(I)$。

2. 空间与通道注意力

我们构建的自注意力网络包含两个部分,空间和通道注意力以提高结构特征的集成能力和捕捉特征通道之间的相关性。两个模块的结构分别在图 2-3 的底部和顶部中显示。

第 2 章 基于密集连接网络和自注意力机制的医学图像融合

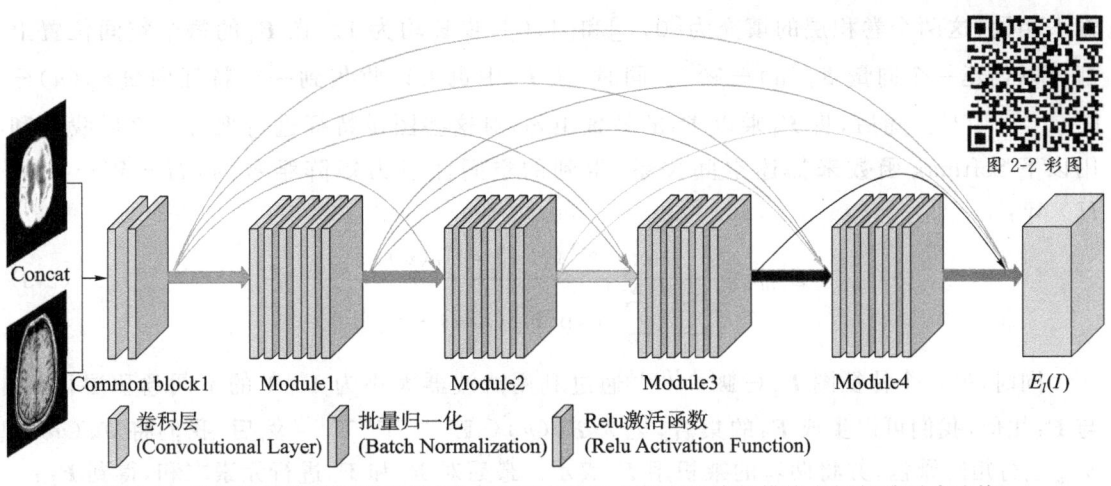

图 2-2 密集连接的编码器结构(彩色曲线表示每个紧密连接的模块之间的跳跃式连接)

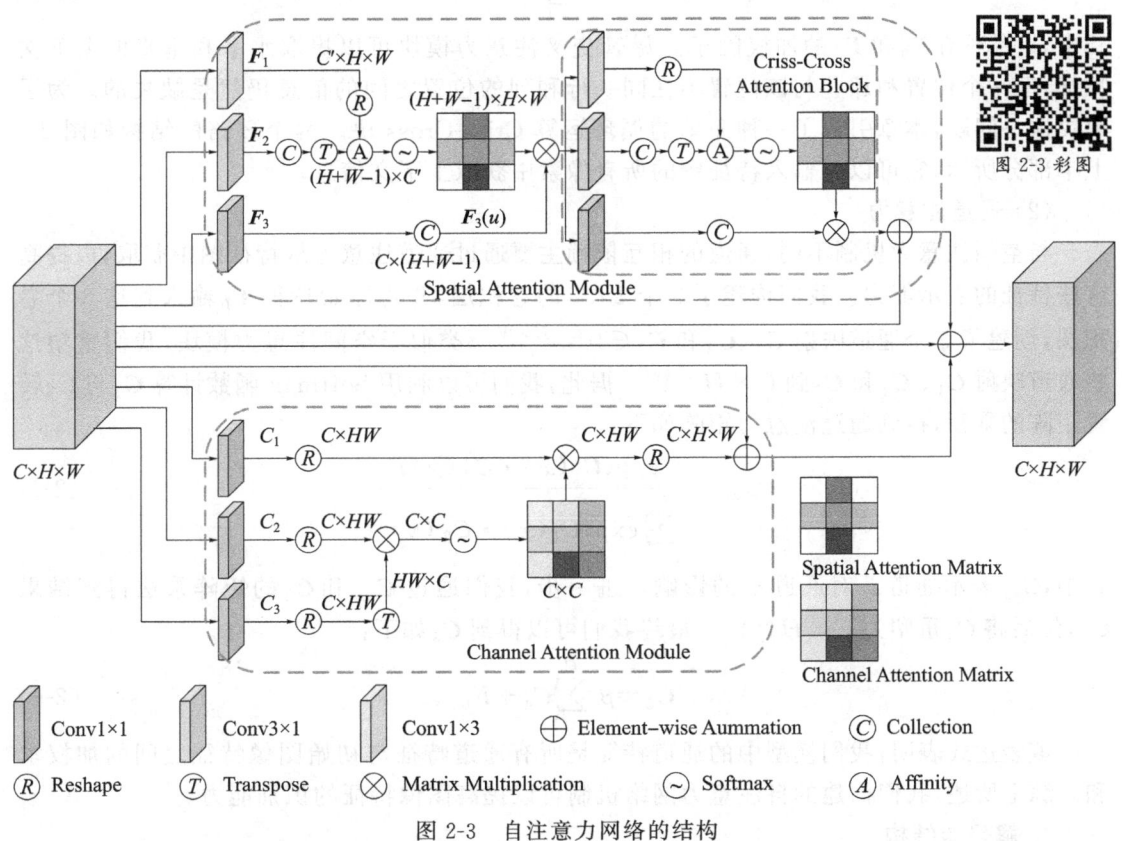

图 2-3 自注意力网络的结构

(1) 空间注意力

空间注意力模块的输入通道数为 C,宽度和高度分别为 W 和 H。首先从编码器获取特征图 F_0,输入到空间注意力模块。接下来,使用两个核大小为 1×3 和 3×1 的卷积层,产生两个新的特征映射 $F_1 \in \mathbb{R}^{C'\times H\times W}$,$F_2\in \mathbb{R}^{C'\times H\times W}$。使用 1×3 和 3×1 的过滤器大小而不是 1×1 的目的是保证 F_1 和 F_2 能够在水平和垂直方向上捕获结构信息。需要注意的是,输出特征通道 C' 的数量不等于输入通道 C 的数量。为了保持输出特征的大小与

· 43 ·

输入相同,这两个卷积层的填充为$[0,1]$和$[1,0]$,步长均为 1。在F_1的每个空间位置上都可以创建一个向量$F_1(u)\in\mathbb{R}^{C'}$。同时,从F_2中也可以收集到一个特征向量$F_2(u)\in\mathbb{R}^{C'\times(H+W-1)}$。随后,将$F_1$乘以$F_2$的转置矩阵,对这些图像特征进行聚合。之后我们利用以下 Softmax 函数来描述空间关系,得到的空间注意力矩阵维数为$(H+W-1)\times H\times W$:

$$S_{i,u}=\frac{\exp(F_2^T(i,u)\cdot F_1(u))}{\sum_{i=1}^{C'}\sum_u^{H+W-1}\exp(F_2^T(i,u)\cdot F_1(u))} \tag{2-3}$$

同时,另一个特征图$F_3\in\mathbb{R}^{C\times H\times W}$通过利用滤波器大小为$1\times 1$的不同卷积层得到。与$F_2$相似,我们可以生成$F_3$的集合,记为$F_3(u)\in\mathbb{R}^{C\times(H+W-1)}$。然后,我们将$F_3(u)$与$S_{i,u}$进行矩阵乘法,并将两者的乘积用$F_4$表示。最后对$F_4$和$F_0$进行元素求和,得到$F_5$:

$$F_5=\alpha F_4+F_0(u)=\alpha\sum_{i=1}^{C}F_3(i,u)S_{i,u}+F_0(u) \tag{2-4}$$

式中,α为平衡F_0和F_4的加权因子。尽管交叉注意力模块可以提取水平和垂直的上下文特征,但一个位置和那些与该位置不在同一行和列的位置之间的信息仍然是缺失的。为了解决这一问题,本章引入了一种简单的循环运算 Criss-Cross 块。两个环路的结构如图 2-3 上半部分所示,它可以从输入特征图的所有像素中获取上下文信息。

(2)通道注意力

与空间注意力机制不同,通道的相互依赖主要通过通道注意力从特征图中获取,以提高这些特征的表示能力。我们构建了 3 个1×1的卷积层,并将原始特征F_0输入到这 3 个卷积层,创建了 3 个通道映射C_1、C_2和$C_3\in\mathbb{R}^{C\times H\times W}$。类似于空间注意力模块,我们重塑这些通道映射$C_1$、$C_2$和$C_3$到$C\times H\times W$。据此,我们可以利用 Softmax 函数计算$C_1$与$C_2$转置矩阵的乘积,得到通道注意力矩阵如下:

$$C_{yx}=\frac{\exp(C_1(x)\cdot C_2^T(y))}{\sum_{x=1}^{C}\exp(C_1(x)\cdot C_2^T(y))} \tag{2-5}$$

式中,C_{yx}表示通道x对通道y的影响。进一步,我们通过C_{yx}和C_3的矩阵乘法得到结果C_4,然后将C_4重塑为$C\times H\times W$。最终我们可以得到C_5如下:

$$C_5=\beta\sum_{x=1}^{C}C_4+F_0 \tag{2-6}$$

该表达式表明,我们模型中的通道特征是所有通道特征与初始图像特征之间的加权求和。综上所述,我们构建的自注意力网络机制可以提高图像特征的识别能力。

3. 解码器结构

融合网络第三部分的目的是利用自注意力模块输出的改进特征映射生成融合结果。解码器的结构中有 5 个块(图 2-4),对于前 4 个块,每个块由一个卷积层和一个 Relu 函数组成。不同的是,我们在第五块引入 Tanh 作为激活函数。在解码器结构中,将卷积层中的所有核大小设为3×3,所有步长为 1。另外,在进行卷积运算之前,采用反射模式填充特征映射,以避免信息丢失。在整个融合过程中,图像所有特征的尺寸都是不变的。这意味着在图像融合的实现中,图像信息不会因为上采样或下采样操作而丢失或被入侵。

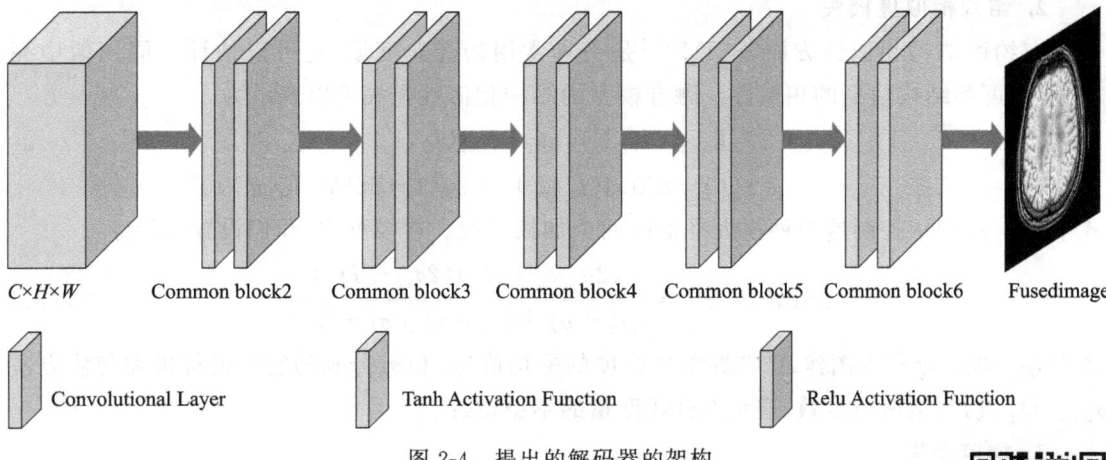

图 2-4 提出的解码器的架构

2.3.4 损失函数

图 2-4 彩图

在这项工作中,提出融合框架的目的是利用编码器-解码器结构产生高质量的包含两幅输入图像更多信息的融合结果。为了使训练后的网络预测结果更接近真实值,通常采用均方误差(MSE)。然而,只要用 MSE 正则化网络,l_2 范数的性质就会产生平滑的融合图像。为了解决这一问题,最终的融合图像需要保留更多来自 MRI 图像的结构或细节信息。同时,在图像融合过程中要保证 PET 图像中的大量功能信息也能转化为融合结果。因此,我们的融合框架的总损失包括 4 个分量:图像损失、结构相似性损失、梯度损失和感知损失,分别描述如下:

$$\text{Loss} = L_{\text{image}} + \gamma L_{\text{ssim}} + \lambda L_{\text{gradient}} + \delta L_{\text{perceptual}} \tag{2-7}$$

在该公式中,图像损失将融合图像变成与 PET 图像中像素强度相近的图像,并根据像素强度的分布对融合图像进行约束,使其与 PET 图像一致。此外,结构相似性损失的目标是将两幅输入图像丰富的结构和纹理特征融合到融合结果中。梯度损失是将融合图像中梯度变化与 MRI 图像相似的一种正则化方法。感知损失的目的是将输入图像的高感知相似度融合在一起。然后,利用这些参数 γ、λ 和 δ 来平衡总损失函数中 4 项的权重。

1. 图像损失

采用 MSE 定义图像损耗如下:

$$\begin{aligned} L_{\text{image}} &= \omega_1 L_{\text{mse}}(I_1, F) + \omega_2 L_{\text{mse}}(I_2, F) \\ &= \omega_1 \frac{1}{HW} \sum_x^W \sum_y^H (I_1(x,y) - F(x,y))^2 + \omega_2 \frac{1}{HW} \sum_x^W \sum_y^H (I_2(x,y) - F(x,y))^2 \end{aligned} \tag{2-8}$$

式中,I_1 和 I_2 为 PET 和 MRI 原始图像,F 为最终的融合图像。另外,ω_1 和 ω_2 是控制这两项的加权参数。由于 PET 和 MRI 图像的模态不同,它们所包含的信息类别也不同。因此,与 PET 图像的结构信息相比,最终的融合图像包含更多的强度信息。受文献[60]的启发,我们将两个加权参数设置为相等,约束 PET 图像与 MRI 图像的等效比例。

2. 结构相似度损失

在约束结构相似性方面,SSIM[61]是一种常用的经典度量,它可以估计不同图像中亮度、对比度和结构信息的相似性。融合模型的结构相似性损失可以表示为

$$L_{\text{ssim}} = \gamma_1 L_{\text{ssim}}(I_1, F) + \gamma_2 L_{\text{ssim}}(I_2, F) \qquad (2\text{-}9)$$
$$= \gamma_1(1 - \text{SSIM}(I_1, F)) + \gamma_2(1 - \text{SSIM}(I_2, F))$$

式中,γ_1、γ_2 表示控制这两种损失平衡的两个加权参数。在模型中,我们设置 $\gamma_1 = \gamma_2$。

$$\text{SSIM}(A, B) = \frac{(2\mu_a \mu_b + D_1)(2\sigma_{ab} + D_2)}{(\mu_a^2 + \mu_b^2 + D_1)(\sigma_a^2 + \sigma_b^2 + D_2)} \qquad (2\text{-}10)$$

式中,μ_a 和 μ_b 分别为图像 A 和图像 B 强度的平均值,σ_a 和 σ_b 分别为它们的标准差与协方差 σ_{ab}。D_1 和 D_2 是两个常数,避免 SSIM 度量的不稳定性。

3. 梯度损失

为了将丰富的纹理特征融合到最终的融合结果中,我们对融合图像和源图像设计了梯度损失算法。

$$L_{\text{gradient}} = \lambda_1 L_{\text{gradient}}(I_1, F) + \lambda_2 L_{\text{gradient}}(I_2, F)$$
$$= \lambda_1 \frac{1}{HW} \sum_x^W \sum_y^H (\nabla I_1(x,y) - \nabla F(x,y))^2 \qquad (2\text{-}11)$$
$$+ \lambda_2 \frac{1}{HW} \sum_x^W \sum_y^H (\nabla I_2(x,y) - \nabla F(x,y))^2$$

式中,符号"∇"表示梯度运算,λ_1 和 λ_2 是梯度损失函数中两项权衡的加权参数。由于 MRI 图像比 PET 图像包含更多的纹理特征,我们期望 MRI 图像的梯度信息在融合过程中主要受到约束。因此,我们在训练阶段设置参数 λ_1 小于 λ_2 的权值。

4. 感知损失

为了增强我们的融合网络,将感知损失[62]纳入到总损失中,这样可以使网络规整,重构出更加细节化的融合结果。一般情况下,感知损失是由高级特征之间的 MSE 计算的。我们的感知损失被定义为

$$L_{\text{perceptual}} = \delta_1 L_{\text{perceptual}}(I_1, F) + \delta_2 L_{\text{perceptual}}(I_2, F)$$
$$= \delta_1 \frac{1}{CHW} \sum_i^C \sum_x^W \sum_y^H (\varphi_{I_1}^i(x,y) - \varphi_F^i(x,y))^2 \qquad (2\text{-}12)$$
$$+ \delta_2 \frac{1}{CHW} \sum_i^C \sum_x^W \sum_y^H (\varphi_{I_2}^i(x,y) - \varphi_F^i(x,y))^2$$

式中,φ 为预训练的 VGG16 网络获得的特征映射,i 为带加权参数 δ_1 和 δ_2 的通道数。此外,φ_{I_1}、φ_{I_2} 和 φ_F 是 I_1、I_2 和 F 的特征表示,这些特征对融合图像同样重要。这是因为我们不仅保留了 PET 图像的功能信息,同时也保留了 MRI 图像的结构信息。因此,设置参数 $\delta_1 = \delta_2$ 来约束两幅源图像拥有相同的特征表示。

2.3.5 训练细节

我们提出的模型旨在重建高质量的融合结果,不仅包含 PET 图像的功能特征,还包括

MRI 图像的细节和结构信息。我们选取哈佛医学院网站[63]的 58 对 PET 和 MRI 图像作为训练数据。然而,这种数据集的数量不足以训练一个庞大的网络。因此,在融合模型的训练阶段,我们在每次迭代中随机将源图像切割成一定数量的尺寸为 64×64 的图像块作为融合模型的输入。将整个原始图像输入到融合模型中,在测试阶段生成最终的融合图像。此外,输入图像的强度被归一化到 0 到 1 的范围内。首先,将 RGB 颜色格式的多通道 PET 图像转换为 YUV 模型,然后将 PET 图像的 Y 分量与 MRI 图像合并。最后利用 Adam optimizer[64] 更新融合网络的参数。学习率被定义为一个衰减函数。

$$lr_{\text{iter}} = lr_{\text{iter}-1} \times \left(0.5^{\lfloor \frac{\text{iter}}{\text{step}} \rfloor}\right), \text{iter} \in [1, N] \quad (2\text{-}13)$$

式中,符号"⌊⌋"为整型运算,"iter"表示迭代,"step"为控制衰减程度的参数。在我们的融合实验中,参数"step"和迭代次数 N 分别被赋值为 200 和 1 000。初始学习率设为 1e−4。

接下来,我们训练融合网络,直到满足最大的训练迭代量。在训练的第一阶段,将包含大量 MRI 和 PET 图像对的训练数据输入编码器,提取源图像的深度特征。然后,将这些特征映射输入到双注意力网络中,进一步得到局部图像特征及其全局依赖性。最后,将融合后的特征注入解码器网络,重建融合结果。算法 1 演示了这个过程。表 2-1 所示为融合模型中每个块或模块的具体设置。

算法 1 Training steps for our CSpA-DN fusion model

1: **Procedure** Fusion based on CSpA-DN for MRI and PET images
2: **Input**: source images I_1, I_2
3: Training loop:
4:    Source images I_1, I_2 are concatenated and inputted into the encoder E
5:    The output features $E_l(I)$ of E are fed into the self-attention network
6:    Generate intermediate fused image F
7:    Calculate $L_{\text{image}}(8), L_{\text{ssim}}(9), L_{\text{gradient}}(11)$ and $L_{\text{perceptual}}(12)$, and combine them to obtain the full loss function $Loss(7)$
8: **Close**
9: **Output**: Final fused image F

表 2-1 提出的融合模型中所有层的输入和输出通道,其中"s""p"表示卷积层中的 stride 和 padding

	Input channels		Output channels	
Common block 1	2,3×3,s 1,p 1		32	
Module 1	Conv1	Conv2	Conv1	Conv2
	32,3×3,s1,p1	32,3×3,s1,p1	32	32
Module 2	Conv1	Conv2	Conv1	Conv2
	64,3×3,s1,p1	32,3×3,s1,p1	32	32
Module 3	Conv1	Conv2	Conv1	Conv2
	96,3×3,s1,p1	32,3×3,s1,p1	32	32

续表

Module 4		Input channels			Output channels		
		Conv1	Conv2		Conv1	Conv2	
		128,3×3,s1,p1	32,3×3,s1,p1		32	32	
Attention Network	Spatial Attention	Conv1×3	Conv3×1	Conv1×1	Conv1×3	Conv3×1	Conv1×1
		160	160	160	40	40	160
	Channel Attention	Conv1×1	Conv1×1	Conv1×1	Conv1×1	Conv1×1	Conv1×1
		160	160	160	160	160	160
Common block 2		160,3×3,s1,p1			160		
Common block 3		160,3×3,s1,p1			80		
Common block 4		80,3×3,s1,p1			40		
Common block 5		40,3×3,s1,p1			16		
Common block 6		16,3×3,s1,p1			1		

2.4 实验结果

为了评估我们的融合框架,我们使用了一个公开的数据集来进行融合实验。在 2.4.1 节中,我们将详细描述这些数据集和参数设置。2.4.2 节介绍融合结果的评估指标,以定量评估我们的融合模型和其他方法的性能。2.4.3 节介绍不同的网络结构的有效性,包括密集连接、空间注意中的内核大小和循环的纵横注意块的循环数。2.4.4 节介绍损失函数的不同组合对训练我们的融合模型的影响。2.4.5 节对融合模型进行了定性分析,通过与其他先进融合模型的比较实验,定量地说明了采用这些评价指标的方法的性能。我们利用 Pytorch[65] 对测试图像实施了所提出的融合框架。注意,所有基于深度学习的方法都运行在 NVIDIA GPU TESLA T4 上,而其他方法运行在相同的 CPU i7-8565 上。

2.4.1 实验数据与参数设置

利用 Whole Brain Atlas 获取的数据集进行 MRI 和 PET 图像融合实验[63]。本节选择了 58 对训练图像和 20 对测试数据来评估我们提出的框架。所有这些图像对都是预先对齐的,分辨率为 256×256。批大小为 64,迭代量为 1 000。在总损失函数中,结构相似损失的权重 γ 为 1,梯度损失的参数 λ 为 100,感知损失的权重 δ 为 0.2。对于损失函数中的每一项,参数 ω_1、ω_2、γ_1、γ_2、δ_1 和 δ_2 均设为 0.5。将梯度损失参数 λ_1 和 λ_2 分别设为 0.2 和 0.8,使融合图像包含更多的 MRI 图像上下文信息。

2.4.2 评价度量

在我们的实验中,利用 6 个客观评价指标来定量度量融合结果,即熵测度(EN)[14],

Xydeas 和 Petrović 度量(Q_{abf})[66],信息保真准则(IFC)[67],基于图像像素的特征互信息(FMI_pixel)[68],离散余弦变换 FMI(FMI_dct),视觉信息保真(VIF)[69]。

熵度量是信息论领域的一个重要定义,它估计融合结果中包含的信息量。其定义如下:

$$Q_{\mathrm{EN}} = -\sum_{l=0}^{L-1} p_l(F(x,y))\log_2 p_l(F(x,y)) \quad (2\text{-}14)$$

式中,L 表示融合结果中灰度级(也称 bins)的数量。p_l 表示对应灰度级的概率分布。在我们的实验中,参数 L 设置为 256。Q_{EN} 值越高,融合结果包含的信息越多,融合效果越好。

Q_{abf} 能够反映从两幅输入图像中获取的视觉边缘信息质量,能够客观地评价融合效果。该度量定义为

$$Q_{abf}(F;I_1,I_2) = \frac{\sum_{x=1}^{W}\sum_{y=1}^{H}(Q^{I_1F}(x,y)\omega^{I_1}(x,y)+Q^{I_2F}(x,y)\omega^{I_2}(x,y))}{\sum_{x=1}^{W}\sum_{y=1}^{H}(\omega^{I_1}(x,y)+\omega^{I_2}(x,y))} \quad (2\text{-}15)$$

式中,Q_{I_1F} 和 Q_{I_2F} 分别表示源图像 I_1 和 I_2 的融合图像中像素点 (x,y) 边缘特征保留量。Q_{I_1F} 的定义是

$$Q^{I_1F}(x,y) = Q_g^{I_1F}(x,y)Q_\alpha^{I_1F}(x,y) \quad (2\text{-}16)$$

Q_g、Q_α 表示融合结果中保留的 (x,y) 位置的梯度强度和方向信息,被定义为

$$Q_g^{I_1F}(x,y) = \frac{\Gamma_g}{1+e^{K_g(G^{I_1F}(x,y)-\sigma_g)}} \quad (2\text{-}17)$$

$$Q_\alpha^{I_1F}(x,y) = \frac{\Gamma_\alpha}{1+e^{K_\alpha(\Delta^{I_1F}(x,y)-\sigma_\alpha)}} \quad (2\text{-}18)$$

$$G^{I_1F}(x,y) = \begin{cases} \dfrac{g_F(x,y)}{g_{I_1}(x,y)}, & g_{I_1}(x,y) > g_F(x,y) \\[2mm] \dfrac{g_{I_1}(x,y)}{g_F(x,y)}, & \text{其他} \end{cases} \quad (2\text{-}19)$$

$$\Delta^{I_1F}(x,y) = 1 - \frac{|\alpha_{I_1}(x,y)-\alpha_F(x,y)|}{\pi/2} \quad (2\text{-}20)$$

式中,g_{I_1} 和 g_F 为 I_1 和 F 在像素位置 (x,y) 的梯度,α_{I_1} 和 α_F 表示梯度方向的角度。同理,可以得到 I_2 和 F 的表达式。

IFC 度量是一种基于信息论的基于自然场景统计的图像保真度度量方法。采用自然场景模型和失真模型来度量两幅输入图像之间共享的统计信息和融合结果。其定义如下:

$$\mathrm{IFC}(F;I_1,I_2) = \frac{1}{2}(\mathrm{IFC}(F,I_1)+\mathrm{IFC}(F,I_2)) \quad (2\text{-}21)$$

IFC 实际上是通过互信息估计的。可简化为[67]

$$\mathrm{IFC}(F,I) = \frac{1}{2}\sum_{k\in\text{subbands}}\sum_{i\in\text{RFs}}\log_2\left(1+\frac{g_{k,i}^2 s_{k,i}^2 \sigma_U^2}{\sigma_V^2}\right) \quad (2\text{-}22)$$

式中,k、i 分别为子带、块(随机场,RF)指数;$g_{k,i}$ 表示第 k 个子带内第 i 个 RF 的标量增益场。

FMI 是通过计算两幅输入图像之间的互信息和融合结果来实现的无参考度量。FMI 表示为

$$\mathrm{FMI}(F;I_1,I_2) = \frac{1}{n}\sum_{i=1}^{n}\left(\frac{MI_i(I_1,F)}{H_i(I_1)+H_i(F)} + \frac{MI_i(I_2,F)}{H_i(I_2)+H_i(F)}\right) \quad (2-23)$$

式中,i 表示区域窗口,MI_i 表示对应窗口的互信息。在我们的实验中,采用图像像素和离散余弦变换计算的两种 FMI 度量变化,提取图像特征,构造两个 FMI 度量,分别表示为 $\mathrm{FMI}_{\mathrm{pixel}}$ 和 $\mathrm{FMI}_{\mathrm{dct}}$。

VIF 是量化信息保真度和视觉质量的指标。它可以测量融合结果中存在的信息。VIF 度量定义为

$$\mathrm{VIF}(F;I_1,I_2) = \frac{1}{2}(\mathrm{VIF}(F,I_1)+\mathrm{VIF}(F,I_2)) \quad (2-24)$$

式中,两幅图像的 VIF 度量表示为两种信息度量的简单比值,这可以很好地与视觉质量保持一致。

$$\mathrm{VIF}(F,I) = \frac{\sum_{k\in\text{subbands}}\sum_{i\in\text{RFs}}\log_2\left(1+\frac{g_{k,i}^2 s_{k,i}^2 \lambda_k}{\sigma_n^2+\sigma_v^2}\right)}{\sum_{k\in\text{subbands}}\sum_{i\in\text{RFs}}\log_2\left(1+\frac{s_{k,i}^2 \lambda_k}{\sigma_n^2}\right)} \quad (2-25)$$

在我们的实验中,这些指标被用于量化评估提出的模型与其他融合方法的有效性。

2.4.3 不同网络结构的验证

深度网络的结构在融合模型中起着重要的作用。通过采用不同的体系结构,我们的模型获得了更好的融合性能。因此,本章验证了不同网络结构对融合模型的影响。本章提出的融合模型主要由密集网络和自注意力模块组成。因此,我们设计了三组实验来验证如何通过密集连接来提高融合性能,并验证注意力模块能够保留细节信息。此外,还研究了卷积核大小在空间注意力模块的作用及 Criss-Cross 注意力模块中循环次数的有效性。

已经证实传统的 CNN 网络随着层数的增加梯度信息就会消失和"冲洗"。为了解决这个问题,从 CNN 各层提取的特征在传递到下一层之前先进行级联,然后在前层和后层之间建立跳跃式连接。与传统的 CNNs 相比,DenseNet 网络结构可以提高图像特征的表达能力,并且可以提高融合模型的融合性能。此外,通过利用核大小为 3×1 和 1×3 的两个卷积层,可以将水平方向和垂直方向的结构信息保存在融合结果中。除了密集网络和卷积核大小,循环的 Criss-Cross 注意力模块可以保留输入特征图中所有像素的上下文信息,循环数在融合框架中也扮演着重要的角色。

为了验证上述思想,下面进行第一个实验,训练两个模型,包括本章提出的密集网络融合模型和无密集连接的基线网络。对于基线网络,除了密集连接外,其他结构和参数设置与提出的融合模型相同。我们比较了这两种网络的融合性能。第 2 个实验验证了 3 种融合模型,分别为无自注意力模块的框架、空间注意力模块中核大小为 1×1 和 3×1 的模型。最后,进行了第三个实验,验证了循环 Criss-Cross 注意力模块中的循环次数对融合性能的提高。

1. 密集连接的验证

图 2-5 所示为基于密集网络的融合框架和无密集连接模型的融合结果。前两行分别为

1、2、6、9 对 PET 和 MRI 初始图像。第三行和第四行分别表示在没有密集网络和有密集网络的情况下，这两种融合模型的融合结果。实验结果表明，我们的密集网络不仅能保留 PET 图像的功能信息，还能保留 MRI 图像的细节结构。然而，基线模型的融合图像丢失了 PET 图像的很多功能信息（如图 2-5 红色矩形区域所示）。此外，基线框架在融合图像中产生了一些伪影，这些伪影在图 2-5 中蓝色方框标记的区域中得到了明显的说明。相比之下，我们的密集模型可以获得更好的融合性能。

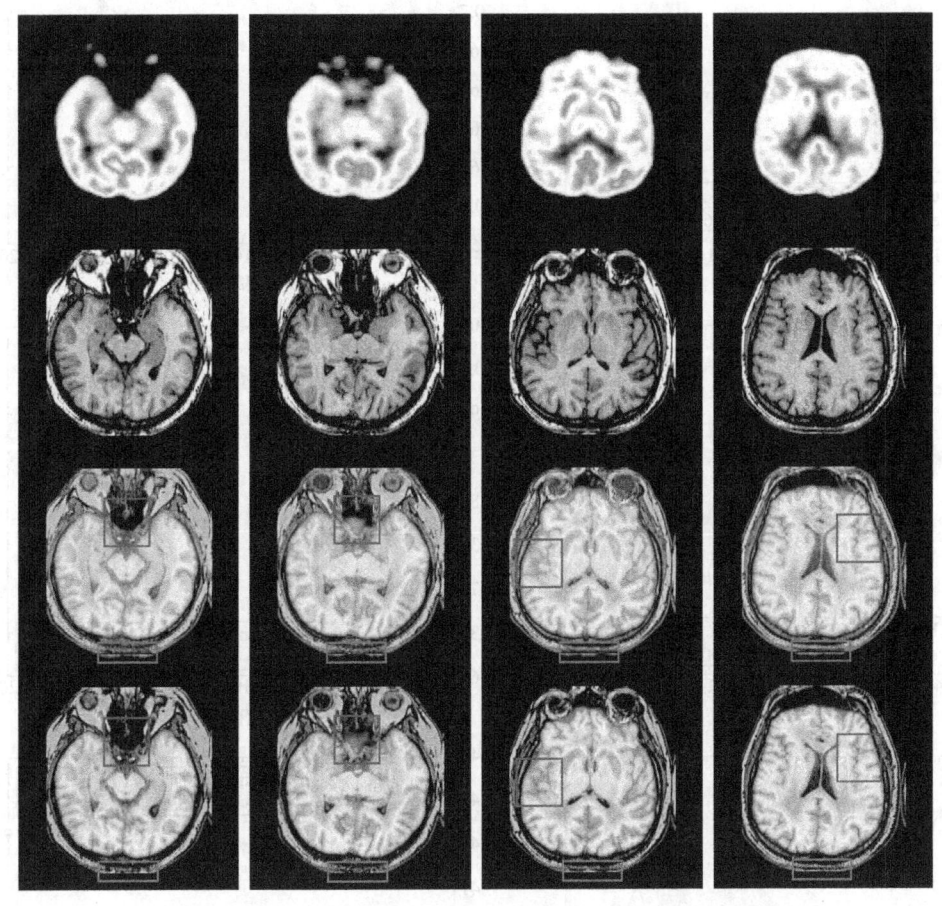

图 2-5　利用两种模型对 MRI 和 PET 图像融合结果进行定性评价
第 1 至 4 行：PET 图像、MRI 图像、基线框架与所提模型的融合结果

图 2-5 彩图

使用 6 个客观指标对这两种融合模型进行定量评价如图 2-6 所示。从这些结果可以看出，有密集连接可以获得比无密集连接的基线框架更高的度量值。

2. 空间注意力的滤波器核大小

接下来，验证了自注意力模块在融合框架中的影响，并验证了空间注意力模块中卷积层的滤波器核大小。与上文类似，利用 20 对测试图像对 3 种融合模型进行验证，如框架只包含编码器和解码器，不包含自注意力，模型的内核大小为 1×1 和 3×1 注意力模块。

采用 6 个客观指标的定量评价如图 2-7 所示。由结果可以看出，两种具有自注意力的融合模型得到的结果（图 2-7 中的绿色曲线和红色曲线）在大多数图像对上的表现都优于无自注意力的融合模型（图 2-7 中的蓝色曲线的结果），促进了两幅输入图像的局部特征融合到最终的融合图像中。此外，内核大小为 3×1 的融合模型比内核大小为 1×1 的融合模型在所有 6 个指标上都能获得更高的评估分数。因此，我们利用核维数为 3×1 和 1×3 的卷积层，在空间注意力模块中生成 F_1 和 F_2。

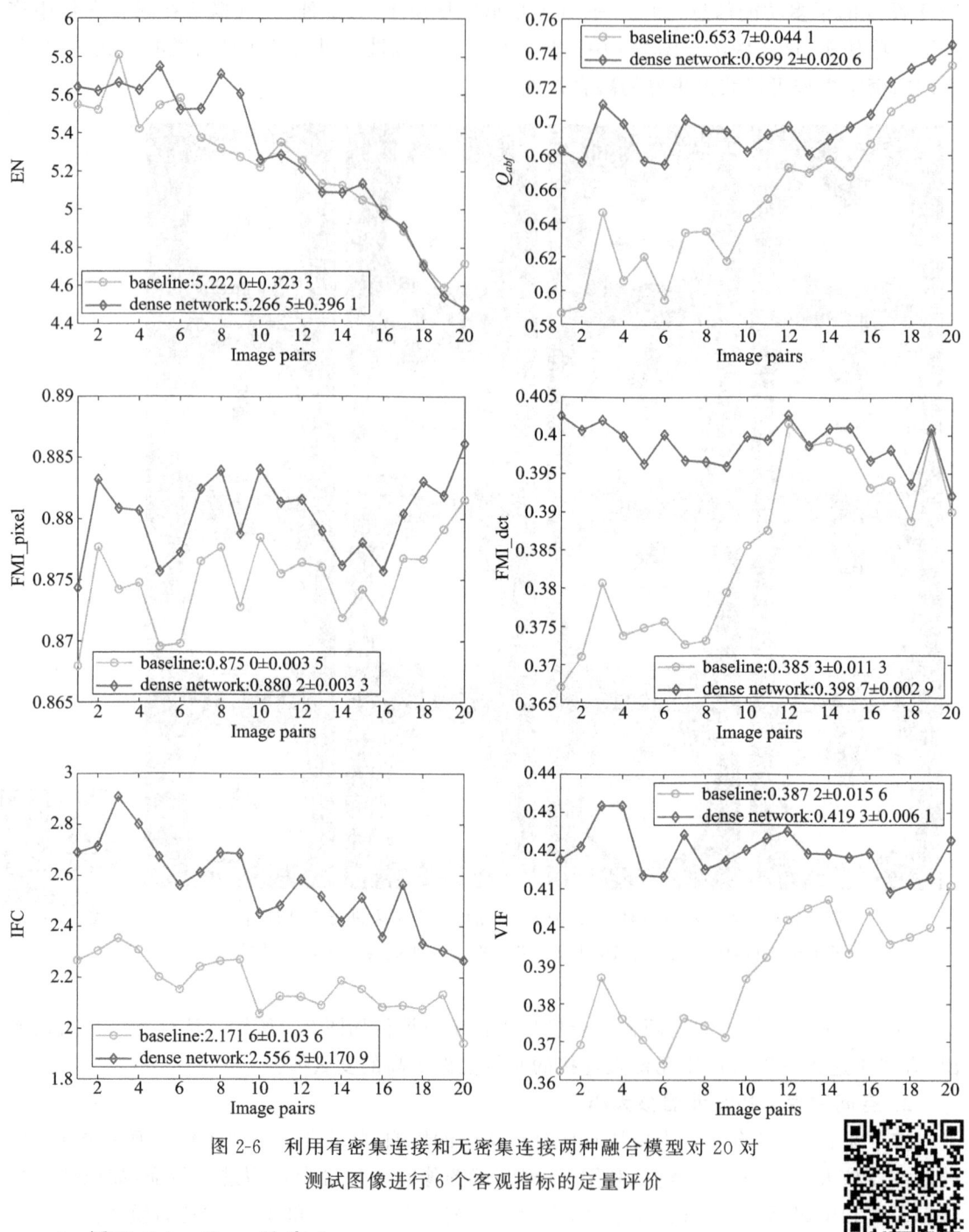

图 2-6 利用有密集连接和无密集连接两种融合模型对 20 对测试图像进行 6 个客观指标的定量评价

3. 循环 Criss-Cross 注意力

本节进一步说明自注意力网络在改善融合性能中的作用。在此，我们重点研究了循环 Criss-Cross 注意力模块中循环次数在融合实验中的影响。在上文中，已经提到在单一的

Criss-Cross 模块中考虑 Criss-Cross 路径的信息，不可避免地会缺少一些特征信息。因此，Criss-Cross 模块的简单循环可以捕获更多的信息，从而提高融合性能。图 2-8 所示为 $R=1,2,3$ 等不同环路数的循环交叉注意力模块的融合性能。从这些客观的评价结果中，我们可以明显地观察到，对于大多数测试图像，使用 $R=2$ 的注意力模块融合图像要优于 $R=1$ 的融合模型。

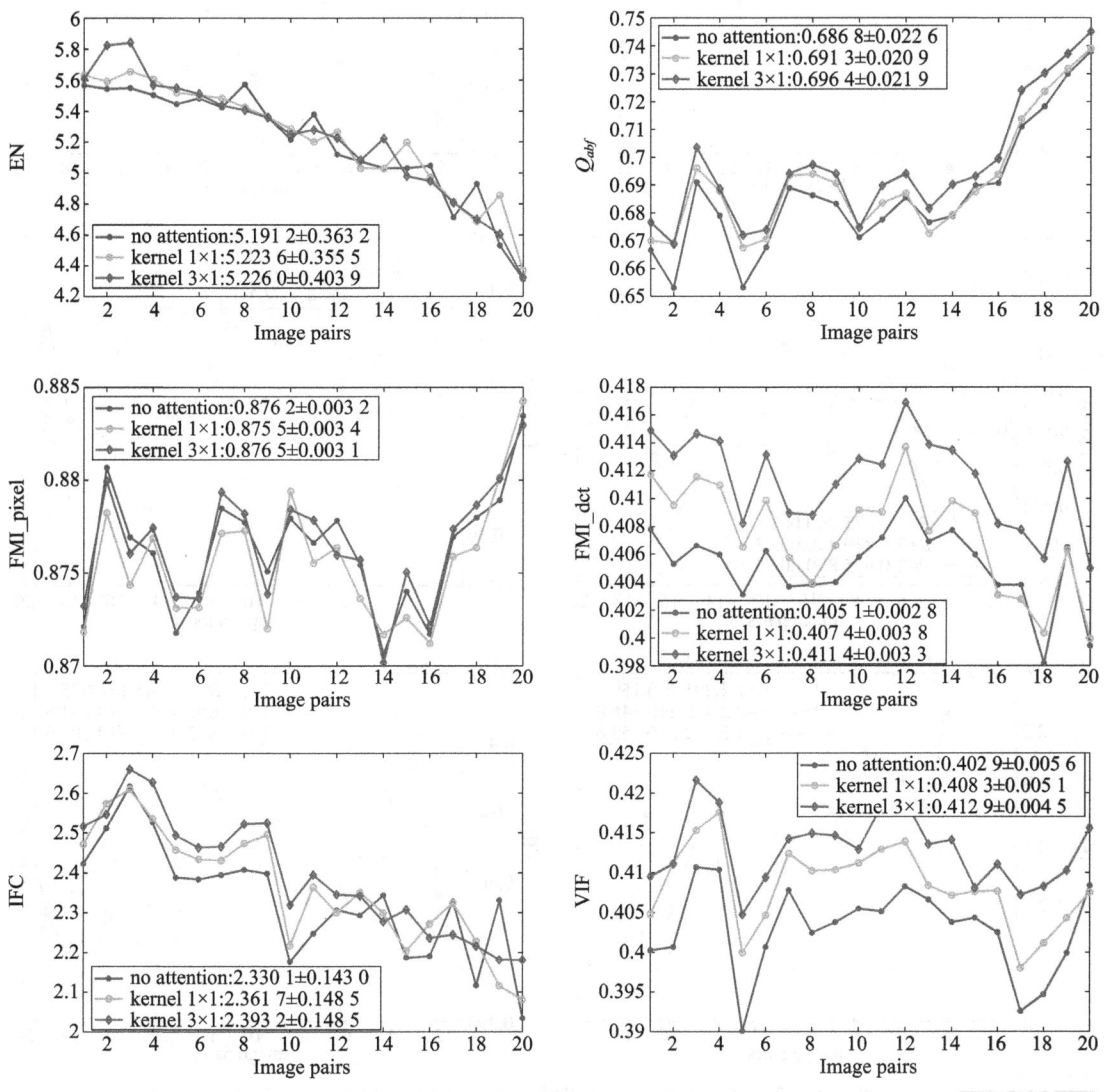

图 2-7 采用无自注意力的融合模型对 20 对测试图像进行 6 个度量的最终融合结果，内核大小分别为 1×1 和 3×1

当 $R=2$ 时，6 个指标的均值指数均大于 $R=1$。$R=3$ 时，Q_{abf}、FMI_dct、IFC、VIF 等大部分指标的均值均大于 $R=1$ 和 $R=2$。然而，Q_{EN} 和 FMI_pixel 等指标的得分低于 $R=2$。当然，随着参数 R 的增加，计算复杂度也会增加。因此，我们在融合模型中使用了两个交叉的注意力模块，并将参数 R 设为 2，在融合性能和计算效率之间进行权衡。

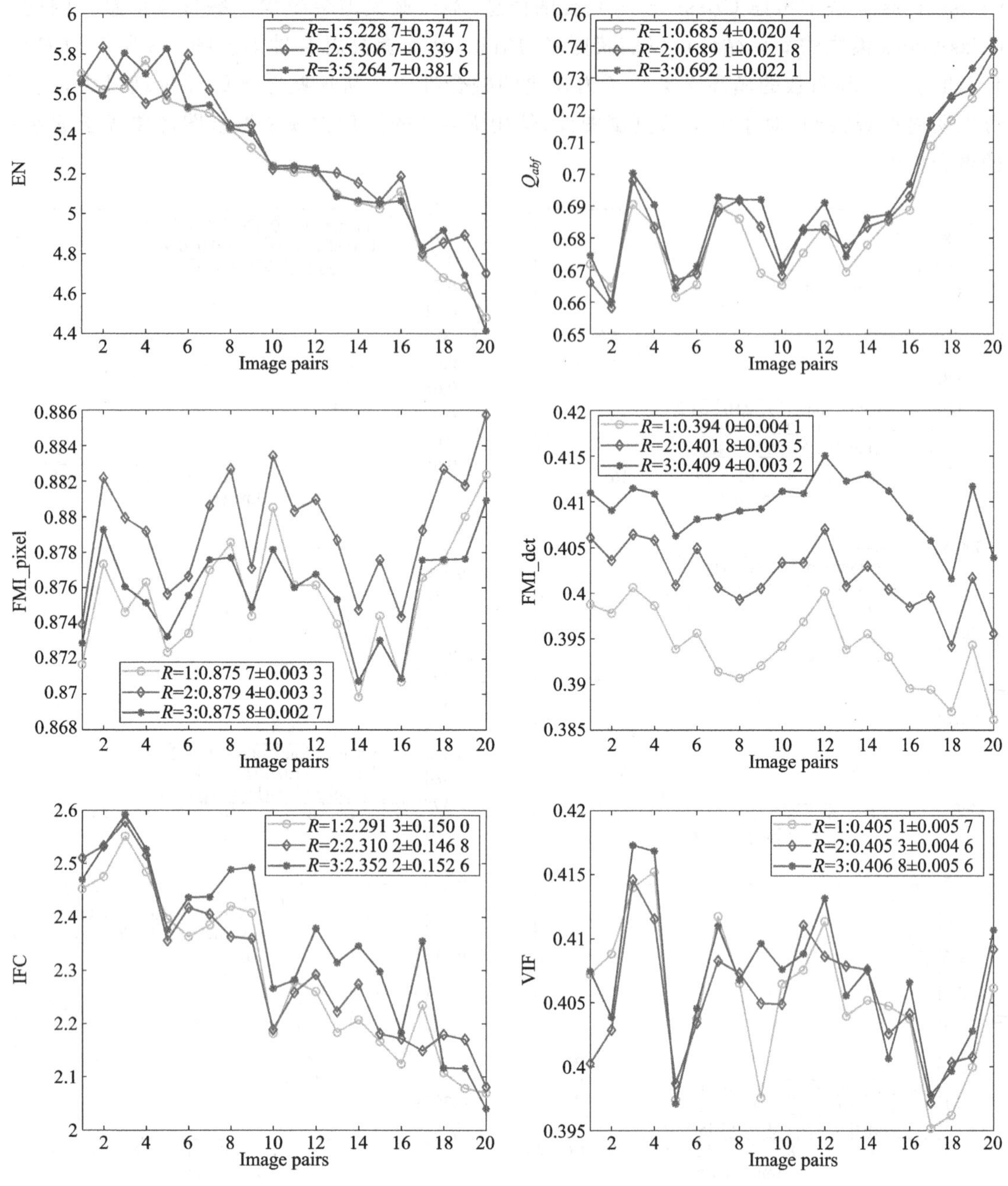

图 2-8 采用 $R=1,2,3$ 的基于循环交叉注意力模块的融合框架对 20 对 PET 和 MRI 图像的 6 项指标进行评价

图 2-8 彩图

2.4.4 不同损失的有效性

本小节解释了为什么我们设计由方程(2-7)定义的损失函数,并验证了在提出的融合框架中总损失函数中每一个损失的影响。如 2.2.4 节所述,总损失包括 4 个部分:图像损失、结构相似性损失、梯度损失和感知损失。图像损失表示融合结果与两源图像的均方误差之

和,量化了图像强度的差异。利用梯度损失和结构相似度分别迫使融合图像的结构信息和梯度信息与源图像相似。最后,利用感知损失进一步改进高级特征的提取,提高融合性能。

为了估计每一种损失的影响,我们使用不同的损失函数 image_loss、image_ssim_loss、image_ssim_gra_loss、image_ssim_per_loss 和 image_ssim_gra_per_loss 进行了 5 组融合实验。定性融合结果如图 2-9 所示。前两行分别为第 2、4、6、7、10、12、15、17 号 PET 和 MRI 源图像。第三至第七行显示了使用这 5 个损失函数的融合图像。从图 2-9 中可以看出,利用 image_loss 融合的结果可以保留 PET 图像的功能信息,但是目标的边缘没有被锐化,并且缺乏 MRI 源图像的一些结构特征。与 image_loss 相似,image_ssim_loss 融合结果中目标的边缘也没有被锐化,丢失了一些 MRI 信息。当梯度损失或知觉损失加到总损失后,image_ssim_gra_loss 和 image_ssim_per_loss 融合图像比 image_loss 和 image_ssim_loss 融合图像保留更多的 MRI 源图像结构信息。而 image_ssim_gra_loss 在多个融合结果中产生了一些水平伪影(见图 2-9 中第五行蓝色方框标记的区域)。在 5 个损失函数的融合结果中,image_ssim_gra_per_loss 不仅保留了 PET 图像的功能信息,还保留了 MRI 的结构信息和细节信息。实验结果表明,梯度和感知损失可以改善特征表示,并有利于细节信息的保留。

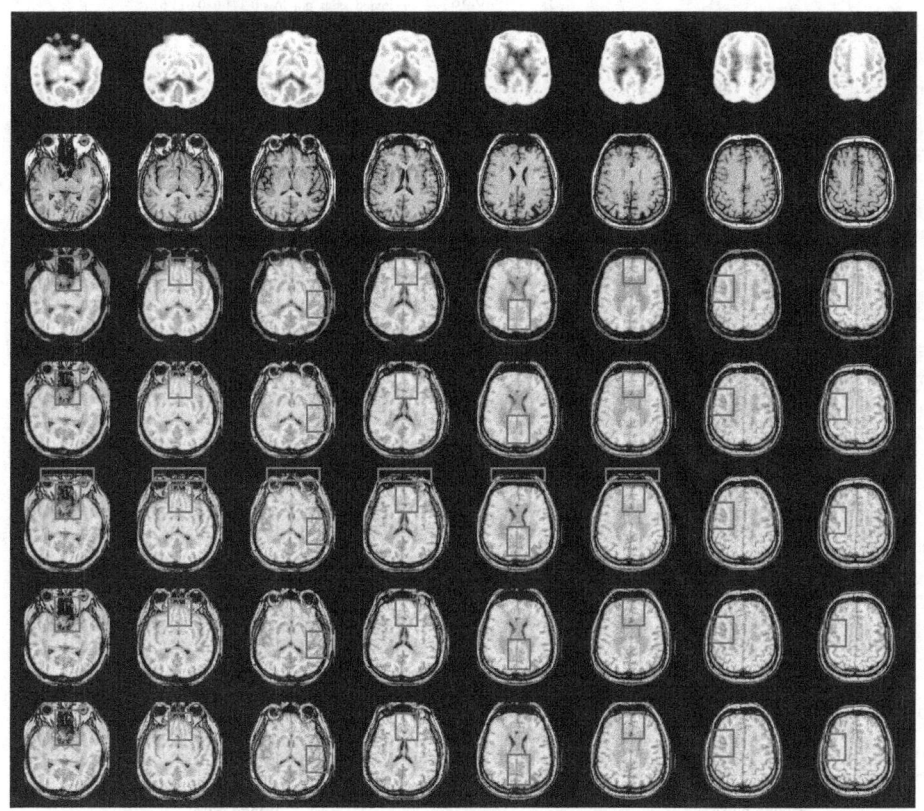

图 2-9 采用 5 种损失函数对 8 对测试图像进行融合

图 2-9 彩图

为了定量评估各种损失的影响,图 2-10 所示为 20 对测试图像上 6 个度量的评价得分。image_ssim_gra_per_loss 的融合结果展示了 5 个度量(Q_{abf}、FMI_pixel、FMI_dct、IFC 和 VIF)的最大平均值。对于 Q_{EN} 度量,image_loss 比其余 4 个损失函数的平均值最大,说明

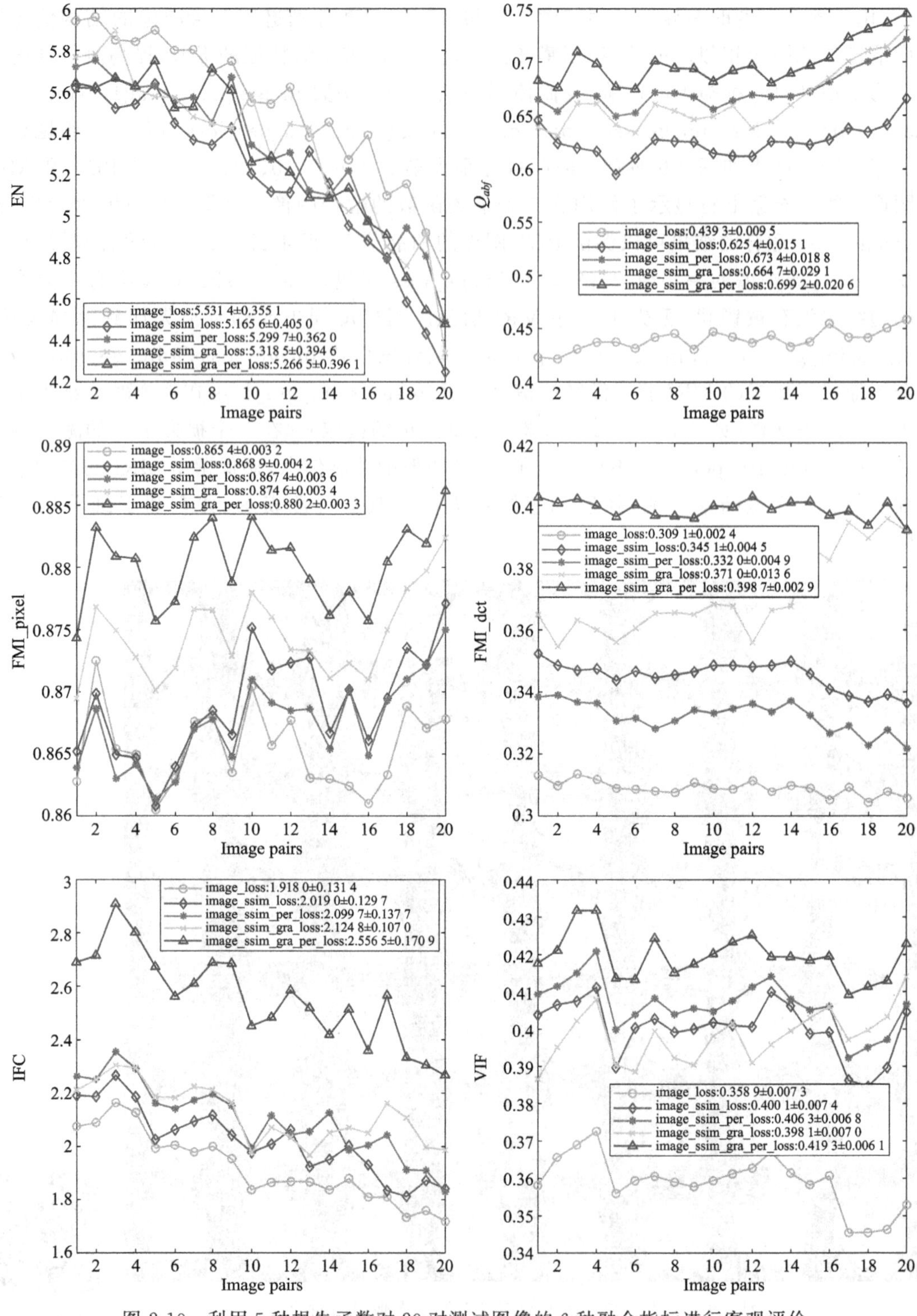

图 2-10 利用 5 种损失函数对 20 对测试图像的 6 种融合指标进行客观评价

图 2-10 彩图

融合图像信息更加丰富。图像损失的重点是保留 PET 中的功能信息,这也符合 HVS,这也解释了为什么使用 image_loss 的 Q_{EN} 值最大。Q_{abf}、FMI_pixel、FMI_dct、IFC 和 VIF 的最大平均值表明,与其他损失函数相比,使用 image_ssim_gra_per_loss 的融合模型保留了更多的结构信息、丰富的边缘和纹理。

此外,使用每个损失函数的训练曲线如图 2-11 所示。从这些训练曲线可以明显地看出,当选择 image_ssim_gra_per_loss 作为总损失函数时,SSIM 损失、梯度损失和感知损失这 3 种损失比其他 4 种损失函数组合收敛更快,得到的损失值更低。这些损失曲线还表明,image_ssim_gra_per_loss 在训练步骤中捕获了更多的细节和结构信息。对于图像损失的训练,仅以图像损失为总损失的 image_loss 函数相对于其他损失函数的损失值最小,说明 image_loss 可以保留源图像丰富的强度信息。虽然 image_ssim_gra_per_loss 对于训练图像损失不是最好的,但是它在结构信息和强度信息之间更加平衡。

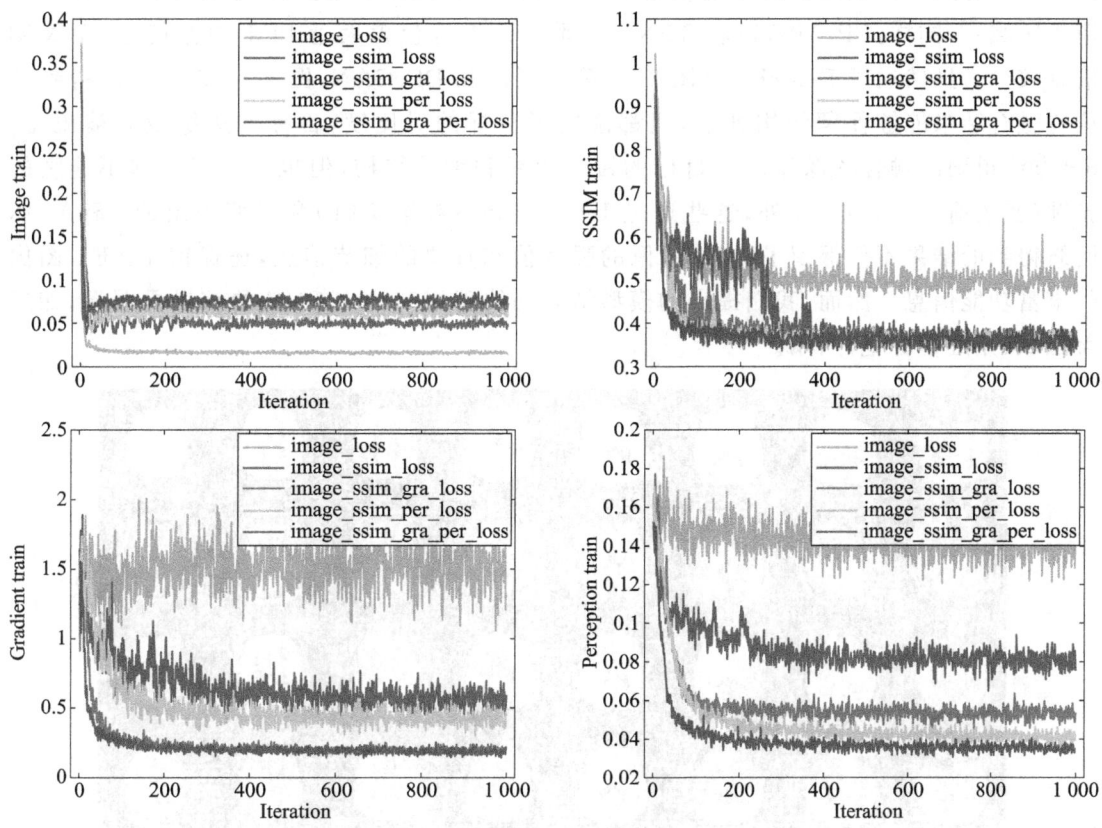

图 2-11 使用 5 种不同的损失函数组合,分别是:仅图像损失、图像损失和 SSIM 损失之和、图像和 SSIM 损失之和加上梯度损失、图像和 SSIM 结合加上感知损失、4 种损失综合,得到训练阶段图像损失、SSIM 损失、梯度损失和感知损失的变化图

2.4.5 对比实验

在 20 对测试数据上验证了该融合方法的有效性,并与其他先进的融合模型进行了对比实验。

1. 定性估计

为了提供直观的评估,我们进行了以下实验,将我们提出的融合框架与其他 9 种方法进行比较,分别是 GTF (Gradient Transfer fusion)[70]、LP (Laplacian Pyramid)[71]、MSVD (Multi-resolution Singular Value Decomposition)[72]、RP (low-pass Pyramid ratio)[73]、IFCNN[37]、TFNet (Two-stream fusion Network)[38]、FusionGAN(使用生成式对抗网络融合)[39]、DenseFuse[47]、DDcGAN[74]。定性融合图像如图 2-12 所示,包括脑 PET 在 8 个不同轴向平面上的 9 幅具有代表性、直观的融合图像(见图 2-12 第 1 行)和 MRI(见图 2-12 第 2 行)。最后一行表示我们的融合模型的结果。在这些融合图像中,我们观察到所有的融合方法都能在一定程度上很好地融合 PET 和 MRI 图像的功能特征和细节信息。然而,GTF 方法(图 2-12 第 3 行)和 FusionGan 方法(图 2-12 第 9 行)的融合结果可以保留比其他所有融合模型更多的功能信息,而这两种方法失去了很多纹理和细节结构(红色箭头区域)。同样,LP、MSVD 和 TFNet 的融合结果也包含大量 PET 图像信息,而 MRI 信息较少。虽然通过 DenseFuse(图 2-12 第 10 行)和 DDcGAN(图 2-12 第 11 行)得到的这些融合结果能够保留结构细节,但都削弱了目标的对比度,目标的边缘没有被锐化。RP 方法得到的融合图像保留了目标的锐化边缘和细节结构,但也显示了一些不连续的轮廓(蓝色箭头标记)。此外,这些通过 IFCNN(显示在第 7 行)和我们提出的 CSpA-DN 网络得到的结果不仅保留了 MRI 图像的强度值和重要的细节信息,还保留了 PET 图像的丰富功能信息。然而,我们提出的模型结果的纹理细节比 IFCNN 的结果更明显,如显著区域(用红框标记)所示。

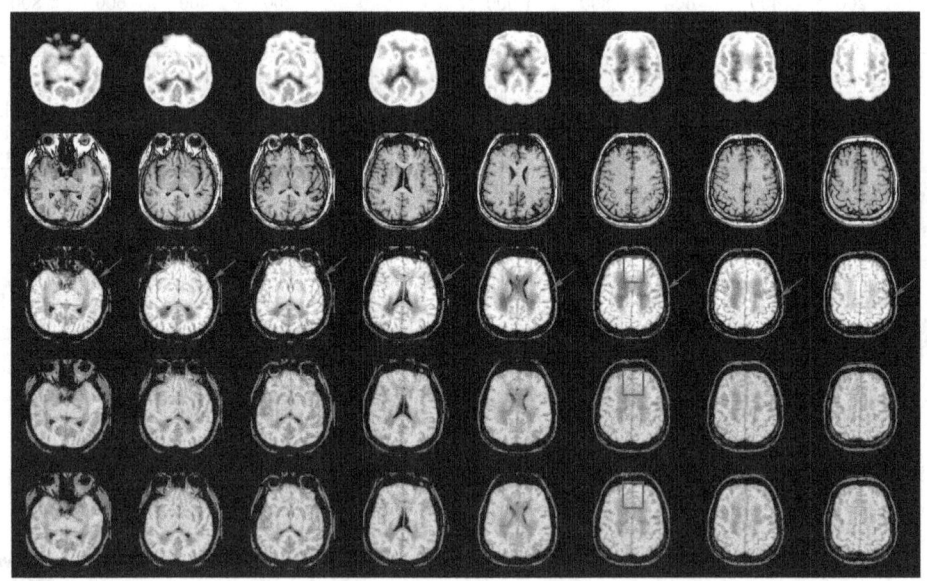

图 2-12 第 2、4、6、8、10、13、15、17 号测试图像对的定性融合结果。从上到下:
PET 原始图像、MRI 图像、GTF、LP、MSVD、RP、IFCNN、TFNet、fusion an、DenseFuse、
DDcGAN 融合结果以及我们提出的 CSpA-DN 融合模型。这些红色框表示所有融合方法的
纹理细节,红色和蓝色箭头标记的区域分别表示结构信息丢失和不连续轮廓

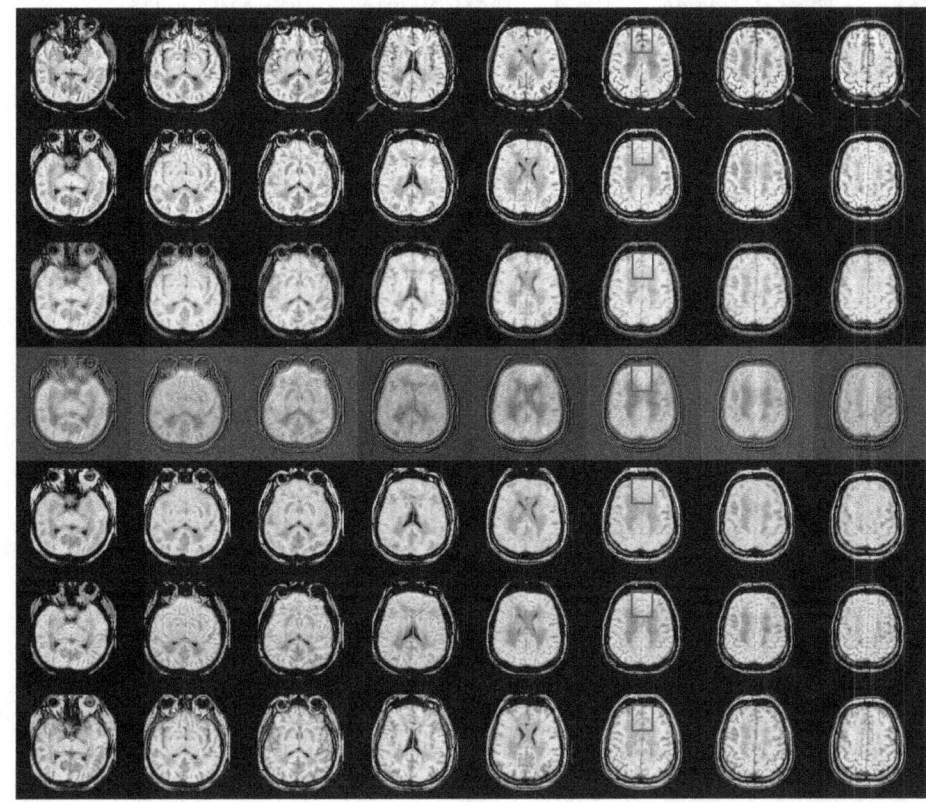

图2-12 第2、4、6、8、10、13、15、17号测试图像对的定性融合结果。从上到下：
PET原始图像、MRI图像、GTF、LP、MSVD、RP、IFCNN、TFNet、fusion an、DenseFuse、
DDcGAN融合结果以及我们提出的CSpA-DN融合模型。这些红色框表示所有融合方法的
纹理细节，红色和蓝色箭头标记的区域分别表示结构信息丢失和不连续轮廓（续）

图2-12 彩图

2. 定量评价

在本小节中，进一步验证了提出的融合框架和其他9种方法的定性评估。本节同样使用2.2.4节中定义的6个客观指标来评估所提方法和其他9个融合模型的融合图像。

对20对测试图像的定量分析如图2-13所示，其中10种方法的度量值由每个子图中的10条颜色曲线表示。显然，本章提出的模型在大多数测试图像上具有最佳的Q_{abf}、FMI_pixel、FMI_dct、IFC和VIF度量值，这些度量值的平均值最大，与其他9种融合方法相比，表明了最佳的融合性能。此外，5个客观指标的最大平均评价分数表明，本章的融合图像保留了丰富的结构信息、更强的对比度和与两个输入图像更大的相似性。对于Q_{EN}的度量标准，我们的CSpA-DN模型紧随TFNet和DDcGAN之后。这是因为与TFNet和DDcGAN方法相比，我们的融合图像在结构信息和功能信息之间更加平衡。但是从图2-12的第8行和第11行可以明显看出，TFNet和DDcGAN的结果中功能信息较多，结构特征较少。虽然我们融合模型的Q_{EN}值不是最好的，但这些可比较的结果仍然说明本章方法的融合图像与原始PET和MRI图像有很好的相关性，同时也与HVS一致。

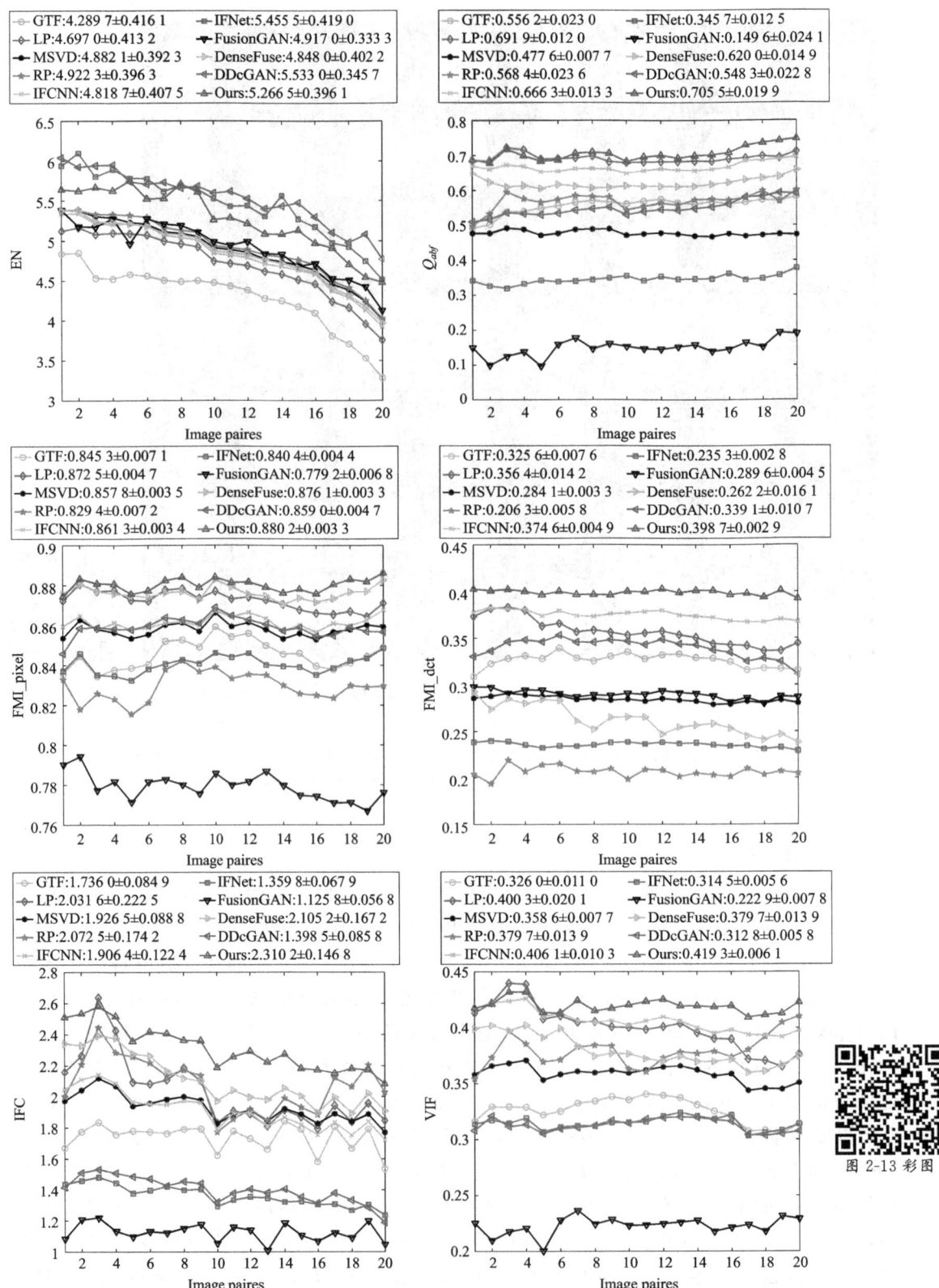

图 2-13　EN、Qabf、FMI_pixel、FMI_dct、IFC、VIF 6 个指标的定量比较。利用 GTF、LP、MSVD、RP、IFCNN、tfnet、fusion an、densefuse、DDcGAN 等 9 种最先进的融合方法进行比较

本章提出的融合模型训练时间约为20分钟,批量为64,迭代次数为1 000次。为了验证比较方法的计算效率,提出的融合模型与其他9种方法的运行时间比较见如表2-2所示,注意测试图像的大小均为256×256。所有测试实验均在同一台PC上进行,CPU为i7-8565,内存为16 GB。每个值代表某个融合模型运行时间的平均值。从这些结果可以观察到,传统方法的运行时间相对低于深度学习方法,特别是LP、MSVD和RP。

表2-2 在20幅测试图像上比较我们的融合模型和其他9种融合算法的运行时间,其中第二列中的每个值表示使用某种融合方法的运行时间的平均值。对于DenseFuse、加法和l_1范数分别表示两种融合策略

Fusion methods	Run time/s
GTF	1.07
LP	0.017 6
MSVD	0.207
RP	0.069 8
IFCNN	1.135
TFNet	3.69
FusionGAN	1.876
DenseFuse	0.842 (add),1.287 (l_1 norm)
DDcGAN	4.12
OurCSpA-DN model	3.72

2.5 本章小结

本章将双注意力模块与密集神经网络结合起来,构建一个新的PET和MRI图像融合网络,称为CSpA-DN。在提出的融合网络中,通过密集连接的神经网络获取MRI和PET的图像特征,并通过解码器网络产生融合结果。此外,还构建了通道和空间注意力模块,将源图像的局部特征与全局依赖关系自适应地集成到一起。空间注意力模块通过对所有位置特征信息的加权和,从编码器网络中提取每个点的特征。同时,通过通道注意力模块聚合图像中各特征之间的相互依赖相关性。将通道注意力和空间注意力模块的输出进行汇总,并输入到解码器中产生融合结果。为了验证各种网络结构的影响和设计的损失函数的效果,几个消融研究表明,双重注意力机制、空间注意力中的卷积核大小、循环交叉注意力的循环次数和融合框架中设计的特定损失函数可以有效地提高特征表示能力,提高融合模型的融合性能。在20对测试图像上进行的实验结果表明,无论是主观观察还是采用6个客观指标进行量化分析,提出的CSpA-DN框架比其他9种先进的方法具有更大的优势。

本章参考文献

[1] Liu Y,Chen X,Cheng J,et al. A medical image fusion method based on convolutional neural networks[C].2017 20th International Conference on Information Fusion (Fusion). IEEE,2017:1-7.

[2] Yin M, Liu X, Liu Y, et al. Medical image fusion with parameter-adaptive pulse coupled neural network in nonsubsampled shearlet transform domain[J]. IEEE Transactions on Instrumentation and Measurement, 2018, 68(1):49-64.

[3] James A P, Dasarathy B V. Medical image fusion: A survey of the state of the art[J]. Information fusion, 2014(19):4-19.

[4] Du J, Li W, Lu K, et al. An overview of multi-modal medical image fusion[J]. Neurocomputing, 2016(215):3-20.

[5] Du J, Li W, Xiao B, et al. Union Laplacian pyramid with multiple features for medical image fusion[J]. Neurocomputing, 2016(194):326-339.

[6] Yang B, Li S. Pixel-level image fusion with simultaneous orthogonal matching pursuit[J]. Information fusion, 2012, 13(1):10-19.

[7] Li S, Yin H, Fang L. Group-sparse representation with dictionary learning for medical image denoising and fusion[J]. IEEE Transactions on biomedical engineering, 2012, 59(12):3450-3459.

[8] Liu Y, Wang Z. Simultaneous image fusion and denoising with adaptive sparse representation[J]. IET Image Processing, 2014, 9(5):347-357.

[9] Liu Y, Chen X, Ward R K, et al. Image fusion with convolutional sparse representation[J]. IEEE signal processing letters, 2016, 23(12):1882-1886.

[10] Li H, Manjunath B S, Mitra S K. Multisensor image fusion using the wavelet transform[J]. Graphical models and image processing, 1995, 57(3):235-245.

[11] Lewis JJ, O'Callaghan R J, Nikolov S G, et al. Pixel-and region-based image fusion with complex wavelets[J]. Information fusion, 2007, 8(2):119-130.

[12] Bhatnagar G, Wu Q M J, Liu Z. Directive contrast based multimodal medical image fusion in NSCT domain[J]. IEEE transactions on multimedia, 2013, 15(5):1014-1024.

[13] Guorong G, Luping X, Dongzhu F. Multi-focus image fusion based on non-subsampled shearlet transform[J]. IET Image Processing, 2013, 7(6):633-639.

[14] Liu Y, Liu S, Wang Z. A general framework for image fusion based on multi-scale transform and sparse representation[J]. Information fusion, 2015(24):147-164.

[15] Li B, Liu Z, Shan G, et al. CSpA-DN: Channel and Spatial Attention Dense Network for Fusing PET and MRI Images[C]. 2020 25th International Conference on Pattern Recognition (ICPR 2020).

[16] Xu Z. Medical image fusion using multi-level local extrema[J]. Information Fusion, 2014(19):38-48.

[17] Li S, Kang X, Fang L, et al. Pixel-level image fusion: A survey of the state of the art[J]. information Fusion, 2017(33):100-112.

[18] Zhu Z, Yin H, Chai Y, et al. A novel multi-modality image fusion method based on image decomposition and sparse representation[J]. Information Sciences, 2018(432):516-529.

[19] Tu T M, Huang P S, Hung C L, et al. A fast intensity-hue-saturation fusion technique with spectral adjustment for IKONOS imagery[J]. IEEE Geoscience and Remote sensing letters, 2004, 1(4):309-312.

[20] Rahmani S, Strait M, Merkurjev D, et al. An adaptive IHS pan-sharpening method[J]. IEEE Geoscience and Remote Sensing Letters, 2010, 7(4):746-750.

[21] Shahdoosti H R, Ghassemian H. Combining the spectral PCA and spatial PCA fusion methods by an optimal filter[J]. Information Fusion, 2016(27):150-160.

[22] Arif M, Wang G. Fast curvelet transform through genetic algorithm for multimodal medical image fusion[J]. Soft Computing, 2020, 24(3):1815-1836.

[23] Ashwanth B, Swamy K V. Medical Image Fusion using Transform Techniques[C]. 2020 5th International Conference on Devices, Circuits and Systems (ICDCS). IEEE, 2020:303-306.

[24] Daneshvar S, Ghassemian H. MRI and PET image fusion by combining IHS and retina-inspired models[J]. Information fusion, 2010, 11(2):114-123.

[25] Jiang Y, Wang M. Image fusion with morphological component analysis[J]. Information Fusion, 2014(18):107-118.

[26] Liu Y, Chen X, Ward R K, et al. Medical image fusion via convolutional sparsity based morphological component analysis[J]. IEEE Signal Processing Letters, 2019, 26(3):485-489.

[27] Liu Y, Chen X, Ward R K, et al. Image fusion with convolutional sparse representation[J]. IEEE signal processing letters, 2016, 23(12):1882-1886.

[28] Alom M Z, Taha T M, Yakopcic C, et al. The history began from alexnet: A comprehensive survey on deep learning approaches[J]. arXiv preprint arXiv:1803.01164, 2018.

[29] Ren S, He K, Girshick R, et al. Faster r-cnn: Towards real-time object detection with region proposal networks[C]. Advances in neural information processing systems, 2015:91-99.

[30] He K, Zhang X, Ren S, et al. Deep residual learning for image recognition[C]. Proceedings of the IEEE conference on computer vision and pattern recognition, 2016:770-778.

[31] Ronneberger O, Fischer P, Brox T. U-net:Convolutional networks for biomedical image segmentation[C]. International Conference on Medical image computing and computer-assisted intervention. Springer, Cham, 2015:234-241.

[32] Yang Q, Yan P, Zhang Y, et al. Low-dose CT image denoising using a generative adversarial network with Wasserstein distance and perceptual loss[J]. IEEE transactions on medical imaging, 2018, 37(6):1348-1357.

[33] Yao R, Ochoa M, Intes X, et al. Deep compressive macroscopic fluorescence lifetime imaging[C]. 2018 IEEE 15th International Symposium on Biomedical Imaging (ISBI 2018). IEEE, 2018:908-911.

[34] Liu Y, Chen X, Peng H, et al. Multi-focus image fusion with a deep convolutional neural network[J]. Information Fusion, 2017(36): 191-207.

[35] Prabhakar K R, Srikar V S, Babu R V. DeepFuse: A Deep Unsupervised Approach for Exposure Fusion with Extreme Exposure Image Pairs[C]. ICCV, 2017: 4724-4732.

[36] Jung H, Kim Y, Jang H, et al. Unsupervised Deep Image Fusion With Structure Tensor Representations[J]. IEEE Transactions on Image Processing, 2020(29): 3845-3858.

[37] Zhang Y, Liu Y, Sun P, et al. IFCNN: A general image fusion framework based on convolutional neural network[J]. Information Fusion, 2020(54): 99-118.

[38] Liu X, Liu Q, Wang Y. Remote sensing image fusion based on two-stream fusion network[J]. Information Fusion, 2020(55): 1-15.

[39] Ma J, Yu W, Liang P, et al. FusionGAN: A generative adversarial network for infrared and visible image fusion[J]. Information Fusion, 2019(48): 11-26.

[40] Ma J, Liang P, Yu W, et al. Infrared and visible image fusion via detail preserving adversarial learning[J]. Information Fusion, 2020(54): 85-98.

[41] Xu H, Liang P, Yu W, et al. Learning a generative model for fusing infrared and visible images via conditional generative adversarial network with dual discriminators[C]. Proc. Int. Joint Conf. Artif. Intell, 2019: 3954-3960.

[42] Ma J, Xu H, Jiang J, et al. DDcGAN: A dual-discriminator conditional generative adversarial network for multi-resolution image fusion[J]. IEEE Transactions on Image Processing, 2020(29): 4980-4995.

[43] Huang G, Sun Y, Liu Z, et al. Deep networks with stochastic depth[C]. European conference on computer vision. Springer, Cham, 2016: 646-661.

[44] Larsson G, Maire M, Shakhnarovich G. Fractalnet: Ultra-deep neural networks without residuals[J]. arXiv preprint arXiv: 1605.07648, 2016.

[45] Srivastava R K, Greff K, Schmidhuber J. Training very deep networks[C]. Advances in neural information processing systems, 2015: 2377-2385.

[46] Huang G, Liu Z, Van DerMaaten L, et al. Densely connected convolutional networks[C]. Proceedings of the IEEE conference on computer vision and pattern recognition, 2017: 4700-4708.

[47] Li H, Wu X J. Densefuse: A fusion approach to infrared and visible images[J]. IEEE Transactions on Image Processing, 2018, 28(5): 2614-2623.

[48] Xu H, Ma J, Le Z, et al. FusionDN: A unified densely connected network for image fusion[C]. Proceedings of the Thirty-Fourth AAAI Conference on Artificial Intelligence, 2020.

[49] Lin G, Shen C, Van Den Hengel A, et al. Efficient piecewise training of deep structured models for semantic segmentation[C]. Proceedings of the IEEE conference on computer vision and pattern recognition, 2016: 3194-3203.

[50] Vaswani A, Shazeer N, Parmar N, et al. Attention is all you need[C]. Advances in neural information processing systems, 2017: 5998-6008.

[51] Shen T, Zhou T, Long G, et al. Disan: Directional self-attention network for rnn/cnn-free language understanding[J]. arXiv preprint arXiv:1709.04696, 2017.

[52] Lin Z, Feng M, Santos C N, et al. A structured self-attentive sentence embedding[J]. arXiv preprint arXiv:1703.03130, 2017.

[53] Wang X, Girshick R, Gupta A, et al. Non-local neural networks[C]. Proceedings of the IEEE conference on computer vision and pattern recognition, 2018: 7794-7803.

[54] Zhang H, Goodfellow I, Metaxas D, et al. Self-attention generative adversarial networks[C]. International Conference on Machine Learning. PMLR, 2019: 7354-7363.

[55] Hu J, Shen L, Sun G. Squeeze-and-excitation networks[C]. Proceedings of the IEEE conference on computer vision and pattern recognition, 2018: 7132-7141.

[56] Fu J, Liu J, Tian H, et al. Dual attention network for scene segmentation [C]. Proceedings of the IEEE Conference on Computer Vision and Pattern Recognition, 2019: 3146-3154.

[57] Mou L, Zhao Y, Chen L, et al. CS-Net: Channel and Spatial Attention Network for Curvilinear Structure Segmentation[C]. International Conference on Medical Image Computing and Computer-Assisted Intervention. Springer, Cham, 2019: 721-730.

[58] Huang Z, Wang X, Huang L, et al. CCnet: Criss-cross attention for semantic segmentation[C]. Proceedings of the IEEE International Conference on Computer Vision, 2019: 603-612.

[59] Yang Y, Que Y, Huang S, et al. Multimodal sensor medical image fusion based on type-2 fuzzy logic in NSCT domain[J]. IEEE Sensors Journal, 2016, 16(10): 3735-3745.

[60] Zhang H, Xu H, Xiao Y, et al. Rethinking the image fusion: A fast unified image fusion network based on proportional maintenance of gradient and intensity[C]. Proc. AAAI Conf. Artif. Intell, 2020.

[61] Wang Z, Bovik A C, Sheikh H R, et al. Image quality assessment: from error visibility to structural similarity[J]. IEEE transactions on image processing, 2004, 13(4): 600-612.

[62] Johnson J, Alahi A, Fei-Fei L. Perceptual losses for real-time style transfer and super-resolution[C]. European conference on computer vision. Springer, Cham, 2016: 694-711.

[63] http://www.med.harvard.edu/AANLIB/home.html.

[64] Kingma D P, Ba J. Adam: A method for stochastic optimization[J]. arXiv preprint arXiv:1412.6980, 2014.

[65] https://pytorch.org/.

[66] Xydeas C S, Petrović V. Objective image fusion performance measure[J]. Electronics letters, 2000, 36(4): 308-309.

[67] Sheikh H R, Bovik A C, Veciana G. An Information Fidelity Criterion for Image Quality Assessment Using Natural Scene Statistics [J]. IEEE Transactions on Image Processing, 2006, 14(12): 2117-2128.

[68] Haghighat M, Razian M A. Fast-FMI:non-reference image fusion metric[C].2014 IEEE 8th International Conference on Application of Information and Communication Technologies (AICT). IEEE,2014:1-3.

[69] Han Y, Cai Y, Cao Y, et al. A new image fusion performance metric based on visual information fidelity[J].Information Fusion,2013,14(2):127-135.

[70] Ma J, Chen C, Li C, et al. Infrared and visible image fusion via gradient transfer and total variation minimization[J].Information Fusion,2016(31):100-109.

[71] Burt P, Adelson E. The Laplacian Pyramid as a Compact Image Code [J]. IEEE Transactions on Communications,1983,31(4):532-540.

[72] Naidu V P S. Image fusion technique using multi-resolution singular value decomposition[J].Defence Science Journal,2011,61(5):479-484.

[73] Toet A. Image fusion by a ratio of low-pass pyramid[J].Pattern Recognition Letters,1989,9(4):245-253.

[74] Ma J, Xu H, Jiang J, et al. DDcGAN:A Dual-Discriminator Conditional Generative Adversarial Network for Multi-Resolution Image Fusion[J]. IEEE Transactions on Image Processing,2020(29):4980-4995.

第3章

基于三叉戟膨胀感知的超密集连接压缩—分解网络

医学图像融合有重要的临床应用价值，可以将不同模态医学图像的信息加以融合得到互补的信息，还可用于引导手术治疗、放射治疗计划的制定、病理跟踪及治疗效果评价等方面。基于深度学习的医学图像融合技术取得了很大的成功，是目前研究较多、应用较广泛的融合方法。深度学习方法具有较高的融合精度，而且不需要对源图像设计活动水平测量、融合策略等。本章提出了一种基于三叉戟膨胀感知的超密集连接压缩-分解网络，在压缩网络中，构造了一个双残差超密集模块，充分利用中间层信息。此外，构建了一个三叉戟膨胀感知模块，精确地确定特征的位置信息，提高了网络的特征表示能力，并通过 PET 与 MRI 数据集的融合实验来测试所提网络的性能。

3.1 引言

随着医学影像技术的飞速发展，医学影像已成为诊断疾病的有效工具。如今，医学图像的形式多种多样，如磁共振成像（MRI）、计算机断层扫描（CT）、正电子发射断层扫描（PET）和 X 光射线成像等。每种成像方式都有自己的优点和局限性。例如，CT 可以显示骨骼、植入物等致密结构，但不能清晰显示软组织的信息。MRI 图像可以展示脏器、脂肪等软组织信息，但在检测骨骼信息方面存在明显缺陷。PET 图像可以根据疾病状况提供功能信息，但分辨率较低。针对单模态医学图像的局限性，医学图像融合的目的是将多模态医学图像中的典型信息和互补信息合并到单个输出中，以更好地实现人类视觉感知和自动检测。

因此，为了保留源图像更多的信息，需要从源图像中提取特征作为综合表示，并融合这些特征，得到最终的融合图像。为此，许多传统方法首先对源图像进行分解。然后，设计具体的融合规则，对分解的部分进行融合和变换，生成最终的融合结果。然而，大多数传统方法在融合过程中对不同源图像进行相同的变换操作，不利于提取不同形态的图像特征。此外，这种人工设计融合规则的方式耗时且复杂。

为了克服这些缺点，基于深度学习的融合方法被开发出来，由于其强大的特征表示能力，是目前图像融合领域的热门选择。Li Hui 引入卷积神经网络（Convolutional Neural Networks，CNNs）进行图像融合，提出了 NestFuse[1]融合方法，该融合方法可以通过一个基于巢连接的网络从多尺度角度保存输入数据中的大量信息。与传统的图像融合算法相比，NestFuse 具有更好的性能。随后，李辉进一步提出了一种可学习的融合网络 RFN-Nest[2]，避免了手工设计融合策略的弱点。

虽然深度学习在多模态医学图像融合中取得了较好的性能，但由于融合网络结构复杂，还存在 3 个问题。①融合网络的中间层会丢失一些有用信息。一些网络结构试图完全依靠卷积运算对源图像进行特征提取[3]。但是，由于只提取同一路径上的特征，而忽略了不同路径之间的信息交互，在一定程度上丢失了重要的全局信息，从而导致最终融合图像中细节信息的丢失；②未完全获取特征的位置信息。一些融合方法试图利用注意力机制对编码器中提取的特征进行细化，集中在源图像[4]的显著目标上。然而，许多设计忽略了对特征位置信息的关注，从而导致源图像某些纹理细节信息的丢失；③内容丢失导致结构信息丢失。在以往的图像融合方法中，通常使用均方误差损失函数作为内容损失函数[5]。虽然均方误差损失函数可以有效地约束生成的图像，但该网络直接对生成的图像和源图像施加像素级的约束，而忽略了图像的整体结构。因此，生成的图像往往是输入图像的平均值，导致融合图像模糊，这对于医学图像融合是不可接受的。

为解决上述问题，本章设计了一种结合双残差超密集连接和三叉戟膨胀感知的压缩分解网络，称为（HyperTDP-Net）。以充分提取中间层特征并保留更详细的信息。我们在压缩网络中使用双残差超密集模块来实现高性能的特征提取。超密集连接将细节更丰富的浅层特征级联到更深的层，这种连接不仅建立在同一路径的层之间，也建立在不同路径的层之间，便于两条路径的信息交互和特征学习。此外，采用残差学习模式简化了学习目标和学习难度，同时保持了信息的完整性。直观上，决定最终融合图像质量的关键因素是源图像特征提取的准确性和特征表示能力。为此，我们提出了三叉戟扩展感知模块，可以对需要增强的特征进行精确定位和识别，从而显著提高了网络的特征表示能力，从而得到与两幅源图像结构相似且清晰的融合图像。此外，设计了一种新的内容感知损失函数，该函数由梯度损失和结构相似度损失组成，其中梯度损失迫使融合图像从源图像中获取更详细的纹理信息，而结构相似性损失使融合图像与源图像保持足够的结构相似性。本章提出方法的主要贡献如下：

（1）建立了一种基于端到端压缩分解网络的医学图像融合模型。利用压缩网络中的双残差超密集模块实现 PET 图像与 MRI 图像之间的特征交互，便于特征学习，充分利用网络的中间层信息，对增强融合图像的纹理细节非常有效。

（2）为了提高融合网络的特征表示能力，设计了一种三叉戟扩展感知模块，用于获取精确的特征位置信息，并在融合阶段突出边缘区域。

（3）摒弃均方误差作为内容损失函数，设计了一种新的内容感知的内容损失，包括结构相似性损失和梯度损失，使融合后的图像能够保留源图像的更多细节信息和显著特征。

（4）在公共数据集上的实验结果表明，与最新的融合方法相比，所提出的 HyperTDP-Net 融合框架在主观视觉评价和客观评价方面都表现出更好的融合性能。

3.2 相关工作

3.2.1 传统融合方法

传统的图像融合方法可以进一步分为空间域和变换域[6,7]两类。其中,基于空间域的图像融合方法首先将输入图像按照一定的标准划分为小块或区域,然后测量相应区域的显著性,最后合并最显著的区域,形成融合图像。由于基于空间域的方法能够很好地保存源图像的空间信息,这些方法在多聚焦[8-10]和多曝光[11,12]图像融合任务中取得了良好的融合效果。常用的融合技术有3种:基于像素的融合技术、基于补丁的融合技术和基于优化的融合技术。基于像素的[13,14]方法常常导致图像模糊,融合后的图像目标和细节不清晰。而基于图像块的[15]和基于优化的[16]方法对于源图像相同位置信息的集成相对困难,导致融合结果精度较低,是医学图像融合中不可接受的问题。

在基于变换域的融合方法中,首先将源图像变换为特定的系数。然后,采用适当的融合规则对其系数进行融合。最后对融合系数进行反变换,得到融合图像。这些常用的融合算法包括基于金字塔变换的[17]融合算法、基于小波变换[18]的融合算法和基于多尺度几何变换融合算法。对于第一类,首先对源图像进行金字塔变换,然后采用一定的融合规则融合金字塔系数得到处理后的系数,最后通过反过程重建融合结果。然而,大多数金字塔变换导致高频细节信息的重大损失。随着小波变换理论的兴起,以小波离散快速算法的出现,大量基于小波变换的算法在图像领域得到了广泛的应用。由于小波变换只能得到3个方向的分解系数:水平方向、垂直方向和对角线方向。为了克服小波变换的缺点,提出了Curvelet变换(CVT)[19]、Shearlet变换(ST)[20]、非下采样Contourlet变换(NSCT)[16]和非下采样Shearlet变换域(NSST)[21]等多尺度变换方法。

虽然传统的融合方法取得了较好的融合效果,但这些方法需要手工设计一些融合规则。然而,简单的融合规则很难从融合系数中识别出详细的信息,导致融合质量下降,设计合适的融合规则耗时且复杂。

3.2.2 基于深度学习的图像融合

随着深度学习的发展,许多深度网络被提出用于图像融合领域。本节综合介绍了基于CNN和基于GAN的融合方法及其相关理论,并进一步分析了它们的优缺点。

1. 基于卷积神经网络的融合方法

与传统的图像融合方法相比,卷积神经网络利用更多的滤波器组来自动提取训练数据集的特征。CNN-Fuse[22]克服了现有融合方法需要人工设计复杂融合规则的困难,通过学习CNN模型,联合生成有源电平测量和融合规则,达到更好的融合性能。随后,一些研究者试图对网络进行修改,以提高融合结果的质量或效率。为了进一步提高融合质量,Han Tang提出了一种像素级融合CNN[23],它可以从邻域信息中识别源图像中聚焦和分散的像素,进行多焦点图像融合,提高更高的融合效率。Jian等[24]提出了一种基于深度分解网络和显著性分析的图像融合方法,该网络还提出了一种双向边缘强度融合策略来合并纹理特征。然而,提出的网络是简单的,没有专门训练的融合任务。Li等[25]提出了一种结合卷积层、融合层和密集块的编码网络的DenseFuse,每一层的输出都连接到另一层,并设计了平均范数和L_1范数融合策略来融合这些特征。该方法不仅在编码网络中保留了尽可能多的深度特征,而且该操作确保了融合策略中利用了所有重要特征。在此基础上,Zhang等[26]提出了一种通用的基于卷积神经网络的图像融合框架,该框架首先利用两层卷积层进行特征提取,然后根据源图像的类型选择合适的融合规则融合卷积特征,最后对这些融合特征进行重构,得到融合图像。而这些方法完全依靠卷积运算提取局部特征,没有考虑不同路径之间的信息交互,不可避免地在一定程度上丢失重要的全局信息,导致融合图像细节不清晰的问题。

为了充分利用局部特征和全局特征以获得更好的融合性能,Jian等[27]提出了一种带有剩余块的对称解码器SEDRFuse,并设计了一种空间注意力融合策略。Li等[28]提出了基于巢连接的NestFuse网络,从多尺度角度保存源图像的大量信息,并在融合策略中提出了空间注意力模型和通道注意力模型,增强了每个空间位置和通道位置特征的表示。为了在源图像中保留一些基本的全局上下文信息,Wang等[29]提出了Res2Fusion,利用多个可用的接受域,不仅提取了多尺度特征,而且保留了源图像的更多信息。此外,设计了双非局部注意力模型对编码器网络获取的特征图进行细化,使其更关注源图像的显著目标和纹理信息。随后,Wang等[30]引入了UNFusion,编码器和解码器均采用密集跳跃连接,高效提取和重构多尺度深度特征,并在融合层提出Lp归一化注意力模型,建立局部特征的全局依赖关系。虽然这些方法取得了较好的融合效果,但它们的注意力融合策略都是人工设计的,无法学习。

为了克服手工设计的特征融合策略的局限性,Long等[31]将图像融合问题构建到输入图像的结构和强度尺度维护中。此外,设计了像素级损失函数和特征级损失函数,以优化相似度约束和网络参数训练,提高详细信息的质量。Li等[32]提出了一种基于新的细节保持损失函数和特征增强损失函数训练的融合模型RFN-Nest,并采用了两阶段训练策略。首先训练编码器-解码器网络,然后训练残差融合模块。此外,针对多域图像融合任务,Zhao等[33]提出了一种新的多域图像广义融合框架,该框架具有较高的跨域泛化能力和领域特异性感知能力。基于边缘细节优化了网络的训练过程,并在特定的区域利用了对比度损失。Xu等[34]提出了一种端到端图像融合网络,该网络通过测量对应源图像的重要性来约束损失函数,保持融合结果与源图像之间的自适应相似性。Zhang等[35]提出了PMGI,这是一个基于梯度信息和强度信息的网络,为不同的融合任务定义统一形式的损失函数。这些融合方法是端到端,不需要人工设计融合策略。虽然它们更多地关注融合网络的架构和损失功能,但没有考虑图像的整体结构和与源图像的相似性,导致融合图像模糊,边缘信息丢失。

2. 基于生成对抗网络的图像融合

与上述方法不同的是,一些研究者将融合问题转化为特征对抗训练。典型的例子是Ma等提出的FusionGAN[36],该方法建立了生成器和鉴别器之间的对弈过程,其中生成器输出具有红外强度和可见梯度的融合结果,而鉴别器则起到迫使融合图像包含更多源图像信息的作用。但由于该方法只使用了一个鉴别器,导致发生器输出的融合结果与锐化后的红外图像相似,源图像的大量细节纹理信息丢失。因此,他们后来提出了 DDcGAN[37]来构建一个生成器和两个鉴别器之间的对抗博弈,以获得更好的融合性能。此外,Zhou 等[38]提出了 SDDGAN,该方法不仅利用了双鉴别器生成对抗网络,还引入了一种语义引导图像融合方法,融合具有不同权值的不同语义对象,根据网络自身的特点对其进行训练。为了使融合结果具有良好的对比度和丰富的纹理细节,Ma 等[39]采用了多分类的生成对抗网络,使融合结果既具有分布,又具有红外图像和可见光图像,更加均衡。上述方法使融合结果的平衡性受到限制,使融合结果更倾向于红外图像,部分细节信息丢失。

为了增强融合图像中的细节信息,Li 等[40]在编码器网络中引入了多级注意力机制,以更好地感知鉴别部分,然后用解码器对融合图像进行重构。随后,他们将多尺度注意力机制集成到发生器和鉴别器中,称为 AttentionFGAN[41]。该方法主要针对红外图像中的目标信息和可见光图像中的纹理细节信息,同时控制鉴别器的关注区域对重要区域进行聚焦。上述方法仅利用信道注意来增强网络的特征表示能力,未考虑特征的位置表示。更重要的是,他们的网络在编码和解码阶段也没有考虑信息的交互,从而限制了融合的性能。

3. 超密集连接网络

在计算机视觉和模式识别领域,通常通过增加 CNN 的深度来获得更好的预期结果。然而,随着 CNN 深度的增加,梯度消失的问题使得 CNN 的训练极其缓慢。为了缓解这一问题,Huang 等[42]提出了一种用于图像分类的密集连接卷积网络(DenseNet),该网络在所有层之间应用跳跃连接,每一层接收之前所有层的输出作为额外的输入,如图 3-1(a)所示,DenseNet 通过缩短当前层的输出与之后所有层的输入之间的连接,使网络实现更深、更准确、更高效的训练。因此,该网络不仅缓解了梯度消失问题,增强了特征传播,鼓励特征重用,而且大大减少了参数的数量。在上述工作的基础上,Zhang 等[43]提出了用于常规图像超分辨率(SR)任务的残差密集网络(Residual Density Network,RDN),该网络将残差和密集连接结合起来,充分利用原始 LR 图像的全局密集特征。如图 3-1(b)所示,密集连接可以将前一层的输出传递到当前层的输入,从而充分利用前一层的特征信息,而残差结构可以使训练稳定,加快训练过程,提高网络性能。残差密集网络将浅层和深层特征结合在一起,自适应学习更有效的特征,使网络充分利用原始低分辨率(LR)图像的分层特征,在图像 SR 任务[44]中表现出显著优势。受上述方法的启发,Qiu 等[45]提出了一种双残差密集网络(DRDNs),实现了高光谱图像(HSI)和多光谱图像(MSI)的融合。如图 3-2 所示,DRDNs 由 HSI 特征提取网络、MSI 特征提取网络和 MSI/HSI 特征融合网络组成。该模型采用两个基于剩余密集块(RDB)的对称子网,分别充分提取 HR-MSI 和 LR-HSI 的深度特征,通过特征融合子网将这些特征合并,生成融合结果。该网络在提高空间分辨率和保持光谱相干性的同时取得了显著的改进。

为了增强特征在网络之间的传输能力,提高多模态图像分割的性能,进一步解决梯度消失和梯度爆炸问题,Dolz 等[46]提出了一种三维全卷积神经网络-HyperTDP-Net。该网络将密集连接的定义扩展到多模态切分问题,能够完全自由地学习更复杂的多模态组合,显著提高了学习表示能力。HyperTDP-Net 模型的一部分结构如图 3-3 所示,网络对于每个成像模式都有一个路径,不仅在同一路径内的成对层之间存在密集连接,而且在不同路径之间的成对层之间也存在密集连接。它不仅防止了中间层中一些有用信息的丢失,而且改善了网络的梯度流,并引入隐式深度监督,在多模态分割任务中取得了显著的改进。图 3-3 中卷

积核的大小为 $3\times3\times3$。在 Conv_1 中,$25\times$ 表示 25 个卷积核,输出大小为 $25\times25\times25$;在 Conv_2 中,$25\times$ 表示 25 个卷积核,输出大小为 $23\times23\times23$,以此类推。

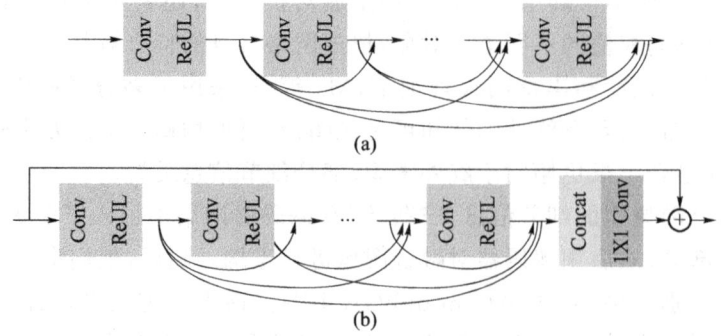

图 3-1　(a)DenseNet 中密集块的典型结构;(b) RDN 结构

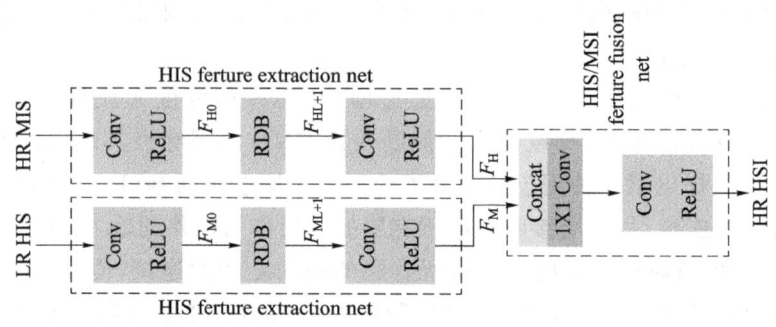

图 3-2　双残差密集连接网络

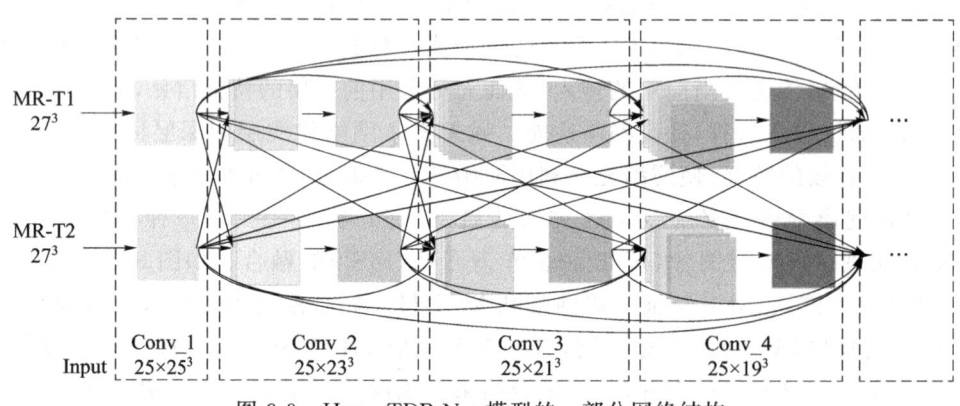

图 3-3　HyperTDP-Net 模型的一部分网络结构

受上述工作的启发,我们提出了用于医学图像融合的双残差超密集模块。双残差超密集模块实现了不同路径间的信息交互。该方法不仅能充分提取中间层网络的有用信息,而且具有正则化效果,降低了由于较小的医学训练集任务而导致过拟合的风险。

4. 注意力机制

深度学习中的注意机制最早在机器翻译领域[47]中提出。之后,Hu 等提出了 SENet[48],这种注意机制被广泛应用于计算机视觉任务中。它可以通过结合局部接收域中的空间信息和通道信息来增强特征表示,由于它是一种简单的"即插即用"组件,因此常用于计算机视觉任务。在 SESF[49]中,将 SE 模块插入到编码器网络中进行多焦点图像融合。SE 通过自适应地重新校准通道或空间特征响应,有效地增强了特征编码和特征提取能力。为了探索多尺度特征,Li 等[50]在红外和可见光图像融合框架中引入了注意模块,融合源图像的深度特征,但将网络推得更加超重。另外,在 SENet 的基础上,Sanghyun Woo 等提出了一个轻量级模块,即卷积块注意力模块(Convolutional Block Attention Module,CBAM)[51],该模块通过一个中间特征映射,沿着通道和空间维度依次获得注意映射,然后与输入的特征映射乘起来进行自适应特征细化。虽然 CBAM 是一个轻量级和通用的模块,可以无缝集成到任何 CNN 架构,并以端到端方式与基础网络训练。然而,上述注意模型忽略了在空间选择性注意图中生成特征位置信息的重要性。与上述注意方法不同,Hou 等[52]提出了一种更有效的获取位置信息和通道关系的方法来增强网络的特征表示能力,即坐标注意力(Coordinate Attention,CA)。他们将通道注意力分解为沿两个空间方向分别聚集的特征,这不仅捕获了远程依赖关系,而且保留了位置信息,以增强感兴趣对象的表示。虽然协调注意模块是一个有效的轻量级模块,但它很少用于医学图像融合任务。事实上,CA 更适合于单个图像处理任务的应用,可以提高网络的特征表示能力。

众所周知,上述机制是为自然图像设计的,而多模态医学图像的特点是强度变化很大,医学图像中包含的所有信息都是可用的,最轻微的变化都可能代表病变组织。医学图像融合的重点是对多源图像的准确特征位置信息进行整合。因此,我们受到 CA 的启发,设计了一个三叉戟扩张感知模块来捕捉方向感知和位置感知信息,使网络在融合过程中更加关注 MRI 的结构信息和 PET 的功能表征,得到清晰、细节丰富的融合图像。

3.3　提出的融合模型

在本节中,将详细介绍我们提出的基于三叉戟扩张感知的 PET 和 MRI 图像融合(HyperTDP-Net)的超密集连接压缩和分解网络。3.3.1 节介绍融合问题的制定,3.3.2 节介绍融合框架的详细结构。3.3.3 节介绍三叉戟扩张感知(TDP)模块的细节。3.3.4 节介绍所设计的损失函数。

3.3.1　问题公式化

图像融合的目的是从源图像中提取和组合最有意义的信息,以增强融合图像中的信息。因此,在融合图像中保留尽可能多的源图像信息是非常重要的。现有的融合网络大多没有考虑不同路径之间的信息交互,这使得中间层丢失了一些有用的信息,最终导致融合图像细节不清晰。为了解决这一问题,我们构建了对偶残差超密集模块进行特征提取,并充分利用中间层提取的有用信息。残差学习不仅可以缓解梯度消失问题,而且可以尽可能多地保留源图像的特征信息。每一层提取的特征不仅传递给当前路径的所有层,而且通过超密集连接传递给另一个路径的所有层。这样可以尽可能提取当前路径中一个源图像的深度特征,初步学习另一个源图像的特征,如更清晰的边缘信息、更详细的信息和更完整的纹理信息。

此外,我们还提出了一个三叉戟扩展感知模块来捕捉方向感知和位置感知信息,这可以增强我们的融合网络的特征表示能力。提出的融合模型不仅能保留 MRI 的结构信息，还能保留 PET 图像的功能特征，并在融合过程中突出目标和边缘区域。

此外，我们倾向于根据各自成像方式的基本特征来解决融合问题。在医学图像融合中，由于 MRI 和 PET 图像的强度差异较大，常常会出现结构纹理与功能信息不平衡的情况。更具体地说，MRI 图像中的纹理信息常常被 PET 图像中的功能信息淹没，导致纹理细节的减少或丢失。因此，我们设计了包含强度损失和内容感知损失的特定损失函数，以保留生物组织的功能和纹理信息，提高输出图像的融合质量。对于一幅图像，最重要的元素是像素。像素的强度可以反映其亮度分布，可以得到图像的对比度特征，表明图像的整体亮度分布。我们采用强度损失对融合图像进行约束，以保留像素强度表示的有用信息，同时保留生物组织的功能和代谢信息。在 MRI 和 PET 图像融合任务中，PET 图像的强度信息主要用于保存生物体的功能活动信息。而内容感知丢失则允许网络在保留结构纹理的同时尽可能显著地保留功能信息。此外，考虑到融合图像与源图像的结构相似性，在损失函数中加入 $SSIM_f$ 损失。为了使融合后的图像能够从源图像中提取更详细的信息，在内容感知丢失中也引入了丢失。因此，我们保证生成的图像包含生物的功能信息，同时保持与源图像足够的结构相似性和一定的边缘信息。

3.3.2 网络结构

由于以往的图像融合方法没有充分考虑从中间层提取的有用信息，影响了融合图像的质量。为了获得细节丰富、纹理清晰的融合图像，我们提出了一种 HyperTDP-Net 多模态医学图像融合方法，以增强网络的特征提取和传输能力。我们提出的融合网络由对偶残差超密集压缩网络和分解网络组成，其结构如图 3-4 所示。

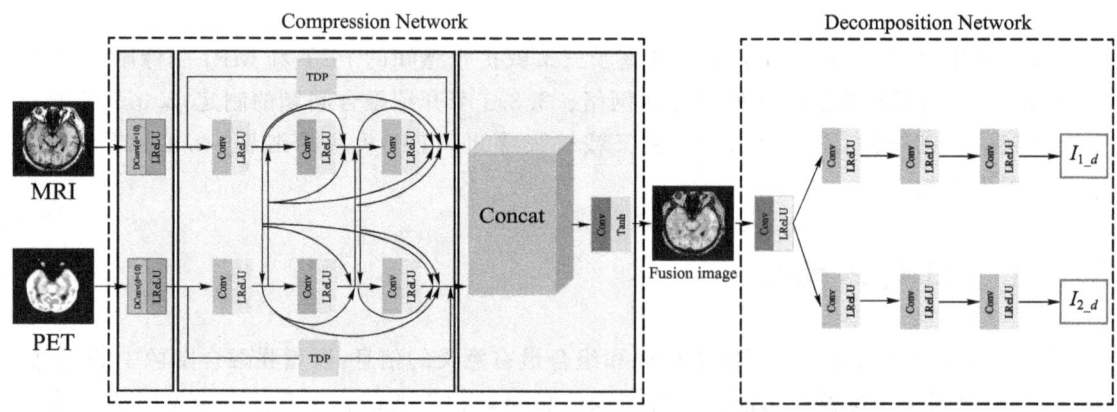

图 3-4　HyperTDP-Net 融合网络结构

双残差超密集压缩网络的目标是实现图像融合。其中源图像馈入网络进行特征提取和重构，输出为单幅融合图像。而采用分解网络对融合后的图像进行分解，使融合结果包含更丰富的细节信息，获得了完美的融合结果。此外，我们提出了三叉戟扩展感知模块，该模块不仅能捕捉方向感知和位置感知信息，还能使我们的模型在融合过程中更关注显著目标和边缘区域。

具体来说,将 MRI 和 PET 图像输入到双残差超密集压缩网络中。首先对源图像进行扩张卷积进行初始特征提取;其次,将输出的特征送入双残差超密集模块进行深度特征提取。再次,利用串联和一个公共卷积层的策略来融合这些提取的特征。最后,将融合结果送入分解网络,对融合结果进行分解,使其与源图像相似。

1. 双残差超密集连接压缩网络

双残差超密集压缩网络的目的是将源图像融合为包含更丰富纹理内容的单一图像。该网络由三部分组成:浅层特征提取、双残差超密集模块和特征融合。PET 和 MRI 作为源图像输入到网络。首先通过浅层特征提取模块提取浅层特征;然后,利用对偶残差超密集模获取深度特征;最后,将这些深度特征输入到特征融合部分,生成融合图像,如图 3-4 所示。

浅层特征提取模块由膨胀率为 10 的膨胀卷积和泄漏的 ReLU 激活函数组成。其中,扩张卷积可以在不失去分辨率的情况下扩大接收野,并保持像素的相对空间位置不变。

在双残差超密集模块中,所有卷积层的内核大小为 3×3,其次是泄漏的 ReLU 激活函数。在这个模块中,利用了超级密集的连接,即从每一层提取的特征不仅传递给当前路径的所有层,而且传递给另一个路径的所有层。我们将来自不同流的层的输出连接起来,每个层都与不同的图像模态相关联。如图 3-4 所示,超密集连接可以增加 MRI 图像与 PET 图像之间的信息交互,使 MRI 图像的结构信息与 PET 图像的功能信息进行初始融合。这种连接方法首先鼓励了特征的重用,促进了特征学习,提高了梯度流和整个网络的信息流。其次,由于架构中所有的特征映射路径较短,增加了隐式深度监督。最后,超密集连接具有正则化效应,可以降低小型医疗训练集任务中过度拟合的风险。虽然许多方法使用其他数据集进行训练,但它们并不一定适用于医学图像。因此,我们的超密集连接揭示了比早期/晚期融合更强大的特征表示,因为网络学习了所有抽象层内部和之间的模式之间的复杂关系。然后,我们通过残差学习简化了学习目标和困难,以保持信息的完整性。此外,我们提出了三叉戟划分感知模块,并将其应用于剩余学习,进一步提高特征表示能力,该模块在 3.3.3 节中有详细的解释。

本小节的特征融合部分由级联层、1×1 卷积层和 Tanh 层组成。这一部分的输入是这些从双残差超密集模块得到的深度特征,输出是 MRI 和 PET 图像的融合结果。通过 1×1 卷积核将连通特征降维到单通道图像进行特征融合,进一步降低了计算复杂度。

2. 分解网络

分解网络是专门用来对融合后的图像进行分解,得到与源图像相似的结果。我们首先使用 1×1 的卷积核对压缩网络输出的融合图像进行分解。然后从两个分支分别对生成的结果进行分解,最终得到 I_{1_d} 和 I_{2_d}。除第一卷积层外,其余滤波器大小为 3×3 的卷积层均被利用。最后一层卷积采用 Tanh 激活函数,其余卷积层采用泄漏的 ReLU 作为激活函数。

3.3.3 三叉戟膨胀感知

受坐标注意力[53]的启发,我们进一步重新设计和构建了三叉戟扩张感知模块,以准确定位和识别重要特征。该模块由 3 个分支组成。首先,将通道注意力在分支 1 中分解为两个一维特征编码过程,并分别沿两个空间方向进行特征聚合;通过这种方式,有可能在沿一个空间方向捕获远程方向的依赖关系的同时,也保留沿另一个空间方向的精确位置信息。其次,它捕获跨通道、方向感知和位置敏感的信息,增强网络的特征表示能力。再次,分支 2 不仅通过残差学习缓解了消失梯度问题,而且尽可能保留了输入特征信息,保护了信息的完整性,从而简化了学习目标和难度。最后,在分支 3 中,在输出特征图尺寸不变的情况下,利用扩张速率为 10 的扩张卷积来扩展感知场。在几乎不增加计算开销的情况下,提高了网络的精度。三叉戟扩张感知模块的网络结构如图 3-5 所示。

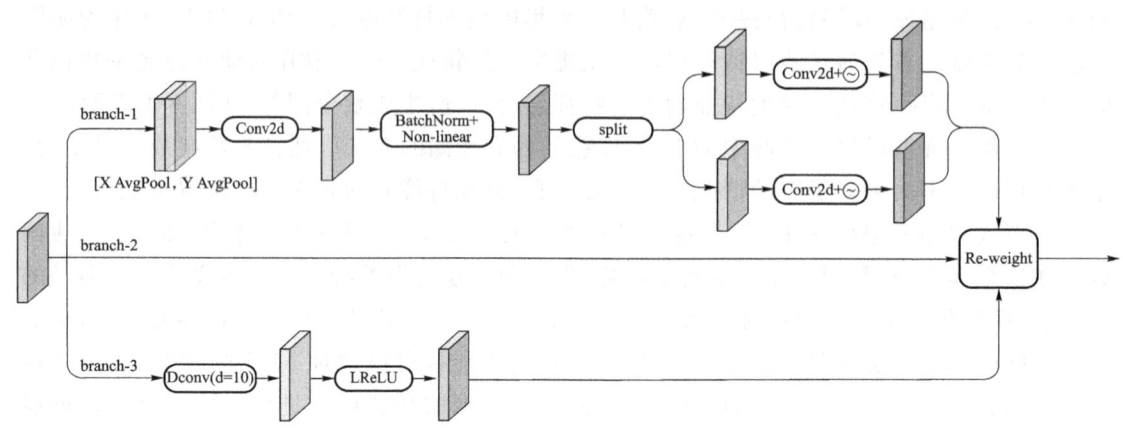

图 3-5 三叉戟膨胀感知模块的网络结构

"X Avg Pool"和"Y Avg Pool"分别表示一维水平全局池化和一维垂直全局池化

给定一个中间特征映射 $\Phi_m \in \mathbb{R}^{C \times H \times W}$,分支 1 使用 $(H,1)$ 和 $(1,W)$ 维数的池化核沿着水平和垂直坐标方向对每个通道进行编码,生成聚合特征映射。因此,第 c 个通道高度 h 处的输出可以表示为

$$z_h^c(h) = \frac{1}{W} \sum_{0 \leqslant i < W} \Phi_m^c(h,i) \tag{3-1}$$

类似地,对于通道 c 宽度 w 的输出为

$$z_w^c(h) = \frac{1}{H} \sum_{0 \leqslant j < H} \Phi_m^c(j,w) \tag{3-2}$$

然后,我们级联两个特征图,并利用 1×1 的卷积将它们转化为

$$f = \delta(\text{Conv}([z_h, z_w])) \tag{3-3}$$

式中,$[\cdot,\cdot]$ 表示沿空间维度的连接操作,δ 是一个非线性激活函数。$f \in \mathbb{R}^{C/r \times (H+W)}$,$r$ 表示缩减率。将 f 分为两个独立的张量 $f_h \in \mathbb{R}^{C/r \times H}$ 和 $f_w \in \mathbb{R}^{C/r \times W}$,它们分别通过一个 1×1 核大小的卷积层和一个 sigmoid 激活层。结果由式(3-4)和式(3-5)计算。

$$g_h = \sigma(\text{Conv}(f_h)) \tag{3-4}$$

$$g_w = \sigma(\text{Conv}(f_w)) \tag{3-5}$$

随后,支路 1 和支路 2 的输出分别表示为

$$\text{out}_1(i,j) = g_h^c(i) \times g_w^c(j) \tag{3-6}$$

$$\text{out}_2(i,j) = \Phi_m^c(i,j) \tag{3-7}$$

此外,通过扩张卷积和泄漏的 ReLU 激活函数对初始的中间特征映射进行传递,不仅扩大了感知场,还提高了分辨率,使其更关注边缘特征,分支 3 的输出由式(3-8)给出。

$$\text{out}_3(i,j) = \text{LReLU}(\text{DConv}(\Phi_m^c(i,j))) \tag{3-8}$$

式中，LReLU 和 DConv 表示泄漏的 ReLU 激活函数和膨胀的卷积。最后，我们提出的三叉戟扩展感知模块的输出可以写成：

$$\text{out}(i,j) = \text{out}_1(i,j) \times \text{out}_2(i,j) \times \text{out}_3(i,j) \tag{3-9}$$

3.3.4 损失函数

提出的 HyperTDP-Net 网络分为两部分，压缩网络和分解网络。利用压缩网络提取源图像的特征并进行重构得到融合图像，利用分解网络将融合图像分解为两个近似于源图像的结果。相应地，损失函数由压缩损失 L_c 和分解损失 L_d 组成，定义为

$$L = L_c + L_d \tag{3-10}$$

1. 压缩损失

为了得到既保留源图像丰富纹理细节又包含生物体功能信息的融合图像，我们的压缩损失 L_c 包括内容感知损失 L_{content} 和灰度损失 $L_{\text{intensity}}$

$$L_c = \alpha L_{\text{content}} + \beta L_{\text{intensity}} \tag{3-11}$$

式中，α 和 β 分别为内容感知损失和强度损失的权重因子。为了保证融合后的图像与源图像保持足够的结构相似性，并保留更详细的信息，我们提出的内容感知损失由式(3-12)计算的 SSIM_f 和 Gradient_f 组成。

$$L_{\text{content}} = (1 - \text{SSIM}_f) + \gamma \text{Gradient}_f \tag{3-12}$$

采用 SSIM_f 损耗来确保源图像和融合图像具有足够的结构相似性。通过亮度、对比度和结构 3 个维度来估计 x 和 y 两幅图像的相似度。该损失的定义为

$$\text{SSIM}(x,y) = \frac{(2\mu_x\mu_y + c_1)(2\sigma_{xy} + c_2)}{(\mu_x^2 + \mu_y^2 + c_1)(\sigma_x^2 + \sigma_y^2 + c_2)} \tag{3-13}$$

$$\text{SSIM}_f = \frac{\text{SSIM}(I_f, I_1) + \text{SSIM}(I_f, I_2)}{2} \tag{3-14}$$

式中，为 μ 平均值，σ 为标准差。SSIM 值越大，说明两幅图像的结构相似度越高。在内容损失中，我们期望 SSIM 的值会更大，因此我们用 $1-\text{SSIM}_f$ 定义内容损失。

Gradient_f 损失的目的是迫使融合后的图像包含源图像丰富的纹理细节信息。该损失包含一个自适应决策块，用于指导融合图像与源图像对应位置最强纹理的一致性。其定义如下：

$$\text{Gradient}_f = \frac{1}{HW} \sum_x \sum_y S_{1x,y} \cdot (\nabla I_{fx,y} - \nabla I_{1x,y})^2 + S_{2x,y}(\nabla I_{fx,y} - \nabla I_{2x,y})^2 \tag{3-15}$$

式中，x 和 y 表示决策映射或梯度映射的第 x 行和第 y 列像素。H 和 W 表示图像的高度和宽度，I_1 和 I_2 是输入源图像，I_f 是融合图像，$\nabla(\cdot)$ 是拉普拉斯算子。此外，S 是根据源图像的梯度水平，由决策块生成的决策图。图 3-6 所示为自适应决策块的原理图。

源图像输入自适应决策块，首先经过高斯低通滤波，降低噪声信息，使图像平滑。然后，通过拉普拉斯算子得到梯度映射。最后，根据像素尺度上梯度的大小输出决策图。决策图的生成过程可以形式化为

$$S_{1x,y} = \text{sign}(|\nabla(L(I_{1x,y}))| - \min(|\nabla(L(I_{1x,y}))|, |\nabla(L(I_{2x,y}))|)) \tag{3-16}$$

$$S_{2x,y}=1-S_{1x,y} \tag{3-17}$$

式中，||表示绝对值函数，$L(\ )$表示高斯低通滤波器，min、sign 分别表示最小函数和符号函数。由于两幅源图像都首先经过低通函数滤波，并选择梯度值较大的像素，因此很难对正常纹理进行误判。因此，该自适应决策块作用于梯度损失函数，可以指导融合图像的作用，在像素尺度上保持丰富的纹理。

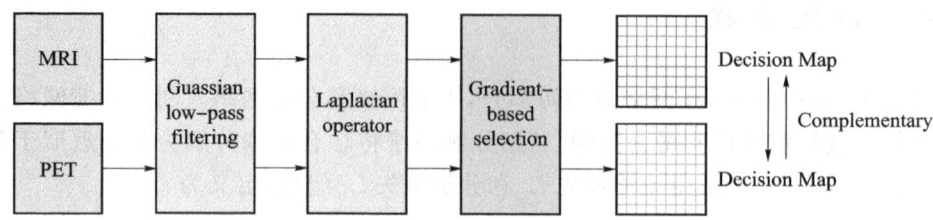

图 3-6 自适应决策块的原理图

$L_{\text{intensity}}$损失引导融合图像保留有用的信息表示像素强度，如对比度。该损失函数的数学表达式如下：

$$L_{\text{intensity}}=\frac{1}{HW}\sum_x\sum_y(I_{fx,y}-I_{1x,y})^2+\theta(I_{fx,y}-I_{2x,y})^2 \tag{3-18}$$

对于 MRI 和 PET 图像的融合，强度信息主要来自 PET 图像，从而保留了生物体的功能活动信息。I_1、I_2 分别表示 PET 和 MRI 图像。其中为 θ 超参数，用于平衡两项的权重。在本小节中，我们将其设为 0.5。

2. 分解损失

分解网络对融合结果进行分解，得到近似于源图像的结果。分解损失可以为

$$L_d=\frac{1}{HW}\sum_x\sum_y(I_{1\_d\,x,y}-I_{1x,y})^2+(I_{2\_d\,x,y}-I_{2x,y})^2 \tag{3-19}$$

式中，I_{1_d}、I_{2_d} 表示融合图像分解的结果，I_1、I_2 表示源图像。由于分解结果与源图像的相似程度直接取决于融合图像的质量，分解损失迫使融合结果包含源图像更详细的信息。

3.4 实验结果与分析

在本节中，对提出的融合方法进行了实验验证。首先介绍了具体的实现过程和实验装置。其次，进行了几个消融研究，以调查不同模块对提出融合网络的影响。最后，将提出的融合框架与其他现有的算法进行定性和定量的比较，以进一步证明提出融合模型的有效性。

3.4.1 实验设置

首先，描述了融合模型的训练和测试细节。本小节用于医学图像融合的数据集来自全脑图谱数据库[54]。其中，选取 58 对 PET 和 MRI 图像作为训练数据来训练提出的融合模型。这些图像首先被转换为灰度并调整为 256×256。在等式(3-11)中，设参数 α 和 β 为 1 以平衡 L_{content} 和 $L_{\text{intensity}}$ 的权重。式(3-12)中的参数 γ 被设为 2。此外，为了从 PET 图像

中获取强度信息并保留生物体的功能活性信息,我们将式(3-18)中 θ 设为 0.5。BatchSize 和 epoch 分别设置为 2 和 30。

在测试阶段,我们选择了 20 对 PET 和 MRI 图像来评估提出的融合网络的性能。值得注意的是,在测试阶段仅使用压缩网络来生成融合结果。

为了客观地验证本章融合方法相对于其他融合方法的优越性,选取了 12 种具有代表性的融合算法进行对比实验。具体而言,这些融合算法包括传统的和基于深度学习的方法,如残差融合网络(RFN-Nest)[55]、SDNet[56]、UFA-FUSE[57]、TransMEF[58]、感知融合 Gan[59]、DenseFuse[60]、U2Fusion[61]、基于 transformer 的图像融合[62]、梯度转移融合(GTF)[63]、多分辨率奇异值分解(MSVD)[64]、低通金字塔比(RP)[65]和 WT[66]。此外,与这些基于深度学习的比较算法相比,我们提出的融合模型是一个端到端的网络结构,不需要生成中间决策映射来实现图像融合。此外,我们还设计了三叉戟扩展感知模块来捕捉特征的方向感知和位置感知信息,以增强网络的特征表示能力,获得包含丰富信息的融合图像。

采用定性和定量评价方法区分不同融合模型的性能。定性评价主要通过观察融合结果的视觉效果与源图像的差异来实现。但这种评价可能会受到不同观察者的主观因素的影响。因此,为了对融合方法进行更全面的评价,我们引入了熵(EN)[67]、多尺度结构相似度(MS-SSIM)[68]、互信息(MI)[69]、图像结构相似度 Q_S[70]、Q_W[71]、Q_E[72]、图像质量(Q_{abf})[73]、边缘强度(EI)[74]、(SF)[75]、定义(DF)[76]和相关系数空间频率和(SCD)[77]等 11 个客观指标来进一步评价这些融合算法在医学图像融合中的性能。

3.4.2 三叉戟膨胀感知的验证

在本章的图像融合网络中,提出了三叉戟扩展感知模块,将精确的位置信息嵌入到通道注意中,防止源图像边缘信息的丢失,进一步帮助信息在网络中有效地流动。在本小节中,通过消融实验来评估提出的融合网络,以验证三叉戟扩张感知模块的贡献。为了充分研究提出的模块中每个分支的重要性,使用 5 个不同结构的网络来训练 30 个 epoch 的图像融合模型,分别是"NO TDP""NO branch-1""NO branch-2""NO branch-3"和"TDP"。"NO TDP"表示没有三叉戟扩张感知的融合模型。"NO branch-1""NO branch-2""NO branch-3"表示分别从我们的融合模型的 TDP 模块中移除第一、第二和第三个分支。"TDP"表示提出的具有完整 TDP 模块的融合模型。为了进行定量比较,我们通过客观指标 EN、MS-SSIM、MI、Q_S、Q_W、Q_E、Q_{abf}、EI、SF、DF 和 SCD 对测试数据集上这 5 种训练模式的性能进行了量化。表 3-1 所示为这 5 种融合模型的定量结果,以粗体表示最优值。

表 3-1 三叉戟膨胀感知模块的消融实验结果

融合模型	EI	SF	EN	Q_{abf}	SCD	MS_SSIM	MI	DF	Q_S	Q_W	Q_E
NO TDP	80.316	27.626	5.248	0.658	1.360	0.884	10.496	10.035	0.834	0.853	0.682
NO branch-1	80.695	27.90	5.236	0.663	1.372	0.887	10.472	10.028	0.847	0.855	**0.708**
NO branch-2	80.955	27.763	5.476	0.653	1.364	0.882	10.951	10.067	0.845	0.853	0.69
NO branch-3	76.503	26.113	5.373	0.633	1.396	**0.899**	10.746	9.402	0.853	0.812	0.657
TDP	**81.393**	**27.996**	**5.532**	**0.679**	**1.425**	0.897	**11.063**	**10.996**	**0.855**	**0.855**	0.692

从表 3-1 可以明显看出,去掉 TDP 模块后,融合模型的 11 个评价指标的值都比较低。此外,可以清楚地观察到,在 TDP 模块中有一些分支的融合模型比没有这些分支的融合模型性能更好。当然,除了 MS_SSIM 和指标外,采用 TDP 模块的融合模型取得了最好的结果。这些比较有力地证明了 TDP 模块的有效性,说明了 TDP 模块的 3 个分支是不可缺少的。此外,图 3-7 所示为三叉戟扩张感知模块分析,详细地对比了每一对图像与 5 种不同的 TDP 结构。综上所述,本章提出的 TDP 模块适合于实现高效、强大的医学图像融合网络。

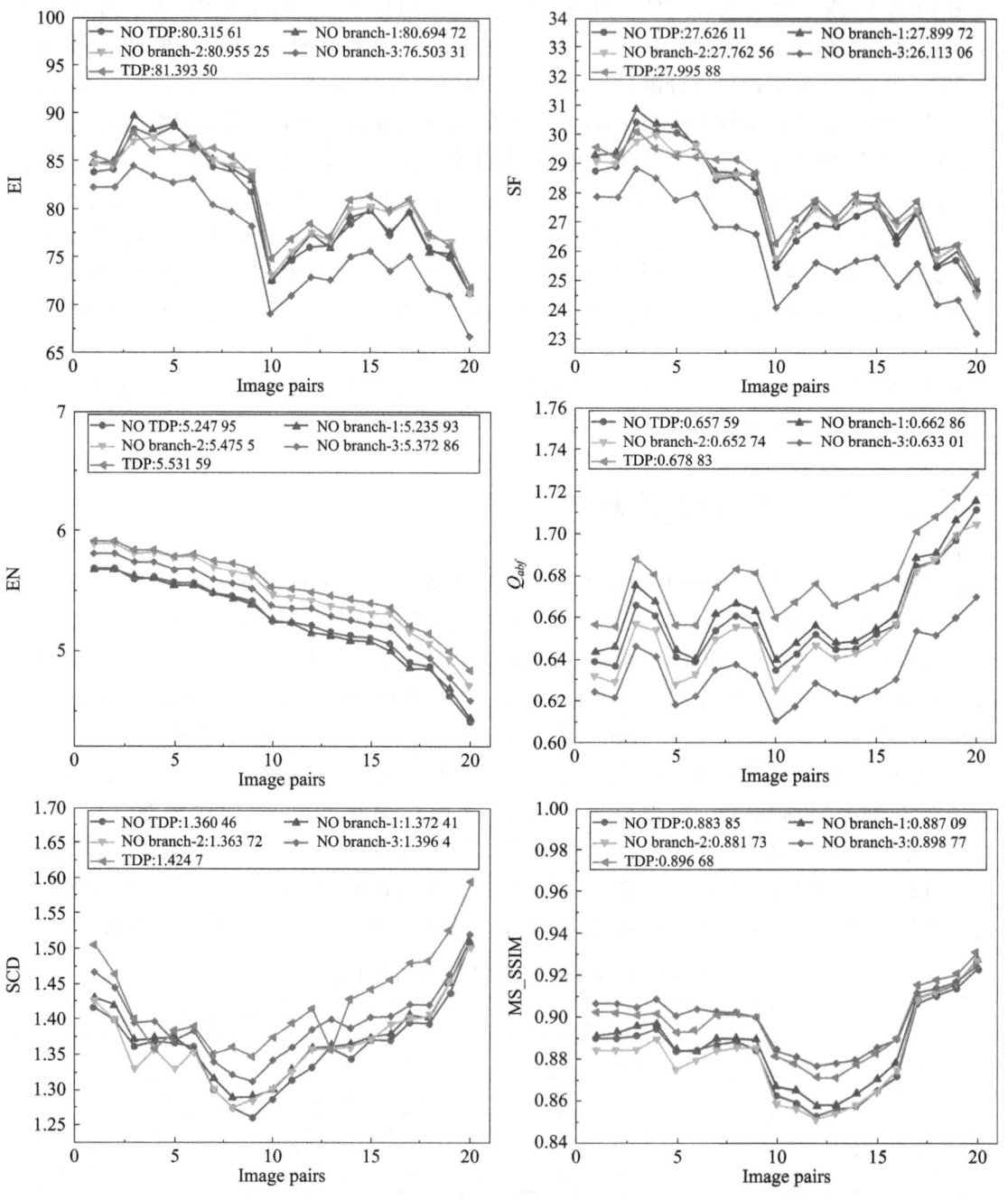

图 3-7　三叉戟扩张感知模块分析

图中显示了 TDP 这 5 种不同结构的度量平均值,图中显示了对每个图像对的评估

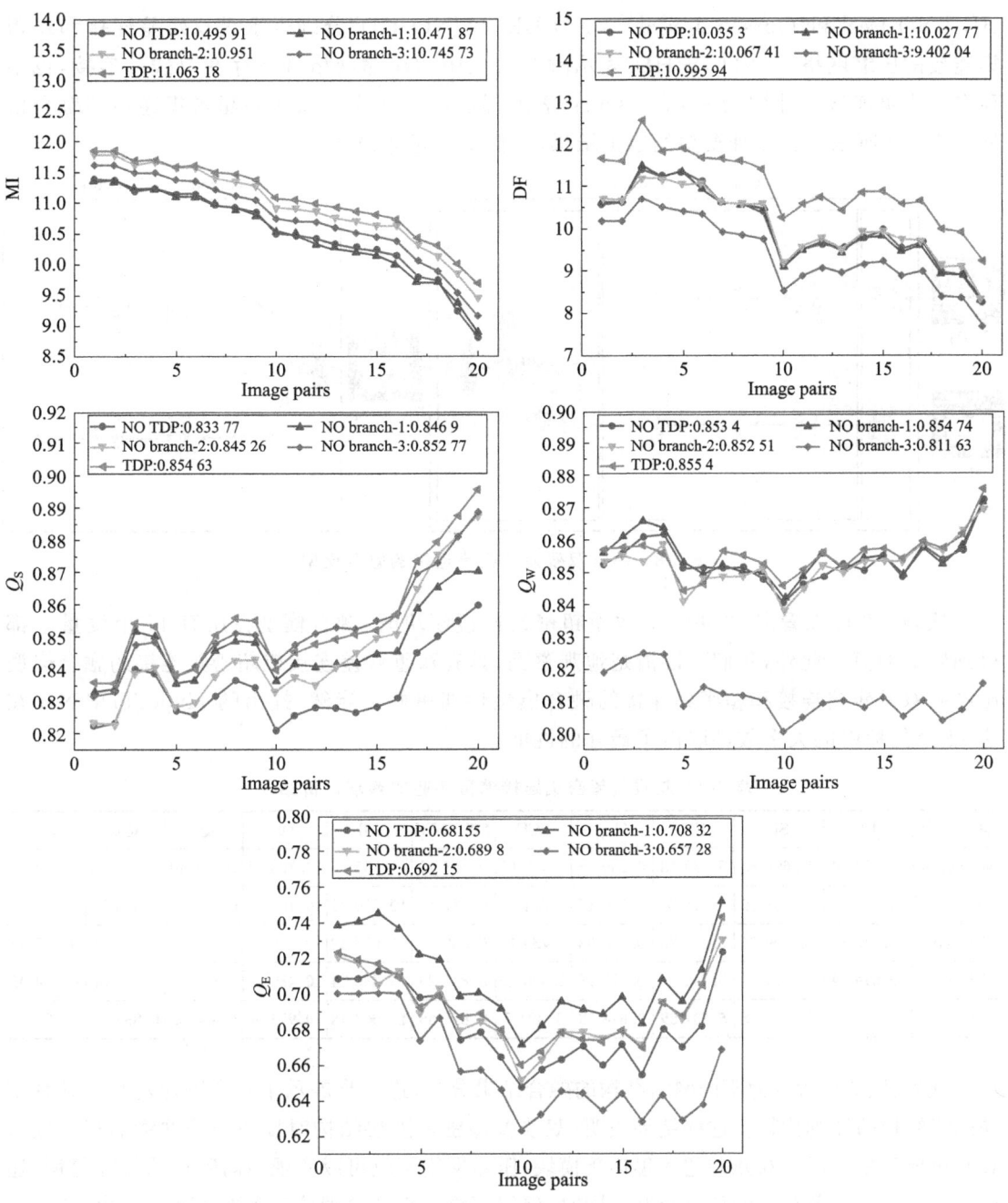

图 3-7 三叉戟扩张感知模块分析（续）

图中显示了 TDP 这 5 种不同结构的度量平均值，图中显示了对每个图像对的评估

3.4.3 双残差超密集连接的有效性

双残差超密集连接模块的作用是从源图像中充分提取深度特征，实现网络信息的交互。在本小节中，我们讨论了双残差超密集连接模块在压缩网络中的影响。为了验证双残差超密集连接模块中双残差连接和超密集连接的性能，设计了"NO-DRHD""NO-DR""NO-

HD""NO-Dec"和"Ours"5 组实验。"NO-DR"和"NO-HD"分别表示无双残差连接和超密集连接的压缩网络。"NO-DRHD"表示融合模型中的压缩网络既不存在双残差连接,也不存在超密集连接,如图 3-8 所示。"Ours"表示提出的具有完全双残差超密集连接的融合模型。表 3-2 所示为这 5 种模型的定量结果,最优值用粗体描述。

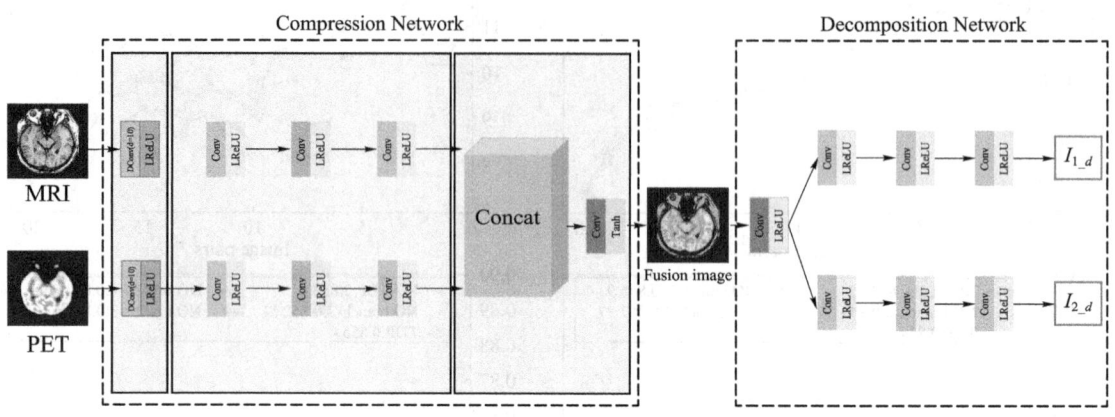

图 3-8　不含双残差超密集连接的融合模型

从表 3-2 可以看出,当去除双残差超密集连接模块时,融合模型在所有 11 个度量上都得到较低的值。此外,我们可以清楚地观察到,具有双重残差连接或超密集连接的融合模型比没有双重残差连接和超密集连接的融合模型性能更好。当然,提出的 HyperTDP-Net 在这 11 个指标中的大多数都取得了最好的性能。

表 3-2　双残差超密集连接消融实验的客观评价结果

融合模型	EI	SF	EN	Q_{abf}	SCD	MS_SSIM	MI	DF	Q_S	Q_W	Q_E
NO-DRHD	82.272 44	28.699 86	5.489 43	0.659 66	1.420 65	0.895 42	11.055 35	10.163 61	0.841 40	0.847 75	0.720 25
NO-DR	81.061 52	27.968 29	5.118 21	0.669 15	1.374 86	0.887 16	10.236 41	10.152 73	0.835 84	0.855 26	0.706 88
NO-HD	83.045 88	**28.899 26**	5.528 70	0.660 63	**1.439 15**	0.892 56	11.057 39	10.276 10	0.849 19	0.850 03	0.717 60
NO-Dec	**83.616 94**	28.614 97	5.140 07	0.677 28	1.396 29	0.887 29	10.280 14	10.480 92	0.842 81	0.854 88	**0.730 03**
Ours	81.393 50	27.995 88	**5.531 59**	**0.678 38**	1.424 7	**0.896 68**	**11.063 18**	**10.995 94**	**0.854 63**	**0.855 40**	0.692 15

此外,图 3-9 所示为不同网络结构的融合结果分析,进一步展示了每个图像对与这几种不同网络结构的详细比较。这些结果表明,双残差超密集连接结构对提高压缩网络的特征提取具有重要作用。通过双残差超密集连接模块,压缩网络不仅可以实现当前路径的特征复用,还可以实现与另一条路径的信息交互。同时,保留了更详细的纹理信息和更清晰的边缘特征。

3.4.4　分解网络的影响

分解网络的目标是对融合后的图像进行分解,并生成与源图像相似的结果。由于分解结果的质量直接取决于融合后的图像,分解损失会迫使融合后的图像包含更多源图像的纹理细节信息。为了验证分解网络的有效性,我们不使用 30 个 epoch 的分解网络训练融合模型。图 3-10 所示为不使用分解网络的图像融合模型结构。表 3-2 给出了定量结果,最优值用粗体表示。NO-Dec 表示融合模型训练时没有分解损失。

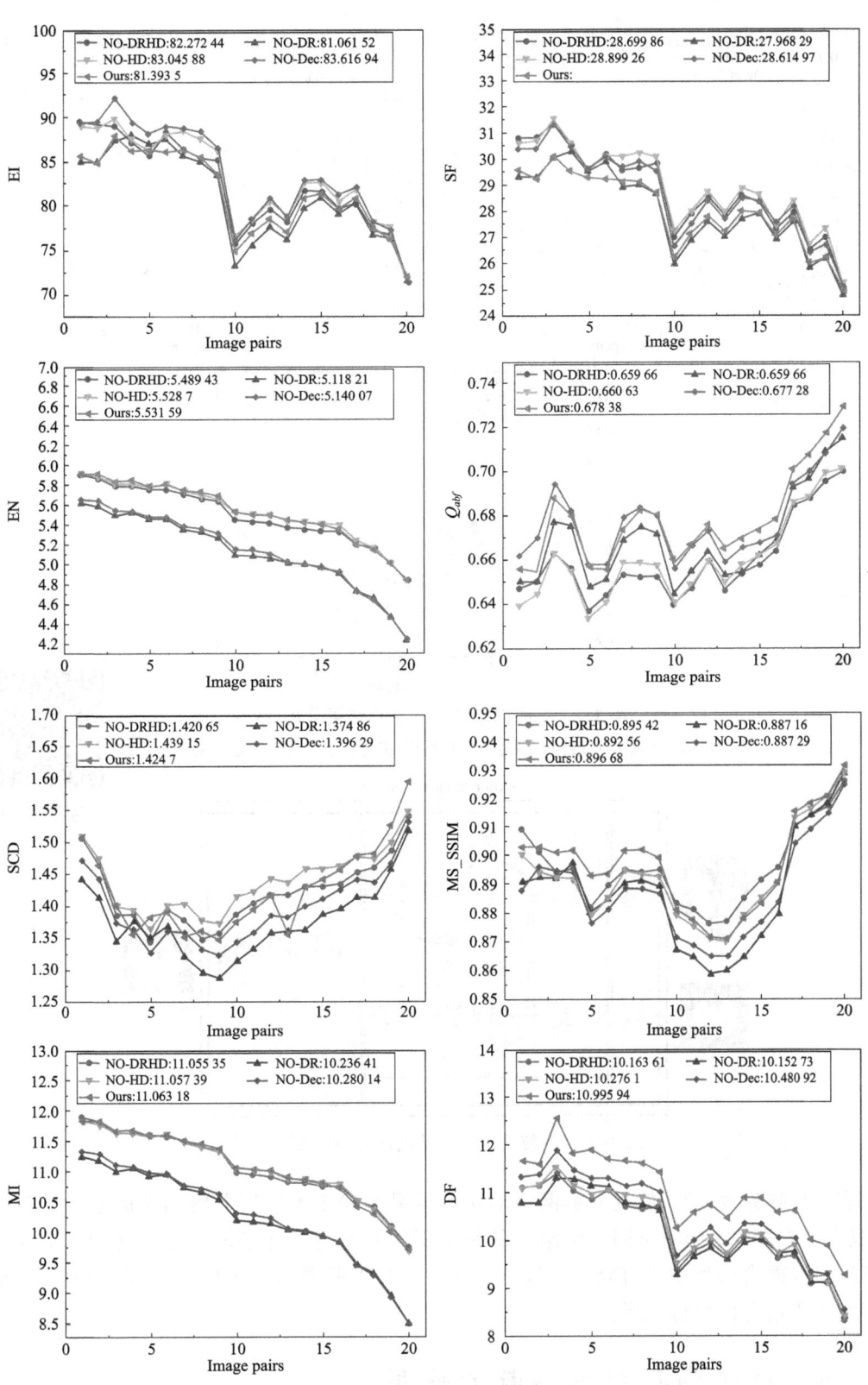

图 3-9 不同网络结构的融合结果分析

图中显示了 6 种不同结构网络的度量平均值,横坐标表示每个图像对的评估结果

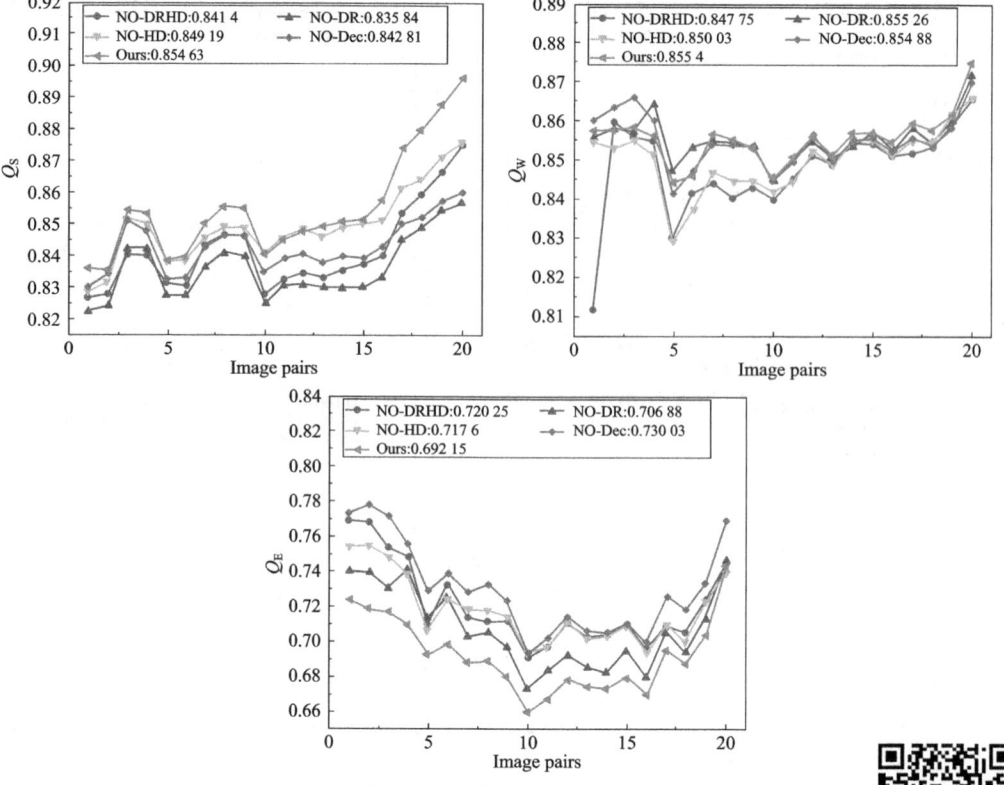

图 3-9 不同网络结构的融合结果分析(续)

图中显示了 6 种不同结构网络的度量平均值,横坐标表示每个图像对的评估结果

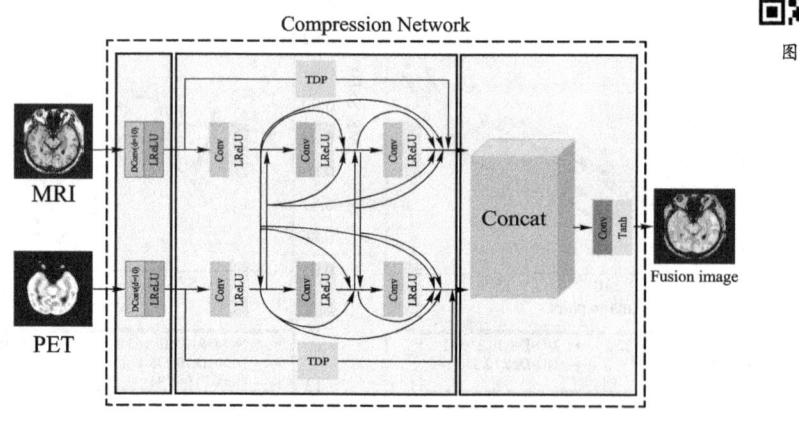

图 3-10 不使用分解网络的图像融合模型结构

表 3-2 清楚地表明,使用分解网络的融合结果要优于不使用分解网络的融合结果。此外,我们还在图 3-9 中对不同网络结构的每个图像对进行了详细的对比。这较好地证明了分解网络在融合模型中的有效性。该分解网络有利于源图像的重建,迫使融合模型生成具有丰富纹理信息的融合结果。

3.4.5 内容感知损失函数的作用

在我们的模型中,利用内容感知损失来约束融合图像包含丰富的纹理细节,并保持与源图像足够的结构相似性。内容感知的损失函数由梯度损失和 SSIM 损失两部分组成,梯度损失迫使融合后的图像保留来自源图像的更详细的纹理信息,而 SSIM 损失确保融合后的图像保持足够的结构相似性。此外,我们还专门在梯度损失中加入了一个自适应决策块,通过自适应引导融合图像的梯度分布,使融合图像逼近梯度更强的像素点。更重要的是,自适应决策块非常适合于多模态医学图像融合任务。具体而言,由于多模态医学图像的强度差异很大,很容易造成图像结构纹理与功能信息之间的不平衡,使纹理信息往往被功能信息淹没,导致纹理细节减少或丢失。然而,在像素尺度上的梯度优化是在自适应决策块的存在下实现的,允许网络保留详细的纹理信息和尽可能多的功能信息。为了充分验证内容感知损失函数对融合模型的重要性以及它所包含的每一项的作用,我们对内容感知损失函数进行了消融实验。我们选择了 5 种不同的损失函数组合来训练图像融合模型:"NO-Con""NO-Gra""NO-SSIM""NO-ADB"和"Ours"。"NO-Con"表示我们提出的损失函数不包含内容感知的损失函数。"NO-Gra"和"NO-SSIM"分别表示梯度损失和 SSIM 损失不包括在内容感知损失中。"NO-ADB"表示内容感知损失中的梯度损失去除了自适应决策块。"Ours"表示我们提议的损失,它包含完整的内容感知损失。

表 3-3 列出了 11 个质量指标的值,最优值用粗体表示。从表 3-3 可以看出,当删除内容感知损失函数时,所有指标的值都相对较低。此外,我们可以观察到加入梯度损失的自适应决策块的结果优于不加入自适应决策块的结果,这验证了自适应决策块的有效性。有梯度损失或 SSIM 损失的内容感知损失函数性能优于无梯度损失或 SSIM 损失的内容感知损失函数。当然,完整的内容感知损失函数可以达到最好的性能。此外,我们在图 3-11 中进一步展示了这些不同损失函数的每个图像对的详细比较,这表明内容感知的损失对融合性能很重要。

表 3-3 内容感知损失的消融实验结果

融合模型	EI	SF	EN	Q_{abf}	SCD	MS_SSIM	MI	DF	Q_S	Q_W	Q_E
NO-Con	74.100 05	23.443 02	5.227 19	0.650 58	1.376 88	0.877 44	10.554 38	8.535 28	0.849 82	0.814 37	0.634 34
NO-Gra	72.833 37	24.113 44	5.239 08	0.621 83	1.398 50	0.889 37	10.478 16	8.409 81	0.849 93	0.824 41	0.619 86
NO-SSIM	80.575 17	27.777 70	5.245 63	0.652 12	1.349 27	0.882 18	10.491 25	10.010 40	0.826 24	0.854 07	0.690 10
NO-ADB	66.237 59	19.793 24	**5.611 75**	0.595 92	1.378 90	0.892 67	**11.223 51**	7.476 99	0.853 13	0.814 31	0.536 98
NO-In	75.580 06	26.920 56	5.533 08	0.576 57	1.232 66	0.847 66	11.066 17	9.565 46	0.719 45	0.811 28	0.639 48
Ours	**81.393 50**	**27.995 88**	5.531 59	**0.678 38**	**1.424 7**	**0.896 68**	11.063 18	**10.995 94**	**0.854 63**	**0.855 40**	**0.692 15**

3.4.6 灰度损失的验证

强度损失引导融合图像保留以像素强度为特征的有用信息,如对比度。为了证明强度损失的有效性,我们进行了消融实验,定量结果如表 3-3 所示。"No-In"表示压缩损失中没有强度损失。表 3-3 清楚地表明,强度损失训练的融合模型的结果优于无强度损失训练的融合模型。此外,图 3-11 所示为不同损失函数的融合结果,详细地对比了不同损失函数的每一对图像。这些结果表明,在存在强度损失的情况下,图像融合模型具有更好的融合性能,能够保留源图像中更多有用的信息,生成包含丰富纹理信息的融合图像。

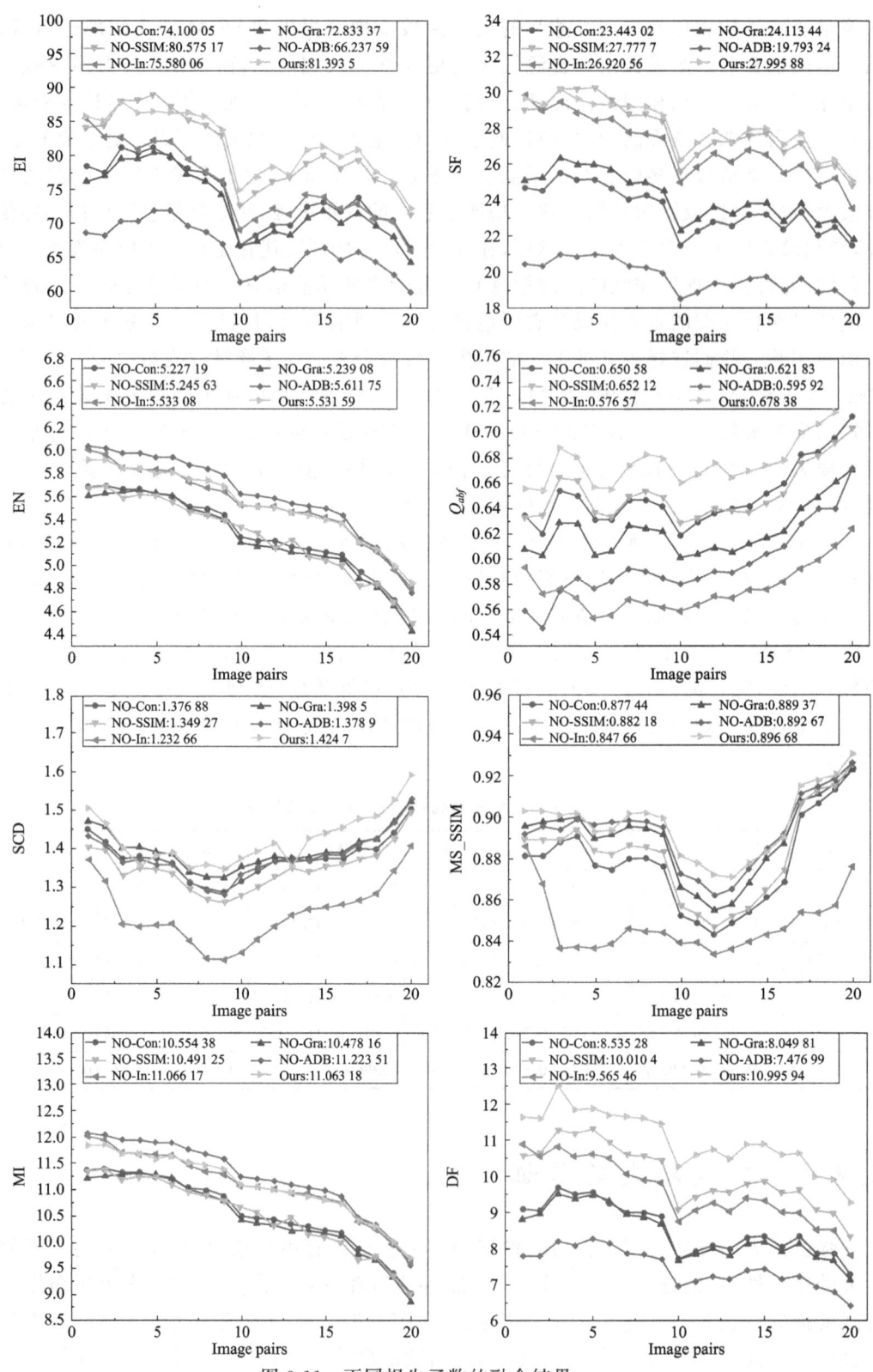

图 3-11 不同损失函数的融合结果

图中显示了采用 6 种不同损失函数的度量平均值,横坐标表示每个图像对的评估结果

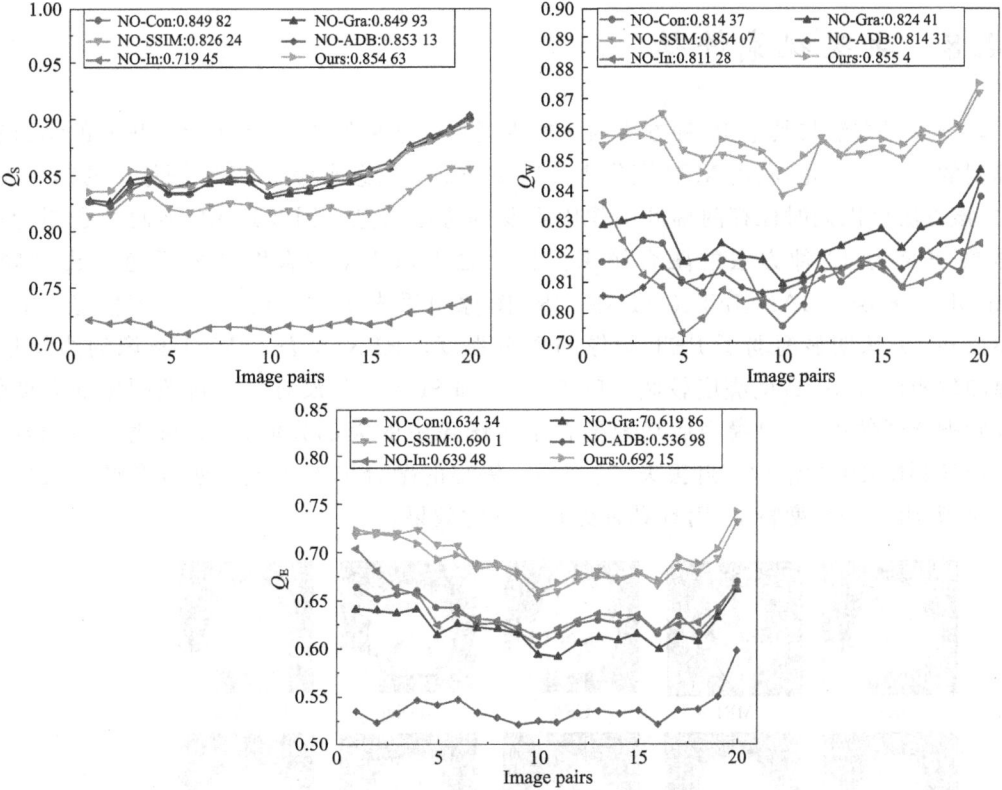

图 3-11 不同损失函数的融合结果(续)

图中显示了采用 6 种不同损失函数的度量平均值,横坐标表示每个图像对的评估结果

3.4.7 压缩损失的影响

图 3-11 彩图

压缩网络用于输出纹理信息和功能信息丰富的融合图像,我们设计的压缩损失函数包括内容感知损失和强度损失。为了证明压缩损失函数的有效性,我们进行了烧蚀实验,在实验中我们完全消除了压缩损失。具体地说,我们不仅去掉了内容感知损失,而且去掉了强度损失,因此我们的整个融合网络仅以分解损失为指导进行优化。压缩损失的消融实验如图 3-12 所示。NO-Com 表示融合模型训练时没有压缩损失。

从图 3-12 中可以看出,在完全消除压缩融合损失后,融合结果与源图像总体上相差甚远,但可以包含一定程度的组织信息。因此,没有必要进行定量验证。综上所述,这些结果表明压缩损失对融合的合理性有重要影响。

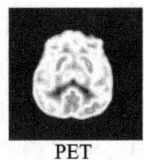 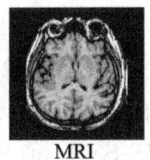 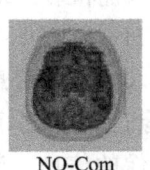 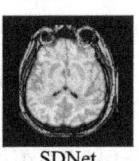

PET　　　　MRI　　　　NO-Com　　　SDNet

图 3-12 压缩损失的消融实验

从左到右:两幅源图像、无压缩损失及融合结果

3.4.8 主观视觉评估

融合模型方法与其他 12 种方法相比的主观评价结果如图 3-13 所示。我们的结果有两个典型的优势。首先,利用 MRI 图像中高质量的细节信息来缓解 PET 图像中的镶嵌现象。其次,该方法可以同时保存两幅源图像中重要的边缘信息。图 3-13 中,前两个子图为输入源图像,其余为 13 种方法的融合结果。相比之下,UFA 融合图像的颜色会出现畸变。TransMEF、FusionGAN、IFT、GTF 在 MRI 图像中丢失了详细的纹理细节信息。WT 和 DenseFuse 方法明显削弱了 PET 图像的颜色强度。RFN 失去了 MRI 图像的边缘信息。与源图像相比,MSVD 的亮度较暗。U2Fusion 和 SDNet 并没有将来自源图像的亮度信息集成到融合图像中。RP 模型成功地融合了源图像中的大部分信息,但与我们的融合结果相比,MRI 图像中的结构信息丢失了。此外,提出的融合模型生成的融合图像不仅包含丰富的纹理、组织和亮度特征,而且具有更好的视觉效果。

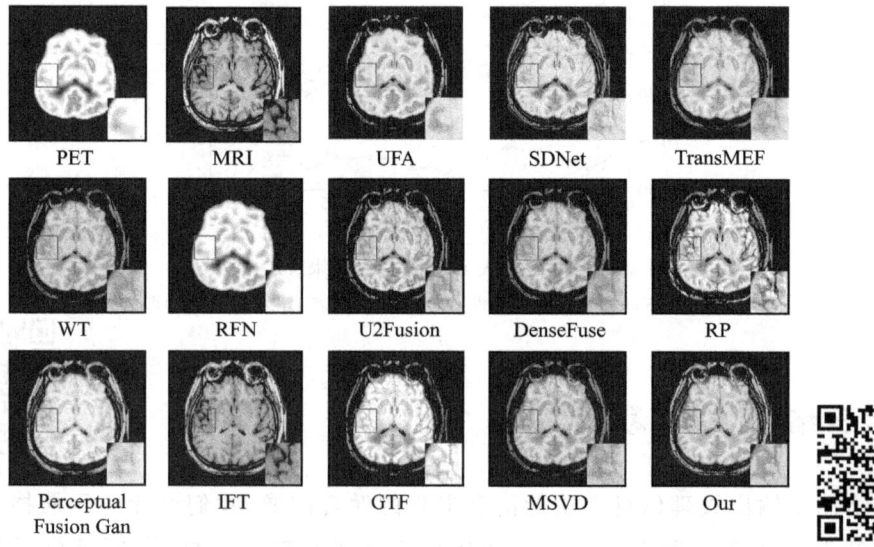

图 3-13 融合方法与其他 12 种先进方法相比的主观评价结果

图 3-13 彩图

3.4.9 客观度量评价

为了客观地评估我们融合方法的性能,我们使用了 11 个质量指标,并与其他 12 种融合方法进行了比较。如表 3-4 所示,最优、次优和第三最优值分别以粗体、红色斜体和蓝色斜体显示。

由表 3-4 可以观察到我们的 HyperTDP-Net 在 Q_{abf}、SCD、MS-SSIM、DF、Q_S、Q_W、Q_E 度量值上排名第一。Q_{abf} 是对输入的重要信息在融合图像中表示的程度的估计,在 Q_{abf} 中也得到了最好的值,表明融合图像达到了更好的融合质量。在 SCD 度量中得到最佳值,表明融合后的图像完全保留了源图像的信息。MS-SSIM 值最大,表明融合后的图像更符合人类视觉系统的视觉感知。DF 的这个最优值表明我们的图像具有很高的图像对比度。Q_S、Q_W、Q_E 得到 3 个最优值,表明该方法将更多的边缘信息从源图像传递到融合图像。

表 3-4 采用 11 个质量指标对 12 种融合方法在 21 对 PET 和 MRI 图像上的评价结果

融合方法	EI	SF	EN	Q_{abf}	SCD	MS_SSIM	MI	DF	Q_S	Q_W	Q_E
SDNet	39.779 93	15.301 35	4.817 68	0.250 46	1.326 47	0.700 33	9.635 36	4.791 27	0.470 30	0.303 50	0.032 55
TransMEF	53.351 83	13.826 53	5.477 24	0.338 47	1.074 65	0.862 28	*10.954 47*	5.584 08	0.399 71	0.664 61	0.266 51
RFN	27.724 08	11.308 17	3.640 16	0.253 47	0.582 22	0.601 41	7.280 31	2.725 75	0.420 36	0.212 81	0.013 90
Perceptual_FusionGan	64.740 00	23.933 61	5.365 82	0.498 17	1.309 88	0.864 30	10.731 63	7.921 59	0.420 45	*0.815 28*	*0.539 63*
Densefuse	56.223 90	17.164 04	4.827 63	0.443 85	1.334 02	*0.881 72*	9.655 25	6.377 54	0.820 69	0.680 42	0.378 42
U2Fusion	69.525 12	21.244 05	5.218 15	0.503 56	1.177 80	0.880 45	10.436 31	7.839 49	0.427 81	0.674 39	0.433 75
UFA	64.335 71	23.981 76	5.229 43	0.403 36	1.308 39	0.838 73	10.458 87	7.586 03	0.692 79	0.623 63	0.360 61
IFT	*77.113 93*	22.656 98	6.657 04	*0.672 81*	0.540 40	0.764 97	**13.314 07**	8.509 07	0.575 27	*0.818 47*	*0.621 68*
GTF	72.816 17	24.440 39	4.289 70	0.556 51	*1.419 45*	0.859 23	8.579 40	8.266 45	0.767 20	0.629 70	0.462 03
MSVD	62.741 37	*24.565 80*	*4.882 08*	0.477 73	1.328 18	*0.882 55*	9.764 16	*8.936 50*	*0.822 85*	0.690 65	0.428 55
RP	**88.820 20**	**30.836 87**	*4.922 33*	*0.568 50*	1.240 00	0.835 33	9.844 65	**10.991 09**	0.814 58	0.685 15	0.433 19
WT	56.130 27	17.117 98	4.819 12	0.442 31	*1.336 06*	0.881 32	9.638 24	6.372 08	*0.822 38*	0.682 36	0.376 26
Ours	*81.393 50*	*27.995 88*	**5.531 59**	**0.678 02**	**1.420 25**	**0.890 63**	*11.063 18*	10.194 30	**0.854 63**	**0.855 40**	**0.692 15**

EI、EN 和 MI 分别为 Edge Intensity、Entropy 和 Mutual Information,这 3 个指标的结果都是第二好的,这 3 个指标的值稍低的原因是我们的融合结果更符合人类的视觉感知。由于融合后的图像包含更多的纹理细节信息,因此在 SF 度量中融合效果次好。此外,图 3-14 所示为客观的评价结果,详细地展示了每一对图像与12 种图像融合方法的对比。从统计结果可以看出,对于 PET 和 MRI 图像融合,我们的方法保留了更丰富的纹理和边缘信息,表现出更好的性能。

表 3-4 彩表

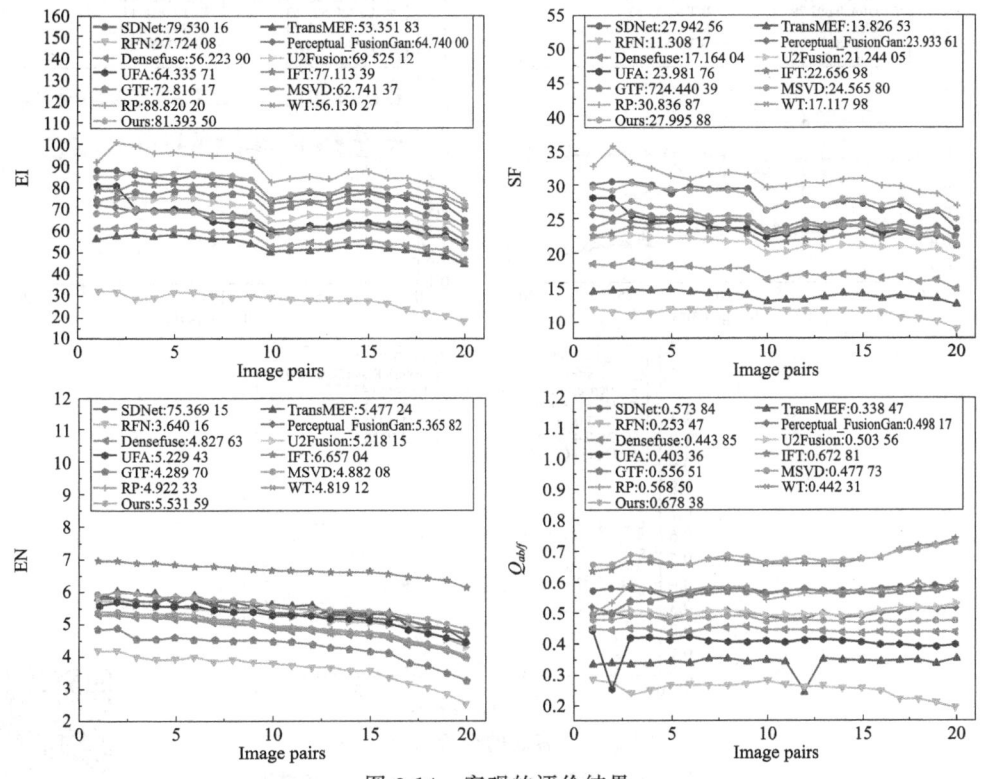

图 3-14 客观的评价结果

提出的 HyperTDP-Net 与其他 12 种融合方法的对比

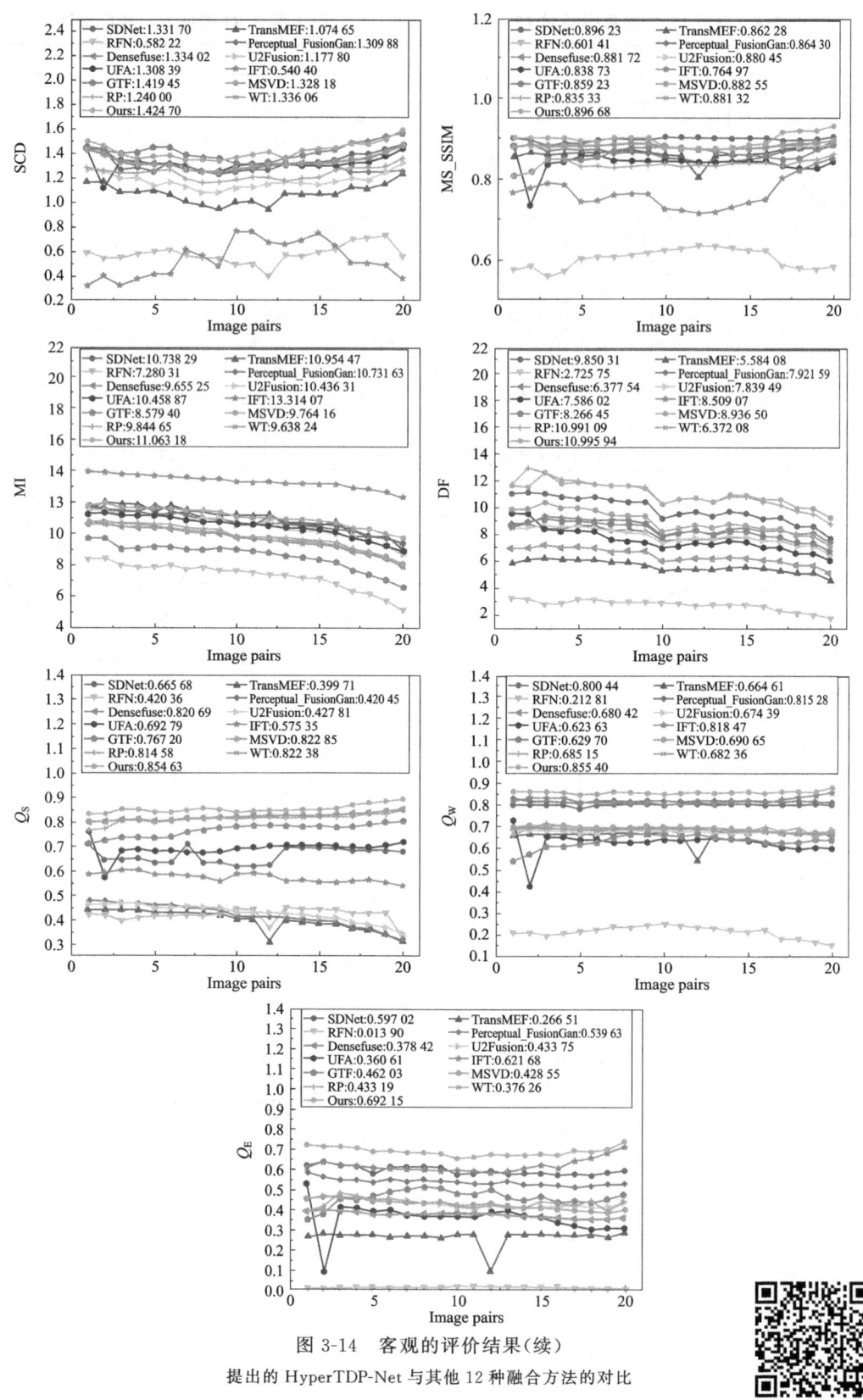

图 3-14 客观的评价结果（续）
提出的 HyperTDP-Net 与其他 12 种融合方法的对比

3.5 本章小结

针对现有融合方法在保留图像纹理细节方面存在的不足,本章提出了一种结合双残差超密集连接和三叉戟扩张感知的 PET 和 MRI 图像融合压缩分解网络,称为:HyperTDP-Net。我们在压缩网络中构造了对偶残差超密集模块,其中密集连接不仅应用于当前路径的层之间,也应用于不同路径的层之间。通过这种方式,实现了不同路径之间的信息交互,提高了深度特征的提取能力。双残差超密集模块通过残差学习和超密集连接促进特征重用,有助于从浅层特征中提取更全面的深度特征。此外,提出了三叉戟扩展感知模块,用于获取准确的特征位置信息,增强了网络的特征表示能力。此外,我们还设计了一个新的内容感知的损失函数,以更好地、更稳定地生成融合图像。加入 SSIM 损失函数以保持融合后的图像结构与源图像相似,引入梯度损失产生更多的边缘信息。特别地,我们在梯度损失中加入了一个自适应决策块,通过自适应地引导融合图像的梯度分布,将融合图像近似为具有强梯度的像素。通过自适应决策块实现像素尺度的梯度优化,使我们的融合网络保留了详细的纹理信息和尽可能多的功能信息。消融实验证明了 HyperTDP-Net 各组成部分的有效性。对比实验表明,所提的 HyperTDP-Net 模型在医学图像融合任务的主观视觉评估和定量指标方面优于最先进的方法。在未来的工作中,我们将继续优化网络架构,进一步提高融合性能。此外,我们将设计特定的压缩损失函数,使我们提出的融合网络扩展到其他图像融合任务,如多波段、多曝光和多聚焦。

本章参考文献

[1] Qi G,Wang J,Zhang Q,et al. An integrated dictionary learning entropy-based medical image fusion framework[J].Future Internet,2017,9(4):61.

[2] Wang K,Qi G,Zhu Z,et al. A novel geometric dictionary construction approach for sparserepresentation based image fusion[J].Entropy,2017,19(7):306.

[3] Li H,Qiu H,Yu Z,et al. Multi-focus image fusion via fixed window technique of multi-scale images and non-local means filtering[J].Signal Process,2017(138):71-85.

[4] Li H,Li X,Yu Z,et al. Multi-focus image fusion by combining with mixed-order structure tensors and multi-scale neighborhood[J].Inf. Sci,2016(349-350):25-49.

[5] Lee S H,Park J S,Cho N I. A multi-exposure image fusion based on the adaptive weights reflecting the relative pixel intensity and global gradient[C].2018 25th IEEE International Conference on Image Processing (ICIP). IEEE,2018:1737-1741.

[6] Ma K,Duanmu Z,Yeganeh H,et al. Multi-exposure image fusion by optimizing a structural similarity index[J].IEEE Trans. Comput. Imag,2018,4(1):60-72.

[7] Ma K,Li H,Yong H,et al. Robust multi-exposure image fusion:A structural patch decomposition approach[J].IEEE Trans. Image Process,2017,26(5):2519-2532.

[8] Li H, He X, Tao D, et al. Joint medical image fusion, denoising and enhancement via discriminative low-rank sparse dictionaries learning[J]. PatternRecognit, 2018, 79: 130-146.

[9] Li H, Liu X, Yu Z, et al. Performance improvement scheme of Multi-focus image fusion derived by difference images[J]. Signal Process, 2016(128): 474-493.

[10] Ma K, Li H, Yong H, et al. Robust multi-exposure image fusion: a structural patch decomposition approach[J]. IEEE Transactions on Image Processing, 2017, 26(5): 2519-2532.

[11] Ma K, Duanmu Z, Yeganeh H, et al. Multi-exposure image fusion by optimizing a structural similarity index[J]. IEEE Transactions on Computational Imaging, 2017, 4(1): 60-72.

[12] Burt P J, Kolczynski R J. Enhanced image capture through fusion[C]. 1993 (4th) International Conference on Computer Vision (ICCV). IEEE, 1993: 173-182.

[13] Li H, Manjunath B, Mitra S K. Multisensor image fusion using the wavelet transform[J]. Graphical Models and Image Processing, 1995, 57(3): 235-245.

[14] Baghaie A, Schnell S, Bakhshinejad A, et al. Curvelet transform-based volume fusion for correcting signal loss artifacts in time-of-flight magnetic resonance angiography data[J]. Comput. Biol. Med, 2018(99): 142-153.

[15] Liu X, Zhou Y, Wang J. Image fusion based onshearlet transform and regional features[J]. AEUE-Int. J. Electron. Commun., 2014, 68(6): 471-477.

[16] Li Y, Sun Y, Huang X, et al. An image fusion method based on sparse representation and sum modified-Laplacian in NSCT domain[J]. Entropy, 2018, 20(7): 522.

[17] Qi G, Zhang Q, Zeng F, et al. Multi-focus image fusion via morphological similarity-based dictionary construction and sparse representation[J]. CAAI Trans. Intell. Technol, 2018, 3(11): 83-94.

[18] Liu Y, Chen X, Peng H, et al. Multi-focus image fusion with a deep convolutional neural network[J]. Information Fusion, 2017(36): 191-207. https://doi.org/10.1016/j.inffus.2016(12):1.

[19] Tang H, Xiao B, Li W, et al. Pixel convolutional neural network for multi-focus image fusion[J]. Information Sciences, 2018: 125-141. https://doi.org/10.1016/j.ins.2017(12):43.

[20] Jian L, Rayhana R, Ma L, et al. Infrared and visible image fusion based on deep decomposition network and saliency analysis[J]. IEEE Trans. Multimedia, 2021. doi: 10.1109/TMM.2021.3096088.

[21] Li H, Wu X. Densefuse: A fusion approach to infrared and visible images[J]. IEEE Trans. Image Process., 2019, 28(5): 2614-2623.

[22] Zhang Y, Liu Y, Sun P, et al. Ifcnn: A general image fusion framework based on convolutional neural network[J]. Inf. Fusion, 2020(54): 99-118.

[23] Jiang L, Yang X, Liu Z, et al. SEDRFuse: A symmetric encoder-decoder with residual block network for infrared and visible image fusion[J]. IEEE Trans. Instrum. Meas, 2021(70): 1-15.

[24] Li H, Wu X, Durrani T. Nestfuse: An infrared and visible image fusion architecture based on nest connection and spatial/channel attention models[J]. IEEE Trans. Instrum. Meas, 2020, 69(12): 9645-9656.

[25] Wang Z, Wu Y, Wang J, et al. Res2Fusion: Infrared and visible image fusion based on dense Res2net and double non-local attention models[J]. IEEE Trans. Instrum. Meas, 2021. doi: 10.1109/TIM.2021.3139654.

[26] Wang Z, Wang J, Wu Y, et al. UNFusion: A unified multi-scale densely connected network for infrared and visible image fusion[J]. IEEE Trans. Circuits Syst. Video Technol., 2021. doi: 10.1109/TCSVT.2021.3109895.

[27] Long Y, Jia H, Zhong Y, et al. RXDNFuse: A aggregated residual dense network for infrared and visible image fusion[J]. Inf. Fusion, 2021(69): 128-141.

[28] Li H, Wu X, Kittler J. RFN-Nest: An end-to-end residual fusion network for infrared and visible images[J]. Inf. Fusion, 2021(73): 72-86.

[29] Zhao F, Zhao W. Learning specific and general realm feature representations for image fusion[J]. IEEE Trans. Multimedia, 2021(23): 2745-2756.

[30] Xu H, Ma J, Jiang J, et al. U2fusion: A unified unsupervised image fusion network[J]. IEEE Trans. Pattern Anal. Mach. Intell., 2020. doi: 10.1109/TPAMI.2020.3012548.

[31] Zhang H, Xu H, Xiao Y, et al. Rethinking the image fusion: A fast unified image fusion network based on proportional maintenance of gradient and intensity[C]. Proc. AAAI Conf. Artif. Intell, 2020, 34(7): 12797-12804.

[32] Ma J, Yu W, Liang P, et al. Fusiongan: A generative adversarial network for infrared and visible image fusion[J]. Inf. Fusion, 2019, 48: 11-26.

[33] Ma J, Xu H, Jiang J, et al. DDcGAN: A dual-discriminator conditional generative adversarial network for multiresolution image fusion[J]. IEEE Trans. Image Process., 2020(29): 4980-4995.

[34] Zhou H, Wu W, Zhang Y, et al. Semanticsupervised infrared and visible image fusion via a dual-discriminator generative adversarial network[J]. IEEE Trans. Multimedia, 2021. doi: 10.1109/TMM.2021.3129609.

[35] Ma J, Zhang H, Shao Z, et al. GANMcC: A generative adversarial network with multi-classification constraints for infrared and visible image fusion[J]. IEEE Trans. Instrum. Meas, 2021(70): 1-14.

[36] Li J, Huo H, Li C, et al. Multigrained attention network for infrared and visible image fusion[J]. IEEE Trans. Instrum. Meas, 2021(70): 1-12.

[37] Li J, Huo H, Li C, et al. AttentionFGAN: Infrared and visible image fusion using attention-based generative adversarial networks[J]. IEEE Trans. Multimedia, 2021 (23): 1383-1396.

[38] Huang G, et al. Densely connected convolutional networks[C]. IEEE Conf. Comput. Vision and Pattern Recognit, 2017:2261-2269.

[39] Zhang Y, et al. Residual dense network for image super-resolution[C]. IEEE Conf. Comput. Vision Pattern Recognit, 2018:2472-2481.

[40] Wen R, et al. Image super resolution using densely connected residual network[J]. IEEE Signal Process. Lett, 2018, 25(10):1565-1569.

[41] Qiu K, Yi B, Xiang M, et al. Fusion of hyperspectral and multispectral image by dual residual dense networks[J]. Optical Engineering, 2019, 58(2).

[42] Dolz J, Gopinath K, Yuan J, et al. Hyper-Dense-Net: A Hyper-Densely Connected CNN for Multi-Modal Image Segmentation[J]. IEEE Transactions on Medical Imaging, 2019, 38(5):1116-1126.

[43] Bahdanau D, Cho K, Bengio Y. Neural machine translation by jointly learning to align and translate[C]. Proc. Int. Conf. Learn. Representat. (ICLR), 2015:1-15.

[44] Hu J, Shen L, Sun G. Squeeze-and-excitation networks[C]. Proceedings of the IEEE Conference on Computer Vision and Pattern Recognition, 2018:7132-7141.

[45] Ma B, et al. SESF-Fuse:an unsupervised deep model for multi-focus image fusion[J]. Neural Computing and Applications, 2021, 33:5793-5804.

[46] Li J, Huo H, Li C, et al. Multigrained attention network for infrared and visible image fusion[J]. IEEE Transactions on Instrumentation and Measurement, 2021(70):1-12.

[47] Woo S, Park J, Lee J, et al. Cbam:Convolutional block attention module[C]. Proceedings of the European Conference on Computer Vision (ECCV), 2018:3-19.

[48] Hou Q, Zhou D, Feng J. Coordinate Attention for Efficient Mobile Network Design[J]. 2021.

[49] http://www.med.harvard.edu/AANLIB/home.html.

[50] Hui L A, Xjw A, Jk B. RFN-Nest:An end-to-end residual fusion network for infrared and visible images[J]. Information Fusion, 2021.

[51] Qu L, Liu S, Wang M, et al. TransMEF:A Transformer-Based Multi-Exposure Image Fusion Framework using Self-Supervised Multi-Task Learning[J], 2021.

[52] Fu Y, Wu X J, Durrani T. Image fusion based on generative adversarial network consistent with perception[J]. Information Fusion, 2021, 72.

[53] Li H, Wu X J. DenseFuse:A Fusion Approach to Infrared and Visible Images[J]. IEEE Transactions on Image Processing, 2019, 28(5):2614-2623.

[54] Xu H, Ma J, Jiang J, et al. U2Fusion:A Unified Unsupervised Image Fusion Network[J]. IEEE Transactions on Pattern Analysis and Machine Intelligence, 2020. Doi: 10.1109/TPAMI, 2020.3012548.

[55] Vibashan V S, et al. Image Fusion Transformer[J], 2021.

[56] Ma J, Chen C, Li C, et al. Infrared and visible image fusion via gradient transfer and total variation minimization[J]. Information Fusion, 2016, 31:100-109.

[57] Naidu V. Image fusion technique using multi-resolution singular value decomposition [J]. Def. Sci. J, 2011(61):479.

[58] Toet A. Image fusion by aration of low-pass pyramid[J].Pattern Recognit. Lett,1989(9):245-253.

[59] Guo Z Q. Wavelet Transform Image Fusion Based on Regional Features[J].Journal of Wuhan University of Technology,2005.

[60] Roberts J W, vanAardt J A, Ahmed F B. Assessment of image fusion procedures using entropy, image quality, and multispectral classification[J]. J. Appl. Remote Sens,2008(2):023522.

[61] Ma K, Zeng K, Wang Z. Perceptual quality assessment for multi-exposure image fusion[J].IEEE Transactions on Image Processing,2015(24):3345-3356.

[62] Qu G, Zhang D, Yan P. Information measure for performance of image fusion[J]. Electronics letters,2002(38):313-315.

[63] Piella G, Heijmans H. A new quality metric for image fusion[C].Image Processing, 2003. ICIP 2003. Proceedings. 2003 International Conference on. IEEE, 2003(3): III-173.

[64] Xydeas C, Petrović V. Objective image fusion performance measure[J].Electron.Lett, 2000(36):308-309.

[65] Eskicioglu A M, Fisher P S. Image quality measures and their performance[J].IEEE Trans. Commun. ,1995(43):2959-2965.

[66] Aslantas V, Bendes E. A new image quality metric for image fusion:the sum of the correlations of differences[J].AEU-Int. J. Electron. Commun,2015(69):1890-1896.

[67] Piella G. New Quality Measures for Image Fusion[J]. Astronomische Nachrichten, 2008,173(16-17):267-268.

[68] Xydeas C, Petrović V. Objective image fusion performance measure[J].Electron.Lett, 2000(36):308-309.

[69] Li H, Wu X J, Durrani T. NestFuse:An Infrared and Visible Image Fusion Architecture based on Nest Connection and Spatial/Channel Attention Models[J]. IEEE Transactions on Instrumentation and Measurement,2020.

[70] Hui L A, Xjw A, Jk B. RFN-Nest:An end-to-end residual fusion network for infrared and visible images[J].Information Fusion,2021.

[71] Zhang H, Ma J. SDNet:A Versatile Squeeze-and-Decomposition Network for Real-Time Image Fusion[J].International Journal of Computer Vision,2021.

[72] Desheng X. Research of measurement for digital image definition[J]. J. Image Graph,2004.

[73] Zang Y, Zhou D, Wang C, et al. UFA-FUSE:A novel deep supervised and hybrid model for multi-focus image fusion[J],2021.

第 4 章

基于 Transformer 多任务学习的医学图像融合算法

4.1 引言

单模态的医学图像信息具有一定的局限性,PET 和 MRI 图像融合的目的是生成一张包含全局信息和丰富细节信息的融合图像。目前,卷积神经网络(Convolutional Neural Networks,CNN)确实比传统学习具有更强的特征提取能力。但是由于它们的接受域很小,这是一个固有的限制,导致 CNN 很难模拟长期依赖关系,使得现有的融合网络可能会丢失源图像中的部分全局和局部信息,进而影响最终的融合图像质量。

为了解决以上问题,本章设计了一种基于 Transformer 的多任务学习医学图像融合网络,该框架基于一个编码器-解码器网络,在不需要真值融合图像的同时,根据医学图像的特点设计了 3 个自监督重建任务。该网络利用多任务学习同时进行这些任务,通过这个过程,网络可以学习多模态医学图像的特性,并提取出更多的广义特征。此外,为了弥补在基于 CNN 的体系结构中建立远程依赖关系的缺陷,设计了一种将自适应特征提取模块与 Transformer 模块相结合的编码器。这种结合使该网络能够同时关注全局和局部信息,从而实现全面地对多模态医学图像进行表示。为了保留通道和空间方面的信息以增强跨维度相互作用,设计了全局特征增强注意力模块,以放大全局互动表示来提高深度神经网络的性能。通过实验证明了所提出的融合网络的可行性,并且与现有的医学图像融合方法相比,本章提出的方法在医学图像数据集上呈现出更好的视觉效果和客观的评价值。

本章的主要贡献如下:

(1) 根据多模态医学图像的特性提出了 3 个自监督重建任务,并使用多任务学习训练了一个编码器-解码器网络,以学习多模态医学图像的特征。

(2) 设计了一种将自适应特征提取模块与 Transformer 模块相结合的编码器,使网络能够在特征提取过程中同时利用局部和全局信息。

(3) 提出了全局特征增强注意力模块,放大网络中的全局信息,以提升融合网络的特征提取性能。

(4) 通过广泛地实验表明,本章所提出的融合网络在主观视觉评估和客观评估方面都显示出更好的融合性能。

4.2　Transformer 相关理论知识

Transformer 模型结构最早由 Vaswani 提出[1],多年来已被证明在自然语言处理文献中极为重要[2]。与普通的卷积神经网络相比,基于 Transformer 模型的成功可以归因于它们能够捕获更好的远程信息。在此基础上,Dosovitskiy 等提出了一种用于图像分类的视觉 Transformer(Vision Transformer, ViT)[3]。这引起了人们对研究基于 Transformer 的视觉方面问题的重大兴趣,如目标检测[4]和分割[5]。

具体来说,一个 Transformer 转换器编码器由多头自注意层和多层感知机块组成。首先通过残差结构和层归一化,之后再通过 MSA 和多层感知器(Multilayer Perceptron, MLP)层。为了再计算机视觉任务中使用转换器,ViT 将输入的图像 $x \in \mathbb{R}^{H \times W \times C}$ 划分成块 $x_p \in \mathbb{R}^{(P^2 \cdot C) \times N}$ 组成序列,其中 H、W、C 分别对应分辨率以及通道数量。P 表示块的宽度以及高度,$N = HW/P^2$。当前向传播在网络运行之后,ViT 将会把这些特征映射到 D 维的特征。与此同时,z_L^0 处得到的输出就是最后的分类结果。一个简单的应用于图像分类的 ViT 网络运行过程由式(4-1)表示。

$$\begin{aligned}
z^0 &= [x_{\text{class}}; x_p^1 E; x_p^2 E; \cdots; x_p^N E] + E_{\text{pos}}, \\
E &\in \mathbb{R}^{(P^2 \cdot C) \times D}, E_{\text{pos}} \in \mathbb{R}^{(N+1) \times D} \\
z'_\ell &= \text{MSA}(LN(z_{\ell-1})) + z_{\ell-1}, \ell = 1, \cdots, L \\
z_\ell &= \text{MLP}(LN(z'_\ell)) + z'_\ell, \ell = 1, \cdots, L \\
y &= LN(z_L^0)
\end{aligned} \tag{4-1}$$

4.3　基于变压器多任务学习的融合网络结构

本章提出的基于变压器(Transformer)多任务学习的医学图像融合网络结构如图 4.1 所示。该网络是一种基于编码器-解码器的体系结构,通过在医学图像数据集中进行图像重建来训练网络。在融合阶段,两个源图像 $I_k(k=1,2)$ 首先输入到编码器进行特征编码,应用训练有素的编码器从一对源图像中提取特征映射,然后使用融合规则融合提取的特征映射 F_1 和 F_2 以获得融合的特征映射 F'。最后,通过解码器重建融合图像。

多任务图像重建网络如图 4-1(a)所示。以单个自监督重建任务为例,给出训练图像 $I_{\text{in}} \in R^{H \times W}$,首先随机生成 10 个图像子区域 $X_i \in R^{H_i \times W_i}$,($i=1,2,\cdots,10$),被转换为 $x = \{x_1, x_2, \cdots, x_{10}\}$ 的集合,其中次区域的大小 H_i、W_i 是从正整数集均匀采样的所有随机值 [1,25]。在此之后,利用根据医学图像融合特征所设计的图像变换(4.3.1 节详细描述了 3

种不同的变换)以获得变换子区域的集合。然后,该子区域用于替换原始子区域,以获得转换后的图像。在图 4-1(a)中,$T_G(\cdot)$、$T_F(\cdot)$ 和 $T_S(\cdot)$ 分别表示基于伽马变换、傅里叶变换和全局区域混排的变换。

编码器包括特征提取模块,即自适应 Transformer 模块和全局增强模块,自适应 Transformer 模块的详细架构将在 4.3.2 节介绍。自适应模块和 Transformer 模块的两个特征图连接成自适应 Transformer 模块,以获得全局及局部信息,并将它们输入到两个顺序连接的全局增强模块中。通过聚合和增强自适应 Transformer 模块提取的特征映射,以便编码器能够更好地集成全局和局部特征,以实现特征增强。全局增强模块由全局特征增强注意力和两个基础模块(Basic Module,BM)构成,其中全局特征增强注意力将在 4.3.3 节详细介绍。基础模块的详细结构如图 4-1(c)所示,每个基础模块由一个自适应卷积层(Adaptive Convolution,AC),一个批量归一化层(Batch Normalization,BN)和一个线性整流函数(Rectified Linear Unit,ReLU)组成。解码器包含两个顺序连接的 BM 和一个最终的 1×1 卷积以重建原始图像。解码器由两个顺序连接的基础模块和一个内核大小为 1×1 的卷积层构成,以重建原始图像。

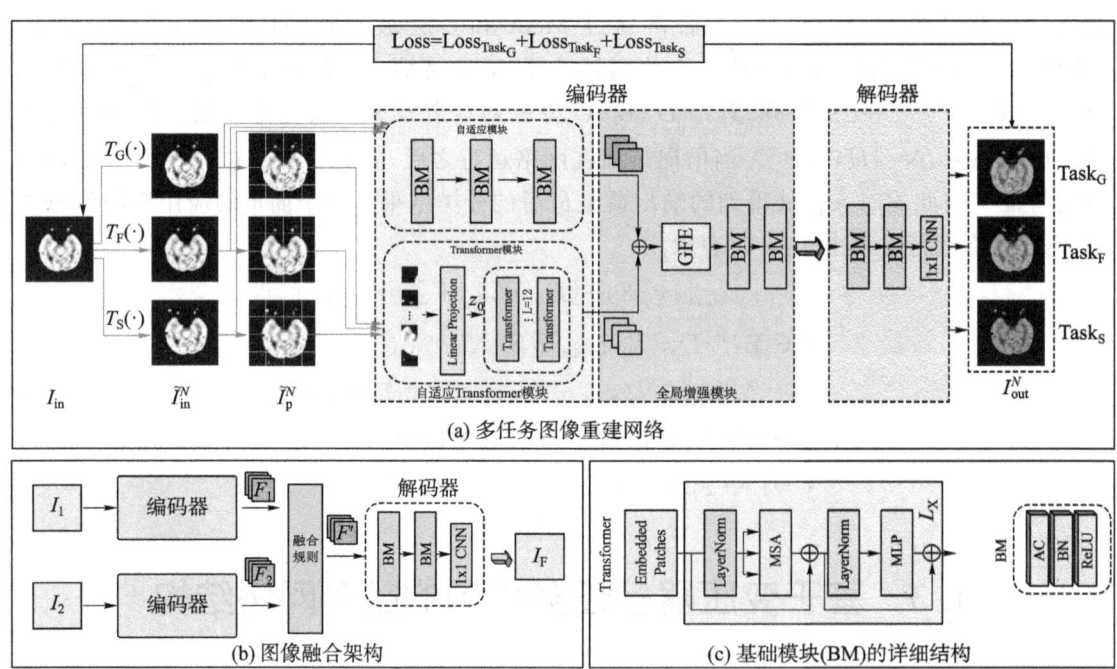

图 4-1 基于变压器多任务学习的医学图像融合网络结构

4.3.1 三项自监督图像重建任务

在医学图像融合中,细微的融合结果误差都可能影响医生后续诊断。对于医学图像融合来说,来自源图像的所有特征,对于最终的融合结果来说都是十分重要的。为了全面地学习有关源图像的特点,并提取出更多的广义特征,提出了采用了自监督的多任务学习的方法,以便网络在图像重建过程中能够学习这些特征。多任务学习的方法使得图像融合网络可以获取全局的上下文信息,全面的学习多模态医学图像的特性。在本节中,详细介绍了3种破坏原始图像并为图像重建编码器-解码器网络生成输入的变换。

基于伽马的变换学习亮度信息。一般来说,MRI 图像具有较高的空间分辨率、包含详细的软组织结构信息。而 PET 色彩信息丰富,能反应出组织特征[6]。在融合的图像中,期望保持均匀的亮度,同时保留所有区域的丰富信息。采用伽马变换去改变原始图像若干次区域的亮度,并且训练网络重建原始图像。在这个过程中,网络从不同亮度水平的图像中学习内容和结构信息。伽马变换如式(4-2)所示。

$$\widetilde{\psi} = \Gamma(\psi) = \psi^{\text{gamma}} \tag{4-2}$$

式中,$\widetilde{\psi}$ 和 ψ 分别是变换后的和原始的像素值,对于所选子区域 x_i 中的每个像素,使用随机伽马变换 Γ 来改变亮度,其中伽马是从区间均匀采样的随机值[0,3]。

基于傅里叶变换学习纹理和详细信息。在图像的离散傅里叶变换中,振幅谱决定图像的强度,而相位谱主要决定图像的高级语义,并包含有关图像内容和特征位置的信息。对于选定的图像子区域,首先进行了傅里叶变换,获得了振幅和相位谱。然后,破坏了频域中的子区域。具体地说,高斯模糊用于改变振幅谱,并且在相位谱中的所有相位值上执行随机交换 n_p 次,其中 n_p 是正整数集[1,5]中的随机数。基于傅里叶变换的自监督任务,使得网络从图像中学习适当强度分布的同时,捕获丰富的纹理信息。

采用全局区域混排的学习结构与语义信息。引入了全局区域混排变换来破坏原始图像,从而使网络能够通过图像重建来学习结构和语义信息。具体来说,对于原始图像 I_{in} 中选择的图像子区域 x 集合中的每个图像子区域 x_i,随机选择另一个图像子区域 x'_i,其大小与 x_i 相同。之后,它们被交换,这个过程被重复 10 次,以获得被破坏的图像。

4.3.2 自适应 Transformer 模块

在图像融合中,融合图像的质量与接收场内的像素以及整个图像的像素强度和纹理信息有关。由于现有的医学图像融合方法都是利用卷积神经网络进行特征提取,CNN 的接受场较小,导致很难对长期依赖关系进行模型化,进而会出现融合结果中来自源图像的全局和局部信息丢失的现象。因此,对全局和局部依赖关系进行建模是相当重要的。

受到 TransUnet[7] 和 MATR[8] 的启发,提出了一个特征提取模块,即自适应 Transformer 模块,以有效地从源图像中捕获和利用全局上下文信息。它结合了自适应卷积和 Transformer,在图像中建模局部和全局依赖关系。自适应 Transformer 模块的架构如图 4-1(a)所示。具体地说,自适应模块由 3 个顺序连接的基本模块组成,自适应模块的输入是被破坏的图像。同时,将破坏图像 $\widetilde{I}_{\text{in}} \in \mathbb{R}^{H \times W}$ 划分为 M 个大小为 $\frac{H}{P} \times \frac{W}{P}$ 的补丁。这些补丁用于构造序列 $x_{\text{seq}} \in \mathbb{R}^{M \times P^2}$,$x_{\text{seq}} = \{x_p^k\}$,$(k=1,2,\cdots,M)$,$M = HW/P^2$,$P$ 是补丁的大小。序列被注入 Transformer 模块,该模块从嵌入线性投影 E 的补丁开始,并且获得了编码序列特征 $z_0 \in \mathbb{R}^{M \times D}$。然后,$z_0$ 通过 L 个 Transformer 层,每个层的输出称为 $z_L(L=1,\cdots,L)$。图 4-1(c)说明了一个 Transformer 层的架构,它由多头注意机制(MSA)块和 MLP 块组成的变压器层的结构,其中层归一化(LN)在各个模块前被施加,残差连接在各个模块后被施加。MLP 块由两层线性层和 GELU 激活函数组成。

4.3.3 全局特征增强注意力

注意力机制在计算机视觉领域的许多任务和应用中得到了广泛的应用,Wang 等[9]使用编码器-解码器残差注意模块来细化功能图,以获得更好的性能。Hu 等[10]使用了空间和通道关注机制,实现了更高的精确度。然而,由于信息减少和维数分离,这些机制利用了有限接收场的可视表示,它们在这个过程中失去了全局空间通道的交互。根据以上研究,提出了全局特征增强注意力,保留通道和空间方面的信息,增强跨维度相互作用,并放大全局互动表示来提高深度神经网络的性能。

该模块采用了卷积块注意力模块(Convolutional Block AttentionModule,CBAM)的顺序通道-空间注意机制,并对子模块进行了重新设计。全局特征增强注意力的总体过程如图 4-2 所示。给出输入特征图,中间状态 F_2 和输出 F_3 定义用式(4-3)和式(4-4)表示。

$$F_2 = M_c(F_1) \otimes F_1 \tag{4-3}$$

$$F_3 = M_s(F_2) \otimes F_2 \tag{4-4}$$

式中,M_c 和 M_s 分别是通道和空间注意图,$\otimes$ 表示两个矩阵对应位置的元素进行乘积。

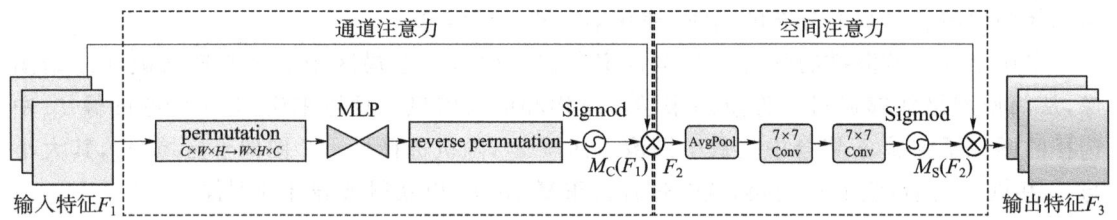

图 4-2 全局特征增强注意力的总体过程

在通道注意力模块中,采用了三维置换,实现了对多个维度信息的保存。在此基础上,通过两层 MLP 放大跨维通道,以实现其空间相关性的构建。MLP 是一个以 r 为递减比率的编码器-译码器构造,与瓶颈注意模块类似[11]。之后,通过反向置换和 sigmod 激活函数。

在空间注意力子模块中,为了关注空间信息,首先利用平均池化增大感受野,之后采用了两层卷积进行空间信息融合。由于最大池化操作会降低对信息的使用,为了更好地保留特性映射,为此删除了池化操作。最后,通过 sigmod 激活函数。

4.3.4 损失函数

该体系结构采用多任务学习方法,利用以下损失函数同时执行 3 个自监督的重建任务。由式(4-5)所示。

$$\text{Loss} = \text{Loss}_{\text{Task}_G} + \text{Loss}_{\text{Task}_F} + \text{Loss}_{\text{Task}_S} \tag{4-5}$$

Loss 表示网络的整体损失函数。$\text{Loss}_{\text{Task}_G}$,$\text{Loss}_{\text{Task}_F}$ 和 $\text{Loss}_{\text{Task}_S}$ 分别是 3 个自监督重建任务的损失函数。

在每一个自监督的重建任务中,为了使得网络学习像素级图像重建的同时,还要获取源图像中的结构和梯度信息。因此,每个重建任务的损失包括 3 个部分,定义由式(4-6)所示。

$$\varGamma = \varGamma_{\mathrm{mse}} + \lambda_1 \varGamma_{\mathrm{ssim}} + \lambda_2 \varGamma_{\mathrm{TV}} \tag{4-6}$$

式中，$\varGamma_{\mathrm{mse}}$ 为均方误差（MSE）损失函数，$\varGamma_{\mathrm{ssim}}$ 为结构相似性（SSIM）损失函数，$\varGamma_{\mathrm{TV}}$ 为全变差损失函数。λ_1 和 λ_2 是两个超参数，根据之前的经验及相关实验，它们均设置为 20。

MSE 损失函数用于确保像素级重建，使得融合图像与源图像具有更为相似的像素级信息。其定义由式(4-7)表示。

$$\varGamma_{\mathrm{mse}} = \| I_{\mathrm{out}} - I_{\mathrm{in}} \|_2 \tag{4-7}$$

式中，I_{out} 是输出，由网络重建的融合图像，I_{in} 代表输入的源图像。

SSIM 损失函数有助于模型更好地从输入的源图像中学习结构信息，从而提高了最后的融合图像和源图像在结构上的相似度。其定义由式(4-8)表示。

$$\varGamma_{\mathrm{SSIM}} = 1 - \mathrm{SSIM}(I_{\mathrm{out}}, I_{\mathrm{in}}) \tag{4-8}$$

为了更好地保留源图像中的梯度信息，并进一步消除噪声。利用了全变差损失函数 $\varGamma_{\mathrm{TV}}$，其定义由式(4-9)和式(4-10)表示。

$$R(p,q) = I_{\mathrm{out}}(p,q) - I_{\mathrm{in}}(p,q) \tag{4-9}$$

$$\varGamma_{\mathrm{TV}} = \sum_{p,q} \left(\| R(p,q+1) - R(p,q) \|_2 + \| R(p+1,q) - R(p,q) \|_2 \right) \tag{4-10}$$

$R(p,q)$ 表示原始图像和重建图像之间的不同，$\| \cdot \|_2$ 表示 l_2 范数。p、q 分别表示图像像素的水平坐标和垂直坐标。

4.4 实验设计及结果分析

在本节中，首先介绍了实验的参数、环境设置、所采用的数据集、评价标准及所对比的方法。然后，通过消融实验证明所设计的合理性。最后，将所提出的医学图像融合方法与12种图像融合方法进行实验评估和结果比较。

4.4.1 实验设置

实验在 Python 3.7 进行编程，Pytorch 深度学习框架，GPU 为 Tesla-A100 80G。本网络共进行了 50 个轮次的训练，批量大小为 2，初始学习率为 1e-4。输入图像的大小为 256×256，随机生成 10 个随机大小的子区域来形成要变换的集合，在自适应 Transformer 模块中，将转换后的输入图像分割成大小为 16×16 的图像块，并构造了序列 X_{seq}。

本次实验中，从哈佛医学院发布的被广泛接受的哈佛数据集中收集了 58 对 PET 和 MRI 医学图像作为训练集。在测试阶段，选择了 20 对 PET 和 MRI 图像来评估所提出的融合网络的性能。为全面地进行评估，采用了主客观双重评估来评价这些方法。主观评价是观察者在锐度，细节和对比度等方面对融和图像质量的主观评价。在客观评价中，为了与其他融合方法全面地比较，选取了 9 个客观评价指标。这些指标包含：EN[12]、FMI_pixel[13]、N_{abf}[14]、MI[15]、Q_{MI}[16]、Q_{NCIE}[17]、MI_{abf}[18]、CC[19] 和 VIFF[20]。将本章所提出的方法与 12 种经典的图像融合算法进行比较，包括：RFN[21]、NSCT[22]、PerceptionGAN[23]、U2Fusion[24]、UFA[25]、基于通用融合网络的融合算法（IFCNN）[26]、基于曲线变换的图像融合算法

(CVT)[27]、基于双树复小波变换的图像融合算法(DTCWT)[28]、GTF[29]、基于多特征联合的拉普拉斯金字塔的图像融合算法(LP)[30]、MSVD[31]和 RP[32]。

4.4.2 消融实验

本小节中将详细介绍以下 4 个消融实验：①通过消融不同自监督重建任务来分析多任务学习的有效性。②与传统卷积相比，使用自适应卷积的优势。③Transformer 模块对于医学图像融合的重要性。④全局特征增强注意力模块，对于关注网络全局特征的有效性。

(1)通过消融不同自监督重建任务来分析多任务学习的有效性。通过自监督重建任务，融合网络学习了多模态医学图像的特点，并提取出更多来自源图像的广义特征。为了衡量 3 项自监督图像重建任务对融合性能的影响，在表 4-1 中所示为具有不同自我监督重建任务融合网络质量指标的平均值，其中最优值以黑体粗体显示。如表 4-1 所示，当 3 项自监督图像重建任务都存在时，所提出的融合网络在 9 个指标中有 6 个是最好的，取得了较好的融合性能，证明了构建 3 项自监督图像重建任务相对于传统的源图像直接输入融合网络方法的优势。基于以上实验结果，在后续的消融实验以及与经典方法的对比实验中，该医学图像融合网络是包含 3 个完整的自监督图像重建任务。

表 4-1 具有不同自我监督重建任务融合网络质量指标的平均值

Gamma	Fourier	Shuffling	EN	FMI_pixel	N_{abf}	MI	Q_{MI}	Q_{NCIE}	MI_{abf}	CC	VIFF
×	×	×	5.140 7	0.860 7	0.000 16	10.301 4	0.713 0	0.806 9	3.072 8	0.922 2	0.420 0
√	×	×	5.137 6	0.861 1	0.000 19	10.275 3	0.734 5	0.807 0	0.315 1	0.921 6	0.464 9
×	√	×	5.123 0	0.860 6	0.000 09	10.246 0	0.752 2	**0.807 3**	3.107 2	0.923 2	0.459 1
×	×	√	5.090 2	0.823 8	0.000 63	10.180 4	0.694 0	0.806 6	2.929 5	0.919 7	0.409 9
×	√	√	5.227 4	0.862 2	0.000 15	10.454 8	0.713 5	0.806 9	3.075 8	0.923 2	0.438 9
√	×	√	5.150 9	0.860 0	0.000 16	10.301 9	0.721 6	0.806 9	3.080 3	0.921 6	0.427 0
√	√	×	5.176 2	0.864 8	**0.000 08**	10.352 5	0.734 2	0.807 1	**3.157 3**	0.922 8	0.435 2
√	√	√	**5.377 1**	**0.880 8**	0.000 17	**10.754 3**	**0.734 7**	0.806 9	3.099 4	**0.923 3**	**0.506 1**

(2)与传统卷积相比，使用自适应卷积的优势。本章的图像融合算法，放弃使用传统的卷积进行特征的提取，而是采用自适应卷积。根据输入的图像，通过自适应调整卷积核的大小来提取全局上下文信息。NO-AC 和 Our 分别表示在图像融合算法中采用传统的卷积和采用自适应卷积两种方式。网络结构消融研究的质量指标值如表 4-2 所示，最优值为黑色粗体显示。在医学图像融合网络中，相比于传统的卷积，采用自适应卷积的融合网络，在客观评价上取得了较好的融合性能。

表 4-2 网络结构消融研究的质量指标值

融合模型	EN	FMI_pixel	N_{abf}	MI	Q_{MI}	Q_{NCIE}	MI_{abf}	CC	VIFF
NO-AC	5.257 5	0.848 6	0.001 9	10.515 1	0.648 1	0.805 9	2.781 2	0.922 5	0.404 2
NO-Trans	5.400 1	0.848 2	0.000 8	10.800 2	0.665 7	0.806 3	2.915 7	0.922 1	0.427 9
NO-GFE	**5.590 7**	0.853 5	0.000 4	**11.181 4**	0.678 9	0.806 8	3.050 4	0.922 3	0.428 7
Our	5.377 1	**0.880 8**	**0.000 1**	10.754 3	**0.734 7**	**0.806 9**	**3.099 4**	**0.923 3**	**0.506 1**

(3) Transformer 模块对于医学图像融合的重要性。为了弥补在基于 CNN 的体系结构中建立远程依赖关系的缺陷,在编码器中,特别增加了 Transformer 模块,使得网络能够在特征提取过程中同时利用局部和全局信息。为了验证 Transformer 模块的有效性,进行了消融研究,消融研究的结果如表 4-2 所示。其中,NO-Trans 和 Our 分别表示在图像融合算法中没有添加 Transformer 模块和添加了 Transformer 模块的两种方式。由表中结果可以看出,添加 Transformer 模块的融合网络,明显提高了融合性能,证明 Transformer 模块对于医学图像融合网络的有效性。

(4) 全局特征增强注意力模块,对于关注网络全局特征的有效性。在计算机视觉任务中,利用通道和空间方面的信息增强跨维度相互作用具有重要的意义。因此,提出了一个全局特征增强注意力机制,通过放大全局互动表示来提高深度神经网络的性能。为了证明所设计的全局特征增强注意力模块的有效性,进行了消融研究,消融研究的结果如表 4-2 所示。其中,NO-GFE 和 Our 分别表示在图像融合算法中没有增加全局特征增强注意力模块和添加了全局特征增强注意力模块的两种方式。由表中结果可以看出,添加全局特征增强注意力模块的融合网络,提升了整体的融合性能。

4.4.3 主观和客观融合结果对比

为了证明基于 Transformer 多任务学习的融合网络结构的有效性,本节将该网络与 12 种典型的图像融合算法进行比较,并且分别从主观和客观上进行了分析评价。在 20 对 PET 和 MRI 图像数据集上进行测试,在图 4-3 所示为不同图像融合方法的定性比较。与本章所提出的方法相比,RFN 和 U2Fusion 出现了边缘信息的丢失。UFA 融合结果出现了色

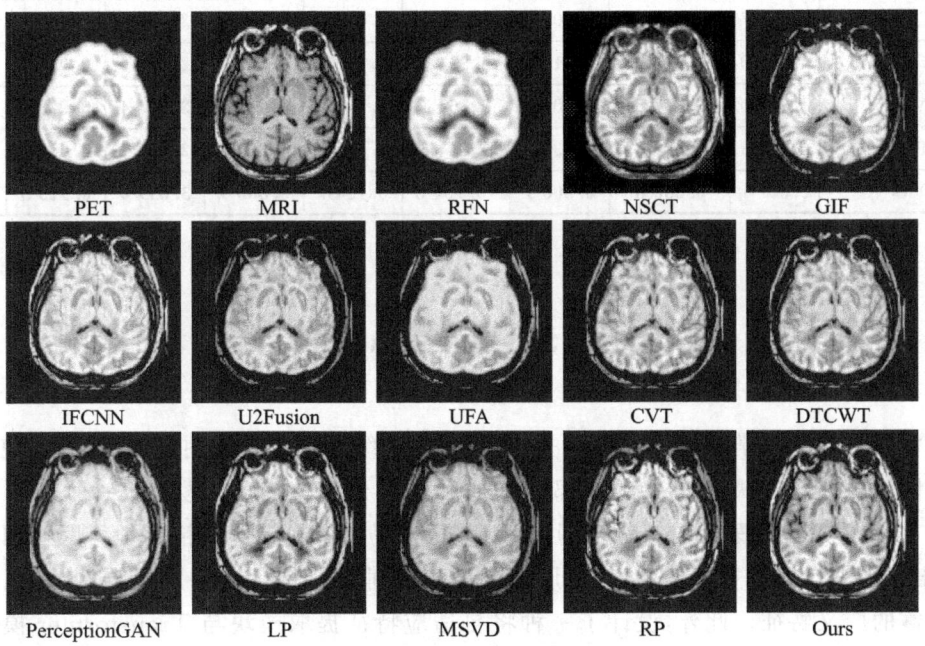

图 4-3 不同图像融合方法的定性比较

彩的异化。PerceptionGAN、GTF、RP 和 CVT 更接近于 PET 图像,并且出现了细节纹理信息的丢失。IFCNN、DTCWT、LP 和 MSVD 融合结果中保留了 MRI 图像的纹理信息。与上述方法相比,本章所提出的融合网络所获得的融合图像平衡了 PET 图像和 MRI 图像的特征,融合图像更有利于人类的视觉感知。

在客观评价中,为了提供与其他融合方法的公正、全面的比较,选取了 9 个客观评价指标。表 4-3 所示为现有方法与本章所提出的方法在 20 对图像上融合结果的平均度量值,黑色加粗字体标记最优值。从表 4-3 中可以看出,该方法在 FMI_pixel,N_{abf},Q_{NCIE},MI_{abf} 和 CC 上获得了最佳值,而在其他 4 个度量中,所提出的方法结果与最佳结果之间的差距较小。这表示通过所提出的融合网络获得的融合图像中包含丰富的信息量,获取了来自源图像中的深度特征,并且融合图像中的边缘信息显著,达到了清晰的融合效果。以上数据证实了所提出融合网络的有效性。

表 4-3 20 对 PET 和 MRI 融合图像的 9 个质量指标值的平均度量值

	EN	FMI_pixel	N_{abf}	MI	Q_{MI}	Q_{NCIE}	MI_{abf}	CC	VIFF
RFN[57]	3.640 1	0.880 6	0.002 6	7.280 3	**0.843 3**	0.806 5	2.792 1	0.910 5	0.243 1
NSCT[8]	5.271 1	0.879 9	0.011 8	10.542 2	0.601 0	0.805 7	2.612 9	0.919 2	0.522 9
PerceptionGAN[61]	5.365 8	0.854 6	0.004 1	10.731 6	0.669 2	0.806 6	2.942 4	0.920 5	0.463 8
IFCNN[21]	4.818 7	0.861 3	0.013 9	9.637 4	0.671 6	0.805 9	2.746 5	0.919 1	0.505 6
U2Fusion[63]	5.218 1	0.852 5	0.007 3	10.436 3	0.655 9	0.806 1	2.816 3	0.915 0	0.473 2
UFA[59]	5.229 4	0.850 4	0.010 7	10.458 8	0.692 6	0.806 3	2.955 4	0.914 5	0.426 9
CVT[79]	**5.673 2**	0.860 8	0.013 0	**11.346 4**	0.526 4	0.805 0	2.381 5	0.919 0	0.453 6
DTCWT[80]	5.437 3	0.863 4	0.010 5	10.874 6	0.548 8	0.805 1	2.417 5	0.919 0	0.449 7
GTF[65]	4.289 7	0.845 2	0.006 8	8.579 4	0.659 8	0.805 2	2.488 7	0.916 7	0.430 0
LP[81]	4.697 0	0.872 5	0.010 3	9.394 0	0.620 7	0.805 2	2.495 5	0.919 0	**0.522 4**
MSVD[66]	4.882 0	0.857 8	0.001 1	9.764 1	0.685 2	0.806 1	2.824 4	0.923 2	0.452 2
RP[67]	4.922 9	0.829 3	0.033 1	9.844 6	0.637 4	0.805 7	2.650 1	0.915 6	0.398 9
Ours	5.377 1	**0.880 8**	**0.000 1**	10.754 3	0.734 7	**0.806 9**	**3.099 4**	**0.923 3**	0.506 1

4.5 本章小结

本章针对目前医学图像融合网络中,卷积神经网络很难建模长期的依赖关系,使得现有的融合网络可能会丢失源图像中的部分全局和局部信息。为此,提出了一种基于 Transformer 的多任务学习医学图像融合网络。首先,为了使得网络可以精确学习医学图像的特点,提出了 3 个自监督重建任务,并使用多任务学习训练一个编码器-解码器网络,以提取源图像丰富的广义特征。此外,设计了一种将自适应特征提取模块与 Transformer 模块相结合的编码器,使得融合网络关注全局和局部的有用信息。最后,为了保留通道和空间方面的信息,增强跨维度的相互作用,设计了全局特征增强注意力模块,以放大全局互动表示来提高深度神经网络的性能。消融研究全面地验证了该网络中模块的有效性。并且通过大量的实验结果表明,该方法的性能明显优于其他现有的方法。

本章参考文献

[1] Vaswani A,Shazeer N,Parmar N,et al. Attention is all you need[J]. Advances in neural information processing systems,2017,30.

[2] Dai Z,Yang Z,Yang Y,et al. Transformer-xl:Attentive language models beyond a fixed-length context[J].arXiv preprint arXiv:1901.02860,2019.

[3] Dosovitskiy A,Beyer L,Kolesnikov A,et al. An image is worth 16x16 words:Transformers for image recognition at scale[J].arXiv preprint arXiv:2010.11929,2020.

[4] Zhu X,Su W,Lu L,et al. Deformabledetr:Deformable transformers for end-to-end object detection[J].arXiv preprint arXiv:2010.04159,2020.

[5] Wang H,Zhu Y,Adam H,et al. Max-deeplab:End-to-end panoptic segmentation with mask transformers[C]//Proceedings of the IEEE/CVF conference on computer vision and pattern recognition. 2021,5463-5474.

[6] Burt P J,Adelson E H. The Laplacian pyramid as a compact image code[M]// Readings in computer vision. Morgan Kaufmann,1987:671-679.

[7] Chen J,Lu Y,Yu Q,et al. Transunet:Transformers make strong encoders for medical image segmentation[J].arXiv preprint arXiv:2102.04306,2021.

[8] Tang W,He F,Liu Y,et al. MATR:multimodal medical image fusion via multiscale adaptive transformer[J].IEEE Transactions on Image Processing,2022(31):5134-5149.

[9] Wang F,Jiang M,Qian C,et al. Residual attention network for image classification [C]//Proceedings of the IEEE conference on computer vision and pattern recognition, 2017:3156-3164.

[10] Hu J,Shen L,Sun G. Squeeze-and-excitation networks[C]//Proceedings of the IEEE conference on computer vision and pattern recognition,2018:7132-7141.

[11] Park J,Woo S,Lee J Y,et al. Bam:Bottleneck attention module[J].arXiv preprint arXiv:1807.06514,2018.

[12] Roberts J W,VanAardt J A,Ahmed F B. Assessment of image fusion procedures using entropy,image quality,and multispectral classification[J].Journal of Applied Remote Sensing,2008,2(1):023522.

[13] Haghighat M,Razian M A. Fast-FMI:non-reference image fusion metric[C]//2014 IEEE 8th International Conference on Application of Information and Communication Technologies (AICT). IEEE,2014:1-3.

[14] Liu G,Yan S. Latent low-rank representation for subspace segmentation and feature extraction[C]//2011 international conference on computer vision. IEEE,2011:1615-1622.

[15] Qu G,Zhang D,Yan P. Information measure for performance of image fusion[J].Electronics letters,2002,38(7):1.

[16] Yang H, Wu X T, He B G, et al. Image fusion based on multiscale guided filters[J]. J. Optoelectron. Laser, 2015, 26(1):170-176.

[17] Wang Q, Shen Y, Jin J. Performance evaluation of image fusion techniques[J]. Image fusion: algorithms and applications, 2008(19):469-492.

[18] Shreyamsha Kumar B K. Multifocus and multispectral image fusion based on pixel significance using discrete cosine harmonic wavelet transform[J]. Signal, Image and Video Processing, 2013(7):1125-1143.

[19] Han S S, Li H T, Gu H Y. The study on image fusion for high spatial resolution remote sensing images[J]. Int. Arch. Photogramm. Remote Sens. Spat. Inf. Sci. XXXVII. Part B, 2008(7):1159-1164.

[20] Han Y, Cai Y, Cao Y, et al. A new image fusion performance metric based on visual information fidelity[J]. Information fusion, 2013, 14(2):127-135.

[21] Li H, Wu X J, Kittler J. RFN-Nest: An end-to-end residual fusion network for infrared and visible images[J]. Information Fusion, 2021(73):72-86.

[22] 戴文战,谭立波,杨爱萍. 基于NSCT变换的自适应CT和MRI医学图像融合[C]//第25届中国控制与决策会议论文集, 2013:3798-3802.

[23] Fu Y, Wu X J, Durrani T. Image fusion based on generative adversarial network consistent with perception[J]. Information Fusion, 2021(72):110-125.

[24] Xu H, Ma J, Jiang J, et al. U2Fusion: A unified unsupervised image fusion network[J]. IEEE Transactions on Pattern Analysis and Machine Intelligence, 2020, 44(1):502-518.

[25] Zang Y, Zhou D, Wang C, et al. UFA-FUSE: A novel deep supervised and hybrid model for multifocus image fusion[J]. IEEE Transactions on Instrumentation and Measurement, 2021(70):1-17.

[26] Zhang Y, Liu Y, Sun P, et al. IFCNN: A general image fusion framework based on convolutional neural network[J]. Information Fusion, 2020(54):99-118.

[27] Nencini F, Garzelli A, Baronti S, et al. Remote sensing image fusion using the curvelet transform[J]. Information fusion, 2007, 8(2):143-156.

[28] 张贵仓,苏金凤,拓明秀. DTCWT域的红外与可见光图像融合算法[J]. 计算机工程与科学, 2020, 42(7):1226-1233.

[29] Ma J, Chen C, Li C, et al. Infrared and visible image fusion via gradient transfer and total variation minimization[J]. Information Fusion, 2016(31):100-109.

[30] Du J, Li W, Xiao B, et al. Union Laplacian pyramid with multiple features for medical image fusion[J]. Neurocomputing, 2016(194):326-339.

[31] Naidu V P S. Image fusion technique using multi-resolution singular value decomposition[J]. Defence Science Journal, 2011, 61(5):479.

[32] Toet A. Image fusion by a ratio of low-pass pyramid[J]. Pattern recognition letters, 1989, 9(4):245-253.

第 5 章

基于双级联注意力的医学图像融合算法

5.1 引言

传统和基于深度学习的图像融合方法会生成中间决策图,这容易丢失一些源图像的细节信息。设计可学习的融合策略来完成特定的融合任务,具有很大的挑战。在本章中,为了增强源图像的细节特征和结构化信息,提出了双级联注意力融合网络,以端到端的监督学习方式不会生成中间决策,使得融合图像获得更丰富的信息。在该方法中,通道注意力是为了改进神经网络的特征表示能力,空间注意力可以突出双级联网络中的信息区域,其中通道注意力和空间注意力,是以通道优先的顺序排列。此外,为了确保所提出网络的特征提取和图像重建能够达到预期的性能,为此采用了两阶段训练策略来完成融合模型学习。实验结果表明,所提出的方法在 PET 和 MRI 图像融合方面取得了显著的性能。

本章的主要贡献如下:

(1) 提出了一种基于残差结构的双级联注意力网络用于医学图像融合,其目标是充分利用源图像的特征信息,以帮助网络内的信息流获得更高的精确度,同时比其他简单的融合方法更加灵活。

(2) 提出了端到端模式下医学图像融合的两阶段训练策略,以提升网络的特征表示能力,实现良好的性能。

(3) 在公共数据集上的实验结果表明,本章所提出的网络框架在主观视觉评估和客观评估方面都显示出更好的融合性能。

5.2 注意力机制相关理论知识

注意力机制首先被引入到机器翻译研究中[1]。后来,Hu 等提出了 SENet[2],并将其用于机器视觉领域。该方法能够有效地结合网络内空间和通道两种信息,提高图像的特征表示能力,且具有"即插即用"的特点,因而广泛应用于各种图像处理领域。在 SESF[3] 中,在用于多聚焦图像融合的编码器中加入挤压和激励模块。该算法能够根据不同的通道和空间做出不同的反应,从而实现对图像的特征的提取。Li 等[4] 提出了一种基于注意力的多尺度信息融合方法,用于对源图像进行深度信息的有效融合,但是提高了算法的运算量。另外,Woo 等[5] 在 SENet 的基础上,开发了一种名为卷积注意力的轻量化模型(CBAM),该模型利用中间特征图,从通道道和空间两个方向分别提取特征图,并与输入的特征图相乘,实现自适应的细化。虽然 CBAM 是一种轻型、普适性强的方法,但该方法忽略了特征位置信息的关键作用。相比于以上的注意方式,Hou 等[6] 提供了一种更加高效的获取位置信息和通道关系,并提高了网络的特征表达能力,即坐标注意。该方法将通道道关注分为两类,即在两个方向上各自聚集起来的特征,从而有效地保留了目标的位置信息,提高了特征的表示能力。

5.3 基于双级联注意力的融合网络结构

如图 5-1 所示,提出的图像融合网络结构由特征提取、特征融合和图像重建 3 个主要组成部分组成。PET 和 MRI 作为输入源图像,融合图像表示重建图像部分的输出,即融合后的结果。在该融合网络中。首先,使用一个内核大小为 3×3 的卷积层和 4 个特征提取块(FEB)来

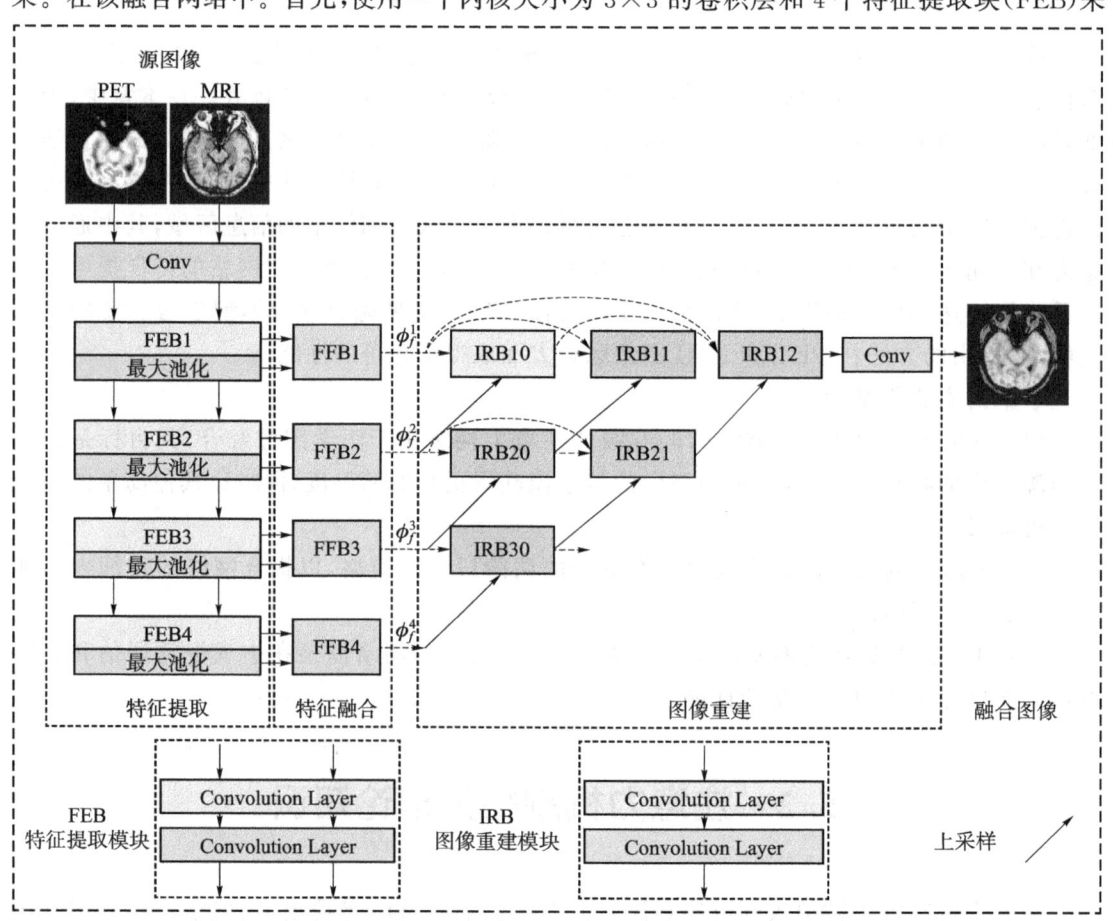

图 5-1 图像融合网络结构

提取源图像的深度特征,每个 FEB 由两个内核大小为 3×3 的卷积层和一个最大池层组成,其中最大池层用于多尺度地提取源图像的特征。然后使用特征融合块(FFB)来融合源图像的多尺度特征,"FFBm"指的是在 m 尺度上具有深度特征的特征融合网络,$m \in \{1,2,3,4\}$。浅层特征保留更详细的信息,深层特征传递语义信息。最后,使用重建图像部分来执行融合图像的重建,它由 6 个图像重建块(IRB)和一个卷积层组成。IRB 的输入为 FFB 的输出,即 ϕ_f^m。ϕ_f^m($m \in \{1,2,3,4\}$)表示特征融合网络获得的融合多尺度特征。"IRB"表示一个图像重建块,该块由两层卷积层组成,每行以短连接方式连接,以获得更好的图像重建结果[7]。

5.3.1 融合策略

根据以往的工作[8],大多数融合策略都是基于直接融合算子进行特征的融合,如均值法,最大值法和元素总和法。使用这些简单的融合策略会导致一些重要特征的容易丢失并降低融合性能,这在医学图像融合中是绝对不允许的。

为提升网络的特征提取能力,受 CBAM[5]启发,提出了一种基于双级联注意力(DCA)和残差结构的融合网络,如图 5-2 所示。特别地,对于注意力模块,与多特征输入相比,单特征输入的情况下网络的表征更强。因此,特别是在特征融合策略中引入了一个卷积层,这不仅使得融合特征网络被构造为残差网络,而且还允许多个输入特性被转换为单个输入,以获得最佳的融合性能。在图 5-2 中,ϕ_{pet}^m 和 ϕ_{mri}^m 表示特征提取网络提取的第 m 级的深度特征,其中 $m \in \{1,2,3,4\}$ 表示特征融合网络的级数。"Conv1-6"表示特征融合网络中的 6 个卷积层,"Conv1"和"Conv2"的输出是"Conv3"的输入。"Conv6"是产生特征融合的第一个融合层,其中 $m \in \{1,2,3,4\}$ 并用作 DCA 模块的输入,DCA 详细结构将在 5.3.2 节介绍。最后,卷积运算产生融合的深度特征 ϕ_f^m,该特征被输入到解码器网络。

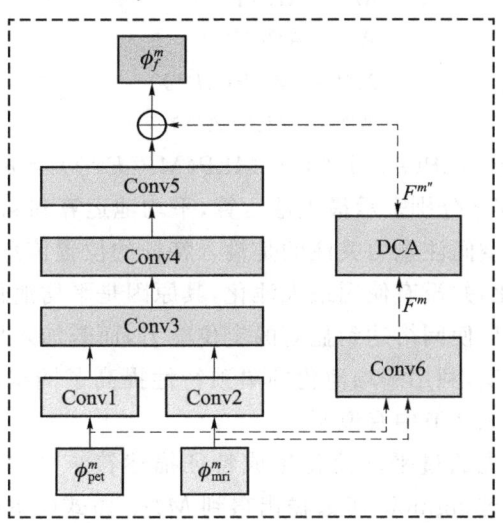

图 5-2 基于双级联注意力(DCA)和残差结构的融合网络

5.3.2 双级联注意力模块

为了充分利用源图像的特征信息,提出了双级联注意力模块(DCA)。它是通过级联通道注意力和空间注意力所构建的,DCA 模块的结构如图 5-3 所示。

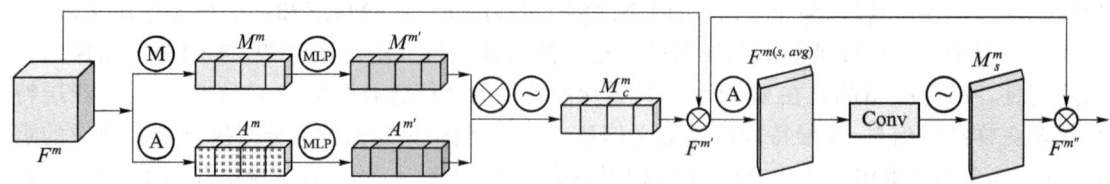

图 5-3 DCA 模块的结构

由一个中间特征图 $F^m \in R^{C \times H \times W}$ 作为 DCA 模块的输入,$m \in \{1,2,3,4\}$。通道注意力图 $M_c^m \in R^{C \times 1 \times 1}$ 和空间注意力图 $M_s^m \in R^{1 \times H \times W}$ 通过 DCA 依次获得。整个过程由式(5-1)和式(5-2)表示。

$$F^{m'} = M_c^m(F^m) \otimes F^m \tag{5-1}$$

$$F^{m''} = M_s^m(F^{m'}) \otimes F^{m'} \tag{5-2}$$

式中,$\otimes$ 表示元素的相乘,$F^{m''}$ 是 DCA 模块的最终输出,下面将详细介绍通道注意力模块与空间力注意力模块。

通道注意力模块。在该模块中通过平均池来促进全面的识别特征信息,提高神经网络有效地学习目标对象的表示。而最大池化可以推导出更多的通道注意信息,因此,我们可以将最大池化和平均池化两种方法联合起来,以下是整体过程的详细描述。

首先利用最大池化和平均池化操作得到两个不同的空间上的描述符 M^m 和 A^m,然后将这两个描述符分别输入到共享网络中,并将它们的输出通过元素求和得到最终通道注意力图 $M_c^m \in R^{C \times 1 \times 1}$。利用 MLP 构成的共享网络,可以解决单层感知器无法解决的非线性问题。其过程由式(5-3)~式(5-7)所示。

$$M^m = \mathrm{MP}(F^m) \tag{5-3}$$

$$A^m = \mathrm{AP}(F^m) \tag{5-4}$$

$$M^{m'} = \mathrm{MLP}(M^m) \tag{5-5}$$

$$A^{m'} = \mathrm{MLP}(A^m) \tag{5-6}$$

$$M_c^m(F^m) = \sigma(\mathrm{MLP}(\mathrm{AP}(F^m)) + \mathrm{MLP}(\mathrm{MP}(F^m))) = \sigma(A^{m'} + M^{m'}) \tag{5-7}$$

式中,MP(·),AP(·) 和 σ 分别表示最大池运算,平均池运算和 sigmoid 函数。

不同于通道注意力,空间注意力关注的是输入特征的位置信息。为了计算空间注意力,首先单独使用了平均池化,并没有使用最大池化,其原因是平均池化的单独使用足以达到丰富的输入特征的位置信息,使网络达到显著的定位能力,而若加入最大池化将会导致丢失更多细节信息,并且实验证实,利用平均池化的单独特性提高了网络的表示能力,而不是同时使用,设计的有效性在 5.3.2 节中有说明。

在空间注意块中,首先通过平均池化生成特征描述符 $F^{m(s,\mathrm{avg})}$。随后,它通过卷积操作。最后,这些特征图通过 sigmoid 函数输出得到 M_s^m。由式(5-8)所示。

$$M_s^m(F^{m'}) = \sigma(f^{7 \times 7}(\mathrm{AP}(F^{m'}))) = \sigma(f^{7 \times 7}(F^{m(s,\mathrm{avg})})) \tag{5-8}$$

式中,$f^{7 \times 7}$ 表示标准卷积层的大小为 7×7。

5.3.3 两阶段训练策略

在该融合网络中,为了使每一部分都受到精细的训练以可以达到最好的性能,因此使用了两阶段的训练策略。在训练的第一阶段,将提取特征模块和图像重建模块作为一个自动得网络来重建源图像,第二阶段在多个 DCA 融合网络上进行精细地训练。融合网络的设置在表 5-1 和表 5-2 中概述。下面将介绍两阶段训练策略的细节。

表 5-1 特征提取和图像重建的网络设置

训练任务	卷积	尺寸	步幅	输入通道数	输出通道数
特征提取	Conv	1	1	1	16
	FFB1	—	—	16	64
	FFB2	—	—	64	112
	FFB3	—	—	112	160
	FFB4	—	—	160	208
图像重建	IRB10	—	—	176	64
	IRB11	—	—	240	64
	IRB12	—	—	304	64
	IRB20	—	—	272	112
	IRB21	—	—	384	112
	IRB30	—	—	368	160
FFB	Conv	3	1	64	1
	Conv	3	1	N_{in}	16
	Conv	3	1	16	N_{out}
IRB	Conv	3	1	N_{in}	16
	Conv	3	1	16	N_{out}

表 5-2 特征融合的网络设置

训练任务	卷积	尺寸	步幅	输入通道数	输出通道数
特征融合	FFB1	—	—	64	64
	FFB2	—	—	112	112
	FFB3	—	—	160	160
	FFB4	—	—	208	208
FFB	Conv1	3	1	N_{in}	N_{in}
	Conv2	3	1	N_{in}	N_{in}
	Conv3	3	1	$2 \times N_{in}$	N_{in}
	Conv4	3	1	N_{in}	N_{in}
	Conv5	3	1	N_{in}	N_{in}
	Conv6	3	1	N_{in}	N_{in}
	DCA	—	1	N_{in}	N_{in}

在训练得第一阶段,通过训练特征提取模块以提取多尺度源图像深度特征,图像重建模

块重建多尺度深度特征输入图像,第一阶段训练框架如图 5-4 所示。在图 5-4 中,源图像是输入图像 PET 和 MRI,融合图像是最终的输出结果。特征提取模块包含向下采样操作,以实现从 4 个尺度提取深度特征,之后将这些多尺度特征输入至具有向上采样的重建图像模块。利用损失函数 L_1 对网络进行第一阶段的训练,其定义由式(5-9)所示。

$$L_1 = L_{\text{pixel}} + \lambda L_{\text{ssim}} \tag{5-9}$$

式中,L_{pixel} 和 L_{ssim} 表示源图像和融合图像之间的像素损失与结构相似性损失。λ 是 L_{pixel} 和 L_{ssim} 之间的平衡参数。像素损失(L_{pixel})由式(5-10)计算。

$$L_{\text{pixel}} = \| \text{Fusion image} - \text{Source image} \|_F^2 \tag{5-10}$$

式中,$\| \cdot \|_F$ 表示弗罗贝尼乌斯范数,L_{pixel} 约束重建图像在像素级别上与源图像保持相似。

结构相似性损失(L_{ssim})定义由式(5-11)所示。

$$L_{\text{ssim}} = 1 - \text{SSIM}(\text{Fusion image}, \text{Source image}) \tag{5-11}$$

式中,SSIM(·)表示是结构相似性度量,L_{ssim} 为了使得源图像和融合图像之间保持结构相似性。

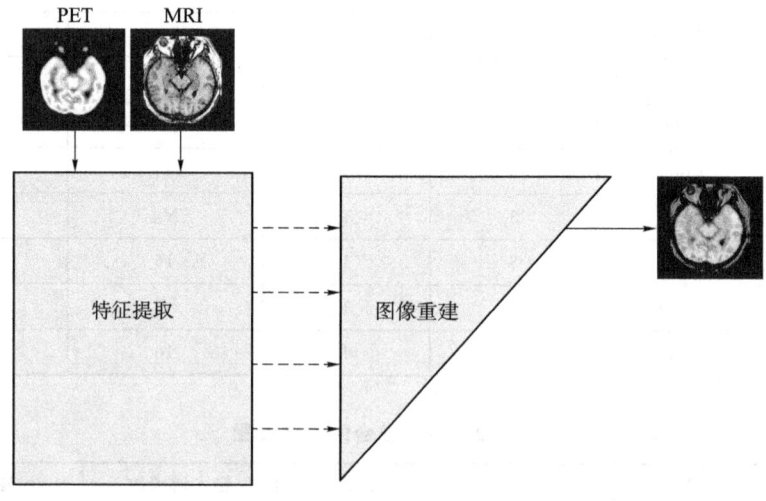

图 5-4 第一阶段训练框架

在第一阶段训练完成后,特征提取和图像重建模块已经固定,因此选择合适的损失函数用于第二阶段训练 FFB 模块。第二阶段训练框架如图 5-5 所示。

利用从第一阶段的训练网络中提取源图像的多尺度深度特征(ϕ_{pet}^m 和 ϕ_{mri}^m),对每个尺度都利用 FFB 去融合深度特征,随后将融合后的特征 ϕ_f^m 输入至重建图像模块,最后输出最终的融合图像。为了训练 FFB 获得最佳的结果,提出了一个新的损失函数 L_{FFB},其定义由式(5-12)所示。

$$L_{\text{FFB}} = \alpha L_{\text{detail}} + L_{\text{feature}} \tag{5-12}$$

式中,L_{detail} 和 L_{feature} 分别表示软组织细节保存损失函数和显著特征增强损失函数。α 是平衡参数,设置为 1。

在 PET 和 MRI 图像融合的情况下,MRI 图像主要呈现软组织细节信息,L_{detail} 是为了保留 MRI 图像的详细纹理信息。由式(5-13)所示。

$$L_{\text{detail}} = 1 - \text{SSIM}(\text{Source image}, \text{MRI}) \tag{5-13}$$

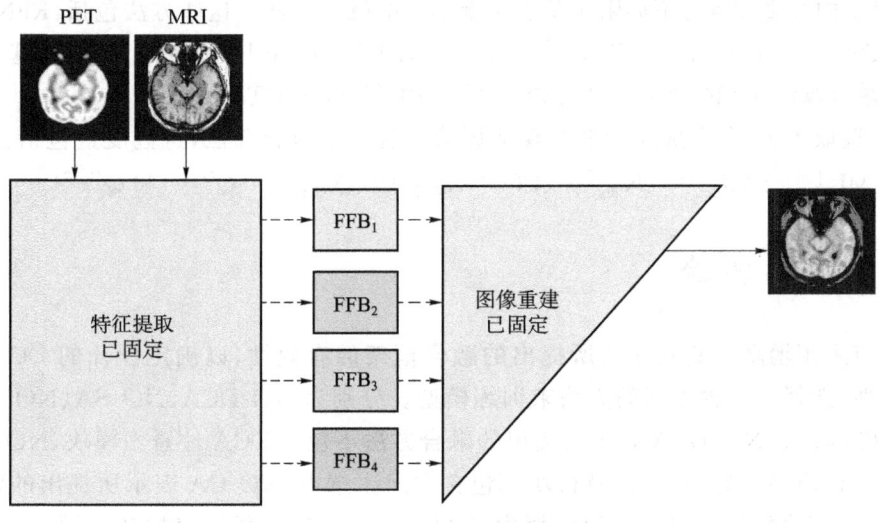

图 5-5 第二阶段训练框架

对于 PET 图像,它更能代表特征的显著性信息,所以设计 L_{feature} 损失函数来约束融合图像特征的显著性,以确保最终的融合图像具有全面的信息。由式(5-14)所示。

$$L_{\text{feature}} = \sum_{m=1}^{M} \omega_1(m) \left\| \phi_f^m - (\omega_{\text{mri}} \phi_{\text{mri}}^m + \omega_{\text{pet}} \phi_{\text{pet}}^m) \right\|_F^2 \qquad (5\text{-}14)$$

式中,M 是提取特征的多尺度数,设置为 4。由于尺度之间的幅度差异,ω_1 是一个平衡损失幅度的权衡参数,设置为 4 个值 $\{1,10,100,1000\}$。ω_{pet} 和 ω_{mri} 作为平衡源图像 PET 和 MRI 在融合特征图中相对影响的参数,分别设置为 1 和 10。

5.4 实验设计及结果分析

在本节中,验证了所提出的融合方法的有效性。首先介绍了实验设置的细节。其次进行了消融实验,以验证提出的 DCA 注意力模块的有效性。最后,将所提出的融合框架和现有的融合算法进行了定性和定量的比较说明。

5.4.1 实验设置

在本节中,介绍了两个阶段的训练策略和测试的细节。在第一个训练阶段,使用数据集 MS-COCO[9] 进行训练,以实现大规模的图像训练。选择了 8 000 张图像进行训练,这些图像都被转换成大小为 256×256 的灰度图像。在式(5-9)中,参数 λ 设置为 100 以平衡 L_{pixel} 和 L_{ssim}。网络共进行了 2 个轮次的训练,批量大小为 4。在第二个训练阶段,使用了 58 对 PET 和 MRI 图像的全脑图谱数据集[10] 训练了所提出的融合模型,这些图像首先被转换为灰度并调整为 256×256。网络共进行了 2 000 个轮次的训练,批量大小为 2。选择了 20 对 PET 和 MRI 图像进行测试,以评估所提出的融合网络的性能。

为了客观地验证所提出的融合方法的优越性,将其与 13 种具有代表性的融合算法进行了比较,选择了内容多样且并不局限于基于深度学习的融合方法。这些方法包括：RFN[11]、PerceptionGAN[12]、U2Fusion[13]、UFA[14]、IFT[15]、CVT[16]、GTF[17]和DTCWT[18],基于引导滤波的图像融合算法(GFF)[19]、LP[20]、MSVD[21]、RP[22]和NSCT[23]。

此外,选取了10个质量度量来客观地评价所提出的融合算法,这些度量包括：Q_{abf}[24]、SCD[25]、FMI_w[26]、FMI_{dct}[27]、N_{abf}[27]、CC[28]、Q_{MI}[29]、Q_{NCIE}[30]、Q^G[31]和Q^P[32]。

5.4.2 消融实验

在本节采用消融实验来评估所提出的融合框架的有效性,以确定设计的DCA注意力模块合理性,选择了5种不同的方法来训练模型。分别为NO-DCA、NO-SA、NO-CA、NO-SA-max和DCA。NO-DCA表示所提出的融合方法不包括DCA注意力模块,NO-SA表示所提出的融合模型中的DCA注意模块不包含空间注意力,NO-CA表示所提出的融合模型中的DCA注意力模块不包含通道注意力,NO-SA-max表示所提出的融合模型的DCA注意模块中的通道注意不包括最大池化,DCA表示所提出的融合模型包含DCA注意力模块。为了进行更好的视觉比较,用了10种度量的方法量化了这5种训练模式在医学图像数据集中的性能。表5-3所示为这些模型的定量结果其中,最优值用黑色加粗字体表示。当移除DCA模块时,融合模式在上述评估度量上获得的值相对较低。此外,可以清楚地观察到没有空间注意力或通道注意力不如包含空间注意力或通道注意力的效果,在空间注意力中无最大池化的效果优于有最大池化的效果。本节消融实验有力地证明了DCA模块的有效性,以及DCA模块能够实现有效而强大的图像融合效果。

表5-3 DCA模块消融研究的定量结果

融合模型	Q_{abf}	SCD	FMI_w	FMI_{dct}	N_{abf}	Q_{MI}	Q_{NCIE}	Q^G	CC	Q^P
NO-DCA	0.377 70	1.437 57	0.403 40	0.387 81	0.000 40	0.781 61	0.807 42	0.686 39	0.913 39	0.413 92
NO-SA	0.379 74	1.446 22	0.406 74	0.395 07	**0.000 22**	0.786 32	0.807 47	0.683 66	0.913 14	0.423 63
NO-CA	0.380 06	1.453 95	0.410 52	0.392 61	0.000 29	0.783 72	0.807 45	0.683 17	0.913 37	0.430 60
NO-SA-max	0.378 00	1.444 35	0.423 16	0.395 70	0.000 26	0.784 50	0.807 46	0.683 35	0.913 30	0.419 69
DCA	**0.774 86**	**1.486 39**	**0.546 06**	**0.518 64**	0.000 27	**1.012 28**	**0.812 94**	**0.870 13**	**0.918 33**	**0.818 83**

5.4.3 主观和客观融合结果对比

定性结果,对比如图5-6所示,显示了一对CT和MRI图像的融合结果。众所周知,理想的医学融合图像应保留MRI图像的纹理组织特征和CT图像的明亮颅骨特征,无模糊和伪影。通过比较,U2Fusion、RFN、RP和GTF的融合结果显著降低了MRI图像的颜色强度,未能整合重要的颅骨特征。UFA融合图像的颜色出现畸变。PerceptionGAN和LP的融合结果显示出功能信息的模糊和详细纹理信息丢失。CVT和DTCWT的融合图像丢失了部分MRI图像信息,MSVD的亮度与源图像相比发生了变化。NSCT、IFT、GFF及本章所提出的融合模型成功地集成了大部分源图像中的纹理信息和明亮的颅骨图像。此外,本章所提出的融合模型生成的融合图像具有更好的视觉效果。

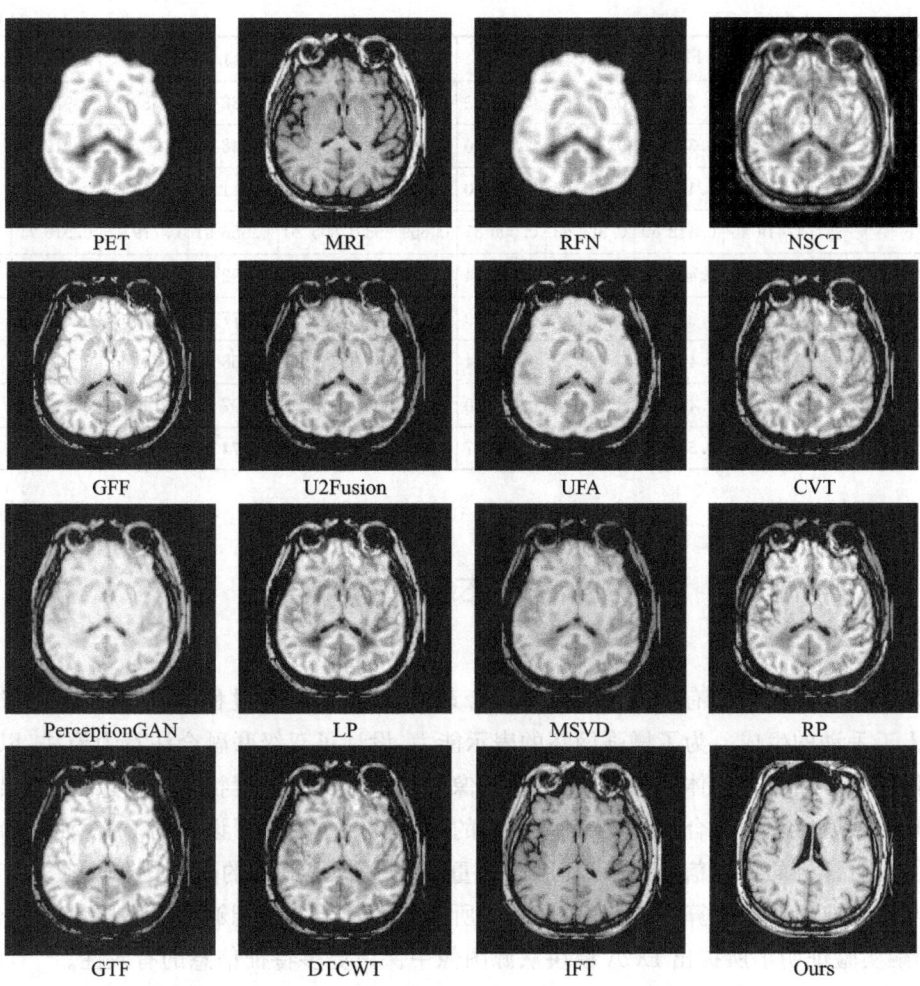

图 5-6 基于双级联注意力融合网络与 13 种具有代表性的图像融合方法的定性结果对比

为了进一步评估本章所提出的融合网络,采用了 10 个质量指标客观地评估了融合性能,并将 13 种具有代表性的图像融合方法与所提出的融合框架进行了比较。从表 5-4 可以看出,与其他方法相比,所提出的融合框架获得了 8 个第一最佳值和一个第二最佳值。对于图像中的噪声 N_{abf} 度量,本章所提出的融合方法是第二个最佳值,排在 GFF 之后的原因是由于所提出的网络更加关注源图像的边缘信息。从统计结果来看,对于 PET 和 MRI 图像融合,该方法通过保留更多的显著信息和详细纹理信息,显示出了优越的融合性能。

表 5-4 20 对 PET 和 MRI 融合图像的 10 个质量指标值的平均值

融合模型	SCD	FMI_w	FMI_{dct}	N_{abf}	Q_{MI}	Q_{NCIE}	Q_{abf}	Q^G	CC	Q^P
RFN[57]	0.582 22	0.296 86	0.321 66	0.002 67	0.843 33	0.806 51	0.253 47	0.568 64	0.910 53	0.393 69
PerceptionGAN[61]	1.309 88	0.334 52	0.335 98	0.004 11	0.669 20	0.806 61	0.498 17	0.565 76	0.920 56	0.417 47
U2Fusion[63]	1.177 80	0.348 87	0.277 65	0.007 32	0.655 93	0.806 12	0.503 56	0.639 65	0.915 05	0.394 78
UFA[59]	1.308 39	0.246 19	0.272 23	0.010 78	0.692 66	0.806 39	0.403 37	0.536 64	0.914 55	0.308 87
IFT[64]	0.540 40	0.227 26	0.364 15	0.002 10	0.610 01	0.807 98	0.672 81	0.427 61	0.911 37	0.713 95

续表

融合模型	SCD	FMI_w	FMI_{dct}	N_{abf}	Q_{MI}	Q_{NCIE}	Q_{abf}	Q^G	CC	Q^P
CVT[79]	1.334 04	0.262 80	0.391 68	0.013 03	0.526 47	0.805 04	0.638 22	0.538 00	0.919 07	0.400 62
DTCWT[80]	1.343 95	0.345 44	0.379 88	0.010 50	0.548 83	0.805 13	0.648 02	0.607 04	0.919 06	0.427 97
GFF[90]	0.623 80	0.407 35	0.443 03	**0.000 10**	0.585 58	0.806 22	0.721 08	0.645 23	0.923 21	0.603 08
GTF[65]	1.419 45	0.442 60	0.325 63	0.006 81	0.659 89	0.805 20	0.556 51	0.719 22	0.916 71	0.299 38
LP[81]	1.301 35	0.420 99	0.356 44	0.010 34	0.620 71	0.805 29	0.692 42	0.777 79	0.919 29	0.444 02
MSVD[66]	1.328 18	0.358 72	0.284 06	0.001 19	0.685 24	0.806 13	0.477 73	0.690 69	**0.923 29**	0.381 53
RP[67]	1.240 00	0.466 94	0.206 34	0.033 14	0.637 48	0.805 76	0.568 50	0.742 55	0.915 68	0.341 84
NSCT[8]	1.270 71	0.475 91	0.405 08	0.011 80	0.601 00	0.805 71	0.697 26	0.740 98	0.919 25	0.397 60
Our	**1.486 39**	**0.546 06**	**0.518 64**	0.000 27	**1.012 28**	**0.812 94**	**0.774 86**	**0.870 13**	0.918 33	**0.818 83**

5.5 本章小结

本章提出了一种新的有效的医学图像融合策略,在整个融合过程中没有生成中间决策图,避免了人工手动的生成。为了增强网络的表示能力,设计了双级联融合注意力模块,以有效保留源图像的细节信息。具体来说,首先从源图像中提取多尺度深度特征,并利用所提出的融合策略实现多尺度特征的融合,在基于残差结构的融合网络中加入了设计的 DCA 注意力模块以保留源图像更详细的纹理信息,最后利用图像重建模块获得最终的融合图像。通过广泛的实验以及与其他典型的融合算法的比较,证明了所提出的融合方法能够生成高质量的融合图像。此外,消融实验证明了所提出 DCA 模块从源图像中保留更多特征信息的有效性。

本章参考文献

[1] Bahdanau D,Cho K,Bengio Y. Neural machine translation by jointly learning to align and translate[J].arXiv preprint arXiv:1409.0473,2014.

[2] Hu J,Shen L,Sun G. Squeeze-and-excitation networks[C]//Proceedings of the IEEE conference on computer vision and pattern recognition,2018:7132-7141.

[3] Ma B,Zhu Y,Yin X,et al. Sesf-fuse:An unsupervised deep model for multi-focus image fusion[J].Neural Computing and Applications,2021(33):5793-5804.

[4] Li J,Huo H,Li C,et al. Multigrained attention network for infrared and visible image fusion[J].IEEE Transactions on Instrumentation and Measurement,2020(70):1-12.

[5] Woo S,Park J,Lee J Y,et al. Cbam:Convolutional block attention module[C]//Proceedings of the European conference on computer vision (ECCV),2018:3-19.

[6] Hou Q,Zhou D,Feng J. Coordinate attention for efficient mobile network design[C]//Proceedings of the IEEE/CVF conference on computer vision and pattern recognition,2021:13713-13722.

[7] Yang H, Wu X T, He B G, et al. Image fusion based on multiscale guided filters[J]. J. Optoelectron. Laser, 2015, 26(1): 170-176.

[8] Ram Prabhakar K, Sai Srikar V, Venkatesh Babu R. Deepfuse: A deep unsupervised approach for exposure fusion with extreme exposure image pairs[C]//Proceedings of the IEEE international conference on computer vision, 2017: 4714-4722.

[9] Lin T Y, Maire M, Belongie S, et al. Microsoft coco: Common objects in context[C]//Computer Vision-ECCV 2014: 13th European Conference, Zurich, Switzerland, September 6-12, 2014, Proceedings, Part V 13. Springer International Publishing, 2014: 740-755.

[10] http://www.med.harvard.edu/AANLIB/home.html.

[11] Li H, Wu X J, Kittler J. RFN-Nest: An end-to-end residual fusion network for infrared and visible images[J]. Information Fusion, 2021(73): 72-86.

[12] Fu Y, Wu X J, Durrani T. Image fusion based on generative adversarial network consistent with perception[J]. Information Fusion, 2021(72): 110-125.

[13] Xu H, Ma J, Jiang J, et al. U2Fusion: A unified unsupervised image fusion network[J]. IEEE Transactions on Pattern Analysis and Machine Intelligence, 2020, 44(1): 502-518.

[14] Zang Y, Zhou D, Wang C, et al. UFA-FUSE: A novel deep supervised and hybrid model for multifocus image fusion[J]. IEEE Transactions on Instrumentation and Measurement, 2021(70): 1-17.

[15] Vs V, Valanarasu J M J, Oza P, et al. Image fusion transformer[C]//2022 IEEE International Conference on Image Processing (ICIP). IEEE, 2022: 3566-3570.

[16] Nencini F, Garzelli A, Baronti S, et al. Remote sensing image fusion using the curvelet transform[J]. Information fusion, 2007, 8(2): 143-156.

[17] Ma J, Chen C, Li C, et al. Infrared and visible image fusion via gradient transfer and total variation minimization[J]. Information Fusion, 2016(31): 100-109.

[18] 张贵仓, 苏金凤, 拓明秀. DTCWT 域的红外与可见光图像融合算法[J]. 计算机工程与科学, 2020, 42(7): 1226-1233.

[19] Li S, Kang X, Hu J. Image fusion with guided filtering[J]. IEEE Transactions on Image processing, 2013, 22(7): 2864-2875.

[20] Du J, Li W, Xiao B, et al. Union Laplacian pyramid with multiple features for medical image fusion[J]. Neurocomputing, 2016(194): 326-339.

[21] Naidu V P S. Image fusion technique using multi-resolution singular value decomposition[J]. Defence Science Journal, 2011, 61(5): 479.

[22] Toet A. Image fusion by a ratio of low-pass pyramid[J]. Pattern recognition letters, 1989, 9(4): 245-253.

[23] 戴文战, 谭立波, 杨爱萍. 基于 NSCT 变换的自适应 CT 和 MRI 医学图像融合[C]//第 25 届中国控制与决策会议论文集, 2013: 3798-3802.

[24] Xydeas C S, Petrović V. Objective image fusion performance measure[J]. Electronics letters, 2000, 36(4): 308-309.

[25] Aslantas V, Bendes E. A new image quality metric for image fusion: The sum of the correlations of differences[J]. Aeu-international Journal of electronics and communications, 2015, 69(12): 1890-1896.

[26] Haghighat M, Razian M A. Fast-FMI: non-reference image fusion metric[C]//2014 IEEE 8th International Conference on Application of Information and Communication Technologies (AICT). IEEE, 2014: 1-3.

[27] Liu G, Yan S. Latent low-rank representation for subspace segmentation and feature extraction[C]//2011 international conference on computer vision. IEEE, 2011: 1615-1622.

[28] Han S S, Li H T, Gu H Y. The study on image fusion for high spatial resolution remote sensing images[J]. Int. Arch. Photogramm. Remote Sens. Spat. Inf. Sci. XXXVII. Part B, 2008(7): 1159-1164.

[29] Yang H, Wu X T, He B G, et al. Image fusion based on multiscale guided filters[J]. J. Optoelectron. Laser, 2015, 26(1): 170-176.

[30] Wang Q, Shen Y, Jin J. Performance evaluation of image fusion techniques[J]. Image fusion: algorithms and applications, 2008(19): 469-492.

[31] Xydeas C S, Petrović V. Objective image fusion performance measure[J]. Electronics letters, 2000, 36(4): 308-309.

[32] Zhao J, Laganiere R, Liu Z. Performance assessment of combinative pixel-level image fusion based on an absolute feature measurement[J]. Int. J. Innov. Comput. Inf. Control, 2007, 3(6): 1433-1447.

第 6 章

基于跨域双向交互网络的多模态医学图像融合方法

6.1 引言

在医疗诊断过程中,单一模态影像可能无法提供足够清晰或详细的信息。首先,通过将多模态影像融合在一起,可以弥补单一模态的局限性,提供更全面、多维度的解剖和功能信息。现有的深度学习图像融合方法主要集中在卷积神经网络上,这类方法忽略了全局相关性和长程依赖性建模等关键环节。其次,未能充分考虑不同模态图像之间信息交互的重要性和特征提取不充分的问题,而这些问题将对最终的融合结果产生影响。为了解决这些局限性,该方法提出了一种联合 CNN 和 Transformer 的新型生成对抗融合框架,称为跨域双向交互融合网络(CDBIFusion)。具体来说,此方法为生成器设计了 3 条不同的路径,每种路径都有其独特的作用。其中,两个 CNN 路径用于捕获 MRI 和 PET 图像中的局部信息,另一个路径采用 Swin-Transformer 架构,将两个源图像级联后作为输入,充分挖掘原始图像的全局信息。此外,该方法提出了一个跨域双向交互模块,该模块有助于两条 CNN 通路之间保留和交互由 ReLU 激活函数停用的信息。这种交互通过两个 ReLU 整流器对来自不同路径的 ReLU 激活特征和停用特征进行交叉级联,然后将它们传递到另一条路径,从而减轻信息丢失的不利影响。同时,利用双重判别器来学习 MRI 和 PET 图像之间的差异和互补性,更好地保留原始图像的结构和功能信息,生成信息更完整的融合图像。

本章的主要贡献如下:

(1) 提出了一种基于联合 CNN-Transformer 结构的跨域双向交互融合网络,设计 3 条独特路径充分挖掘原始图像的局部和全局信息,提供更完善的互补特征融合信息。

(2) 构建了一个跨域双向交互模块在减少信息丢失的同时改善不同模态之间特征交互不充分的问题。保留和交互由 ReLU 激活函数停用的信息,停用信息通过 ReLU 整流器从一条支路传输到另一条支路,从而缓解特征提取过程中信息丢失和死亡 ReLU 的问题。

(3) 大规模实验表明,所提出的融合方法在主观视觉评估和客观指标评价方面均优于现有典型的多模态医学图像融合方法。

6.2 方法

6.2.1 网络框架

CDBIFusion 融合网络框架如图 6-1 所示。$I_{PET} \in R^{H \times W \times C}$ 和 $I_{MRI} \in R^{H \times W \times C}$ 分别表示不同医学模态图像 PET 和 MRI 图像,$I_F \in R^{H \times W \times C}$ 表示融合图像 H、W 和 C 分别为输入图像的高度、宽度和输入图像的通道数。

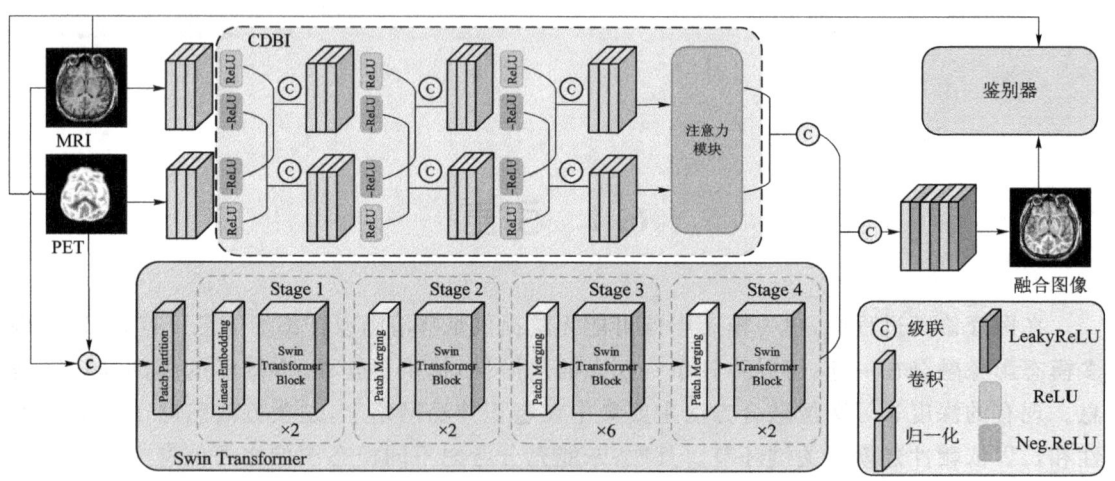

图 6-1 CDBIFusion 融合网络框架

在生成器中,使用两条独立的 CNN 通路分别用于处理 MRI 和 PET 图像,另外一条 Swin-Transformer 通路将两幅源图像级联作为输入。具体来说,两条 CNN 通路首先采用两个卷积层来提取局部和低层信息。浅层特征 F_{SF}^1 和 F_{SF}^2 表达如下:

图 6-1 彩图

$$\{F_{SF}^1, F_{SF}^2\} = \{\text{Convs}(I_{MRI}), \text{Convs}(I_{PET})\} \tag{6-1}$$

式中,Convs(·)表示卷积操作。

接下来,将提取的浅层特征送入跨域双向交互模块(CDBI),该模块可以激励分支之间的信息互补,停用的信息也可以通过交互传递输送给另一个分支,提供一些上下文信息,从而增强特征的多样性。通过 CDBI 模块获得的深度特征 F_{DF}^1 和 F_{DF}^2,可表示如下:

$$\{F_{DF}^1, F_{DF}^2\} = \{\text{CDBI}(F_{SF}^1), \text{CDBI}(F_{SF}^2)\} \tag{6-2}$$

与此同时,Swin-Transformer 路径利用自注意力机制来捕取全局上下文依赖关系,使模型能够在整个序列中有效地建立起长程联系,从而更好地理解序列中不同元素之间的关系。该路径利用 PET 和 MRI 图像的级联输入来捕捉全局特征 F_{GF}^3,如式(6-3)所示:

$$F_{GF}^3 = H_{ST}(I_{MRI} \oplus I_{PET}) \tag{6-3}$$

式中,$\oplus$ 表示级联操作,$H_{ST}(\cdot)$ 表示 Swin-Transformer 全局特征提取支路。

随后,将上述 3 个路径得到的局部特征和全局特征进行合并,以获得一个综合特征 F,该特征结合了全面的局部和全局信息。最后,通过重建模块对这些特征进行处理,得到最终融合图像 I_F,可表示如下:

$$F = F_{\mathrm{DF}}^1 \oplus F_{\mathrm{DF}}^2 \oplus F_{\mathrm{GF}}^3$$
$$I_F = H_{\mathrm{RE}}(F) \tag{6-4}$$

式中,$H_{\mathrm{RE}}(\cdot)$ 表示重构单元,由 3 个卷积运算和 LeakyReLU 激活函数组成。

鉴别器的结构如图 6-2(a)所示。为了保持融合图像复杂的纹理结构,融合图像和原始图像分别被输入到判别器中学习。鉴别器由 4 个卷积块组成,前三个卷积块使用步长为 2 的卷积层,然后是归一化层,接着是步长为 1 的卷积层和 LeakyReLU 激活层。第四个卷积块由步长为 1 的卷积层和一个 Sigmoid 函数组成。双鉴别器可以帮助确保生成的融合图像既保留了 MRI 图像的解剖信息,又保留了 PET 图像的功能信息。同时优化两个鉴别器,可以促进融合图像在解剖和功能方面的一致性。

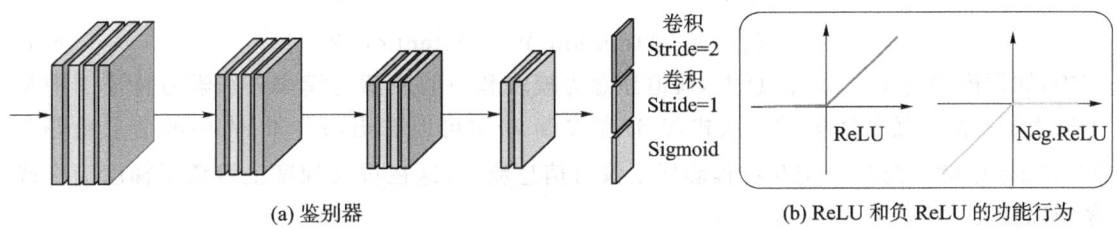

(a) 鉴别器　　　　　　　　(b) ReLU 和负 ReLU 的功能行为

图 6-2　鉴别器以及 ReLU 和负 ReLU 的功能行为

6.2.2　跨域双向交互模块

跨域双向交互模块(CDBI)结构如图 6-1 所示。ReLU 激活函数被广泛应用于卷积神经网络中,以增强模型的非线性特性,并有效解决梯度消失问题,从而加快训练过程。然而,ReLU 也有可能导致有价值信息丢失的后果。当输入小于零时,ReLU 的梯度变为零,导致该区域的神经元处于非激活状态,相应的权重无法更新。这会使某些神经元失效,导致信息丢失。尽管引入了各种 ReLU 变体,但它们并没有充分解决信息丢失的问题。受 YTMT[1] 的启发,通过 ReLU 整流器将停用的信息从一条通路转移到另一条通路,而不是直接丢弃,从而构建一条交互路径。值得注意的是,一条路径中被停用的特征不会被当作垃圾处理,而是作为补偿或有价值的信息传递给另一条路径。CDBI 模块有两大优势:①两个 ReLU 整流器允许两个分支之间交换停用信息。这种交互不仅能防止特征丢失,还能促进两个分支之间的信息互补,从而改善特征表示和模型性能。②缓解了某些神经元权重更新后可能无法激活的问题。

首先给出负 ReLU 函数定义:

$$\mathrm{ReLU}^-(\theta) = \theta - \mathrm{ReLU}(\theta) = \min(\theta, 0) \tag{6-5}$$

式中,$\mathrm{ReLU}(\theta) = \max(\theta, 0)$。由于负 ReLU 的应用,被停用的特征可以很容易地保留下来。图 6-2(b)描述了 ReLU 和负 ReLU 函数的功能行为。

得到的浅层特征 F_{SF}^1 和 F_{SF}^2 被送入 CDBI 模块。当输入大于 0 时，ReLU 函数输出输入值本身。当输入小于零时，通过定义(6-5)从负 ReLU 函数得到失活特征。

$$\mathrm{ReLU}^-(F_{SF}^1) = F_{SF}^1 - \mathrm{ReLU}(F_{SF}^1)$$
$$\mathrm{ReLU}^-(F_{SF}^2) = F_{SF}^2 - \mathrm{ReLU}(F_{SF}^2) \qquad (6\text{-}6)$$

两条路径将接收到的 ReLU 信息和负 ReLU 信息交叉级联，作为下一个卷积块的输入特征 Y_1^1 和 Y_2^1，经过上述操作共 z 次后($z=1,2,3$)，得到第 z 个 ReLU 整流器的输出特征 Y_1^z 和 Y_2^z，然后将它们输入注意力模块，对这些特征进行整合，最后得到 CNN 路径的最终提取特征 F_{DF}^1 和 F_{DF}^2。ReLU 整流器计算过程可表达如下：

$$Y_1^1 = \mathrm{ReLU}(F_{SF}^1) \oplus \mathrm{ReLU}^-(F_{SF}^2)$$
$$Y_2^1 = \mathrm{ReLU}(F_{SF}^2) \oplus \mathrm{ReLU}^-(F_{SF}^1) \qquad (6\text{-}7)$$

$$Y_1^{z+1} = \mathrm{ReLU}(Y_1^z) \oplus \mathrm{ReLU}^-(Y_2^z)$$
$$Y_2^{z+1} = \mathrm{ReLU}(Y_2^z) \oplus \mathrm{ReLU}^-(Y_1^z), (z=1,2,3) \qquad (6\text{-}8)$$

$$\{F_{DF}^1, F_{DF}^2\} = \{\mathrm{Attention}(Y_1^3), \mathrm{Attention}(Y_2^3)\} \qquad (6\text{-}9)$$

式中，注意模块为 CBAM 注意力，通道注意力模块和空间注意力模块分别学习特征图中每个通道和空间位置的重要性。从式(6-6)和式(6-7)中可以看出，Y_1^1 和 Y_2^1 中的信息量等于 F_{SF}^1 和 F_{SF}^2 中的信息量。交互过程确保了没有信息流出，这在很大程度上避免了梯度消失或爆炸以及死亡 ReLU 的问题。

6.2.3 Swin-Transformer 支路

鉴于 Transformer 架构可以同时考虑整个图像的信息，能够更好地捕获图像中不同区域之间和全局上下文的关系，和有利于图像融合任务信息整合的优点。本章在网络中引入 Swin-Transformer[2]，将多模态医学图像融合建模为结构保持和纹理保持的高质量融合图像。Swin-Transformer Block 是构成 Swin-Transformer 的基本构件。Swin-Transformer 将 Transformer 中的标准多头自注意力(MSA)模块替换为基于移位窗口的模块(SW-MSA)而构建的，其他层保持不变。如图 6-3(a)所示，Swin-Transformer Block 由一个常规窗口的 MSA 模块(W-MSA)和一个基于移位窗口的 MSA 模块(SW-MSA)组成，其次是 2 层 MLP 结构，中间是 GELU 非线性层。在每个 MSA 模块和每个 MLP 模块之前应用一个 LN(LayerNorm)层，在每个模块之后应用一个残差连接。

具体来说，输入图像被送到 Swin-Transformer 支路时首先通过 Patch Partition 划分为一系列不重叠的图像块。接下来进行第一阶段，将这些分割后的图像输送到 Linear Embedding 层进行特征映射，将特征映射后得到的数据输入到 Swin-Transformer Block。与阶段 1 不同，2~4 阶段在输入模型前需要进行 Patch Merging 进行下采样。如图 6-3(b)所示，其操作方法与池化类似，都是在每个小窗口中提取相同位置的最大值或平均值来创建额外的补丁，然后将所有补丁连接起来。补丁合并用于降低每个阶段的分辨率。连续的 Swin-Transformer Block 计算为

$$\begin{aligned}
\hat{y}^l &= W-MSA(LN(y^{l-1}))+y^{l-1} \\
y^l &= MLP(LN(\hat{y}^l))+\hat{y}^l \\
\hat{y}^{l+1} &= SW-MSA(LN(y^l))+y^l \\
y^{l+1} &= MLP(LN(\hat{y}^{l+1}))+\hat{y}^{l+1}
\end{aligned} \quad (6\text{-}10)$$

式中，$\hat{y}$ 和 y^l 分别表示 W-MSA 和 MLP 模块的输出特征。W-MSA 和 SW-MSA 分别使用常规和移位的窗口多头自注意力。

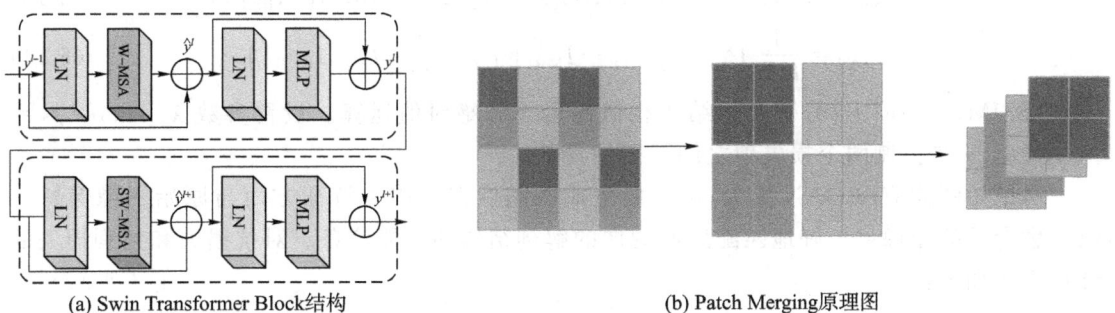

图 6-3　(a) Swin-Transformer Block 结构和(b) Patch Merging 原理图

W-MSA 只能关注窗口本身的内容，而不允许跨窗口连接，窗口与窗口之间是无法进行信息传递的。而 SW-MSA 引入一种移位窗口的方式，在保持非重叠窗口的高效计算的同时引入了跨窗口连接。具体来说，我们通过向左上角方向循环移动窗口，如图 6-4 所示。偏移后的图像窗口变成了 9 个，之后经过循环移位，A 部分移动到右下角，B 部分移位到最右边，C 部分移位到最下边。然后将每个部分进行合并为等同于移位前窗口大小的窗口。在这种转移之后，批处理窗口可能由几个在特征图中不相邻的子窗口组成，因此采用 Mask 机制来限制自注意力计算在每个子窗口内进行，然后将循环位移回去，变回原来位置，以保持相对位置不变，整个图片的语义信息不发生变化。

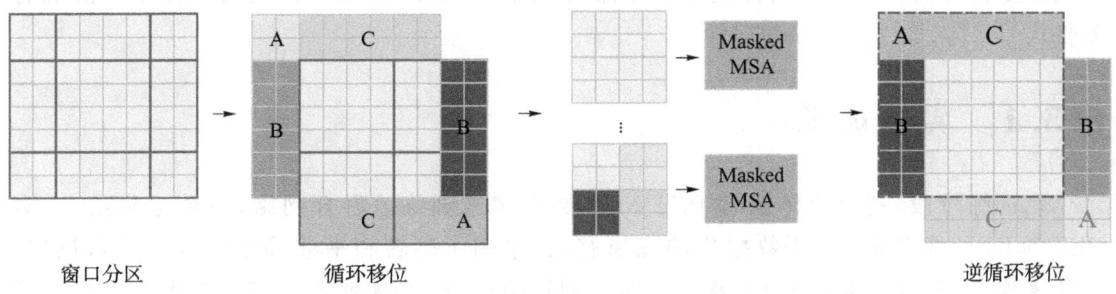

图 6-4　移位窗口自注意力(SW-MSA)

6.2.4　损失函数

在训练阶段，网络的总损失($Loss_{total}$)函数由两部分组成，包括内容损失(L_{con})和 GAN 损失(L_{adv})。损失函数表达式定义如下：

$$Loss_{total} = L_{con} + L_{adv} \quad (6\text{-}11)$$

内容损失包括结构相似性损失和 L_1 范数。融合图像通常需要与原始图像保持一致的结构,以确保融合后的结果看起来真实自然。通过使用结构损失,可以使生成的图像在结构上与真实图像更加相似,从而保持图像整体结构的一致性。L_1 范数是一种常见的像素级差异度量,计算生成图像与真实图像之间每个像素的绝对差异,可以减少生成图像中的噪声和伪影。计算表达式如下:

$$L_{\text{con}} = L_{\text{SSIM}} + \alpha L_{l1} \tag{6-12}$$

$$L_{\text{SSIM}} = \lambda_1 (1 - \text{SSIM}(I_F, I_{\text{MRI}})) + \lambda_2 (1 - \text{SSIM}(I_F, I_{\text{PET}})) \tag{6-13}$$

$$L_{l1} = \frac{1}{HW} \left(\gamma_1 \sum |I_F - I_{\text{MRI}}| + \gamma_2 \sum |I_F - I_{\text{PET}}| \right) \tag{6-14}$$

式中,SSIM(·)和|·|分别表示结构相似性运算和绝对值运算。设置参数 $\lambda_1 = \lambda_2 = \gamma_1 = \gamma_2 = 0.5$。$\alpha$ 是控制两个损失项之间平衡的参数。

对原始图像应用 GAN 损失,可促使生成的图像在结构和特征方面与原始图像保持一致。融合后的图像将更好地匹配原始图像的解剖结构和功能信息。对抗损失和判别损失的计算方法如下:

$$L_{\text{adv}} = \frac{1}{N} \sum_{n=1}^{N} (D(G(I_F^n)) - 1))^2$$

$$L_{D_i} = \frac{1}{N} \sum_{n=1}^{N} (D(I_i^n) - 1)^2 + \frac{1}{N} \sum_{n=1}^{N} (D(I_F^n) - 0)^2 \tag{6-15}$$

式中,$n \in \mathbb{N}_N$,i 为 PET 或 MRI 图像。在此使用的损失函数是在 LSGAN[3] 中定义。

6.3 实验设计与结果分析

本节首先说明了融合实验所需要的实验设置,包括对初始图像的预处理和参数的设置。然后从定性评估和定量评估分别分析了融合效果,并通过消融实验证明了提出方法的有效性。

6.3.1 实验设置

在训练阶段,利用哈佛医学 PET-MRI 数据集来训练该融合网络,该数据集由 58 对 PET-MRI 图像组成。由于数据集的规模有限,采用了翻转和平移等方式来扩展数据集。具体来说,每张图像都在垂直和水平方向上翻转两次,从而得到总共 174 张图像。此外,还对每张图像进行了平移操作,包括向上、向下、向左和向右移动,每张图像又生成了 4 张独立的图像。扩展过程总共产生了 696 对图像。本节使用了 Adam 优化器,设置学习率为 1×10^{-3},批量大小为 4,训练次数为 100 次。在测试阶段,选择了 20 对 MRI 和 PET 图像输入训练好的生成器,直接生成融合结果。

6.3.2 实验结果

CDBIFusion 和其他 9 种融合方法主观比较结果如图 6-5 所示。图中分别是两幅原始

MRI 和 PET 图像,以及 CBF[4]、TIF[5]、FPDE[6]、LatLRR[7]、U2Fusion[8]、EMF[9]、SeAFusion[10]、CUDF[11]、MSDRA[12] 和 CDBIFusion 的结果。图中可以明显看出,虽然 TIF、EMF 和 SeAFusion 在融合结果中保留了 PET 图像的颜色信息,但 TIF 却牺牲了脑边缘的复杂细节,而 EMF 和 SeAFusion 则产生了过度模糊的脑组织结构信息。在 EMF 和 SeAFusion 里,MRI 图像中的大脑纹理信息几乎被消除。相反,CBF 主要保留了完整 MRI 图像的复杂结构,但难以整合 PET 图像的亮度信息。与原始 PET 图像相比,由 CUFD 和 MSDRA 生成的融合图像亮度降低,头骨内的细节信息显得非常模糊。此外,LatLRR 的融合结果曝光过度,而 FPDE 则被削弱了亮度信息。虽然 U2Fusion 成功地整合了原始图像的大部分信息,但从颞区的局部放大图中可以清楚地看出,提出的 CDBIFusion 模型更充分地保留了大脑结构的高分辨率纹理细节和眼睛附近的边缘信息,还能有效整合 PET 图像的亮度信息,展现出更显著的视觉效果。

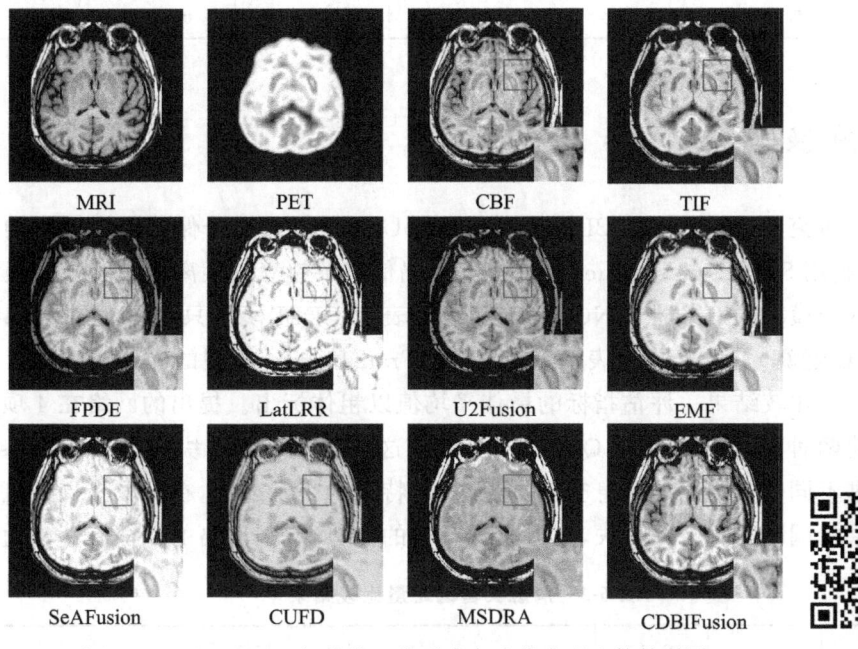

图 6-5 CDBIFusion 与其他 9 种融合方法的主观比较结果图   图 6-5 彩图

为了进一步直观的验证该方法的有效性,采用了 6 个评估指标进行了定量比较:熵(EN)、图像噪声(N_{abf})、互信息(MI)、归一化互信息(QMI)、非线性相关信息熵(NCIE)和图像间互信息(MI_{abf})。由表 6-1 可以看出,CDBIFusion 在 EN、MI、QNCIE 和 MI_{abf} 的值明显优于其他方法,其中最佳值和次佳值分别以粗体和下画线标出。EN 值最大表明,融合图像成功地保留了原始图像的复杂纹理和细节信息。这一成果归功于提出的 CDBI 模块,最大限度地减少了融合阶段的信息损失。较高的 MI 值和 MI_{abf} 值意味着融合图像与源图像之间具有较强的相关性,表明提出的方法有效地保留了源图像中丰富的细节信息。最大的 QNCIE 值显示了融合结果与原始图像之间的重要关系。这是由于该方法利用了鉴别器,使用特定的损失函数来监测和优化生成器,从而获得了均衡的融合结果。噪声值不是最佳值是因为此方法的融合结果有相对全面的源图像信息。根据统计结果可以看出,本章节提出的方法在客观评价指标方面优于其他方法。

表 6-1 PET-MRI 数据集的定量评估结果

融合模型	EN	N_{abf}	MI	Q_{MI}	Q_{NCIE}	MI_{abf}
CBF	5.138	0.012	10.270	0.673	0.806 9	2.918
TIF	4.975	0.017	9.950	0.601	0.805 3	2.502
FPDE	5.081	<u>0.002</u>	10.16	**0.696**	0.806 6	<u>2.950</u>
LatLRR	3.827	0.093	7.655	0.595	0.804 6	2.142
U2fusion	5.034	**0.001**	10.070	0.656	0.806 1	2.769
EMF	4.984	0.007	9.969	0.696	0.806 4	2.910
SeAFusion	<u>5.243</u>	0.008	10.486	0.663	0.806 3	2.869
CUFD	5.071	0.003	10.142	0.646	0.805 7	2.709
MSDRA	4.064	0.032	8.128	<u>0.696</u>	0.805 4	2.575
CDBIFusion	**5.390**	0.004	**10.780**	0.676	**0.807 9**	**3.233**

6.3.3 消融实验

在本章的研究中,提出的 CDBI 模块利用 ReLU 激活函数充分保留源图像中的完整信息。此外,还利用 Swin-Transformer 模块提取全局信息并建立长距离依赖关系。通过消融实验评估了两个模块的有效性。NO_Neg.ReLU 表示 CDBI 模块只包含正常 ReLU 运算(去除负 ReLU 运算),NO_Swin 表示没有 Swin-Transformer 模型的网络。表 6-2 所示为消融实验的定量比较结果。评估指标的最佳平均值以粗体标出。提出的网络在 4 项指标上明显优于其他两种架构:EN、MI、QMI 和 MI_{abf}。这表明 CDBI 模块和 Swin-Transformer 模块能够促进不同分支之间的信息交互,增强重要特征的表示能力,在提取全局信息和建立长期依赖关系的同时防止特征丢失,充分发挥各自的优势,增强网络的特征表达能力。

表 6-2 消融实验的定量比较结果

融合模型	Negative ReLU	Swin Tranfomer	指标					
			EN	N_{abf}	MI	Q_{MI}	NCIE	MI_{abf}
No_Neg.ReLU		√	5.189	0.004 8	10.378	0.677	**0.808 0**	3.259
No_Swin	√		5.181	**0.003 9**	10.361	0.688	0.807 8	3.203
CDBIFusion	√	√	**5.390**	0.004 9	**10.780**	**0.699**	0.8079	**3.311**

6.4 本章小结

在本章中,针对 PET 和 MRI 图像提出了一种基于联合 CNN 和 Transformer 框架的融合网络,有效利用了 CNN 和 Transformer 模型的优势,能够从原始图像中全面提取局部和全局信息。此外,还引入了 CDBI 模块,该模块采用两个 ReLU 整流器,在最大程度减少信息损失的同时,还能双向保存和整合两条 CNN 路径上有价值的细节。大量实验结果表明,本章提出的融合方法性能超越了其他先进的融合方法,验证了其在 PET 和 MRI 图像融合任务中的有效性。

本章参考文献

[1] Hu Q,Guo X. Trash or Treasure? An interactive dual-stream strategy for single image reflection separation [J]. Advances in Neural Information Processing Systems,2021(34):24683-24694.

[2] Liu Z,Lin Y,Cao Y,et al. Swin-Transformer:Hierarchical vision transformer using shifted windows [C].Proceedings of the IEEE/CVF International Conference on Computer Vision,2021:10012-10022.

[3] Mao X,Li Q,Xie H,et al. Least squares generative adversarial networks [C].Proceedings of the IEEE International Conference on Computer Vision,2017:2794-2802.

[4] Shreyamsha Kumar B. Image fusion based on pixel significance using cross bilateral filter [J].Signal,Image And Video Processing,2015(9):1193-1204.

[5] Dhuli,Ravindra,Bavirisetti,et al. Two-scale image fusion of visible and infrared images using saliency detection [J].Infrared Physics and Technology,2016(76):52-64.

[6] Bavirisetti D P,Xiao G,Liu G. Multi-sensor image fusion based on fourth order partial differential equations [C].2017 20th International Conference on Information Fusion (Fusion),2017:1-9.

[7] Li H,Wu X J. Infrared and visible image fusion using Latent Low-Rank Representation [J].2018.

[8] Xu H,Ma J,Jiang J,et al. U2Fusion:A unified unsupervised image fusion network [J]. IEEE Transactions on Pattern Analysis and Machine Intelligence,2020,44(1):502-518.

[9] Xu H,Ma J. EMFusion:An unsupervised enhanced medical image fusion network [J]. Information Fusion,2021(76):177-186.

[10] Tang L,Yuan J,Ma J. Image fusion in the loop of high-level vision tasks:A semantic-aware real-time infrared and visible image fusion network [J].Information Fusion, 2022(82):28-42.

[11] Xu H,Gong M,Tian X,et al. CUFD:An encoder-decoder network for visible and infrared image fusion based on common and unique feature decomposition [J]. Computer Vision and Image Understanding,218:103407.

[12] Li W,Peng X,Fu J,et al. A multiscale double-branch residual attention network for anatomical-functional medical image fusion [J].Computers in Biology and Medicine, 2022(141):105005.

第 7 章

基于跨尺度迭代注意力网络的多模态医学图像融合方法

7.1 引言

现有医学图像融合方法一般采用简单的拼接或相加策略在融合层对特征进行融合,没有充分考虑不同模态图像的内在特征和不同尺度特征之间的交互问题,这可能导致融合性能下降和泛化能力不足。为此,本章引入了一种基于跨尺度迭代注意力网络的多模态医学图像融合方法(CSIAFuse)。首先,采用基于 Wasserstein 生成对抗网络(WGAN)[1]的端到端模式,在生成器中设计了一个细节保留模块,通过 Soble 算子和拉普拉斯算子捕获边缘和细节信息。其次,设计了一个跨模态并行注意力模块来合并不同模态图像的内在特征内容,利用初始融合特征从通道和空间维度计算多模态医学图像路径的注意力权重。同时,构建了一个跨尺度迭代解码器框架,将不同尺度的不同模态特征进行交互,将跨尺度特征从细尺度聚合到粗尺度,不断优化不同模态图像的活动水平。在 3 个不同公共医学数据集上进行充分的实验表明,提出的方法在融合性能上优于其他 9 种先进的方法。

本章的主要贡献如下:

(1) 设计了一个细节保留模块,通过 Sobel 和拉普拉斯特征提取算子来保留图像中的边缘和细节信息。

(2) 设计了一个跨模态并行注意力集成模块,该模块利用注意力权重来衡量源图像在相同尺度下的活动水平。中间融合特征可以学习整合不同模态图像的内在内容。

(3) 构建了一个跨尺度迭代注意力解码器,可以在不同尺度的跨模态特征之间架起桥梁,并迭代优化它们的活动水平,充分考虑了不同模态不同尺度特征的交互问题。

(4) 提出了一个端到端生成对抗融合网络,很大程度上解决了融合信息不平衡的问题。大量的实验表明,本章提出的融合框架展现出了先进的性能,并且在定性视觉及定量指标评价方面均优于其他典型的融合方法。

7.2 方法

7.2.1 问题描述

现有的一些基于 CNN 的融合方法在输入阶段对源图像直接进行拼接操作,在融合层对深度特征进行合并。然而,这些方法通常对原始图像采用简单的串联操作,未能充分考虑不同模态图像的内在特征。基于 GAN 的方法主要是在生成器和鉴别器之间对的抗博弈来学习数据的分布,生成器框架将这些提取的特征无区别地组合在一起,容易产生不平衡的结果。同时,这些方法只对同一层次的特征进行整合,忽略了不同尺度之间信息交互的重要性,从而忽略了跨尺度层的重要内容,不可避免地在一定程度上限制了融合性能。针对这些问题,本章受到 CrossFuse[2] 方法启发,在此基础上提出了行之有效的融合方法。

多模态医学图像融合主要包括 CT 和 MRI 图像融合以及 PET/SPECT 和 MRI 图像融合。CT 和 MRI 图像都是单通道图像,可以直接输入融合网络进行后续操作,无须进行图像预处理。然而,PET 和 SPECT 图像都是三通道 RGB 图像,MRI 图像是单通道灰度图像。由于通道尺寸不匹配,无法将两者直接输入融合网络。因此,首先将 RGB 图像转换为 YCbCr 色彩空间,其中 Y 代表亮度分量,Cb 和 Cr 分别代表蓝色和红色色调分量。然后,将转换后的 Y 通道与 MRI 图像融合,通过融合网络得到单通道融合图像。最后,通过反变换,将 YCbCr 空间转换回 RGB 色彩空间,得到最终的融合图像。图 7-1 所示为 RGB 图像和 MRI 图像的融合网络。以下是将 RGB 图像转换为 YCbCr 通道的公式:

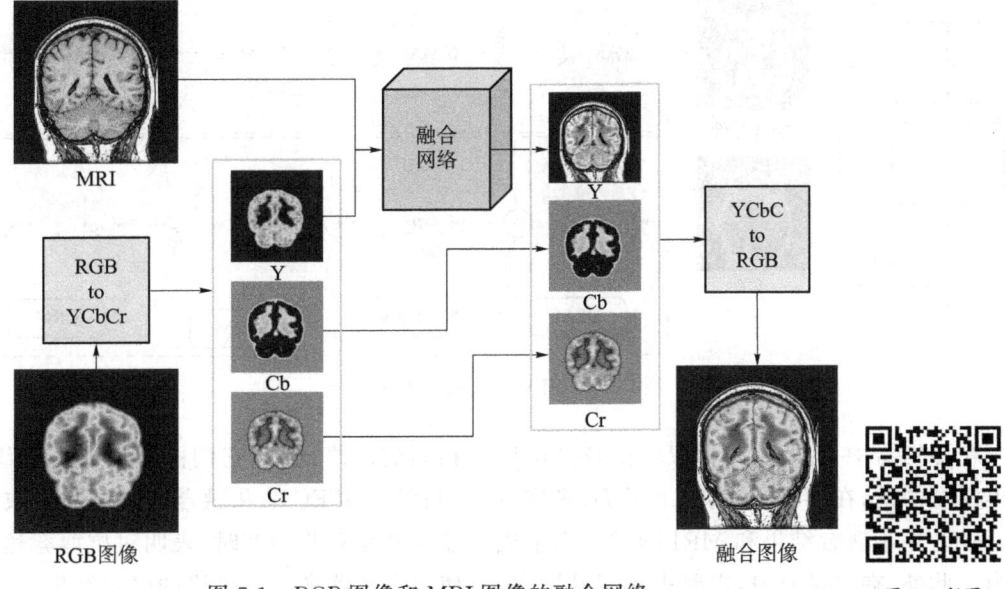

图 7-1 RGB 图像和 MRI 图像的融合网络

$$\begin{pmatrix} Y \\ Cb \\ Cr \end{pmatrix} = \begin{bmatrix} 0.299 & 0.589 & 0.114 \\ -0.169 & -0.331 & 0.500 \\ 0.500 & -0.419 & -0.081 \end{bmatrix} \begin{pmatrix} R \\ G \\ B \end{pmatrix} + \begin{pmatrix} 0 \\ 128 \\ 128 \end{pmatrix} \tag{7-1}$$

7.2.2 网络框架

CSIAFuse 融合网络框架如图 7-2 所示，它包括一个发生器和双鉴别器。生成器为不同模态医学图像提出了单独的编码器路径，充分考虑不同模态图像的内在特征。每个支路由 4 个多尺度残差块组成作为主流，用于提取多尺度特征。每个残差块包括两个卷积层和一个残差连接，卷积核大小为 3×3，步长分别设置为 1 和 2。除了最后一层的 Tanh 函数外，所有激活层都是 PReLU 函数。此外，输入特征额外通过细节保留模块（DRM）进一步保留图像的边缘和细节信息，然后与主流残差块的输出结合得到保留了细节信息的多尺度特征，分别 Φ_1^l 和 Φ_2^l，$(l=1,2,3,4)$。此外，构建了一个跨尺度迭代注意力解码器用于特征重建，其中设计了跨模态并行注意力模块（CPAM），并进行了上采样操作，以连接跨尺度特征。将不同尺度的特征 Φ_1^l 和 Φ_2^l，及其初始融合特征 Φ_f^l 输入到跨模态并行注意力模块中，生成它们的中间融合特征 Φ_F^l，作为下一个跨模态并行注意力模块的输入源。

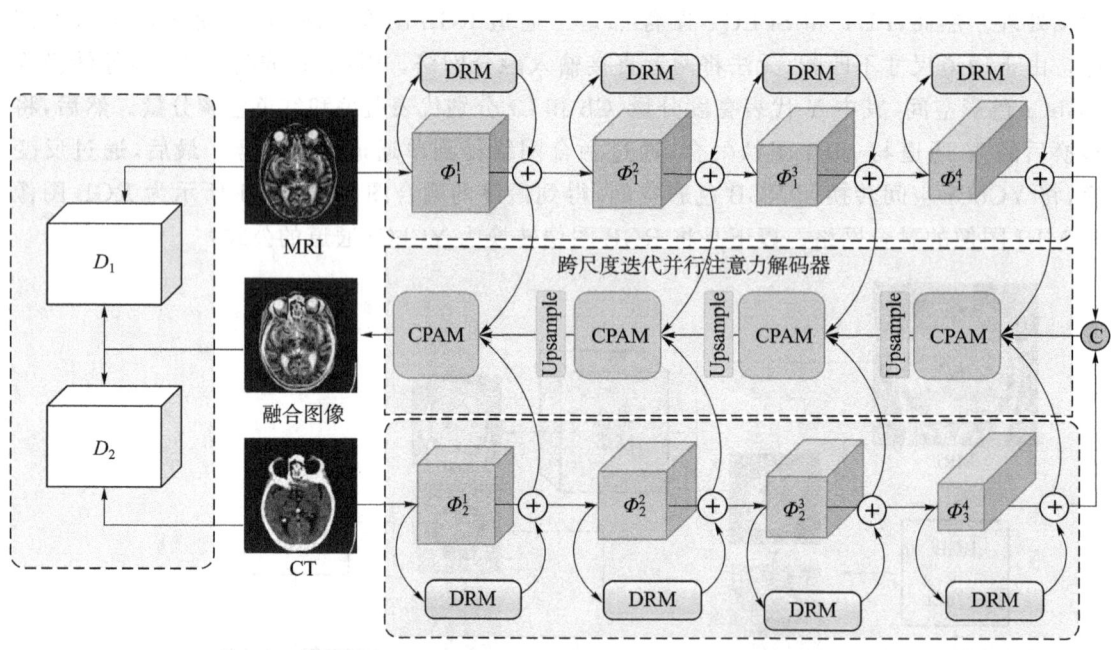

图 7-2 CSIAFuse 融合网络框架

在鉴别器中，为双鉴别器（D_1 和 D_2）设计了相同的网络框架，它们由 4 个卷积层组成。值得注意的是，在训练阶段，提出了 D_1 来实现 CT（PET/SPECT）和融合结果之间的数据分布，而 D_2 用于融合结果和 MRI 图像。当生成器能够欺骗双鉴别器时，表明对抗博弈达到了平衡。此外，在测试阶段，需要去除双鉴别器，只使用生成器来产生最终的融合结果。

7.2.3 细节保留模块

细节保留模块具体框架如图 7-3 所示。输入特征利用 Sobel 算子以保留特征的强纹理和边缘特征,之后经过一个 1×1 卷积层以消除通道维数的差异。具体来说,Sobel 算子分别计算水平和垂直方向上的梯度,通过计算图像中每个像素点的梯度,可以提供关于边缘方向的信息,这对于保留图像中特定方向上的结构信息非常有用。同时,引用拉普拉斯算子和与残差结构结合,再经过两个常见的带有 LReLU 的 3×3 卷积层和一个 1×1 卷积层进一步提取特征的弱纹理。拉普拉斯算子用于增强图像中的高频细节,有助于突出图像中的纹理和微小结构。此外,拉普拉斯算子对图像中的边缘响应较强,因此在医学图像有助于突出重要的边缘特征,使特征更加清晰。将以上获得的特征聚合并通过残差结构与原始特征相加得到最后的包含丰富纹理细节和边缘信息的特征。特征保留模块过程表示为

$$\Phi_{out} = \Phi \oplus Concat(Conv(\Phi \oplus \nabla^2 \Phi), Conv(\nabla \Phi)) \tag{7-2}$$

式中,$Conv(\cdot)$ 表示多个卷积运算,$\oplus$ 表示逐元素相加操作。Φ 和 Φ_{out} 表示输入的中间特征和输出特征,∇ 和 ∇^2 分别表示索贝尔(Sobel)算子和拉普拉斯(Laplace)算子。

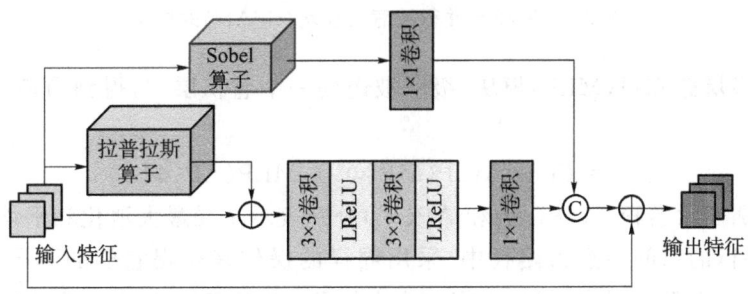

图 7-3 细节保留模块具体框架

7.2.4 跨模态并行注意力模块

跨模态并行注意力模块(CPAM)的框架如图 7-4 所示,其灵感来源于卷积块注意力模块(CBAM)。与 CBAM 不同的是,此模型为融合网络重新设计了一个并行结构的注意力模块。通过并行使用通道和空间注意力,模型可以同时考虑到数据中的通道相关性和空间结构。这种并行处理可以增加模型对数据的丰富理解,提高模型的表示能力。在进行特征提取时,通道注意力可以帮助模型选择更重要的特征通道,而空间注意力可以帮助模型更好地捕捉图像中的局部结构信息。具体来说,利用初始融合特征 $\Phi_f^l \in R^{H \times W \times C}$,其中 H 和 W 表示源图像的高度和宽度,C 表示通道数,从通道和空间维度计算它们的注意力图,并分配得到的注意权重来衡量相同尺度下不同模态图像的活动水平。在最后一层特征提取层,将初始融合特征 Φ_1^4 和 Φ_2^4 级联生成中间融合特征 Φ_F^4,作为下一个 CPAM 模块的初始融合特征。

在通道注意力路径中,将初始融合特征通过最大池化和平均池化操作得到了两种不同的通道注意力表示,以便在后续的处理中更好地捕捉并利用特征之间的重要性差异。然后,

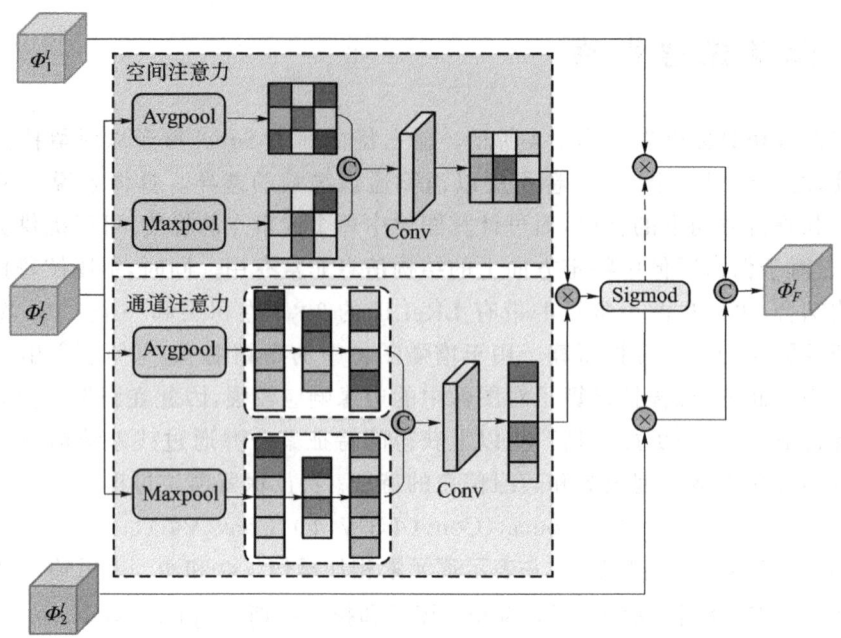

图 7-4 跨模态并行注意力模块(CPAM)的框架

这些向量经过多层感知机(MLP)模块,级联被送到一个卷积层中,得到通道注意力向量,表达式如下:

$$\Phi_f^{l,ca} = \text{Conv}[\text{MLP}(\text{MP}(\Phi_f^l)), \text{MLP}(\text{AP}(\Phi_f^l))] \quad (7\text{-}3)$$

式中,Conv 分别表示卷积。MP(·)和 AP(·)分别表示全局最大池化和平均池化操作。

同时,在并行的空间注意力路径中,采用同样的操作来获得它们的不同的空间特征表示,之后合并到一个卷积层中,得到空间注意力矩阵,以更好地捕捉和利用图像中不同区域的重要性,数学表达式如下:

$$\Phi_f^{l,sa} = \text{Conv}[\text{MP}(\Phi_f^l), AP(\Phi_f^l)] \quad (7\text{-}4)$$

接下来,将获得的通道注意力向量与空间注意力矩阵逐元素相乘,得到初始融合特征的注意力图,确定每个特征图对于最终融合特征的贡献程度。随后,利用 Sigmoid 激活函数对注意力图进行归一化,将这些权重限制在 0 到 1 之间,以便于后续的特征融合操作,生成对应的注意力权重过程表示如下:

$$\alpha^l = \delta(\Phi_f^{l,ca} \otimes \Phi_f^{l,sa}) \quad (7\text{-}5)$$

式中,δ 为 Sigmoid 激活函数,$\otimes$ 表示逐元素相乘操作。

最后,为 CT 图像路径分配注意力权重 α^l,为 MRI 图像路径分配注意力权重 $(1-\alpha^l)$。中间融合特征 $\Phi_F^l \in R^{C \times H \times W}$ 可由如式(7-6)所得:

$$\Phi_F^l = [\alpha^l \otimes \Phi_1^l, (1-\alpha^l) \otimes \Phi_2^l] \quad (7\text{-}6)$$

7.2.5 损失函数

在本小节提出的 CSIAFuse 融合方法中,发生器的总损失函数(L_G)由内容损失(L_{con})和对抗损失(L_{adv})组成[3],如式(7-7)表示:

$$L_G = L_{con} + \lambda_1 L_{adv} \tag{7-7}$$

式中,参数 λ_1 控制它们之间的平衡。

内容损失函数首先包含一个强度损失项(L_{int}),用于确保融合后的图像与原始图像在像素强度上的相似性。针对 CT(PET/SPECT)图像和 MRI 图像分别采用 L_1 范数和 L_2 范数来计算。简而言之,强度损失可以通过式(7-8)表示:

$$L_{int} = \frac{1}{HW}(\|I_f - I_1\|_2 + \lambda_2 \|I_f - I_2\|_2) \tag{7-8}$$

式中,I_f、I_1、I_2 分别代表融合图像、CT(PET/SPECT)图像和 MRI 图像。参数 λ_2 是一个加权系数,$\|\cdot\|_1$ 和 $\|\cdot\|_2$ 分别表示 L_1 范数和 L_2 范数。

接着,引入了纹理损失(L_{tex})作为补充,确保融合图像能够保留更多的纹理细节,纹理损失由式(7-9)表示:

$$L_{tex} = \frac{1}{HW}(\| |\nabla I_f| - \max(|\nabla I_1|, |\nabla I_2|)\|_1) \tag{7-9}$$

式中,∇ 表示梯度算子。

最后,L_{con} 由 L_{int} 和 L_{tex} 的加权组和相加得到,如式(7-10)所示:

$$L_{con} = L_{int} + \lambda_3 L_{tex} \tag{7-10}$$

式中,λ_3 为加权系数。

在鉴别器中,提出了双鉴别器,即 D_1 和 D_2 来区分融合图像 I_f 与 CT(PET/SPECT)图像和 MRI 图像的数据分布。L_{adv} 由式(7-11)表示:

$$L_{adv} = -\frac{1}{N}\sum_{n=1}^{N}([D_1(I_f^n)] + [D_2(I_f^n)]) \tag{7-11}$$

另外,双鉴别器损失函数可由式(7-12)表示:

$$L_{D_i} = \frac{1}{N}\sum_{n=1}^{N}[D_i(I_{i,f}^n) + \lambda_4(\|\nabla D_i(\widetilde{I_i^n})\|_2 - 1)], (i=1,2) \tag{7-12}$$

式中,λ_4 为平衡参数。

7.3 实验设计与结果分析

在本节中,首先介绍了训练数据集和实验所用的参数,给出训练和测试的细节。然后,在3个数据集上进行了实验比较以及消融实验,并以实验结果说明了所提出的融合方法的优越性。

7.3.1 数据集与实验设置

在训练阶段,使用哈佛医学数据集中3个广泛使用的脑数据集进行训练,其中包括184对已配准的 CT-MRI 图像、269对 PET-MRI 图像以及357对 SPECT-MRI 图像,将原始图像灰度值范围转换为[-1,1]。此外,利用 Adam 优化器更新网络参数,训练次数设置为100,batch 设置为4。对于生成器和鉴别器,设置它们的学习率为 1×10^{-4} 和 4×10^{-4}。另外,参数 λ_1、λ_2、λ_3、λ_4 依次设为 1、1、10、10。

在测试阶段,从 3 个测试集中另外选择 10 对图像进行测试。为了客观公正地验证该方法的有效性,选择了 9 种具有代表性的方法进行定性比较,即 ADF[4]、FPDE[5]、GTF[6]、IFEVIP[7]、TIF[8]、U2Fusion[9]、RFN[10]、MMI-Fuse[11] 和 TransMEF[12]。用以下 8 个评价指标对融合结果进行了客观定量比较:边缘强度(EI)[13]、空间频率(SF)[14]、基于梯度的融合性能(Q_{abf})、视觉信息保真度(VIF)[15]、定义(DF)[16]、标准偏差(SD)[17]、平均梯度(AG)[18] 和一种新的视觉信息保真度(VIFF)[19]。

7.3.2 CT-MRI 数据集实验结果

在 CT 和 MRI 图像融合中,融合后的图像包含 CT 图像的精细骨骼结构和 MRI 图像的软组织和脑组织对比度信息则属于达到理想效果。所提出的方法在 CT-MRI 脑部数据集进行了主观视觉验证。根据图 7-5 主观视觉效果,可以观察到以下情况:在 ADF、FPDE 和 GTF 方法中 CT 图像的亮度信息严重丢失。RFN 虽然是端到端模型,但简单的加法策略抵消了不同模态图像的内在差异性,导致融合结果不理想。在 U2Fusion 中,无论是 CT 图像还是 MRI 图像中的亮度信息均没有得到很好的保留。而 MMI-Fuse 和 TransMEF 方法只保留了两幅源图像的部分信息,未能保留较完整的信息,因此视觉感受不佳。IFEVIP 和本章提出的方法在主观效果方面表现较好,成功保留并融合了 CT 图像中的大脑皮层亮度信息和 MRI 图像中的脑组织结构信息。然而,通过对比边缘区域细节发现,本方法保留了更充分、更完整的边缘信息。

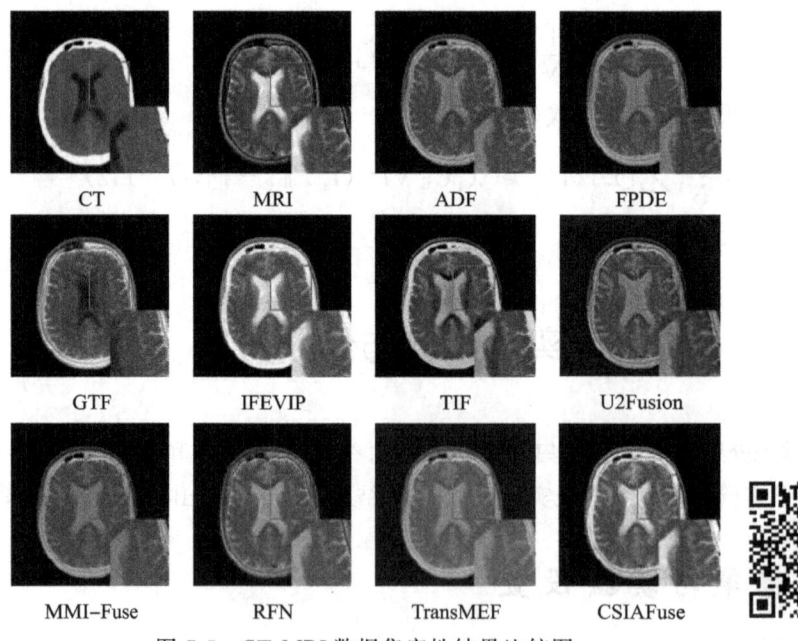

图 7-5 CT-MRI 数据集定性结果比较图   图 7-5 彩图

为了进一步验证所提出方法的有效性,进一步与其他 9 种方法展开了定量比较。由表 7-1 和图 7-6 可以得到,该方法在 EI、SF、Q_{abf}、DF 和 AG 这 5 个指标上排名第一。最佳值和次佳值分别用黑体和下画线表示。最佳 EI 表明融合图像更关注边缘强度,结果具有较高的清晰度和对比度,从而使边缘更容易检测和分析。还有,最佳 SF 值意味着融合图像中保留了更多细小结构或纹理信息。较高的 Q_{abf} 值表示融合图像与原始图像之间梯度一致性保持较为统一。此外,最优值 DF 反映了图像中细节的可视化程度,包括边缘、纹理、结构和其他重要特征的清晰度和辨识度。类似地,最大值 AG 指标描述了图像中边缘的强度和变化程度,衡量了融合图像丰富的边缘信息。总的来说,从统计数据可以看出,本小节提出的方法取得了较为优秀的融合结果。

表 7-1 CT-MRI 数据集客观指标量化结果

融合模型	EI	SF	Q_{abf}	VIF	SD	DF	AG	VIFF
ADF	57.68	22.74	0.062 4	0.094	60.63	7.306	5.840	0.053 3
FPDE	53.57	20.67	0.059 0	0.094	60.41	6.569	5.379	0.053 8
GTF	55.49	20.13	**0.064 8**	0.14	78.67	6.539	5.464	0.064 4
IFEVIP	<u>69.32</u>	29.94	0.062 6	0.185	**87.39**	<u>7.873</u>	<u>6.732</u>	**0.072 1**
TIF	68.22	<u>31.32</u>	0.056 4	<u>0.179</u>	73.4	7.624	6.591	0.061 7
U2Fusion	63.04	22.57	0.063 5	0.092	55.01	7.212	6.141	0.047 4
MMI-Fuse	50.15	22.71	0.046 9	0.124	<u>68.42</u>	5.668	4.866	<u>0.059 5</u>
RFN	46.95	15.34	0.054 0	0.071	53.17	5.482	4.602	0.043 3
TransMEF	44.23	13.69	0.048 9	0.091	60.02	4.814	4.232	0.054 7
CSIAFuse(Ours)	**87.683**	**36.121**	0.076	0.137	67.537	**10.448**	**8.702**	0.057

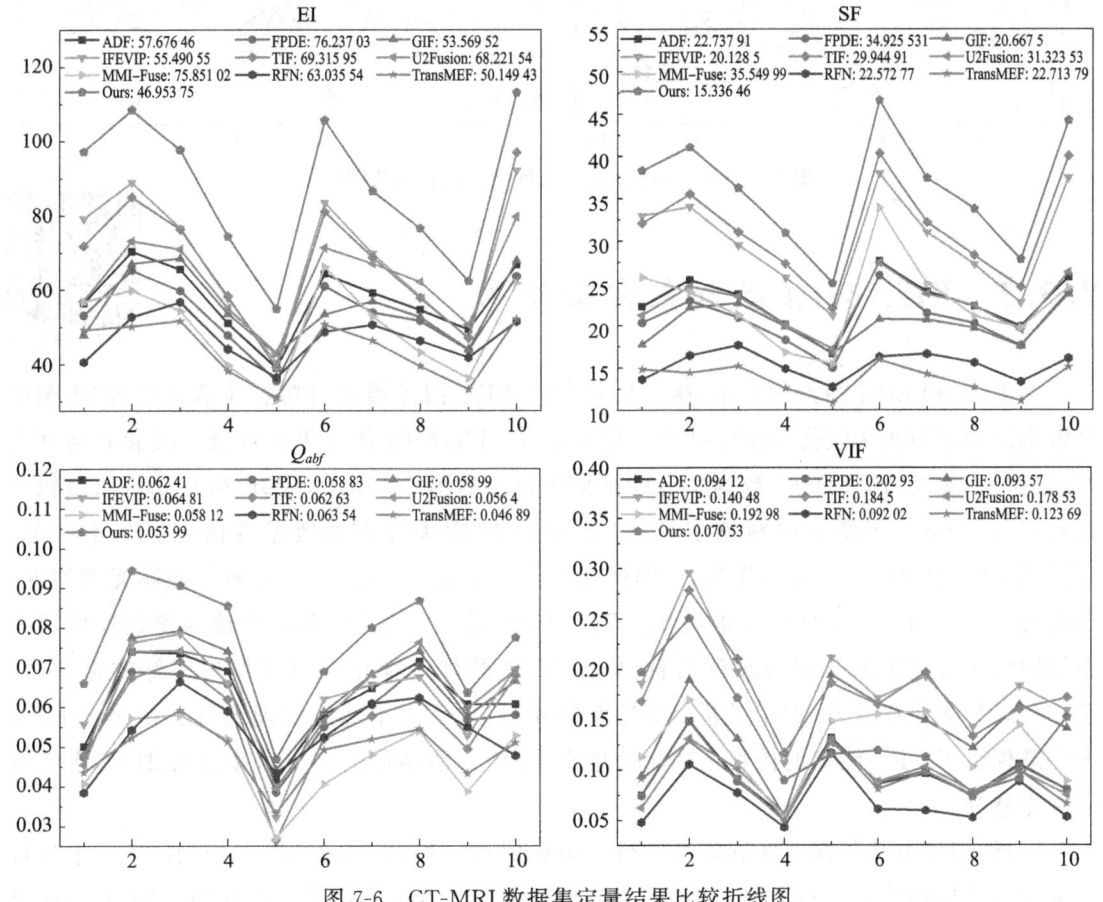

图 7-6 CT-MRI 数据集定量结果比较折线图

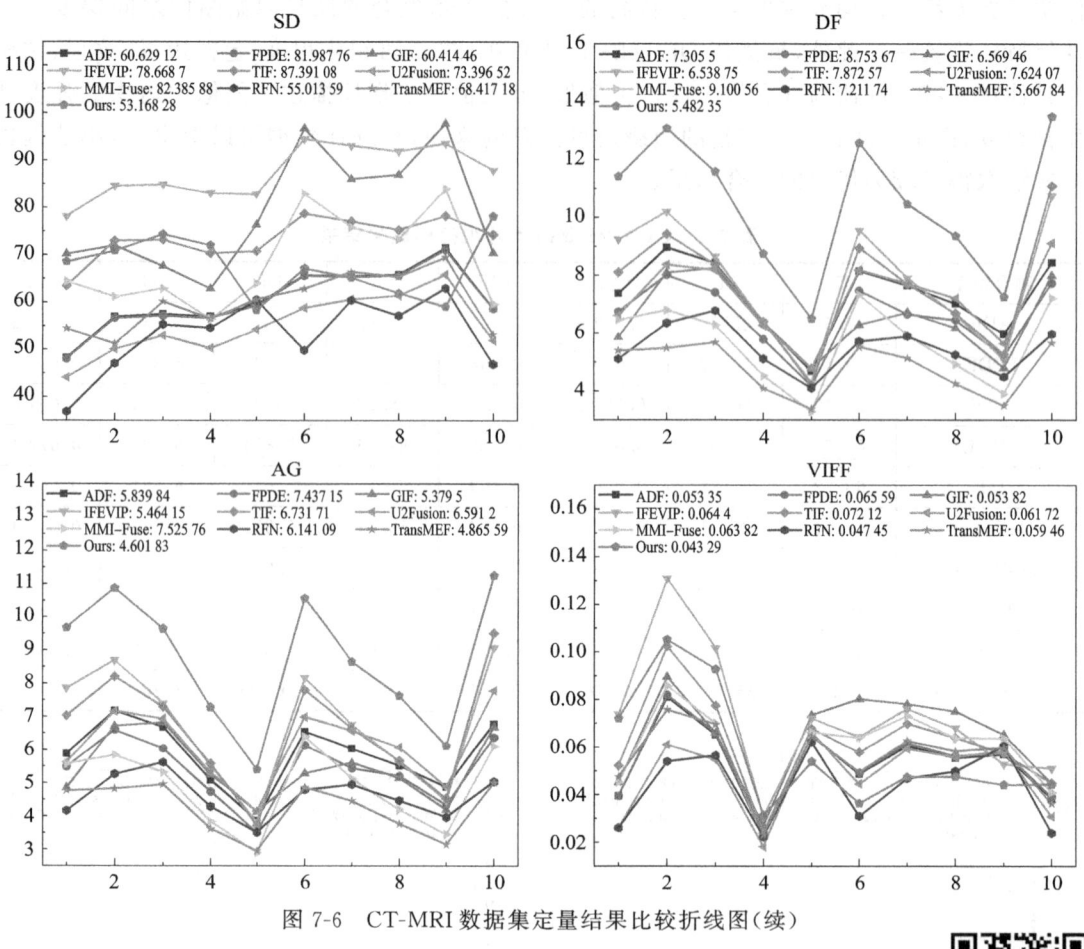

图 7-6 CT-MRI 数据集定量结果比较折线图(续)

7.3.3 PET-MRI 数据集实验结果

在 PET 和 MRI 图像融合中,融合图像包含 PET 图像器官的功能性信息和 MRI 图像高解剖结构细节视为较优的融合结果。此方法在 PET-MRI 数据集上进行了实验并与其他方法进行了比较,PET-MRI 数据集定性结果比较图如图 7-7 所示,ADF 和 FPDE 虽然较完整地保留了 PET 图像中的颜色信息,但是 MRI 图像头骨边缘地亮度信息显现不明显。GTF 融合图像出现了明显的失真,说明泛化能力不稳定。IFEVIP 中出现了过曝光的情况,导致头骨内的细节信息显得非常模糊。TIF、U2Fusion 和 RFN 中虽然较为完整地保留了原始图像中得纹理细节和伪颜色信息,但是 MRI 图像边缘亮度没有得到很好的保留,而 TransMEF 图像在丢失 MRI 图像边缘亮度的同时,也丢失了部分纹理细节。相比之下,本方法既保留了 PET 图像的伪彩色功能信息和 MRI 图像结构的高分辨率纹理细节,有较好的视觉感受。

同样,把该方法与其他先进方法进行了定量比较。如表 7-2 和图 7-8 所示,在 5 个指标上都获得了最佳值:EI、SF、Q_{abf}、DF 和 AG,在 VIF 和 SD 上取得了次优值。EI 值最佳意

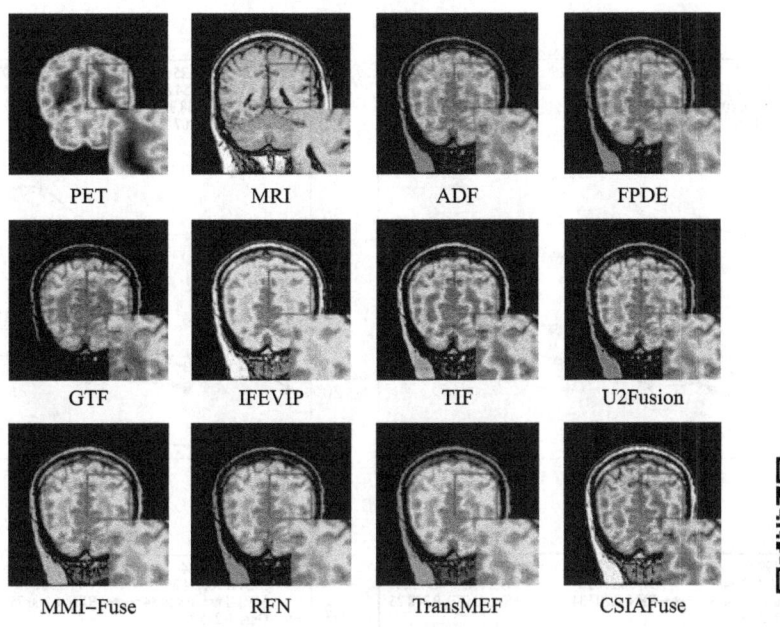

图 7-7 PET-MRI 数据集定性结果比较图

味着融合图像保留了原始 PET 和 MRI 图像中的边缘信息。最佳 SF 表示融合图像包含更多原始图像中的高频细节信息。此外,最大 Q_{abf} 值说明融合图像与原始图像在梯度信息评估中具有较高的一致性。同样,AG 反映图像中灰度变化的平均程度,较高的平均梯度通常表示图像中的细节较多。最佳 VIF 和 DF 表明融合图像能更准确地重建原始 PET 和 MRI 图像的视觉特性,使融合图像在视觉上更接近原始图像。

表 7-2 PET-MRI 数据集客观指标量化结果

融合模型	EI	SF	Q_{abf}	VIF	SD	DF	AG	VIFF
ADF	79.763	24.853	0.200	0.282	69.604	10.782	8.176	0.238
FPDE	74.702	22.744	0.194	0.284	69.586	9.700	7.551	0.242
GTF	79.161	26.855	0.184	0.295	68.336	10.045	7.966	0.207
IFEVIP	110.352	37.425	0.262	**0.501**	96.833	13.789	10.963	**0.296**
TIF	99.192	32.882	0.242	0.482	78.388	11.906	9.727	0.271
U2Fusion	86.496	25.306	0.207	0.361	70.584	10.275	8.378	0.244
MMI-Fuse	87.452	27.585	0.248	0.348	79.026	10.943	8.683	0.259
RFN	72.304	22.646	0.183	0.296	76.966	8.800	7.117	0.238
TransMEF	65.096	16.326	0.165	0.292	70.597	6.926	6.172	0.243
CSIAFuse(Ours)	**117.095**	**37.451**	**0.288**	0.470	**85.072**	**14.701**	**11.617**	0.264

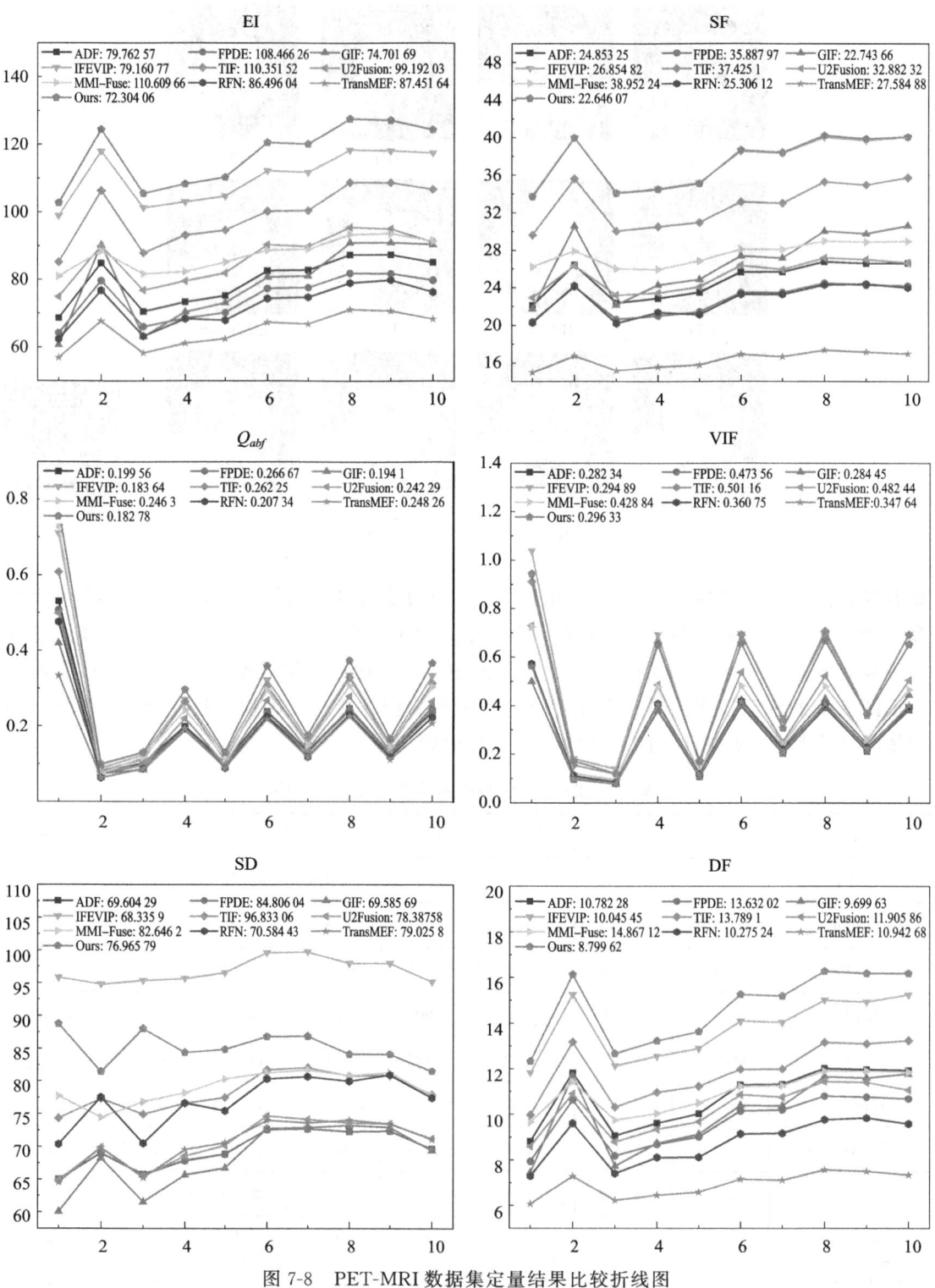

图 7-8 PET-MRI 数据集定量结果比较折线图

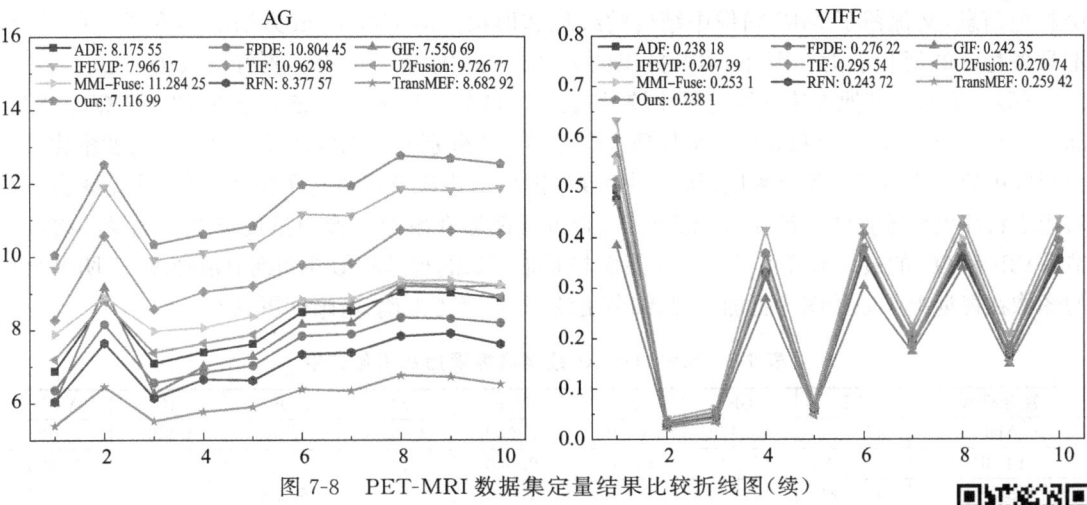

图 7-8 PET-MRI 数据集定量结果比较折线图(续)

7.3.4 SPECT-MRI 数据集实验结果

为了进一步验证此网络的泛化能力,继续在 SPECT-MRI 数据集上进行了实验,融合 SPECT 和 MRI 图像能够在一张图像中同时显示身体组织的解剖结构和功能状态,为医生提供更全面、更具体的诊断信息。SPECT-MRI 数据集定性结果比较图如图 7-9 所示,前两者分别是 SPECT 和 MRI 图像。从主观视觉方面可以明显看出,ADF、FPDE 和 TIF 这 3 种方法融合图像中的眼球肌肉的亮度信息并没有得到很好的保留。同时,GTF 结果中出现了一定程度的伪影,IFEVIP 中代表活动水平的伪彩色信息与纹理结构信息均出现了失真。RFN 和 TransMEF 方法中伪颜色信息和 MRI 图像中的纹理信息均未带来良好的感官效果。只有 U2Fusion 和本章研究方法取得了不错的结果,既保留了 SPECT 图像中代表功能信息的

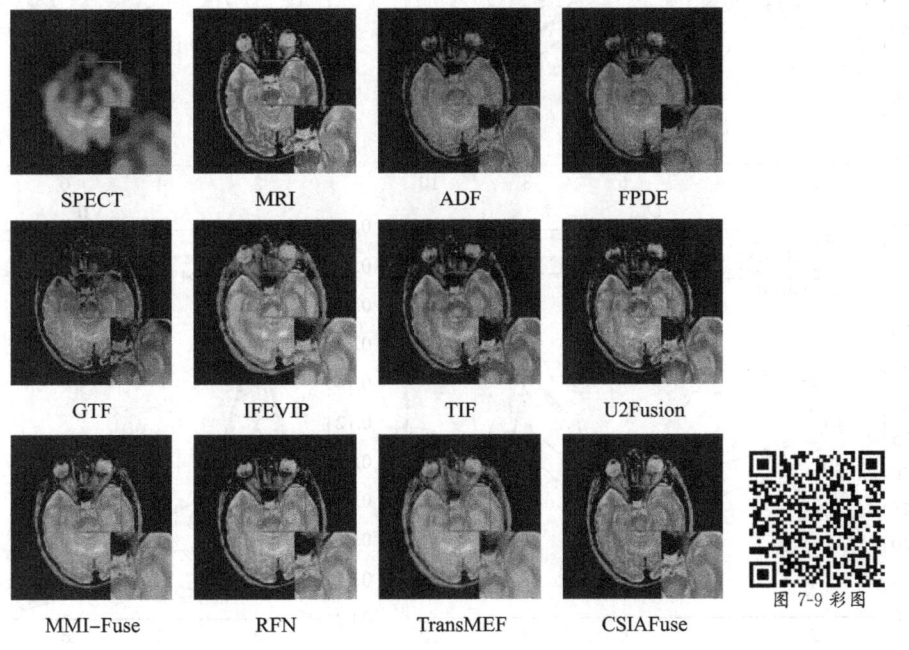

图 7-9 SPECT-MRI 数据集定性结果比较图

伪彩色信息，又保留了 MRI 图像中结构的纹理和形状。但 U2Fusion 方法的出现了一些噪声，不具备稳定的泛化能力。因此，本章提出的方法在视觉感官上取得了更好的效果。

同样，依旧与其他方法进行定量比较，如表 7-3 和图 7-10 所示。该方法在 EI、SF、Q_{abf}、VIF、DF 和 AG 这 6 个指标上都获得了最佳值。Q_{abf} 和 AG 分别从边缘保持度和边缘增强度量化了融合图像中的边缘特征的保留程度，从不同角度对图像的边缘特征进行了量化评估，帮助融合方法对边缘特征更好地重建。最佳 SF 意味着融合方法能够在融合图像中呈现更多的边缘和纹理细节。VIF 和 DF 的最大值评估了融合后图像与原始图像的视觉相似性和细节清晰度，表明融合后的图像在视觉上与原始图像更加相似，细节更清晰，边缘更准确，清晰度更高。

表 7-3 SPECT-MRI 数据集客观指标量化结果

融合模型	EI	SF	Q_{abf}	VIF	SD	DF	AG	VIFF
ADF	47.898	13.979	0.049	0.042	42.208	6.334	4.933	0.025
FPDE	44.168	12.642	0.045	0.040	41.992	5.853	4.555	0.025
GTF	49.862	15.188	0.051	0.045	41.461	6.266	5.029	0.023
IFEVIP	52.915	15.513	0.050	0.086	61.759	6.505	5.210	**0.042**
TIF	51.023	15.645	0.051	0.079	47.583	6.080	5.013	0.031
U2Fusion	57.015	16.575	0.058	0.077	50.607	6.685	5.554	0.030
MMI-Fuse	54.343	15.620	0.055	0.082	**62.219**	6.688	5.397	0.040
RFN	50.654	15.329	0.054	0.082	59.749	6.053	4.991	0.036
TransMEF	41.831	10.450	0.044	0.062	56.566	4.469	3.978	0.036
CSIAFuse(Ours)	**63.477**	**18.553**	**0.061**	**0.088**	54.248	**7.907**	**6.345**	0.034

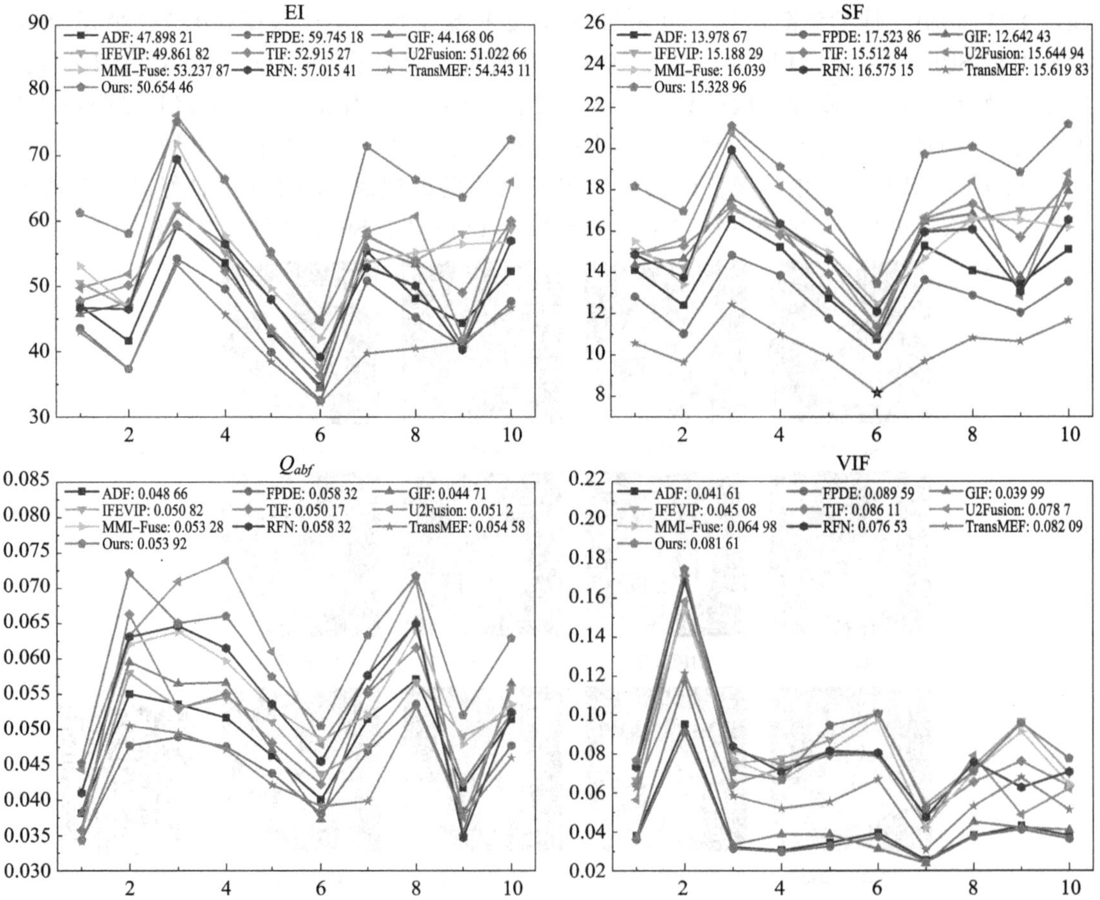

图 7-10 SPECT-MRI 数据集定量结果比较折线图

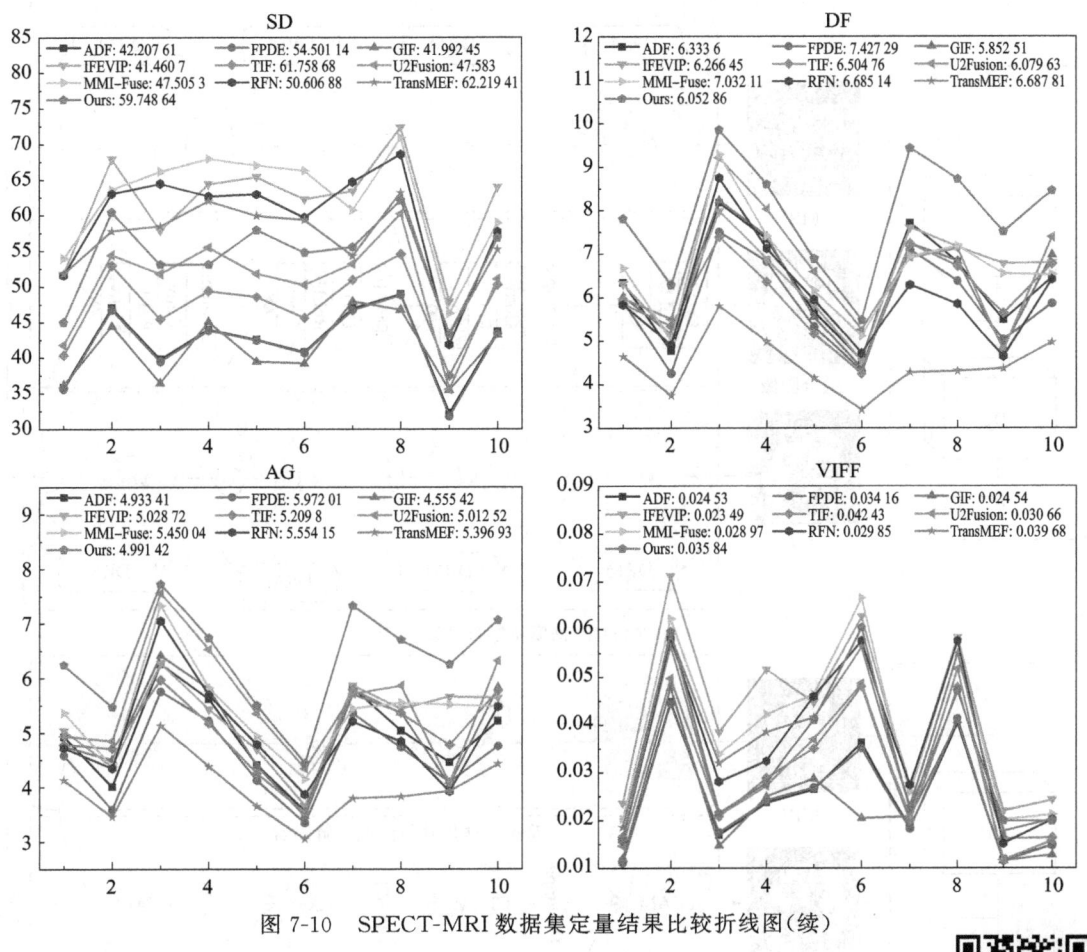

图 7-10 SPECT-MRI 数据集定量结果比较折线图(续)

7.3.5 消融实验

在该融合网络中,设计了一个跨模态并行注意力模块来取代现有的简单融合策略,利用初始融合特征从通道和空间维度计算不同模态医学图像的注意力权重,并在相同尺度下测量其对应的活动水平。同时,构建了一个特征细节保留模块增强图像特征显著性。本节通过消融实验来验证其有效性,将 CPAM 模块用普通卷积块来代替进行重构操作,表示为 Conv。模型如图 7-11(a)所示。此外,在保持模型其他模块不变的情况下,去除 DRM 模块,表示为 w/o DRM,模型如图 7-11(b)所示。表 7-4 所示为消融实验的结果,评估指标的最佳平均值以粗体标出。可以看出在 3 个数据集上,本模型都显示出比其他模型更令人满意的结果。在 CT-MRI 和 PET-MRI 数据集上,5 个指标都达到了最优值,这表明本小节提出的跨模态并行注意力模块与简单的融合策略相比更有效,细节保留模块中 Sobel 算子和拉普拉斯算子提高了图像的对比度和清晰度。虽然在 SPECT-MRI 数据集上没有取得同样令人满意的结果,但足以证明提出的模块是有效的。

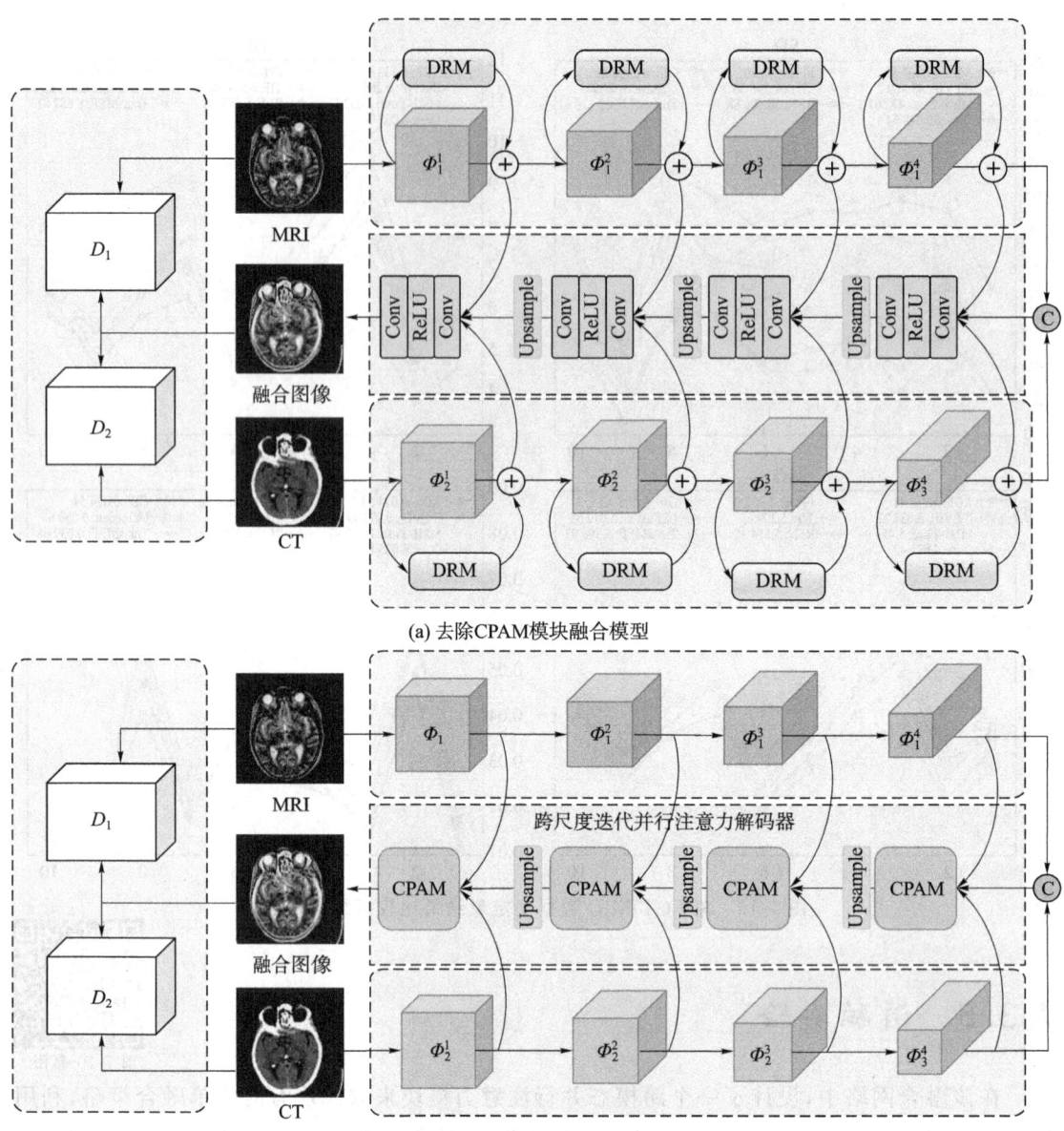

(a) 去除CPAM模块融合模型

(b) 去除DRM模块的融合模型

图 7-11　消融实验融合模型

表 7-4　消融实验客观评价指标结果

融合任务	融合模型	指标							
		EI	SF	Q_{abf}	VIF	SD	DF	AG	VIFF
CT-MRI	Conv	83.718	34.473	0.072	**0.172**	82.493	9.744	8.227	**0.069 3**
	w/o DRM	79.474	33.056	0.070	0.156	77.091	9.391	7.859	0.065 6
	CSIAFuse	**87.683**	**36.121**	**0.076**	0.137	67.537	**10.448**	**8.702**	0.057
PET-MRI	Conv	114.810	**40.881**	0.286	**0.496**	88.458	12.912	10.483	0.123 9
	w/o DRM	115.297	40.487	0.287	0.493	**89.418**	13.754	11.390	0.125 5
	CSIAFuse	**117.095**	37.451	**0.288**	0.470	85.072	**14.701**	**11.617**	**0.264**

续表

融合任务	融合模型	指标							
		EI	SF	Q_{abf}	VIF	SD	DF	AG	VIFF
SPECT-MRI	Conv	60.964	17.530	0.059	**0.091**	53.139	7.477	6.049	0.033 1
	w/o DRM	**64.447**	**18.724**	0.057	0.090	52.133	7.009	6.229	**0.034 7**
	CSIAFuse	63.477	18.553	**0.061**	0.088	**54.248**	**7.907**	**6.345**	0.034

7.4 本章小结

在本章的研究中,引入了一种简单而高效的基于端到端的图像融合方法,称为跨尺度迭代注意力生成对抗网络。在特征提取过程中通过细节保留模块,利用Sobel算子和拉普拉斯算子有效增强边缘和细节特征。提出了一种跨模态并行注意力集成模块,利用并行的通道注意力和空间注意力路径更好地理解图像的语义信息。同时,构建了一个跨尺度迭代解码器框架,将不同模态的多尺度特征交互融合。此外,采用双鉴别器与生成器建立更加平衡的对抗训练机制。在3个多模态医学数据集上进行了大量实验,并与9个先进的融合方法进行了比较。实验结果表明,提出的CSIAFuse方法在图像融合性能和泛化能力方面均取得了显著优势。

本章参考文献

[1] Arjovsky M, Chintala S, Bottou L. Wasserstein generative adversarial networks [C]. International Conference on Machine Learning, 2017: 214-223.

[2] Wang Z, Shao W, Chen Y, et al. A Cross-scale iterative attentional adversarial fusion network for infrared and visible images [J]. IEEE Transactions on Circuits and Systems for Video Technology, 2023.

[3] Wang Z, Shao W, Chen Y, et al. A Cross-scale iterative attentional adversarial fusion network for infrared and visible images [J]. IEEE Transactions on Circuits and Systems for Video Technology, 2023.

[4] Bavirisetti D P, Dhuli R. Fusion of infrared and visible sensor images based on anisotropic diffusion and karhunen-loeve transform [J]. IEEE Sensors Journal, 2015, 16(1): 203-209.

[5] Bavirisetti D P. Multi-sensor image fusion based on fourth order partial differential equations [C]. 2017 20th International Conference on Information Fusion (Fusion), 2017: 1-9.

[6] Ma J, Chen C, Li C, et al. Infrared and visible image fusion via gradient transfer and total variation minimization [J]. Information Fusion, 2016(31): 100-109.

[7] Zhang Y,Zhang L,Bai X,et al. Infrared and visual image fusion through infrared feature extraction and visual information preservation [J].Infrared Physics & Technology,2017(83):227-237.

[8] Dhuli,Ravindra,Bavirisetti,et al. Two-scale image fusion of visible and infrared images using saliency detection [J].Infrared Physics and Technology,2016(76):52-64.

[9] Xu H,Ma J,Jiang J,et al. U2Fusion:A unified unsupervised image fusion network [J].IEEE Transactions on Pattern Analysis and Machine Intelligence,2020,44(1):502-518.

[10] Hui L A,Xjw A,Jk B. RFN-Nest:An end-to-end residual fusion network for infrared and visible images [J].Information Fusion,2021(73):72-86.

[11] Shi Z,Zhang C,Qin P,et al. MMI-Fuse:Multimodal medical image fusion with multi-attention module [J].Social Science Electronic Publishing,2022.

[12] Qu L,Liu S,Wang M,et al. TransMEF:A transformer-based multi-exposure image fusion framework using self-supervised multi-task learning [C].Proceedings of the AAAI Conference on Artificial Intelligence,2021:2126-2134.

[13] Xydeas C S,V P V. Objective image fusion performance measure [J].Military Technical Courier,2000,56(4):181-193.

[14] Eskicioglu A M,Fisher P S. Image quality measures and their performance [J].IEEE Trans Commun,1995,43(12):2959-2965.

[15] Han Y,Cai Y,Cao Y,et al. A new image fusion performance metric based on visual information fidelity [J].Information Fusion,2013,14(2):127-135.

[16] Wang H,Zhong W,Wang J. Research of measurement for digital image definition [J].Journal of Image and Graphics,2004,9(7):828-831.

[17] Rao Y J. In-fibre Bragg grating sensors [J].Measurement Science & Technology,1997,8(4):355.

[18] Cui G,Feng H,Xu Z,et al. Detail preserved fusion of visible and infrared images using regional saliency extraction and multi-scale image decomposition [J].Optics Communications,2015(341):199-209.

[19] Han Y,Cai Y,Cao Y,et al. A new image fusion performance metric based on visual information fidelity [J].Information Fusion,2013,14(2):127-135.

第 8 章
基于显著性引导跨域聚合网络的多模态医学图像融合方法

8.1 引言

现有的多模态医学图像融合方法大多利用卷积神经网络强大的局部特征提取能力,但忽略了全局关系的建模。有人提出了基于 Transformer 的方法来解决这一问题,但 Transformer 模型的计算成本很高。将这两种方法结合起来并加以改进,以获得效率和性能兼顾的网络,是一个很有前景的想法。此外,不同的图像融合算法对细节信息的保留和对比度的维持有不同的效果,某些算法可能更倾向于保留高频细节,而有些算法可能更倾向于平滑图像以提高对比度,不适当的算法可能会导致信息丢失。因此,本章提出了一种基于显著性引导跨域聚合网络(SCAN)的多模态医学图像融合方法。具体来说,融合网络由编码器、融合模块和解码器组成。其中,在编码器中提出了嵌套金字塔残差注意力模块,利用不同扩张率的扩张卷积提取不同层次的局部特征,同时利用嵌套残差注意力自适应地调整特征权重,使模型能够更准确地集中于重要特征和上下文信息,进一步增强特征表示。此外,在特征重构过程中设计了显著性引导的双重注意力模块,并将其嵌入解码器中,以增强被弱化的特征和减轻融合过程中细节信息的损失和对比度的降低,使融合结果保留更多的细节信息和提高模型的建模能力。此外,感知损失网络利用预训练 VGG-16 网络各层的特征,计算不同模态医学图像与融合结果之间的 L_2 损失,提高模型的感知能力,以生成更加自然的融合图像。在 3 个多模态脑医学数据集上进行的大量实验表明,提出的 SCAN 模型在主观视觉描述和客观度量评估方面都领先于其他先进的方法,具有卓越的融合性能和泛化能力。

本章主要贡献如下:

(1) 提出了一种显著性引导的跨域聚合网络,将 CNN 和 Transformer 两种模型优点结合起来获得效率和性能兼顾的网络。

（2）引入了嵌套金字塔残差注意力模块，在提取局部特征的同时感知全局特征，从而增强对图像结构和上下文关系的全面理解。

（3）提出了一种显著性引导的双重注意力模块，减轻了融合过程中信息的损失和对比度的降低，保留了关键信息并提高了模型的泛化能力。

（4）在 3 个医学数据集上进行了广泛的实验，并通过与其他典型的医学图像融合方法进行定性和定量比较，证明了此方法的优越性。

8.2　方法

在本节中，首先，将问题进行了公式化。其次，详细介绍整个网络的组成部分，包括编码器、融合模块和解码器。最后，介绍了模型的损失函数。此外，如果输入是 RGB 图像，则需要先将其转换为 YCbCr 色彩通道。转换方法与 7.2.1 节相同，本章不再叙述。

8.2.1　问题公式化

算法 1：SCAN 融合网络的总体描述。
输入：原始图像 I_A 和 I_B。
输出：融合图像 I_F。
训练阶段：
步骤 1：将训练集中的初始图像 I_A 和 I_B（如果输入的是 PET/SPECT 图像，则先将 RGB 图像转换为 YCbCr 空间，然后将 Y 通道与 MRI 图像融合）成对输入到融合网络中，经过 4 个嵌套金字塔残差注意力模块后得到多尺度特征 $\Phi_F^L (L=1,2,3,4)$。
步骤 2：将最后一层得到的特征送入 Transformer 融合模块，得到融合特征 f。
步骤 3：在解码器中，将获得的融合特征图依次向上采样，以获得相应尺度的特征 $f_L (L=1,2,3,4)$，并与编码器对应尺度特征进行加法运算。
步骤 4：不同尺度的特征经过显著性引导的双重注意力模块上采样后依次相加求和，最后经过卷积层整合特征得到最终的融合图像 I_F。
步骤 5：在此过程中，利用变形 SSIM 损失和感知损失来优化网络。当训练达到 100 轮时，结束训练得到最终的融合模型。

测试阶段：将已对齐的两幅原始图像输入训练好的生成融合模型进行测试，得到融合图像。

SCAN 融合网络的算法结构如算法 1 所示。$I_A \in R^{H \times W \times C_1}$ 和 $I_B \in R^{H \times W \times C_2}$ 表示输入图像 MRI 图像（$C_1=1$）和 CT/PET/SPECT 图像（$C_2=1$ 或 3），$I_F \in R^{H \times W \times C_2}$ 表示融合图像（通道数与 I_B 图像保持一致）。H、W 和 C 分别表示图像的长度、宽度和通道数。融合网络旨在通过 I_A 和 I_B 聚合成包含丰富跨域信息的融合图像。首先将两幅源图像级联经过一个卷积块和嵌套金字塔残差注意力模块（NPRA）得到第一层特征 Φ_F^1，然后将特征下采样，作为下一个 NPRA 模块的输入，依次得到下一层尺度特征 $\Phi_F^L (L=1,2,3,4)$。过程表达如下：

$$\Phi_F^1 = \text{NPRA}(\text{Conv}(I_A, I_B)) \tag{8-1}$$

$$\Phi_F^{L+1}=\text{NPRA}(\text{down}(\Phi_F^L)) \tag{8-2}$$

式中，Conv(·)和NPRA(·)表示卷积操作和嵌套金字塔残差注意力模块，down(·)表示下采样操作。

然后，提取的最后一层深度特征 Φ_F^4 被输送到Transformer融合模块，该模块依次经过空间Transformer和通道Transformer对特征进行融合。计算表达如下：

$$f=C\_\text{Trans}(S\_\text{Trans}(\Phi_F^4)) \tag{8-3}$$

式中，$S\_\text{Trans}(\cdot)$ 和 $C\_\text{Trans}(\cdot)$ 分别表示空间Transformer和通道Transformer融合模块。

融合后的特征被上采样至编码器特征的相应尺度特征 $f_L(L=1,2,3,4)$，然后与编码器对应多尺度特征相加经过显著性引导的双重注意力模块得到多尺度重构特征，然后将不同尺度的重构特征上采样到原始图像大小再经过一个卷积块得到最终的融合图像 I_F。表达式如下：

$$I_F=\text{Conv}\left(\sum_{L=2}^{4}\text{up}(\text{SGDA}(f_L\oplus\Phi_F^L))+\text{SGDA}(f_1\oplus\Phi_F^1)\right) \tag{8-4}$$

式中，$\oplus$ 表示逐元素相加操作，up(·)表示上采样操作，需要将相加后的特征图上采样到原始图像大小，SGDA(·)表示显著性引导的双重注意模块。

8.2.2 网络框架

如图 8-1 所示，融合网络框架由 3 个部分组成：多尺度特征提取编码器、基于混合 Transformer 的融合模块和基于显著性引导的双重注意力解码器。

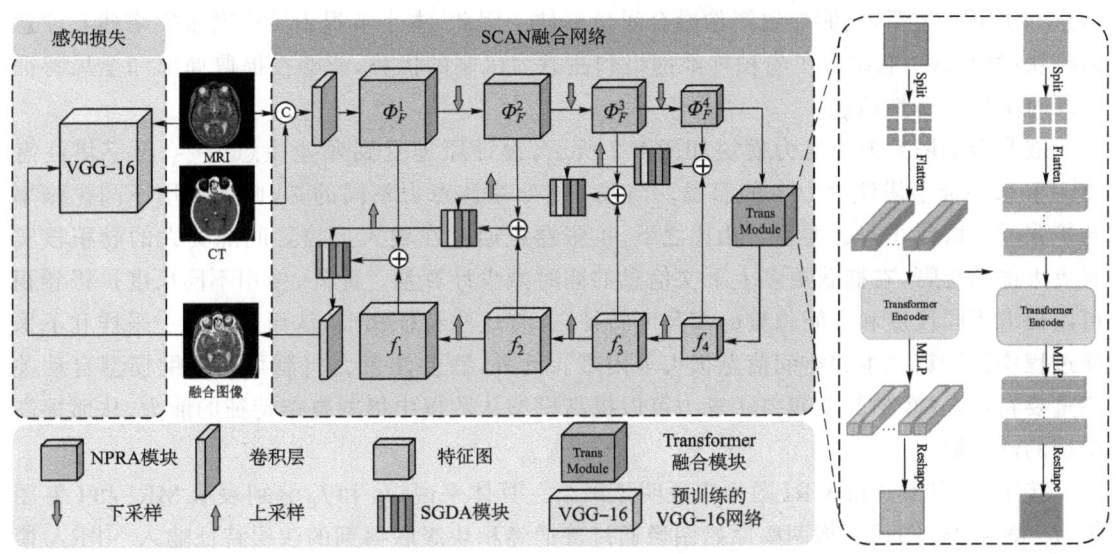

图 8-1 SCAN 融合网络框架

图 8-1 彩图

在编码器部分，两幅不同模态的源图像首先在通道维度上进行级联，然后通过 4 个嵌套金字塔残差注意力（NPRA）模块和下采样操作提取多尺度特征 $\Phi_L(L=1,2,3,4)$。NPRA 模块结合了 CNN 和注意力机制的优点，可在源图像提取不同尺度的局部和全局信息的同时关注重要信息。

从最后一层 NPRA 模块提取的特征被送入 Transformer 融合模块。受 TGFuse[1] 的启发，本方法采用了其中的混合 Transformer 融合模块，包括两个部分：空间 Transformer 和通道 Transformer。其结构如图 8-1 所示。空间 Transformer 的结构与 ViT[2] 的前半部分基本相同，但取消了位置嵌入。这是因为在图像生成任务中，位置嵌入不需要提供类别信息，这也使得输入图像的大小更加灵活，而且实验也证明该操作合理有效。具体来说，首先将图像分割成小块，并将其化为矢量，然后通过 MLP 降维并输入 Transformer，再进行维度恢复，从而重建图像。通道 Transformer 与空间 Transformer 过程类似，但输入编码器的标记数由图像分割数改为图像通道数，取消了位置嵌入，并沿通道维度进行拉伸。将这两种 Transformer 模式结合到一个 Transformer 融合模块中，融合模型就能同时学习具有全局相关性的空间关系和通道关系。TGFuse 通过实验证明，依次使用通道 Transformer 和空间 Transformer 能取得更好的效果。

融合后的特征被上采样到与编码器特征尺度相对应的特征，然后并与之相加。之后，再经过显著性引导的双重注意力模块得到增强特征。最后，将这些增强特征上采样至原始图像尺度相加整合得到初始融合结果。

8.2.3 嵌套金字塔残差注意力模块

传统的 CNN 网络通过卷积运算提取特征，而每个卷积只能感知一定范围内的局部特征。因此，如果两幅图像中对应区域之间存在远距离依赖关系，这种依赖关系可能无法被有效捕捉。另外，CNN 网络提取的是局部特征而非全局信息，这意味着可能会丢失一些全局信息和上下文关系，从而导致图像融合质量不佳。因此，本小节提出了嵌套金字塔残差注意力模块（NPRA），它结合了卷积神经网络和注意力机制的优势，能够在提取局部和全局特征的同时关注显著性信息。

嵌套金字塔残差注意力模块如图 8-2 所示，设计原理受到残差注意力[3]、金字塔注意力[4] 和残差金字塔注意力[5] 的启发。与残差金字塔注意力不同的是，此模块用不同扩张率的扩张卷积取代了普通卷积。相比之下，扩张卷积通过在输入上放置间隔更大的卷积核实现更大的感受野，在捕获更多上下文信息的同时减少计算量。此外，使用不同尺度扩张卷积可以提取不同尺度和空间位置的多尺度特征，并将这些特征相加，从而避免了上采样和下采样过程中的计算成本和空间信息损失等困难。此外，残差注意力机制可以帮助模型自动关注重要特征，嵌套的两个残差注意力可以提高模型从数据中提取复杂特征的能力，从而提高模型的泛化能力。

接下来，以 CT 和 MRI 图像来说明该网络。具体来说，I_A 和 I_B 分别表示 MRI 和 CT 图像，I_F 表示融合图像。将两幅原始图像通过普通卷积块级联得到的浅层特征输入 NPRA 模块。其中，浅层综合特征 Φ_S 由一个扩张率为 3 的扩张卷积层获得，然后通过 3 个不同数量和不同扩张率的扩张卷积层同时提取多尺度细节局部特征，之后将各层特征级联，记为 Φ_{Loc}。同时，残差注意力利用自动学习生成的重要特征注意图与多尺度特征进行整合。具体来说，先对浅层综合特征依次进行下采样和上采样，然后通过 ReLU 激活函数，将得到的特征与级联的多尺度特征相乘，再与浅层特征相加，得到内残差注意力特征 Φ_{I-G}。为了提高显著性特征的表达能力，用同样的方法得到外残差注意力的最终特征 Φ_{O-G}，它包含了不

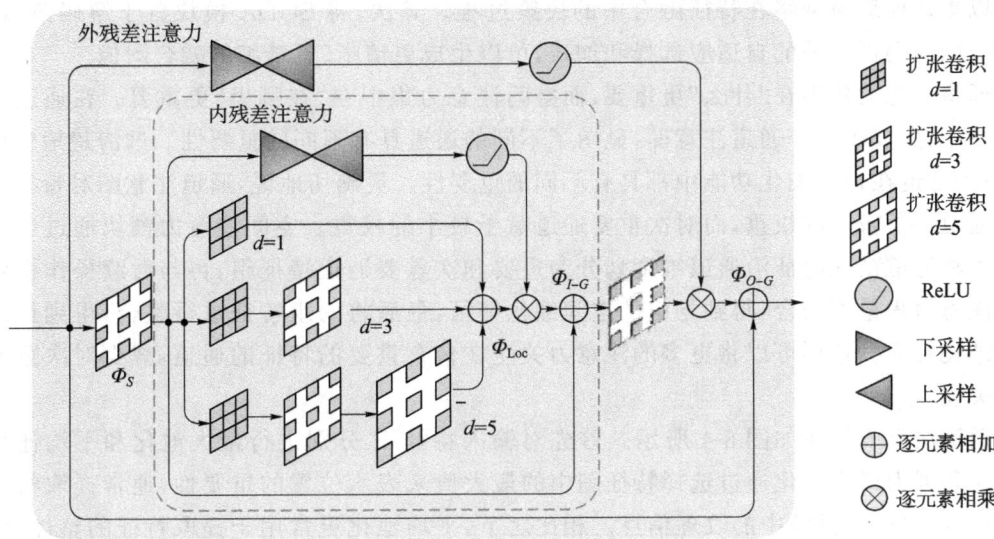

图 8-2 嵌套金字塔残差注意力模块

同尺度和空间位置的多尺度局部特征，以及具有复杂背景和上下文关系的全局特征。计算表达式如下：

$$\Phi_S = \text{Conv}_{d=3}(\text{Conv}(I_A \oplus I_B)) \tag{8-5}$$

$$\Phi_{\text{Loc}} = \text{Conv}_{d=1}(\Phi_S) + \text{Conv}_{d=3}(\text{Conv}_{d=1}(\Phi_S)) + \text{Conv}_{d=5}(\text{Conv}_{d=3}(\text{Conv}_{d=1}(\Phi_S))) \tag{8-6}$$

$$\Phi_{I-G} = \Phi_S + \sigma(\text{up}(\text{down}(\Phi_S))) * \Phi_{\text{Loc}} \tag{8-7}$$

$$\Phi_{O-G} = \Phi_F^1 = \text{down}(\Phi + \sigma(\text{up}(\text{down}(\Phi))) * \text{Conv}(\Phi_{I-G})) \tag{8-8}$$

式中，$\text{Conv}_{d=i}(\cdot)(i=1,3,5)$ 表示扩张率为 i 的扩张卷积操作。共执行 4 个 NPRA 模块和 3 次下采样操作，以获得不同尺度的提取特征，即 $\Phi_F^L(L=1,2,3,4)$。

8.2.4 显著性引导的双重注意力模块

受 HAM[6] 的启发，此模块在继承该模块的基础上做了进一步改进，构建了显著性引导的双重注意力（SGDA）模块，其结构如图 8-3 所示。首先，为了更合理地分配特征的权重，避免权重之和超过 1 以及梯度爆炸或消失的问题，该模块用 Softmax 函数改进了平均池化和最大池化特征中的自适应机制，该函数计算的是概率值，得到的权重值更具可解释性，从

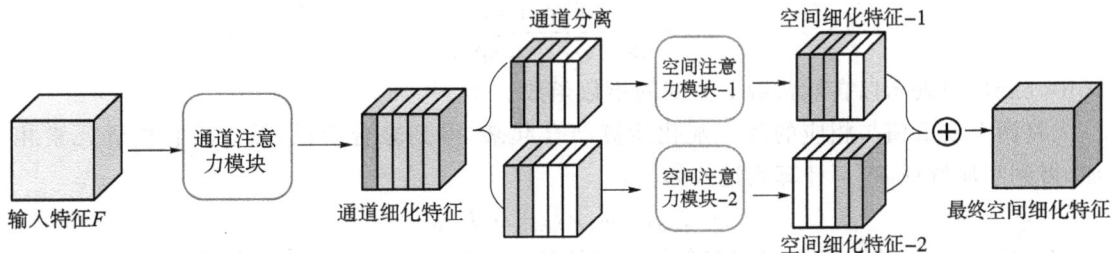

图 8-3 显著性引导的双注意力模块结构

而可以更好地理解网络在特征融合中的决策过程。其次,将 SGDA 模块置于解码阶段,通过对不同编码器特征的自适应选择和加权,可以生成更清晰、更精细的融合图像。

通道注意力集中在"什么"更重要,而空间注意力集中在"在哪里"更重要。在通道注意力模块中,生成了一个通道注意图,显示了不同的通道具有不同的重要性。这清楚地告诉我们,每个通道在通道细化功能中都具有不同的重要性。更确切地说,通道注意图对特征图的重要通道赋予较大的权重,而对次重要通道赋予较小的权重。空间注意力模块通过通道分离技术将通道精化特征沿通道维度划分为重要和次重要通道特征组,再与后续操作得到的空间注意力张量相结合,得到相应的空间细化特征,最后将两组特征进行整合,得到最终的空间细化特征。这样可以将更多的注意力关注在包含重要的特征的通道,减少对次重要特征的关注。

通道注意力模块如图 8-4 所示。首先对输入特征 F 分别进行最大池化和平均池化操作。这是因为最大池化通过选择特征图中的最大值来表示位置的重要性,通常提取特征中最重要的部分,如图像中的纹理信息。相比之下,平均池化更常用于提取特征的整体分布,通过计算特征图的平均值来表示该位置的重要性,强调特征图中对整体任务有用的特征。然后,经过一个共享卷积层包含两个卷积层和一个 PReLU 激活函数层,输出特征向量用 F_{AP} 和 F_{MP} 表示。表示如下:

$$F_{AP} = \text{Conv}(\sigma(\text{Conv}(AP(F)))) \tag{8-9}$$

$$F_{MP} = \text{Conv}(\sigma(\text{Conv}(MP(F)))) \tag{8-10}$$

式中,AF(·)和 MF(·)分别表示平均池化和最大池化操作,σ 表示 PReLU 激活函数。

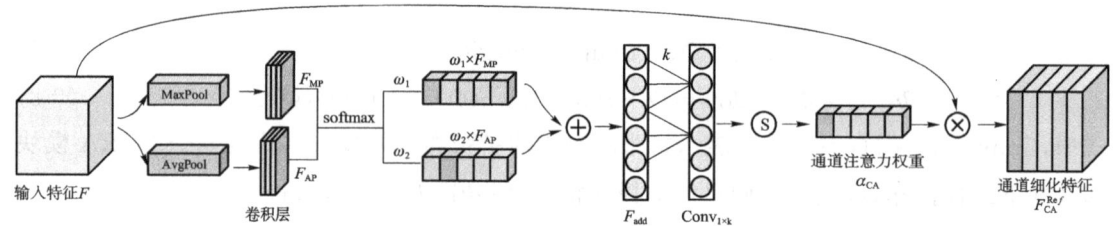

图 8-4 通道注意力模块

平均池化和最大池化特征在图像特征提取的不同阶段起着不同的作用,它们不应该被加权为相同,因此,我们设置了两个自适应训练参数,并通过 Softmax 函数分配权重 w_1 和 w_2,以提高模型对输入数据的理解和判断能力,使模型更具有通用性。Softmax 公式如下:

$$\omega_1 = \frac{\exp(w_1)}{\exp(w_1) + \exp(w_2)} \tag{8-11}$$

$$\omega_2 = \frac{\exp(w_2)}{\exp(w_1) + \exp(w_2)} \tag{8-12}$$

式中,exp(·)表示以自然常数 e 为底的指数函数。

将两个权重值与相应的两个池化运算结合起来,得到聚合特征,然后将它们逐元素相加,得到相加特征 F_{add},计算表达式如下:

$$F_{add} = \omega_1 F_{AP} + \omega_2 F_{MP} \tag{8-13}$$

然后,通过快速一维卷积实现各通道间的信息交互,由 HAM[70] 中定义,卷积具有自适应内核大小 k,其大小由通道数 C 决定:

$$k = \left| \frac{\log_2(C)}{\varepsilon} + \frac{A}{\varepsilon} \right|_{odd} \tag{8-14}$$

式中，$|\cdot|_{odd}$ 表示最接近的奇数，ε 和 A 是参数，值分别为 2 和 1。

之后，Sigmoid 激活函数与原始输入特征共同作用，得到如下的通道注意力权重 α_{CA}，表达式如下：

$$\alpha_{CA} = \delta(\text{Conv}_{1 \times k}(F_{add})) \tag{8-15}$$

式中，$\text{Conv}_{1 \times k}$ 表示卷积核大小为 k 的一维卷积运算，δ 表示 Sigmoid 函数。

最终得到的通道细化特征 F_{CA}^{Ref} 将作为下面空间注意力模块的输入。

$$F_{CA}^{Ref} = F \otimes \alpha_{CA} \tag{8-16}$$

空间注意力模块的框架如图 8-5 所示。在图像融合任务中，重要特征代表图像纹理、颜色等信息；次重要特征则表示图像中不那么重要但仍有贡献的部分，如背景、边缘等。由于每个通道都有其独特的重要性，这可以通过权重值反映出来。因此，在空间注意力模块中，沿通道轴将通道细化特征划分成两组，即重要通道组和次重要通道组。这样可以使模型更加关注图像中的重要区域，减少无关区域的干扰，从而更准确地捕捉相关细节信息。此外，还可以降低模型的复杂度，减少计算成本和存储空间需求，进一步提高效率。

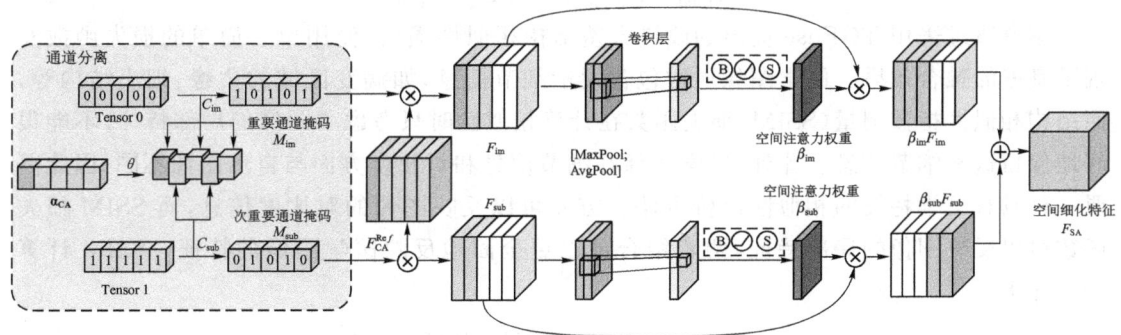

图 8-5 空间注意力模块的框架

首先，通过通道分离技术将通道特征分为重要和次重要特征两组。通道分离过程如图 8-5 所示。具体来说，设定一个分离率参数 θ 作为分离通道的界限，用通道细化特征的通道维数乘以 θ，得到重要特征通道数 C_{im}，再从通道总数中减去重要通道数，得到次重要通道数 C_{sub}。表示如式(8.17)和式(8.18)所示。此外，为了标记重要通道和次重要通道，设置了两个与通道注意力权重图形状相同的张量掩码，张量的赋值分别为 0 和 1。然后，根据分离出的两组通道，在张量为 0 的掩码上将重要通道位置的值标记为 1，其他位置仍为 0，得到重要通道掩码 M_{im}；在张量为 1 的掩码上将重要通道位置的值标记为 0，其他位置仍为 1，得到次重要通道掩码 M_{sub}。然后将这两个掩码与通道细化特征相乘，自然分为重要特征 F_{im} 和次重要特征 F_{sub}。计算表达式如下：

$$C_{im} = |C_{CA} \cdot \theta|_{even} \tag{8-17}$$

$$C_{sub} = C - C_{im} \tag{8-18}$$

$$F_{im} = M_{im} \cdot F_{CA}^{Ref} \tag{8-19}$$

$$F_{sub} = M_{sub} \cdot F_{CA}^{Ref} \tag{8-20}$$

式中，C_{CA} 表示通道细化特征的通道维度，$|\cdot|_{even}$ 中的 even 表示最接近的偶数。

其次，与通道注意力操作类似，对 F_{im} 和 F_{sub} 沿通道轴进行平均和最大池化操作，然后通过卷积层生成相应的特征图。然后，通过一系列非线性运算得到空间注意力权重，数学表达式如下：

$$\beta_{\text{im}} = \Phi(\text{Conv}_{7\times7}(\text{AP}(F_{\text{im}}) \oplus \text{MP}(F_{\text{im}}))) \tag{8-21}$$

$$\beta_{\text{sub}} = \Phi(\text{Conv}_{7\times7}(\text{AP}(F_{\text{sub}}) \oplus \text{MP}(F_{\text{sub}}))) \tag{8-22}$$

式中，$\oplus$ 表示相加操作，Φ 表示包含归一化、ReLU 激活函数和 Sigmoid 函数的非线性操作。

最后，将空间注意力权重与相应的特征图相乘并求和，得到最终的空间细化特征 F_{SA}。

$$F_{\text{SA}} = \beta_{\text{im}} F_{\text{im}} + \beta_{\text{sub}} F_{\text{sub}} \tag{8-23}$$

8.2.5 损失函数

在图像融合过程中，不仅要考虑像素级的一致性，还将感知损失纳入优化目标。这样，使获得的融合图像进一步符合人类的视觉感知，从而提高诊断和分析的准确性。总损失函数由方差结构相似性损失（$L_{\text{SSIM\_Var}}$）和感知损失（$L_{\text{perceptual}}$）组成，如式（8-24）表示，λ 用于平衡两个损失函数值。

$$L_{\text{total}} = L_{\text{SSIM\_Var}} + \lambda L_{\text{perceptual}} \tag{8-24}$$

本章通过采用 TGFuse 提出的改进方差结构相似性损失，使用单一简单的损失函数实现了良好的融合效果。医学图像通常包含大量细节信息，如病变区域的边缘、细小结构等，而结构相似性指数测量（SSIM）损失函数在计算相似性时只考虑了图像的局部特征，不能很好地保留这些细节信息。此外，医学图像在细节信息和对比度方面与自然图像不同，因此需要一种具有医学特征的相似性评价方法。方差可以反映图像的对比度信息，而 SSIM 损失函数可以反映图像的局部特征，两者结合可以更全面地反映医学图像的特征。SSIM 计算公式如下：

$$\text{SSIM}(A,B) = \frac{(2\mu_A \mu_B + C_1)(2\sigma_{AB} + C_2)}{(\mu_A^2 + \mu_B^2 + C_1)(\sigma_A^2 + \sigma_B^2 + C_2)} \tag{8-25}$$

式中，A 和 B 表示两幅图像。μ 和 σ 分别代表平均值和标准偏差，σ_{AB} 表示 A 和 B 之间的协方差，C_1 和 C_2 是稳定系数。

方差公式如下所示：

$$\sigma^2(I) = \frac{\sum_{m=0}^{X-1} \sum_{n=0}^{Y-1} [I(m,n) - \mu]^2}{XY} \tag{8-26}$$

式中，X 和 Y 表示图像的长度和宽度，μ 表示整个图像的平均值，(m,n) 表示图像的每个像素点。

此外，将图像分割成固定的小块，通过滑动窗口计算每块对应的损失函数。一方面，局部损失函数可以增强模型对细节信息的学习能力。另一方面，直接对大尺寸图像进行全局处理可能会导致计算量过大，而通过滑动窗口计算局部损失函数可以有效减少计算量，提高计算效率。方差结构相似度 SSIM_Var 和 $L_{\text{SSIM\_Var}}$ 的计算公式如下所示：

$$\text{SSIM\_Var}(I_A, I_B, I_F | P) = \begin{cases} \text{SSIM}(I_A, I_F), & \text{if } \sigma^2(A) > \sigma^2(B) \\ \text{SSIM}(I_B, I_F), & \text{if } \sigma^2(B) >= \sigma^2(A) \end{cases} \tag{8-27}$$

$$L_{\text{SSIM\_Var}} = 1 - \frac{1}{N} \sum_{P=1}^{N} \text{SSIM\_Var}(I_A, I_B, I_F \mid P) \qquad (8\text{-}28)$$

式中,I_A 和 I_B 分别表示两幅源图像。P 是分割图像块的数量,大小设为 11×11,σ^2 是图像的方差。

感知损失网络结构如图 8-6 所示。使用预先训练好的 VGG-16 网络,该网络已经学习了深度特征表示,可以更好地评估合成图像和真实图像之间的相似性。根据下采样的数量将 VGG-16 网络分为 4 层,每一层代表不同的特征深度和特征形状,随着层数的加深,提取的特征会变得更加抽象。受 Johnson 等[7]的启发,使用浅层特征构建特征重建损失往往会生成与目标相似的图像。当使用较高层次的特征进行重建时,图像内容和整体空间结构会得到保留。因此,VGG-16 网络中每一层提取的信息都会保留结构信息,如磁共振成像的纹理和精确形状。第三层深层信息的选择是为了捕捉图像中的高级特征,如抽象特征和语义信息。感知损失计算公式如下:

$$L_{\text{perceptual}} = \sum_j \frac{1}{C_j H_j W_j} \left\| \phi_j(I_F) - \phi_j(I_A) \right\|_2^2 + \frac{1}{C_3 H_3 W_3} \left\| \phi_3(I_F) - \phi_3(I_B) \right\|_2^2 \qquad (8\text{-}29)$$

式中,$\left\| \cdot \right\|_2^2$ 表示 L_2 范数,$\phi_j(x)$ 是形状为 $C_j \times H_j \times W_j (j=1,2,3,4)$ 的特征图。

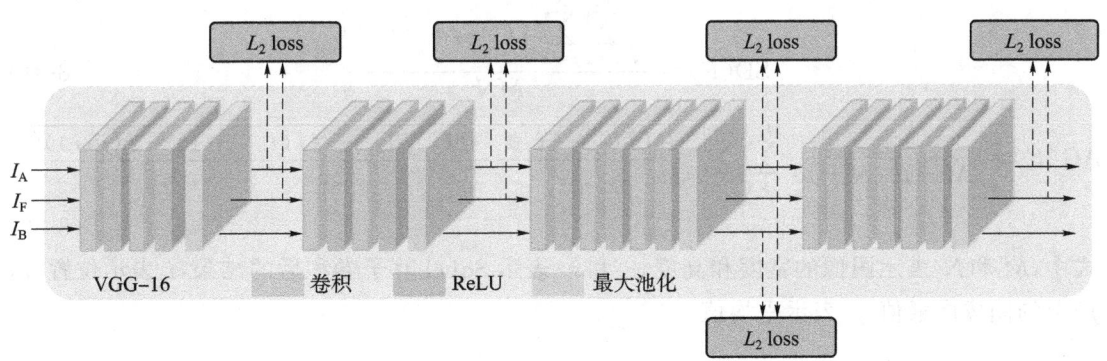

图 8-6 感知损失网络(VGG-16)结构

8.3 实验设计和结果分析

8.3.1 实验配置

在训练阶段,由于医学数据集中的图像数量较少,本方法使从 KAIST 数据集[133]中选取 40 000 对相应的红外和可见光图像,获得预训练模型。之后,从哈佛大学的 3 个医学数据集中收集了 3 个广泛使用的脑数据集进行训练,其中包括 184 对已对齐的 CT-MRI 图像、269 对 PET-MRI 图像以及 357 对 SPECT-MRI 图像,这些图像包含脑肿瘤和退行性脑疾病,如亨廷顿病、阿尔茨海默病和其他一些脑疾病。所有图像的大小均为 256×256 像素,

epoch 设置为 100，批量大小为 4。融合模型利用 Adam 优化器来优化网络参数，并将学习率设置为 0.000 1，分离率（θ）设置为 0.6。

在测试阶段，从 3 个训练集中各另外选择 10 对图像进行测试。为了客观公正地验证本方法的有效性，选择了 12 种有代表性的方法进行定性比较，即 ADF[8]、GTF[9]、TIF[10]、FPDE[11]、IFEVIP[12]、VSMWLS[13]、CNN[14]、U2Fusion[15]、RFN[16]、MMI-Fuse[17]、TransMEF[18] 和 CrossFuse[19]。

此外，本方法采用与 4.3.1 节相同的 8 个评价指标对融合结果进行了定量比较。EI 侧重于融合图像中的边缘信息，SF 衡量图像的细节程度和频率特性。Q_{abf} 根据图像计算梯度信息，对于捕捉图像中的边缘和纹理等细节非常重要。VIF 和 VIFF 反映了人类视觉对融合图像各方面的保持程度。DF 评估融合结果的细节清晰度和辨别度，SD 和 AG 衡量图像中像素值的变化程度，即图像中边缘和纹理的强度。以下给出了 EI[104]、SD[112] 和 AG[113] 指标的计算公式：

$$\mathrm{EI}(F) = \frac{\sqrt{\sum_{i=1}^{M}\sum_{j=1}^{N} s_x(i,j)^2 - s_y(i,j)^2}}{MN} \tag{8-30}$$

$$\mathrm{SD}(F) = \frac{\sqrt{\sum_{i=1}^{M}\sum_{j=1}^{N}(I(i,j)-\mu)^2}}{MN} \tag{8-31}$$

$$\mathrm{AG}(F) = \frac{1}{(M-1)(N-1)}\sum_{i=1}^{M-1}\sum_{j=1}^{N-1}\sqrt{\frac{((I(i+1,j)-I(i,j))^2+(I(i,j+1)-I(i,j))^2)}{2}} \tag{8-32}$$

式中，M 和 N 表示图像的宽度和高度，s_x 和 s_y 表示 Sobel 算子卷积后的结果，i 表示位置（i,j）上的图像像素值，μ 表示平均值。

8.3.2 CT-MRI 数据集实验结果

本方法在 CT-MRI 脑数据集上进行了实验和定性比较。CT 图像能清晰地显示头骨的形态和结构，而 MRI 图像则能清晰地显示软组织和脑组织的对比度，还能提供功能信息，如脑功能活动和连接模式，融合后的图像能提供有关大脑结构和病变的全面信息。CT-MRI 数据集定性结果对比图如图 8-7 所示，从图中可以看出，在 ADF、FPDE、U2Fusion 和 RFN 这 4 种方法中，CT 图像的亮度信息丢失严重。在 CrossFuse 方法中，虽然获得了大脑边缘的亮度信息，但几乎完全丢失了靶区位置的 CT 亮度信息。此外，IFEVIP 和 VSMWLS 提取了丰富的亮度信息，但 MRI 图像中的结构信息（如纹理细节）却模糊不清。此外，GTF、MMI-Fuse 和 TransMEF 都只是不充分地保留了两幅源图像的部分信息，并没有提取出完整的信息，因此无法获得良好的视觉感知。从主观结果来看，CNN 和提出的方法更胜一筹，成功保留并融合了 CT 图像中大脑皮层和头骨轮廓的结构信息以及 MRI 图像中脑组织的结构信息。不过，通过比较眼睛附近的边缘区域，可以看出本研究方法保留了更丰富、更全面的边缘信息。其中，为了更直观地进行比较，部分区域被放大并显示在底角。

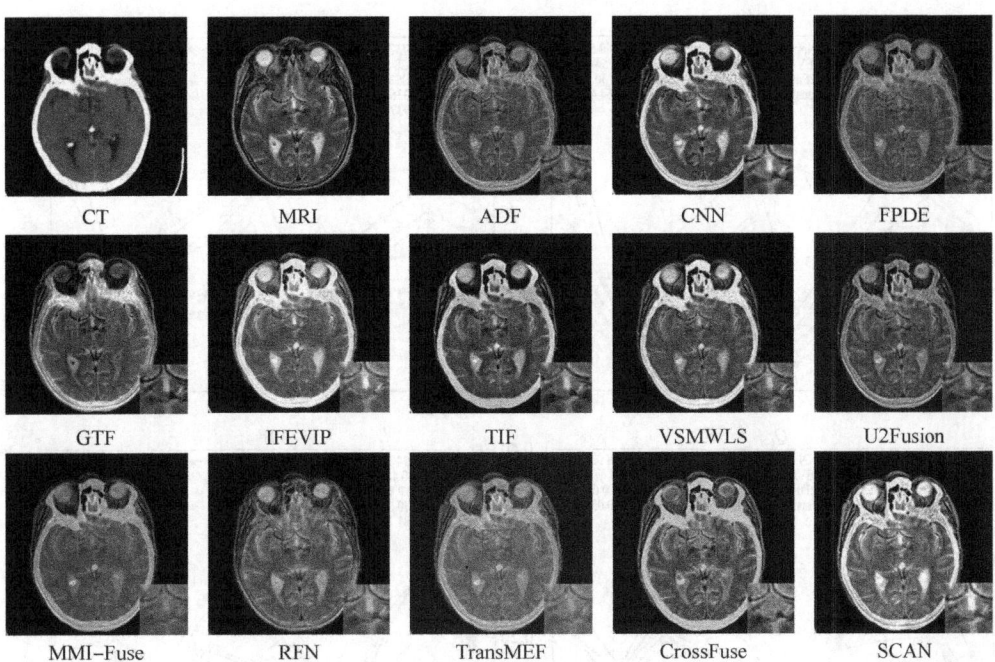

图 8-7　CT-MRI 数据集定性结果对比图

为了进一步直观的验证提出方法的有效性,对 CT 和 MRI 数据集中的 10 对测试图像与其他 12 种方法进行了定量比较。从表 8-1 和图 8-8 中可以看出,本方法在 EI、Q_{abf}、SD、DF、AG 和 VIFF 等 6 个指标上都名列前茅。最好的 EI 表示融合图像关注到更多边缘强度。同时,Q_{abf} 值第一说明融合图像的梯度信息更清晰、更明显。此外,最大 SD 值表示融合图像的灰度变化和对比度更丰富,能更好地显示图像中的细节信息。DF 最佳值反映了图像中细节的可视化程度较高,包括边缘、纹理、结构和其他重要特征的清晰度和可读性。同样,最大值 AG 指标描述了图像中边缘的强度和变化程度,而 VIFF 则从感知视觉特征方面衡量了融合图像的高质量。

表 8-1　CT-MRI 数据集评价指标量化结果(粗体:最优,下画线:次优)

融合模型	EI	SF	Q_{abf}	VIF	SD	DF	AG	VIFF
ADF	57.68	22.74	0.062 4	0.094	60.63	7.306	5.840	0.053 3
CNN	76.24	34.93	0.058 8	**0.203**	81.99	8.754	7.437	0.065 6
FPDE	53.57	20.67	0.059 0	0.094	60.41	6.569	5.379	0.053 8
GTF	55.49	20.13	0.064 8	0.14	78.67	6.539	5.464	0.064 4
IFEVIP	69.32	29.94	0.062 6	0.185	87.39	7.873	6.732	0.072 1
TIF	68.22	31.32	0.056 4	0.179	73.4	7.624	6.591	0.061 7
VSMWLS	75.85	**35.55**	0.058 1	0.193	82.39	9.101	7.526	0.063 8
U2Fusion	63.04	22.57	0.063 5	0.092	55.01	7.212	6.141	0.047 4
MMI-Fuse	50.15	22.71	0.046 9	0.124	68.42	5.668	4.866	0.059 5
RFN	46.95	15.34	0.054 0	0.071	53.17	5.482	4.602	0.043 3
TransMEF	44.23	13.69	0.048 9	0.091	60.02	4.814	4.232	0.054 7
CrossFuse	64.49	27.02	0.058 2	0.154	71.4	7.456	6.297	0.062 4
SCAN(Ours)	**85.59**	34.74	**0.073 0**	0.181	**87.49**	**9.921**	**8.421**	**0.072 3**

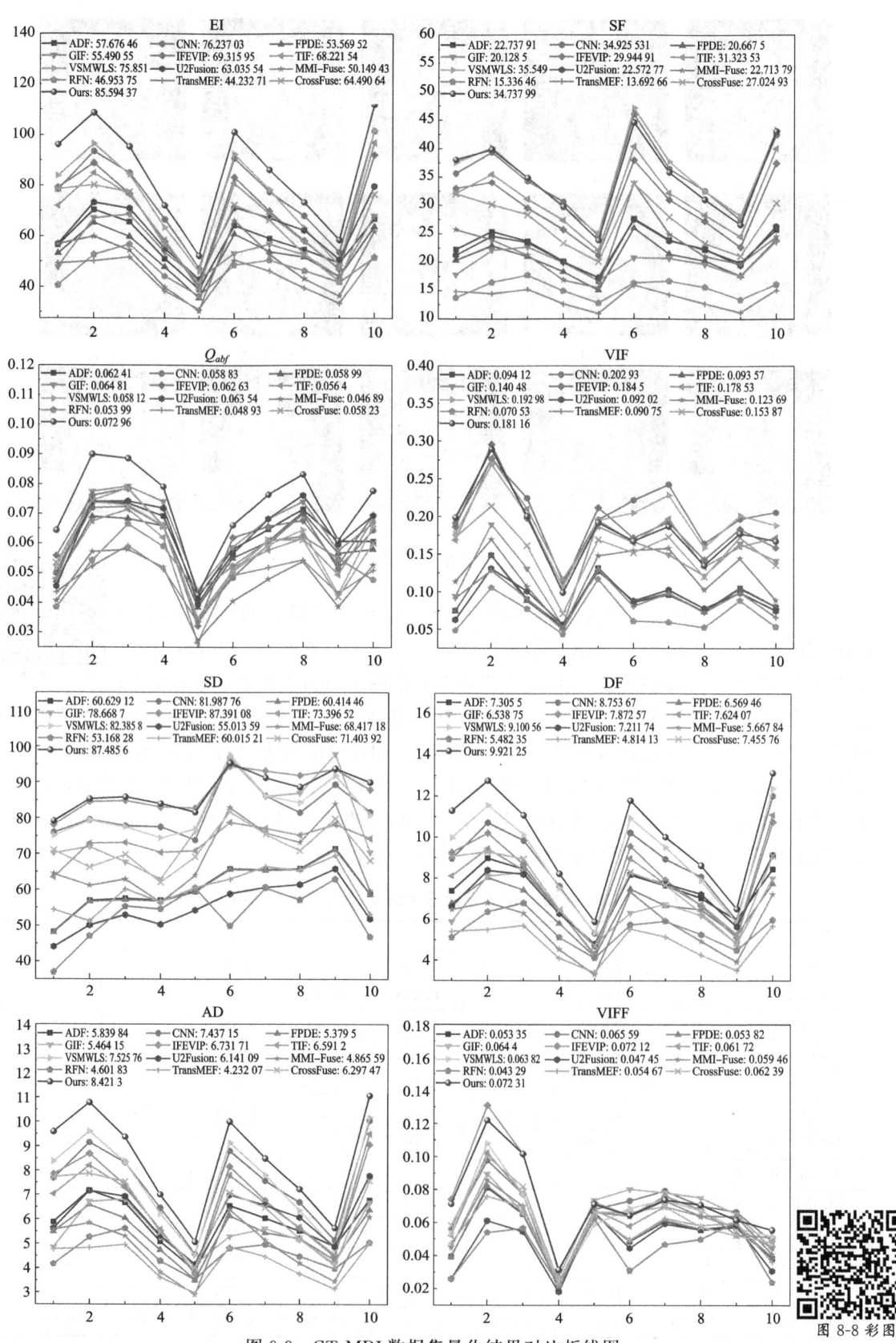

图 8-8 CT-MRI 数据集量化结果对比折线图

8.3.3 PET-MRI 数据集实验结果

在 PET 和 MRI 数据集上，将本章提出的方法的与其他广泛使用的建模方法进行了主观比较。大脑 PET 图像通过测量放射性标记的代谢活性物质（如葡萄糖）或放射性标记的靶向分子（如炎症标志物或感染标志物）在大脑中的分布，评估大脑不同区域的代谢活动水平，从而显示炎症或感染部位的位置和范围。MRI 图像可提供大脑结构的高分辨率图像，并能清晰显示大脑的不同解剖结构，如脑组织、皮层和脑室。PET 和 MRI 图像融合将 PET 图像的功能信息与 MRI 图像的解剖结构信息相结合，从而在一张图像上提供更全面的大脑信息。PET-MRI 数据集定性结果对比图如图 8-9 所示，虽然 ADF、U2Fusion 和 RFN 很好地保留了 PET 图像中表示代谢活动的伪彩色信息，但却丢失了 MRI 图像中颅骨边缘的亮度信息。此外，GTF 和 TIF 都出现了不同程度的伪影，IFEVIP 在 PET 图像色彩中出现曝光过度的问题。FPDE 和 TransMEF 图像在丢失 MRI 图像边缘亮度的同时，也丢失了 MRI 脑图像的部分纹理细节，而 CrossFuse 方法则严重破坏了 MRI 图像中的脑组织细节。相比之下，本章所提出的方法既保留了 PET 图像的伪彩色功能信息，又保持了脑结构的高分辨率纹理细节以及 MRI 图像的边缘结构和亮度信息。

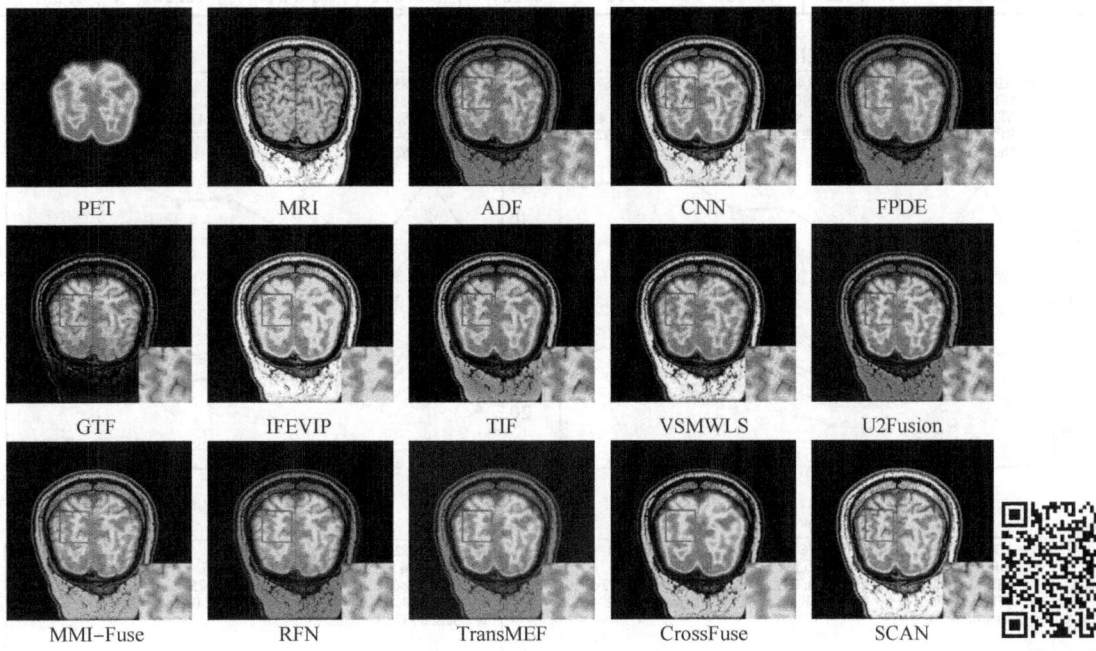

图 8-9 PET-MRI 数据集定性结果对比图

同样，本章所提出的方法还与其他先进方法进行了定量比较。如表 8-2 和图 8-10 所示，此方法在 6 个指标上都获得了最佳值：EI、SF、Q_{abf}、VIF、DF 和 AG。最大 EI 和 AG 均表明提出的融合方法成功地保留并增强了 PET 和 MRI 图像中的边缘信息，在融合图像中呈现出更清晰、更准确的边缘特征，可以帮助医生通过边缘强度更准确地识别和定位病变或其他重要结构。此外，最佳 SF 表示融合图像包含更多高频细节信息。最佳 Q_{abf} 值同样意味着融合图像质量较高，更接近原始 PET 和 MRI 图像。SD 值最大表示融合图像能更好地显示原始图像的细节信息和灰度变化。同样，最佳 VIF 和 DF 表明融合图像能更准确地重建原始 PET 和 MRI 图像的视觉特性，使融合图像在视觉上更接近原始图像，提供更可靠的信息。根据统计结果可知，所提出的方法在 PET-MRI 数据集取得了良好的融合性能。

表 8-2　PET-MRI 数据集评估指标量化结果

融合模型	EI	SF	Q_{abf}	VIF	SD	DF	AG	VIFF
ADF	79.763	24.853	0.200	0.282	69.604	10.782	8.176	0.238
CNN	108.466	35.888	0.267	0.474	84.806	13.632	10.804	0.276
FPDE	74.702	22.744	0.194	0.284	69.586	9.700	7.551	0.242
GTF	79.161	26.855	0.184	0.295	68.336	10.045	7.966	0.207
IFEVIP	110.352	37.425	0.262	0.501	96.833	13.789	10.963	0.296
TIF	99.192	32.882	0.242	0.482	78.388	11.906	9.727	0.271
VSMWLS	110.610	38.952	0.246	0.429	82.646	14.867	11.284	0.253
U2Fusion	86.496	25.306	0.207	0.361	70.584	10.275	8.378	0.244
MMI-Fuse	87.452	27.585	0.248	0.348	79.026	10.943	8.683	0.259
RFN	72.304	22.646	0.183	0.296	76.966	8.800	7.117	0.238
TransMEF	65.096	16.326	0.165	0.292	70.597	6.926	6.172	0.243
CrossFuse	90.978	29.785	0.205	0.260	71.650	12.335	9.355	0.206
SCAN(Ours)	126.422	41.625	0.291	0.537	90.341	16.017	12.557	0.281

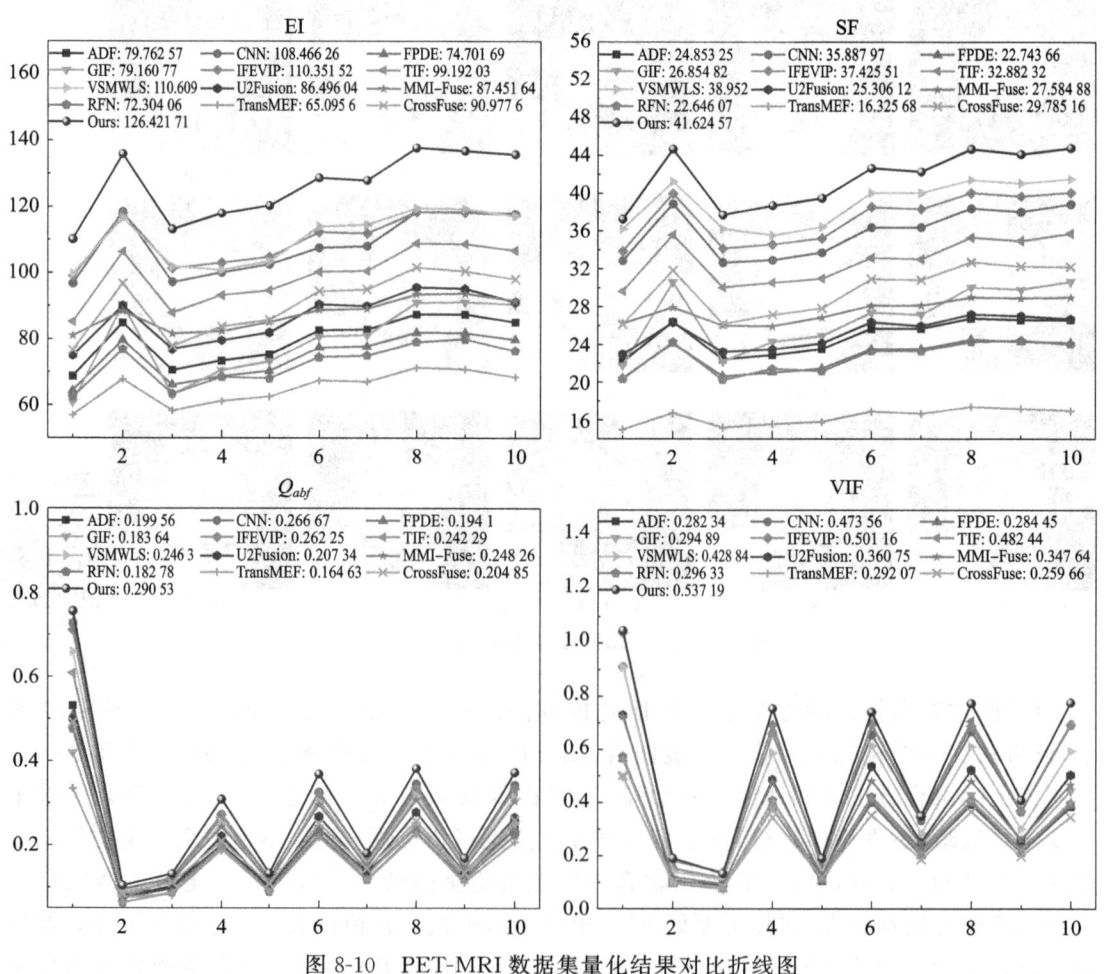

图 8-10　PET-MRI 数据集量化结果对比折线图

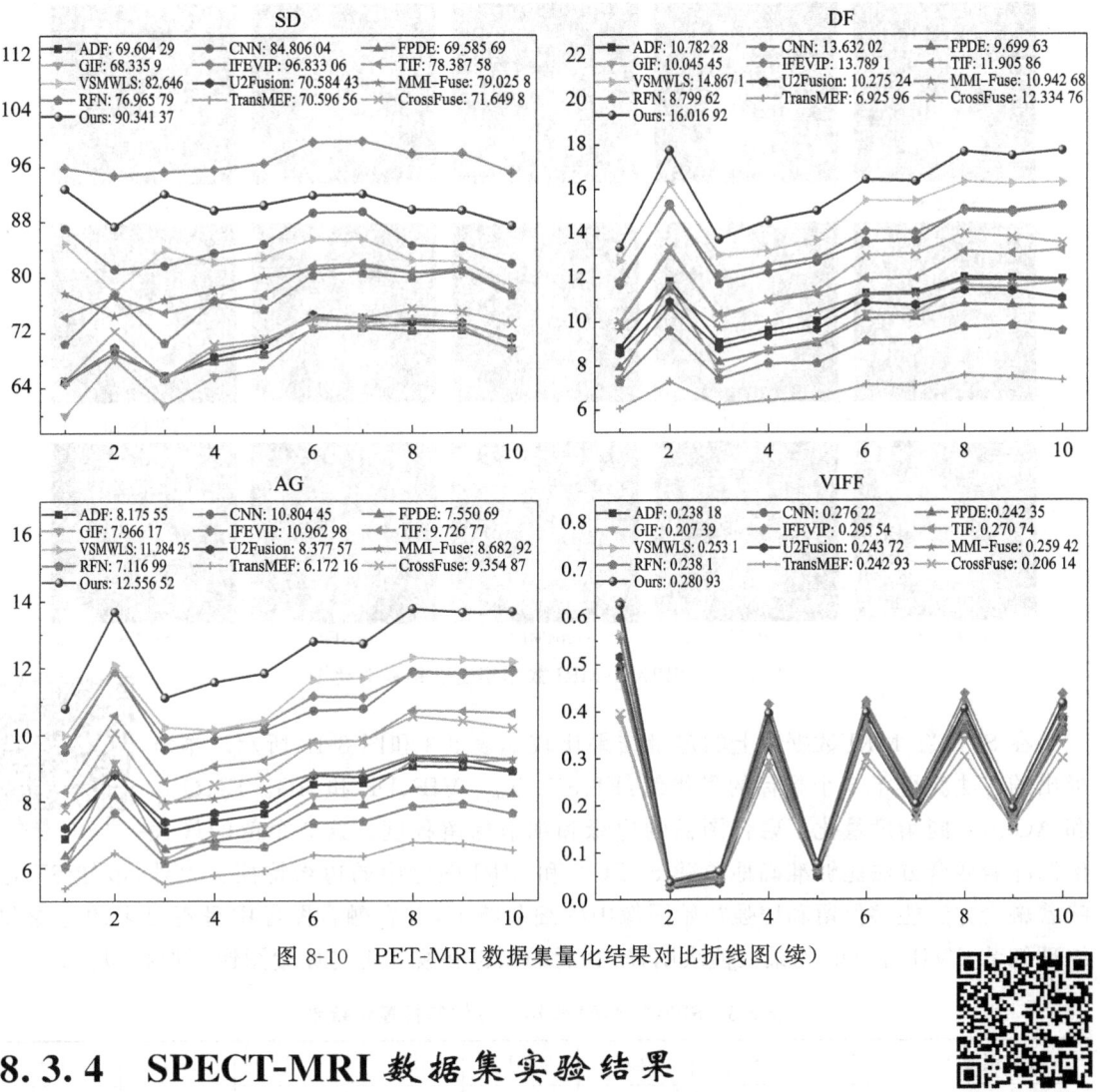

图 8-10 PET-MRI 数据集量化结果对比折线图(续)

8.3.4 SPECT-MRI 数据集实验结果

为了进一步验证本章方法的泛化能力,在 SPECT-MRI 数据集上进行了额外的验证。与 PET 图像类似,SPECT 图像中的颜色信息代表放射性示踪剂在特定区域的分布或活性水平。融合图像可以同时获得 SPECT 图像提供的代谢等功能信息和高分辨率 MRI 图像提供的解剖结构信息。SPECT-MRI 数据集定性结果如图 8-11 所示,从 ADF、TIF、U2Fusion 和 RFN 这 4 种方法的结果可以明显看出,颅底和眼球肌肉的亮度信息很大程度上被削弱了,MRI 图像脑边缘纹理信息在 RFN 中被严重丢失。同时,GTF 结果中出现了一定程度的伪影,IFEVIP 和 TransME 中代表活动水平的伪彩色信息与纹理结构不能自然融合,都出现了一定程度的失真。此外,在 FPDE 和 CrossFuse 的结果中,MRI 图像中的亮度信息丢失严重。只有 CNN 和所提出的方法取得了不相上下的结果,保留了 SPECT 图像中代表功能信息的伪彩色信息和 MRI 图像中脑结构的纹理和形状。但是,CNN 方法的模型结构过于简单,不具备稳定和良好的泛化能力。因此,本章所提出的融合方法在融合性能上取得了更好的效果。

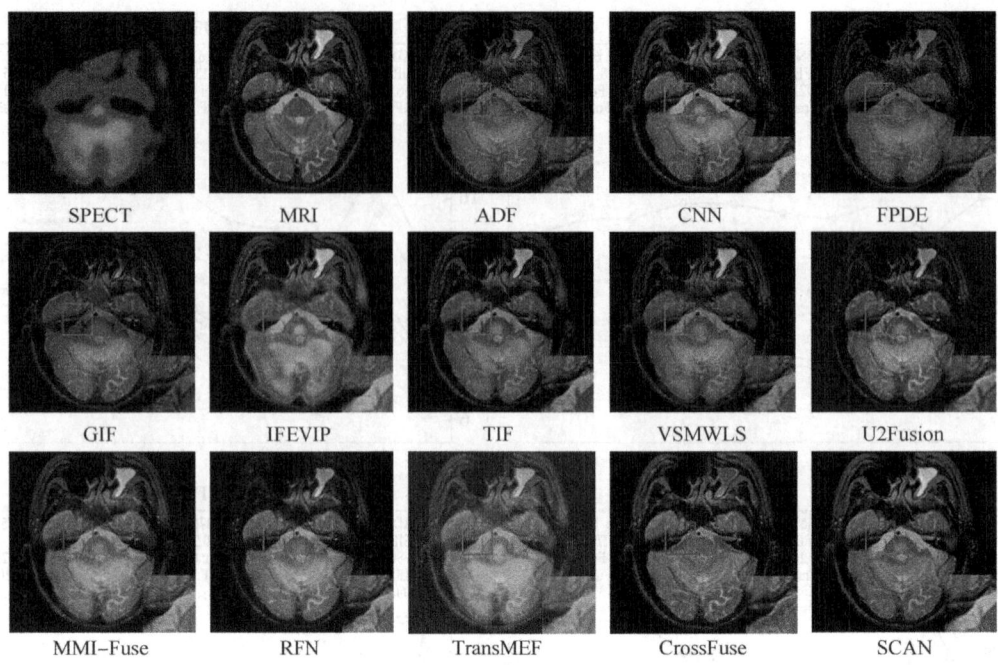

图 8-11 SPECT-MRI 数据集定性结果对比图

在 SPECT-MRI 数据集上的定量结果比较如表 8-3 和图 8-12 所示。本章提出的方法获得了 6 个指标的最优值：EI、SF、Q_{abf}、VIF、DF 和 AG。EI、Q_{abf} 和 AG 从不同角度量化了融合图像的边缘和细节保留程度。这 3 个值的最大值意味着融合方法能够准确地重建 SPECT 和 MRI 图像中的边缘特征。此外，最佳 SF 意味着融合方法能够保留和增强初始图像中的细节特征，并在融合图像中呈现更多的边缘和纹理细节。VIF 和 DF 的最大值表明，融合后的图像在视觉上与原始图像更加相似。

图 8-11 彩图

表 8-3 SPECT-MRI 数据集评估指标量化结果

融合模型	EI	SF	Q_{abf}	VIF	SD	DF	AG	VIFF
ADF	47.898	13.979	0.049	0.042	42.208	6.334	4.933	0.025
CNN	59.745	17.524	0.058	0.090	54.501	7.427	5.972	0.034
FPDE	44.168	12.642	0.045	0.040	41.992	5.853	4.555	0.025
GTF	49.862	15.188	0.051	0.045	41.461	6.266	5.029	0.023
IFEVIP	52.915	15.513	0.050	0.086	61.759	6.505	5.210	**0.042**
TIF	51.023	15.645	0.051	0.079	47.583	6.080	5.013	0.031
VSMWLS	53.238	16.039	0.053	0.065	47.505	7.032	5.450	0.029
U2Fusion	57.015	16.575	0.058	0.077	50.607	6.685	5.554	0.030
MMI-Fuse	54.343	15.620	0.055	0.082	**62.219**	6.688	5.397	0.040
RFN	50.654	15.329	0.054	0.082	59.749	6.053	4.991	0.036
TransMEF	41.831	10.450	0.044	0.062	56.566	4.469	3.978	0.036
CrossFuse	59.243	18.192	0.059	0.070	50.784	7.355	5.951	0.031
SCAN(Ours)	**65.100**	**18.943**	**0.062**	**0.093**	55.636	**8.074**	**6.483**	0.035

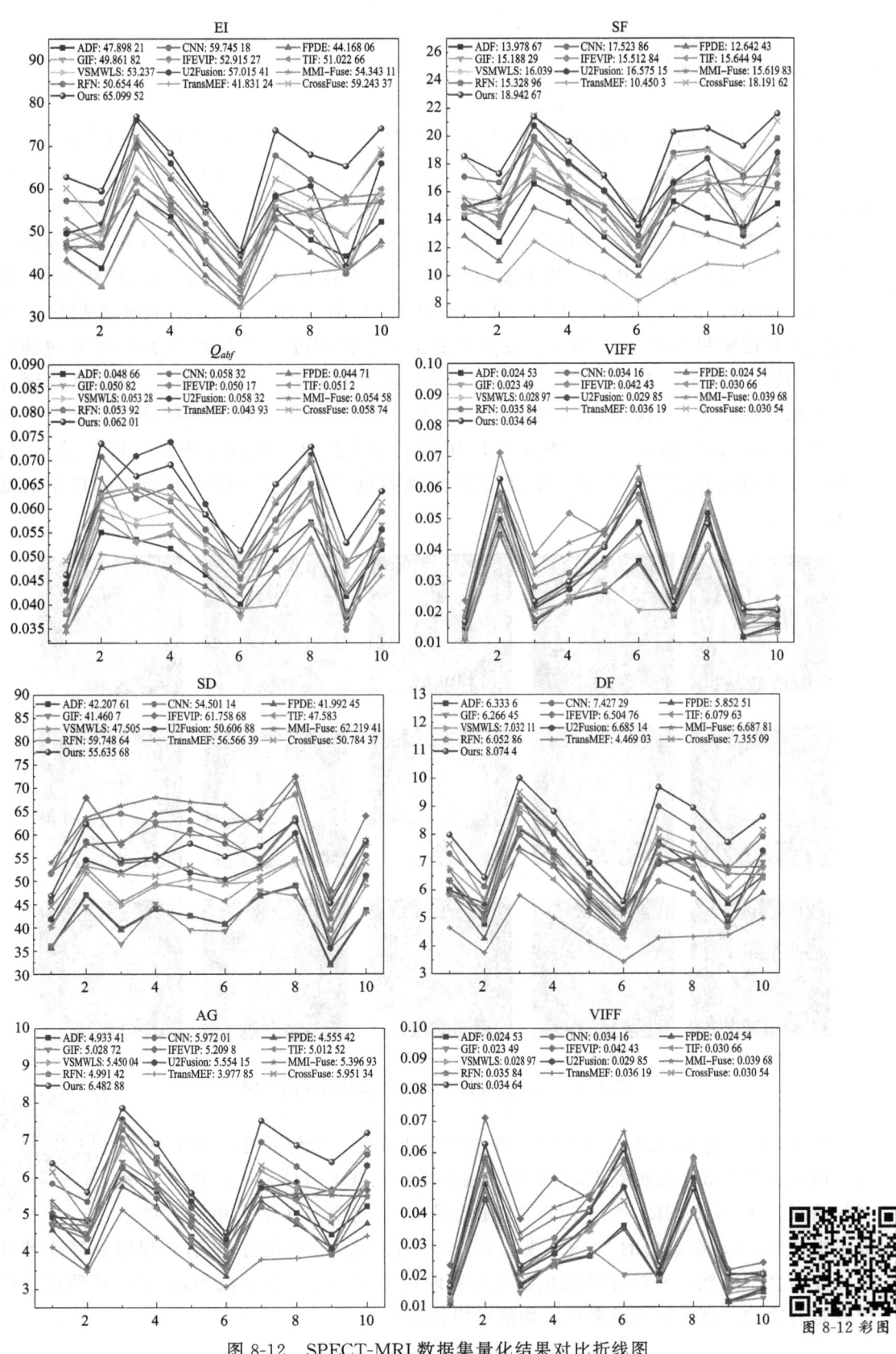

图 8-12 SPECT-MRI 数据集量化结果对比折线图

8.3.5 消融实验

为了验证提出网络结构的有效性,本节对构建的创新模块和一些参数开展了消融实验。

(1) 嵌套金字塔残差注意力模块(NPRA)的有效性。在提出的融合网络中,提出的 NPRA 模块利用不同扩张率的卷积运算来提取不同层次的局部特征,并辅以嵌套残差注意力进一步挖掘更全面的显著性全局信息。为了验证 NPRA 的有效性,将其与另外两个模型进行了比较:在模型其他结构不变的情况下,一个模型用正常卷积替换扩张卷积,命名为 Nor_Conv;另一个模型只使用一个残差注意力,命名为 Sigle_res。NPRA 模块主观消融实验对比结果如图 8-13 所示。在 3 个数据集上分别进行了消融实验,与另外两种消融模型相比,本章提出的模型视觉效果更好,纹理细节清晰,效果更平滑自然,这是因为扩张卷积在不扩大卷积核大小的情况下增加了感受野,并捕捉到了不同尺度的上下文信息。此外,单一的残差注意力机制不足以使模型完美捕捉不同模态图像之间的关系,使用两个嵌套的残差注意力可以互补,提高模型从数据中提取复杂特征的能力和模型的泛化能力。

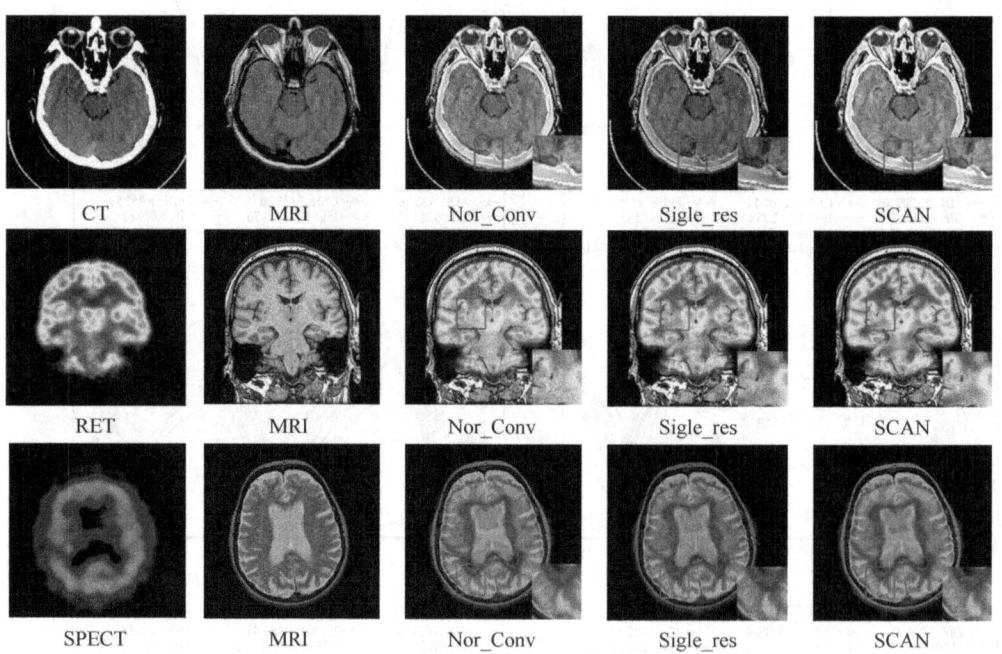

图 8-13　NPRA 模块主观消融实验对比结果图

表 8-4 所示为 NPRA 模块客观消融实验结果,在 8 个评价指标进行了比较。可以看出在 3 个数据集上,所提出的融合模型比其他模型显示出更令人满意的结果。在 PET-MRI 和 SPECT-MRI 数据集上,此模型在 7 个指标上都达到了最优值,这表明提出的 NPRA 模块具有很强的特征提取能力,能有效保留纹理细节和对比度信息。虽然在 CT-MRI 数据集上没有取得同样令人满意的结果,但足以证明提出的模块是有效的。评价指标的最佳平均值以粗体标出。

第8章　基于显著性引导跨域聚合网络的多模态医学图像融合方法

表 8-4　NPRA 模块客观消融实验结果

融合任务	CT-MRI			PET-MRI			SPECT-MRI		
	Nor_Conv	Sigle_res	SCAN	Nor_Conv	Sigle_res	SCAN	Nor_Conv	Sigle_res	SCAN
EI	82.025	84.668	**85.594**	122.650	121.839	**126.422**	63.965	58.227	**65.100**
SF	33.294	**35.527**	34.738	40.033	39.948	**41.625**	18.449	16.837	**18.943**
Q_{abf}	0.072	**0.074**	0.073	0.284	0.276	**0.291**	0.061	0.057	**0.062**
VIF	0.175	0.136	**0.181**	0.486	0.525	**0.537**	0.090	0.084	**0.093**
SD	83.473	66.049	**87.486**	90.385	89.097	90.341	**55.695**	51.407	55.636
DF	9.544	**10.182**	9.921	15.621	15.483	**16.017**	7.927	7.156	**8.074**
AG	8.070	8.417	**8.421**	12.248	12.067	**12.557**	6.384	5.790	**6.483**
VIFF	0.070 4	0.058 2	**0.072 3**	0.122 7	0.112 3	**0.127 9**	0.034 8	0.031 8	**0.034 6**

（2）NPRA 模块数量的影响。为了选择合适的 NPRA 模块数量以达到更好的特征提取效果，分别测试了 3、4 和 5 个 NPRA 模块对网络的影响。观察表 8-5 中的融合结果可以得出，当选择 4 块时，CT-MRI 和 SPECT-MRI 数据集在 EI、SF、VIF、SD、DF、AG 和 VIFF 等 7 个指标上达到最佳性能，PET-MRI 数据集在 EI、SF、Q_{abf}、DF、AG 和 VIFF 等 6 个指标上达到最佳值。从这些融合指标的比较结果可以看出，每个数据集都在选择 4 个 NPRA 块时表现最佳。

表 8-5　NPRA 模块数量客观消融实验结果

融合任务	NPRA 数量	指标							
		EI	SF	Q_{abf}	VIF	SD	DF	AG	VIFF
CT-MRI	3 块	81.533	32.834	0.071 8	0.170	79.716	9.541	8.044	0.069 2
	4 块	**85.594**	**34.738**	0.073 0	**0.181**	**87.486**	**9.921**	**8.421**	**0.072 3**
	5 块	83.227	32.724	**0.073 4**	0.165	82.606	9.705	8.196	0.068 7
PET-MRI	3 块	120.237	38.813	0.283 1	0.475	87.692	15.209	11.978	0.123 2
	4 块	**126.422**	**41.625**	**0.290 5**	0.537	90.341	**16.017**	**12.557**	**0.127 9**
	5 块	125.705	41.267	0.287 5	**0.546**	**91.436**	15.841	12.471	0.123 3
SPECT-MRI	3 块	62.957	18.161	**0.060 2**	0.087	53.571	7.837	6.305	0.033 2
	4 块	**65.100**	**18.943**	0.062 0	**0.093**	**55.636**	**8.074**	**6.483**	**0.034 6**
	5 块	60.550	17.475	0.058 4	0.090	52.544	7.441	6.029	0.032 4

（3）显著性引导的双重注意力模块（SGDA）的作用。为了提高解码器的重构能力，提出了显著性引导的双重注意力模块。在不改变模型其他结构的情况下，去除 SGDA 模块，称为 w/o SGDA。去除 SGDA 模块的客观实验结果如表 8-6 所示，提出的模型在多个指标上都获得了最优值，这说明 SGDA 模块在解码器中的特征增强效果是明显的。

表 8-6　去除 SGDA 模块的客观消融实验结果（w/o SGDA 表示去除 SGDA 模块后的结构）

融合任务	CT-MRI		PET-MRI		SPECT-MRI	
	w/o SGDA	SCAN	w/o SGDA	SCAN	w/o SGDA	SCAN
EI	83.702	**85.594**	119.428	**126.422**	63.912	**65.100**
SF	**34.899**	34.738	38.540	**41.625**	18.350	**18.943**
Q_{abf}	0.071	**0.073**	0.288	**0.291**	0.060	**0.062**
VIF	**0.182**	0.181	0.523	**0.537**	**0.095**	0.093
SD	81.230	**87.486**	88.491	**90.341**	54.401	**55.636**
DF	9.628	**9.921**	14.984	**16.017**	7.912	**8.074**
AG	8.187	**8.421**	11.818	**12.557**	6.389	**6.483**
VIFF	0.068 4	**0.072 3**	0.126 1	**0.127 9**	63.912	**0.034 6**

（4）$L_{\text{Perceptual}}$ 损失函数的影响。除了使用融合任务中常用的损失函数外，此网络还添加了感知损失来优化融合网络。通过消融实验来验证其效果，w/o $L_{\text{Perceptual}}$ 表示不使用感知损失。无 $L_{\text{Perceptual}}$ 损失客观消融实验结果如表 8-7 所示，本章提出的模型在多个指标上都获得了最优值，这表明感知损失可以帮助模型生成更高质量的融合图像。

表 8-7　无 $L_{\text{Perceptual}}$ 损失客观消融实验结果

融合任务	CT-MRI		PET-MRI		SPECT-MRI	
	w/o $L_{\text{Perceptual}}$	SCAN	w/o $L_{\text{Perceptual}}$	SCAN	w/o $L_{\text{Perceptual}}$	SCAN
EI	78.273	**85.594**	124.450	**126.422**	63.912	**65.100**
SF	31.983	**34.738**	40.937	**41.625**	18.350	**18.943**
Q_{abf}	0.069	**0.073**	0.288	**0.291**	0.060	**0.062**
VIF	0.160	**0.181**	0.516	**0.537**	**0.095**	0.093
SD	73.193	**87.486**	90.639	**90.341**	54.401	**55.636**
DF	9.111	**9.921**	15.732	**16.017**	7.912	**8.074**
AG	7.691	**8.421**	12.364	**12.557**	6.389	**6.483**
VIFF	0.064 3	**0.072 3**	0.125 9	**0.127 9**	0.033 7	**0.034 6**

8.4　本章小结

本章提出了一种用于多模态医学图像融合的显著性引导跨域聚合网络。在编码器中，嵌套金字塔残差注意力模块通过多样化的扩张卷积提取不同尺度的局部特征，同时关注全局上下文信息。在融合过程中，使用 Transformer 融合模块来建立远程依赖关系。此外，提出的显著性引导的双重注意力模块用于特征重构过程，对先前提取和弱化的特征进行增强操作，从而使融合图像获得突出的细节表现。此外，本章还利用改进的 SSIM 损失和感知损失来同时约束融合网络。在不同模态医学数据集上进行了大规模的实验，实验结果表明，提出的方法在与其他 12 种融合方法的定性比较中处于领先地位,在与 8 种评估指标的定量比较中也取得了令人满意的结果。

本章参考文献

[1] Rao D,Wu X J,Xu T. TGFuse:An infrared and visible image fusion approach based on transformer and generative adversarial network [J].IEEE Transactions on Image Processing,2023.

[2] Dosovitskiy A,Beyer L,Kolesnikov A,et al. An image is worth 16x16 words:Transformers for image recognition at scale [J].arXiv preprint arXiv:201011929,2020.

[3] Fei W,Jiang M,Chen Q,et al. Residual attention network for image classification [C]. Proceedings of the IEEE Conference on Computer Vision and Pattern Recognition, 2017:3156-3164.

[4] Li H,Xiong P,An J,et al. Pyramid Attention network for semantic segmentation [J]. arXiv preprint arXiv:180510180,2018.

[5] Jf A,Wl A,Jiao D B,et al. A multiscale residual pyramid attention network for medical image fusion [J].Biomedical Signal Processing and Control,2021(66):102488.

[6] Li G,Fang Q,Zha L,et al. HAM:Hybrid attention module in deep convolutional neural networks for image classification [J].Pattern Recognition,2022(129):108785.

[7] Johnson J,Alahi A,Fei-Fei L. Perceptual losses for real-time style transfer and super-resolution [C].Proceedings of the Computer Vision-ECCV 2016:14th European Conference,2016:694-711.

[8] Bavirisetti D P,Dhuli R. Fusion of infrared and visible sensor images based on anisotropic diffusion and karhunen-loeve transform [J].IEEE Sensors Journal,2015,16(1): 203-209.

[9] Ma J,Chen C,Li C,et al. Infrared and visible image fusion via gradient transfer and total variation minimization [J].Information Fusion,2016(31):100-109.

[10] Dhuli,Ravindra,Bavirisetti,et al. Two-scale image fusion of visible and infrared images using saliency detection [J].Infrared Physics and Technology,2016(76): 52-64.

[11] Bavirisetti D P. Multi-sensor image fusion based on fourth order partial differential equations [C].2017 20th International Conference on Information Fusion (Fusion), 2017:1-9.

[12] Zhang Y,Zhang L,Bai X,et al. Infrared and visual image fusion through infrared feature extraction and visual information preservation [J].Infrared Physics & Technology,2017(83):227-237.

[13] Ma J,Zhou Z,Wang B,et al. Infrared and visible image fusion based on visual saliency map and weighted least square optimization [J].Infrared Physics & Technology, 2017(82):8-17.

[14] Liu Y, Chen X, Cheng J, et al. Infrared and visible image fusion with convolutional neural networks [J]. International Journal of Wavelets, Multiresolution and Information Processing, 2018, 16(3):1850018.

[15] Xu H, Ma J, Jiang J, et al. U2Fusion:A unified unsupervised image fusion network [J]. IEEE Transactionson Pattern Analysis and Machine Intelligence, 2020, 44(1): 502-518.

[16] Hui L A, Xjw A, Jk B. RFN-Nest:An end-to-end residual fusion network for infrared and visible images [J]. Information Fusion, 2021(73):72-86.

[17] Shi Z, Zhang C, Qin P, et al. MMI-Fuse:Multimodal medical image fusion with multi-attention module [J]. Social Science Electronic Publishing, 2022.

[18] Qu L, Liu S, Wang M, et al. TransMEF:A transformer-based multi-exposure image fusion framework using self-supervised multi-task learning [C]. Proceedings of the AAAI Conference on Artificial Intelligence, 2021:2126-2134.

[19] Wang Z, Shao W, Chen Y, et al. A Cross-scale iterative attentional adversarial fusion network for infrared and visible images [J]. IEEE Transactions on Circuits and Systems for Video Technology, 2023.

第 9 章

基于巢连接与注意力的红外与可见光图像融合方法

9.1 引言

注意力机制被广泛应用于神经网络中。在图像融合中有许多优秀的方法被研究者提出[1-4]。这些方法都没有充分利用特征图的多尺度信息,并且融合策略相对简单,并且缺乏对于特征图重要性的筛选机制。然而,在编解码过程中,该方法并未考虑每个特征图的重要程度,并且对于长距离语义信息的利用不足。针对以上问题本章提出了基于巢连接与注意力机制的图像融合方法。本章采用基于巢连接的多尺度网络结构,并结合通道注意力对多尺度特征重要性进行筛选。此外,本章还对多尺度特征中长距离语义信息的利用进行了研究,将轴向注意力与多尺度网络结合有效提升网络融合性能,在公开数据集上与现有的方法相比都取得了较好的表现。

本章结构如下:9.2 节介绍基于双注意力机制和巢连接的红外与可见光图像融合方法;9.3 节介绍基于巢连接轴向注意力的红外和可见图像的融合方法(NAF);9.4 节为本章小结。

9.2 基于双注意力机制和巢连接的红外与可见光图像融合方法

本节将详细介绍基于注意力机制和巢连接的融合方法,并介绍模型的训练细节以及融合策略。本节结构如下:9.2.1 节介绍融合网络;9.2.2 节介绍融合策略;9.2.3 节介绍训练阶段;9.2.4 节介绍实验及结果;9.2.5 介绍消融研究;9.2.6 为融合结果对比结果分析。

9.2.1 融合网络

本章提出的融合方法的结构图如图 9-1 所示。主要由三部分组成：编码器、融合策略、解码器，如图 9-1 所示。本节主要介绍编码器、解码器和注意力机制，融合策略在 9.2.2 节中详细介绍。

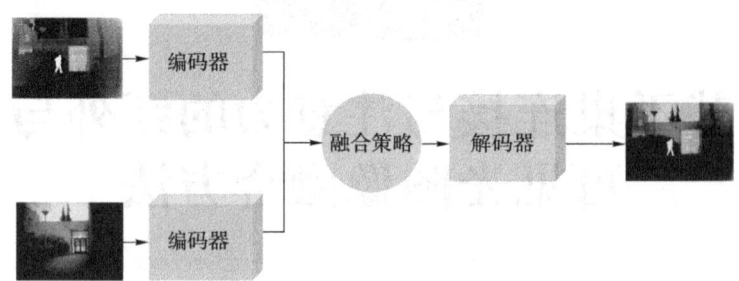

图 9-1 融合方法的结构图

编码器由 4 个卷积块组成，如图 9-2(a)所示。其中 Conv 表示卷积层，用来提取图像的浅层特征信息。在编码器中，每个卷积块都包括一个 2×2 的池化层，对特征图进行下采样。图 9-2(a)中 EB 代表一个卷积块，其结构如图 9-2(b)所示。在编码阶段，图像先经过一个卷积层，再依次经过 EB10～EB40，各卷积块参数如表 9-1 所示。

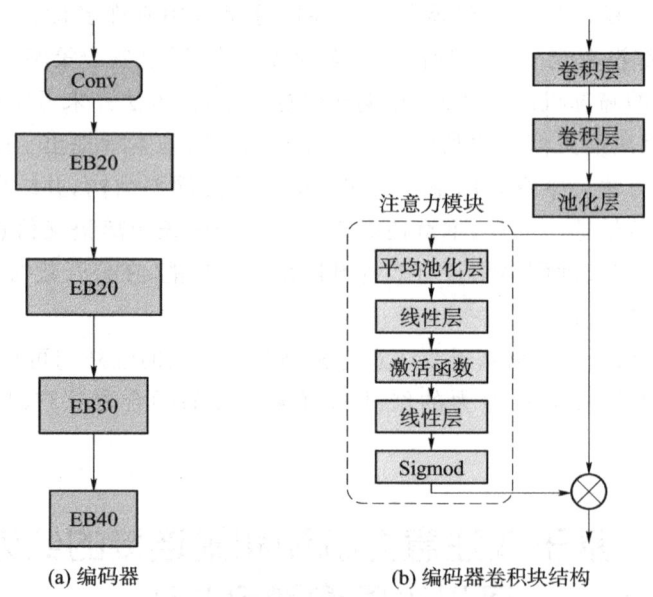

(a) 编码器　　　　　　　　(b) 编码器卷积块结构

图 9-2 编码器结构及编码器卷积块

编码过程表达式如式(9-1)～式(9-4)所示：

$$\Phi^1 = \mathrm{EB}_1(F_{\mathrm{ATT}}(\mathrm{Conv}(I))) \tag{9-1}$$

$$\Phi^2 = \mathrm{EB}_2(F_{\mathrm{ATT}}(\Phi^1)) \tag{9-2}$$

$$\Phi^3 = \mathrm{EB}_3(F_{\mathrm{ATT}}(\Phi^2)) \tag{9-3}$$

$$\Phi^4 = \mathrm{EB}_4(F_{\mathrm{ATT}}(\Phi^3)) \tag{9-4}$$

式中，I、Φ 分别表示输入图像和多尺度特征。$\mathrm{EB}(\cdot)$ 表示多尺度特征提取函数，m 表示多尺度层数 $m \in 1,2,3,4$。Φ^m 表示各尺度所得特征图。$\mathrm{Conv}(\cdot)$ 表示卷积层。

巢连接网络没有筛选特征能力，不能突出重要特征，为了提升网络提取特征能力，本章在多尺度网络结构中加入注意力机制，为每个尺度的特征图增加一个权重。本章采用的注意力计算方法如下。对每个特征图取平均池化操作，将得到的结果组成一个特征向量。计算单个 $H \times W$ 特征图对应的公式如式(9-5)所示。

$$F_{\mathrm{ATT}} = \frac{1}{H \times W} \sum_{i=1}^{H} \sum_{j=1}^{W} u(i,j) \tag{9-5}$$

式中，i、j 为像素坐标，$\mu(\cdot)$ 为平均池化操作。对通道数为 C 的特征图按通道进行处理得到特征向量 F_{AAT}，如图 9-2(b)所示。具体来说，使用线性层将所得特征向量的维度压缩，经过激活函数，以增加网络的非线性，拟合通道之间的相关性。经过第一个线形层后维度变为原来的 $1/N$，本章中 $N=16$。之后，再用线性层将特征向量扩展到与原特征图的通道数相同的维度。所得特征向量经过 Sigmoid 函数之后得到与特征图通道数维数一致的权重向量。此权重向量包含对应特征的重要性。最后与原特征图相乘达到筛选特征的目的。

将图像融合过程中部分特征图可视化，如图 9-3 所示，输入为 TNO 数据集中的可见光图像。每对图像的左右两幅图片分别为经过注意力机制前后的特征图。可以看出注意力机制能够将包含纹理和细节信息的特征加强如图 9-3(b)、图 9-3(d)等，并且一些模糊的特征，其对重建图像纹理和细节的保留的重要性相对较小，能够被弱化如图 9-3(c)、图 9-3(h)所示。可视化结果表明注意力机制能够为各通道分配权重突出重要信息。

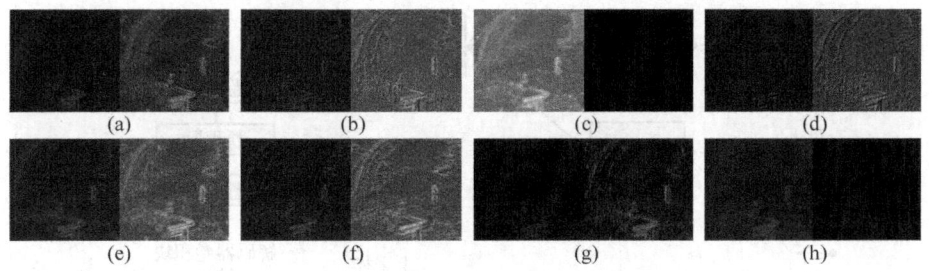

图 9-3　经过注意力模块前后特征图

红外和可见光图像分别经过编码器后式(9.1)~式(9.4)，使用融合策略 FS 得到融合特征：

$$\Phi_f^m = \mathrm{FS}(\Phi_1^m, \Phi_2^m) \tag{9-6}$$

融合策略具体如 9.2.2 节所述。Φ_1^m 和 Φ_2^m 分别为输入红外和可见光源图像的多尺度特征。将 Φ_f^m 输入到解码器中得到最终的融合图像。

解码阶段网络参数与编码阶段相对应，具体设置如表 9-1 所示。解码器由 6 个 DB 卷积块组成，如图 9-4 所示，用于重建融合图像，解码器的 4 个输入与编码器 4 个卷积块相对应。编码阶段和解码阶段的卷积块不完全相同。解码阶段的卷积块由两个卷积层、一个池化层和一个注意力模块组成，注意力模块与图 9-2(b)所示的结构相同。如图 9-4 所示。其中第二个卷积层的核大小为 1×1，用来匹配维度。解码阶段不使用用于下采样的池化层，其余卷积层保持不变。特征图上采样后拼接到同尺度特征中。图 9-3 为解码器中 DB21 卷积块的特征图可视化结果。

表 9-1 编码器和解码器网络参数

	卷积	输入通道数	输出通道数	分辨率
编码器	Conv	1	16	224×224
	EB10	16	64	224×224
	EB20	64	112	112×112
	EB30	112	160	56×56
	EB40	160	208	28×28
解码器	DB31	368	160	56×56
	DB21	272	112	112×112
	DB22	384	112	112×112
	DB11	176	64	224×224
	DB12	240	64	224×224
	DB13	304	64	224×224
	Conv	64	1	224×224

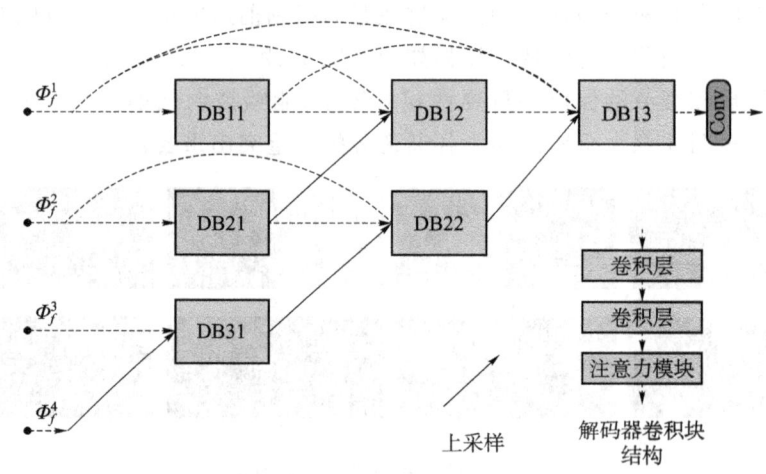

图 9-4 解码器网络结构

9.2.2 融合策略

现有的融合策略经常基于加权平均算子生成一个加权图来融合源图像。基于这一理论,权重图的选择成为一个关键问题。在网络训练完成后,测试时将融合策略加入到网络中,本章采用基于双注意力机制的融合策略[5,6],其中包含空间注意力和通道注意力。

融合框架可以大致分为两部分:一是计算空间注意力,二是计算通道注意力。图 9-5 中绿色方块代表空间注意力模块。两副原图像经过编码器后得到多尺度特征 Φ_1^m 和 Φ_2^m,通过 l_1-norm 和 Soft-max 算子计算得到的权重映射 β_1^m 和 β_2^m 权重图由式(9-7)表示。

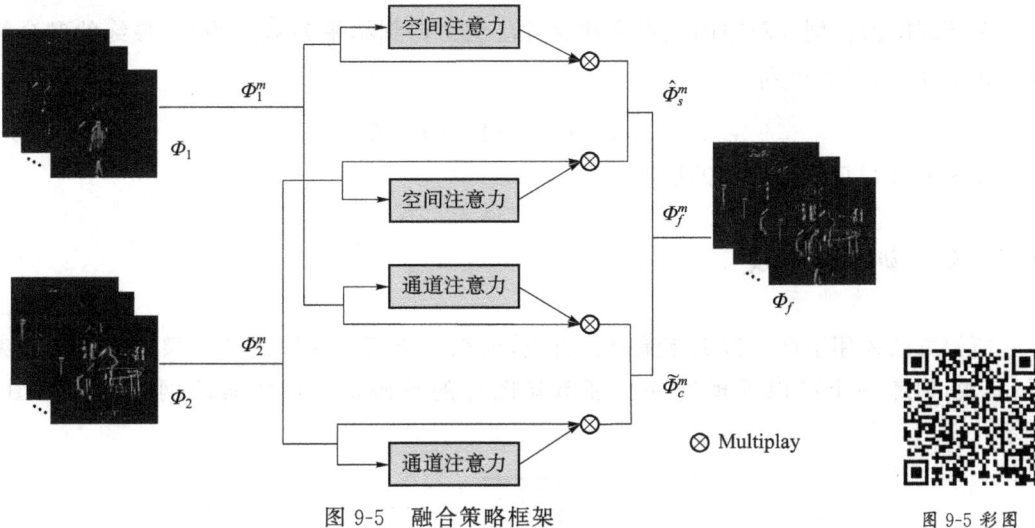

图 9-5　融合策略框架

$$\beta_k^m(x,y) = \frac{\|\Phi_k^m(x,y)\|_1}{\sum_{i=1}^{K}\|\Phi_i^m(x,y)\|_1} \tag{9-7}$$

式中，$\|\cdot\|_1$ 表示 L_1 范数，$k \in 1,\cdots,K$ 并且 $K=2$，(x,y) 表示多尺度深度特征（Φ_1^m 和 Φ_2^m）和权重图（β_1^m 和 β_2^m）中对应的位置。

$\hat{\Phi}_1^m$ 和 $\hat{\Phi}_2^m$ 表示用 β_1^m 和 β_2^m 加权的增强深度特征。增强特征 $\hat{\Phi}_k^m$ 通过式(9-8)计算。

$$\hat{\Phi}_k^m(x,y) = \beta_k^m(x,y) \times \Phi_k^m(x,y) \tag{9-8}$$

然后通过这些增强的深度特征计算出融合特征 $\hat{\Phi}_f^m$，公式如式(9-9)所示。

$$\hat{\Phi}_f^m(x,y) = \sum_{i=1}^{K}\hat{\Phi}_i^m(x,y) \tag{9-9}$$

在现有方法中几乎所有的融合策略都只考虑空间信息[6]。然而，深度特征可以看作三维张量。因此，融合策略中不仅要考虑空间维度信息，还要考虑通道信息。通道注意力特征计算过程与空间注意力特征计算过程大致相同。其中的加权向量 α_1^m 和 α_2^m 由式(9-10)计算得出，每个特征图对应一个值，这些值构成一个向量。

$$\overline{\boldsymbol{\alpha}}_k^m(n) = P(\Phi_k^m(n)) \tag{9-10}$$

式中，n 为输入特征中的通道数，$P(\cdot)$ 为全局池化。全局池化方法是通过每个通道的奇异值求和得到。奇异值往往对应着矩阵中隐含的重要信息，信息的重要性和奇异值大小正相关。

然后，使用 Soft-max 函数计算得到最终的加权向量 $\boldsymbol{\alpha}_1^m$ 和 $\boldsymbol{\alpha}_2^m$ 如式(9-11)所示。

$$\boldsymbol{\alpha}_k^m(n) = \frac{\overline{\boldsymbol{\alpha}}_k^m(n)}{\sum_{i=1}^{K}\overline{\boldsymbol{\alpha}}_i^m(n)} \tag{9-11}$$

最后通道注意力模块的融合特征 $\widetilde{\Phi}_f^m$ 用式(9-12)计算得到。

$$\widetilde{\Phi}_f^m(n) = \sum_{i=1}^{K}\alpha_i^m(n) \times \Phi_i^m(n) \tag{9-12}$$

两幅源图像分别计算空间注意力和通道注意力得到结果和 $\hat{\Phi}_s^m$、$\tilde{\Phi}_c^m$。最终的融合特征 Φ_f^m 由式(9-13)计算得到。

$$\Phi_f^m = (\hat{\Phi}_s^m + \tilde{\Phi}_c^m) \times 0.5 \tag{9-13}$$

m 表示多尺度深度特征的层次。

9.2.3 训练阶段

所提方法采用了两阶段训练策略。首先,训练一个可以提取图片深层特征的自动编码器;其次,训练一个可以处理这些特征重建图像的解码器。训练阶段网络结构如图 9-6 所示。

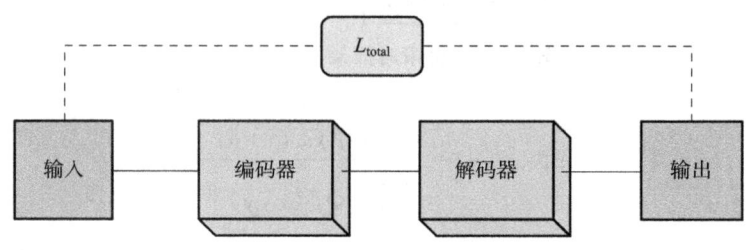

图 9-6 训练阶段网络结构

训练过程没有融合阶段,融合策略不参与训练。只需训练解码器和编码器。在损失函数的约束下迫使网络能够重建出输入图像[7]。在测试时编码器要分别对两幅源图像进行编码,再经融合策略后输入到解码器。在训练阶段,损失函数 L_{total} 定义如下:

$$L_{total} = L_{pixel} + \lambda L_{ssim} \tag{9-14}$$

式中,L_{pixel} 和 L_{ssim} 分别表示源图像和融合后图像之间的像素损失和结构相似度损失。λ 是平衡两个损失的加权因子,经过实验测试 λ 取值为 100。

L_{pixel} 由式(9-15)计算

$$L_{piexl} = \|O - I\|_F^2 \tag{9-15}$$

式中,O 和 I 分别表示输出图像和输入图像。其中 $\|\cdot\|_F$ 为 F 范数。损失函数可以最大程度地使输出图像像素更接近于输入图像。SSIM 结构相似度损失函数 L_{ssim} 如式(9-16)所示。

$$L_{ssim} = 1 - \left(\frac{2\mu_I \mu_O + c_1}{\mu_I^2 + \mu_O^2 + c_1}\right)\left(\frac{2\sigma_{IO} + c_2}{\sigma_I^2 + \sigma_O^2 + c_2}\right) \tag{9-16}$$

式中,μ_I、μ_O 和 σ_I、σ_O 分别为输入输出图像的均值和标准差。σ_{IO} 为协方差,c_1、c_2 为常数。L_{ssim} 越小两幅图像的结构越相似。

9.2.4 实验及结果

在本小节中,先介绍实验设置,再介绍消融研究,并在主观评价方面与现有方法进行了比较,并利用多个质量评价指标对融合性能进行了客观评价。

选择一些比较典型和先进的融合方法来评价融合性能，包括：GTF[8]、TIF[9]、ADF[10]、FusionGAN[11]、DenseFuse[12]、VggML[13]、RFN-Nest[14]、DeepFuse[15]、CSF[16]、Dual-branch[17]、DATFuse[18]，这些方法实验结果都使用其公开代码得到，其中参数设置与其论文所述相同。训练时 epoch 和 batch 大小分别为 2 和 2。训练数据集采用 MS-COCO[19]数据集。实验平台为 NVIDIA GTX 1080Ti GPU。

应用以下质量指标对本节的融合方法和其他现有的融合方法进行了定量比较：边缘强度 EI[20]、视觉保真度 VIF[21]、平均梯度 AG[22]、信息熵 EN[23]、标准差 SD、离散余弦特征互信息 FMI_dct[24]、相位一致 QP[25]。测试采用的是 TNO[26]数据集。客观评价结果是从数据集中选取 21 对图像进行测试，取 21 对图像客观结果的平均值进行对比。

9.2.5 消融研究

如 9.2.1 节所述，本小节在编解码网络中加入了注意力模块。分别对有注意力模块和没有注意力模块进行了实验，消融前后融合结果对比如图 9-7 所示，其中测试图像是从 TNO 数据集中选取的部分图像。左边一列（A）是加上注意力之后的结果，右边一列（B）是没有加注意力机制的结果。可以看到加上注意力机制之后图像包含更多的纹理信息，背景中的植物细节更加清晰（如图 9-7 中红框所示）。

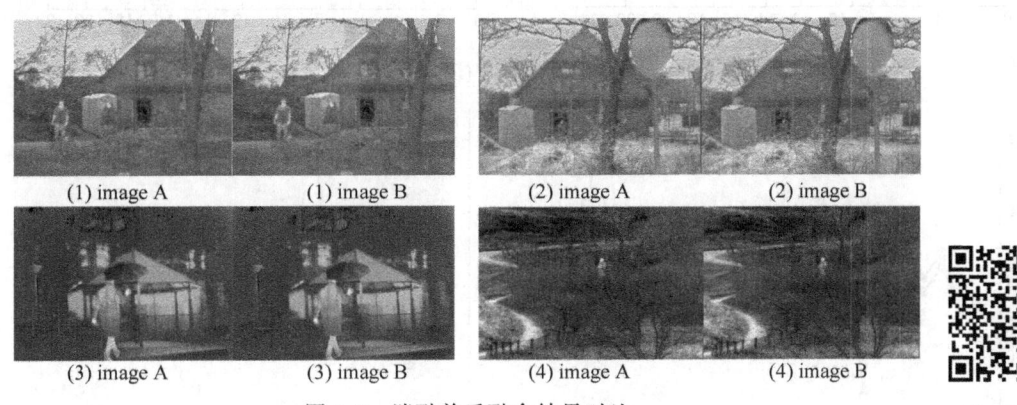

图 9-7 消融前后融合结果对比

图 9-7 彩图

客观评价方面，两个不同模型消融前后图像评价指标平均值如表 9-2 所示。加入的注意力机制对于客观评价标准的提升非常明显，可以看到加入注意力后 EI、FMI_dct、AG 这 3 个指标有明显提升。客观评价结果表明网络中的注意力机制能够使融合性能得以改善。21 对图片的客观评价指标对比折线图如图 9-8 所示，每个点对应图像计算出的评价指标值。可以看出所提方法的折线相较于之前的模型有所提升。

表 9-2 消融前后图像评价指标平均值

融合模型	EI	FMI_dct	QP	VIF	AG	EN	SD
Without attention	36.323 193	0.362 77	0.350 13	0.764 15	3.660 91	6.904 61	40.205 74
Nest+attention	42.203 67	0.370 97	0.338 52	0.808 56	4.292 11	6.893 41	39.323 19

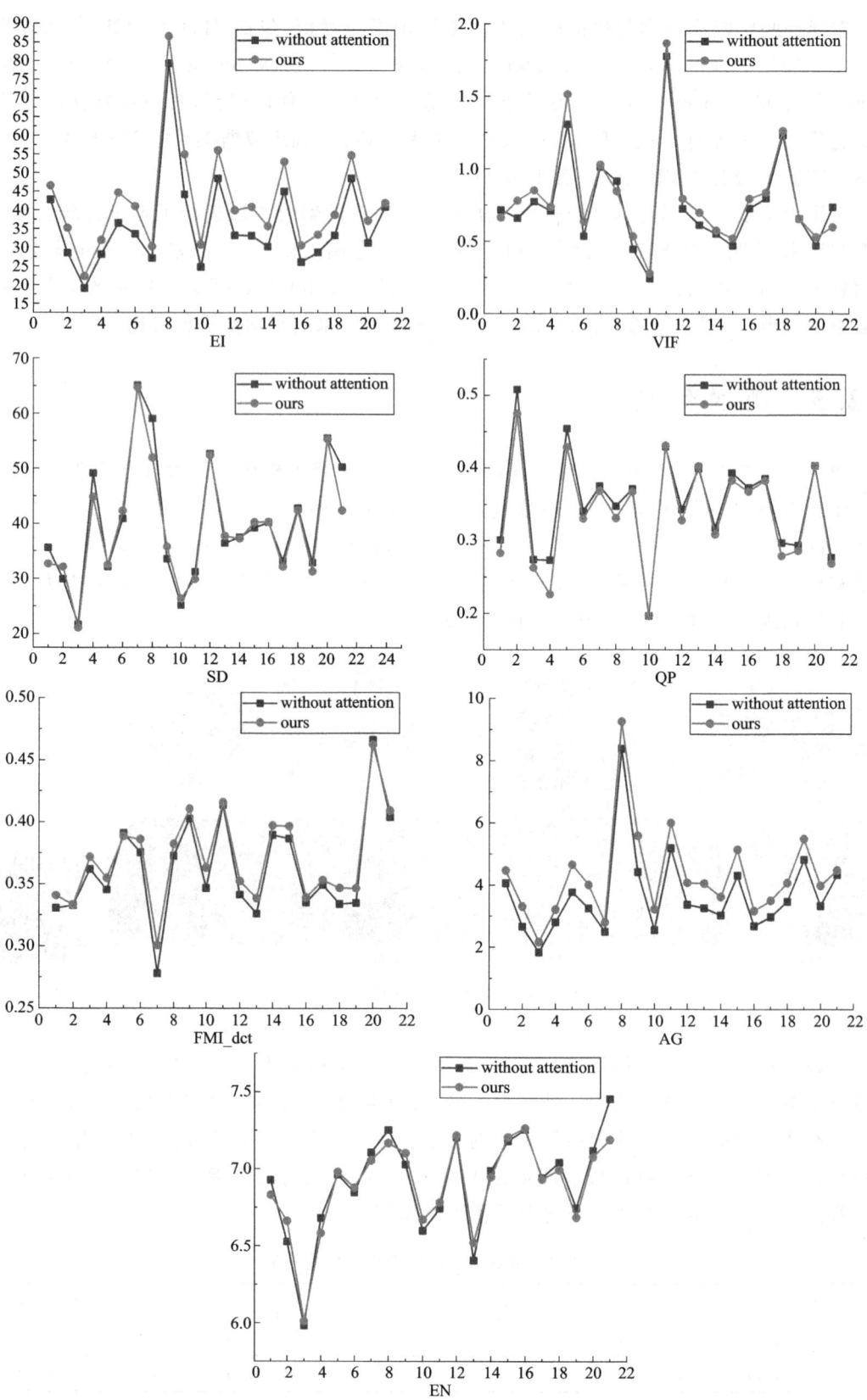

图 9-8 消融前后每张图片客观评价指标对比

9.2.6 结果分析

1. 主观评价

现有融合方法和本节融合方法得到的 TNO 融合结果中选取的一对图像,如图 9-9 所示。从图中可以看出 FusionGAN 融合结果虽然有一些显著的红外特征,但是有些区域比较模糊,例如草丛与路面等部分纹理细节不明显。VggML、DenseFuse、Dual-branch 的融合结果中红外信息不突出,并且也存在模糊现象。GTF 中丢失部分红外目标信息,例如人物脚部区域。TIF 融合结果较为清晰,但图像中存在噪声和信息融合不均衡现象。

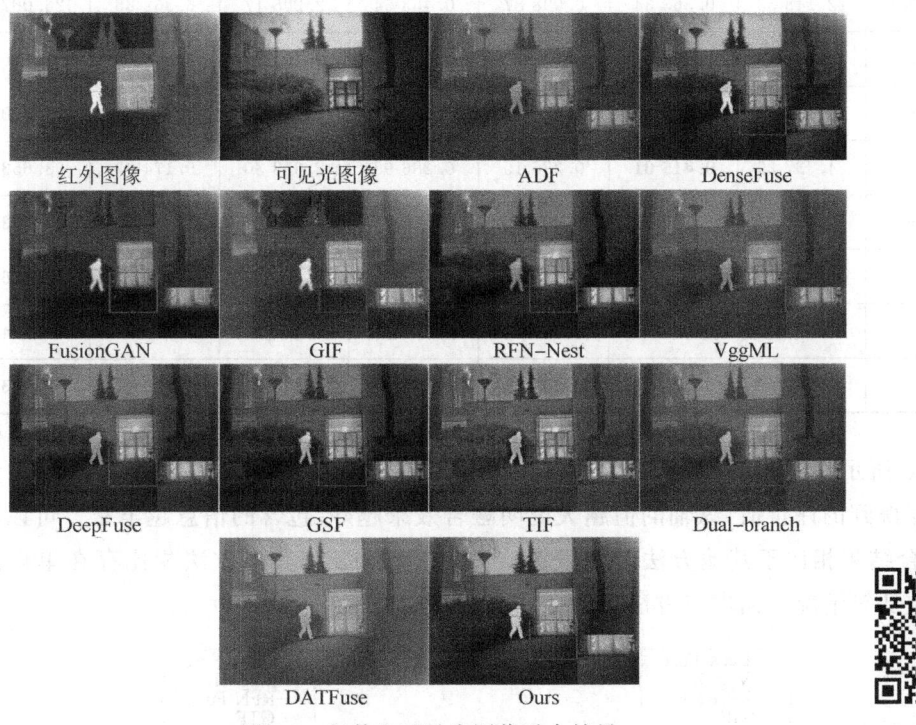

图 9-9 红外和可见光图像融合结果

图 9-9 彩图

此外,还可以从图 9-9 红框标记的局部放大区域进行比较。所提方法在主观评价方面比其他融合方法有更好的融合性能,融合结果中的亮度信息也更均衡。RFN-Nest 融合结果相对较好,但在细节纹理保存方面稍有欠缺。从放大区域可以看出所提方法能较清晰地显示出道路上的条纹,保存更多的纹理细节信息。

2. 客观评价

本章采用了客观评价指标来做对比实验。采用的评价指标有 7 种同 9.2 节所用指标。其中每个评价标准最好的结果用加粗字体表示。

从表 9-3 可以看出本节方法有 6 个指标是最优的,用黑色字体标出。视觉保真度(VIF)高说明融合结果具有更高的视觉保真度。平均梯度(AG)、边缘强度(EI)越高表明图像质量越高,也就更清晰。

表 9-3 21 对图像评价指标平均值

融合模型	EI	FMI_dct	QP	VIF	AG	EN	SD
GTF	32.527 70	0.108 36	0.021 77	0.453 64	3.358 74	6.635 34	31.579 11
TIF	39.235 19	0.197 43	0.114 10	0.747 60	3.895 65	6.526 02	28.241 74
ADF	35.264 16	0.281 90	0.160 59	0.312 81	3.679 47	6.273 04	23.420 29
VggML	24.005 04	0.404 63	0.289 70	0.295 09	2.426 35	6.182 60	22.706 87
FusionGAN	22.148 33	0.363 34	0.098 87	0.453 54	2.205 17	6.362 85	26.067 31
DenseFuse	23.306 37	0.407 27	0.286 15	0.286 95	2.353 30	6.174 03	22.546 29
RFN-Nest	29.147 34	0.106 39	0.017 74	0.345 45	2.733 75	6.841 34	35.270 43
DeepFuse	34.737 29	**0.415 01**	0.286 15	0.286 95	2.353 30	6.174 03	33.653 23
Dual-branch	25.078 66	0.301 16	0.291 38	0.350 70	2.470 84	6.332 31	27.023 08
CSF	36.818 30	0.256 36	0.248 11	0.711 46	3.609 53	6.790 53	35.716 07
DATFuse	29.972 81	0.329 86	0.206 06	0.391 14	3.101 70	6.320 58	26.444 52
Ours	**42.203 67**	0.370 98	**0.338 52**	**0.808 57**	**4.292 11**	**6.893 42**	**39.323 19**

图 9-10 所示为各方法客观评价结果的对比,其中横轴为选取的 21 对图像。纵轴为每对图像计算得到的评价值,纵轴的值越大说明融合效果越好,包含的信息越丰富。可以看出 ADF 的融合结果相比于其他方法波动较大。TIF、VggML 与其他方法相比存在单幅图像评价指标较低等情况。而本节方法的融合结果更稳定。

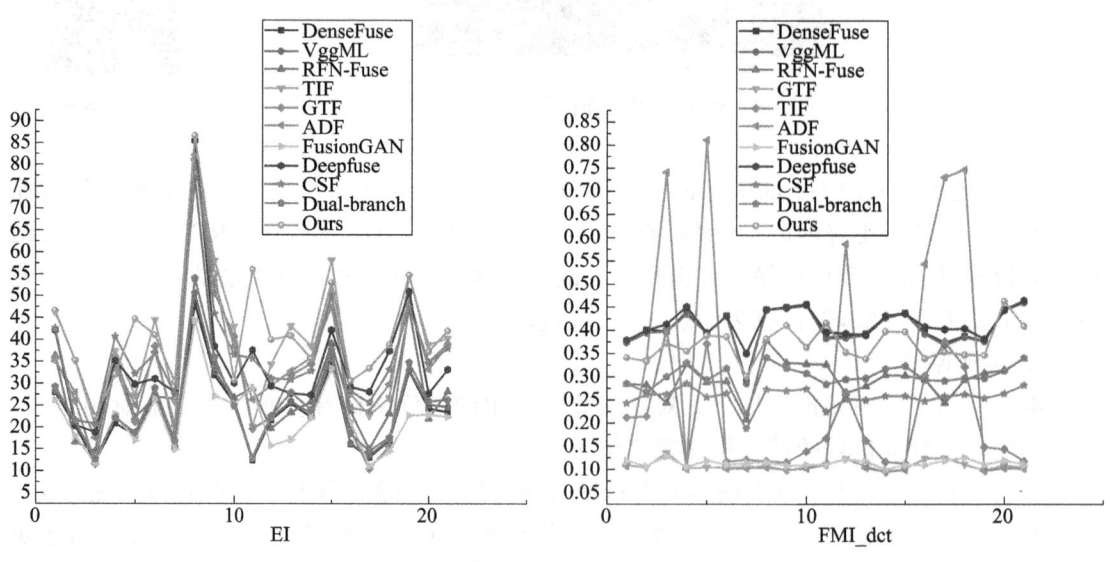

图 9-10 21 对图像在不同方法上的客观评价结果

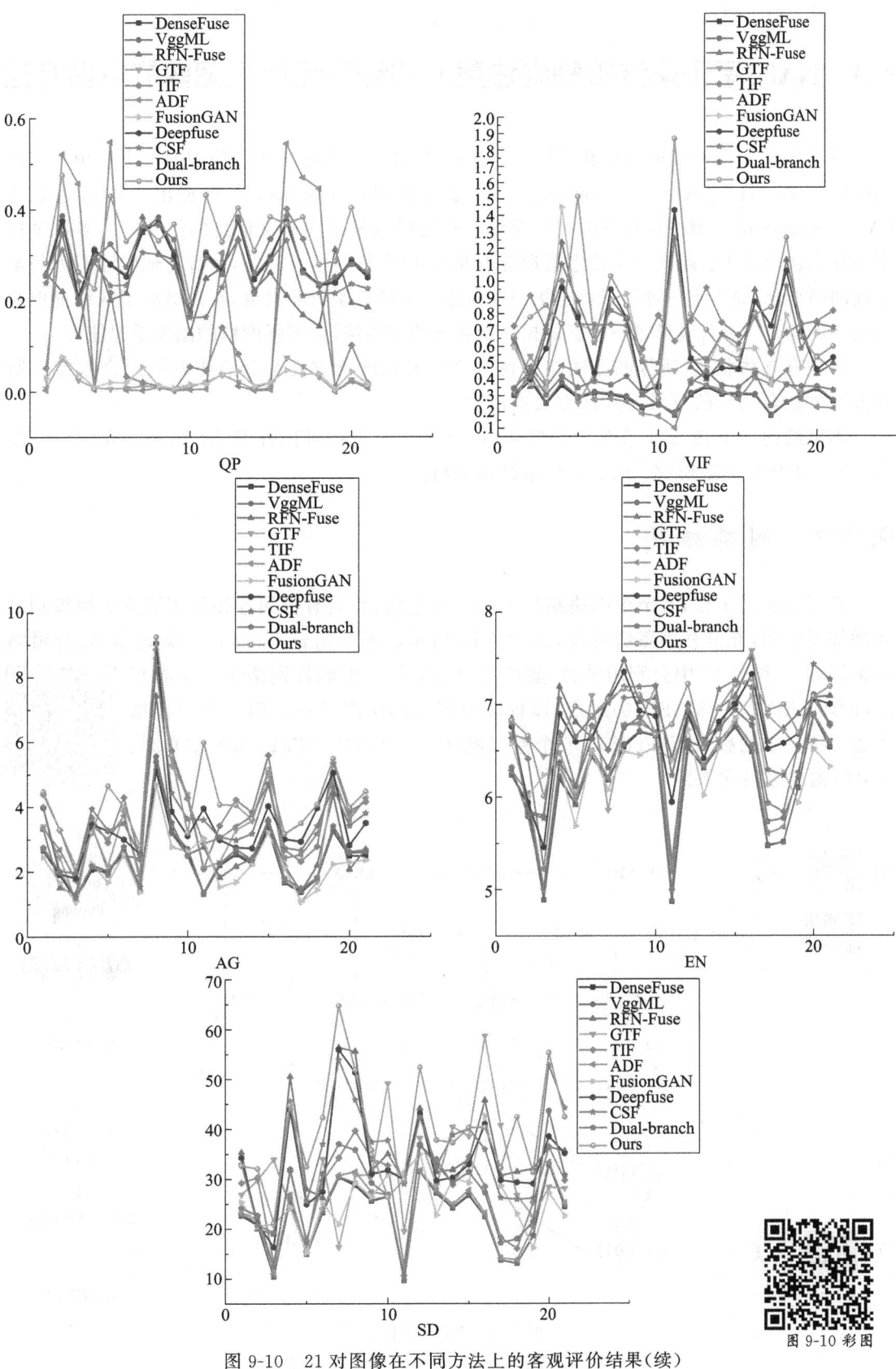

图 9-10 21 对图像在不同方法上的客观评价结果（续）

9.3 NAF：基于巢连接轴向注意力的红外和可见图像的融合方法

基于 Self-Attention 的模型在深度学习领域表现出色，尤其对于图像中的长程依赖有较强的提取能力。针对 Self-Attention 存在计算量大的问题 Jonathan[27] 等提出了轴向注意力(Axial-Attention)在减少计算量的同时保留了模型提取长距离语义信息的能力。而多尺度模型中存在缺少对于长距离语义信息处理能力弱的问题，针对这一问题，本节将轴向注意力与巢连接网络结合，提出了一种基于巢连接和轴向注意力的自编码器网络，有效提高了网络提取纹理细节的能力。并且设计了一个新的损失函数来约束网络，以增强网络的图像重建能力。

与现有方法相比，所提的方法在客观评价和主观评价方面都具有更好的融合性能。所提方法的融合结果的背景比其他方法更清楚。

本节结构如下：9.3.1 节介绍网络结构。9.3.2 节介绍轴向注意力。9.3.3 介绍训练细节。9.3.4 介绍消融研究。9.3.5 介绍结果分析。

9.3.1 网络结构

基于先前的工作，本节中网络结构采用了巢连接，在具有密集连接的相同分辨率级别之间添加卷积层，充分利用各级特征，如图 9-11 所示。网络由三部分组成：编码器、融合策略和解码器，在图 9-11 中分别用黄色、蓝色和绿色表示。编码器网络由 4 个卷积块(EB10、EB20、EB30、EB40)组成，以提取源图像的深层特征。第 9.2 节详细描述了框架中的融合策略(FS)。6 个卷积块(DB11、DB21、DB31、DB12、DB22、DB13)构成解码网络。

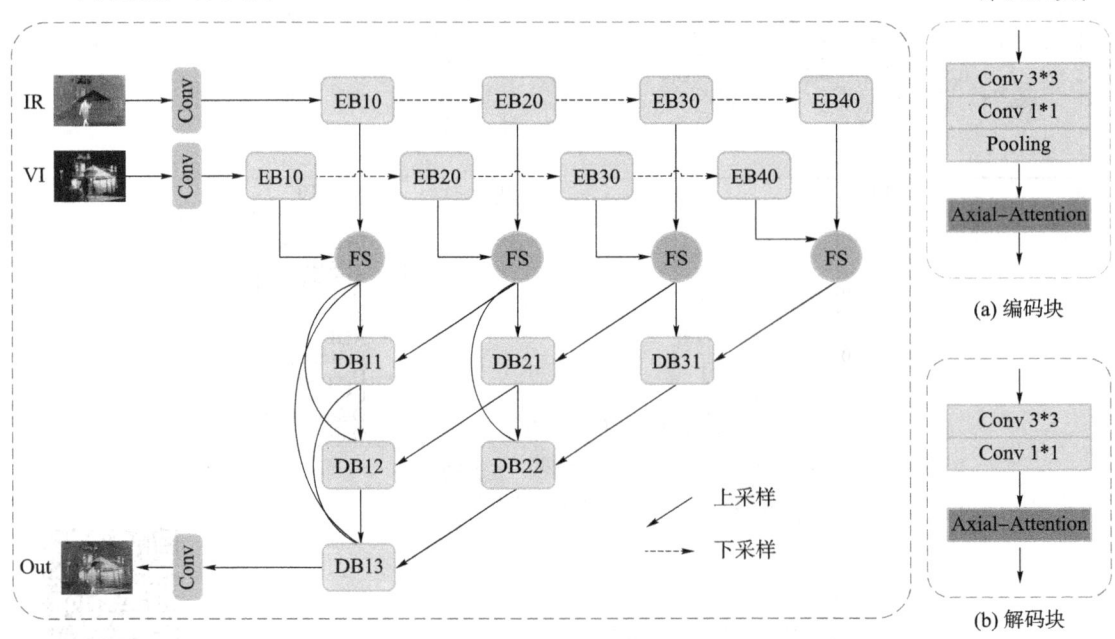

图 9-11　NAF 的框架

IR、VI 和 Out 分别表示红外图像、可见图像和融合图像

现有的多尺度网络结构仅采用卷积层作为主要结构,而卷积层仅对局部纹理细节敏感,并没有充分利用长距离语义信息。为了解决这个问题,本节应用轴向注意力来增强特征提取的能力。

在所提的网络中,每个卷积块由两部分组成,卷积层和轴向注意力模块。卷积块的结构如图 9-11(a)和图 9-11(b)所示。池化层是对特征图进行降采样以提取深层特征。在解码阶段,应用 6 个卷积块,并利用跳跃连接形成巢连接。不同尺度的特征之间采用上采样连接。DB 块的作用是重建融合图像。在每个卷积的末尾添加轴向注意力,以提取特征图的长距离相关性信息。

解码阶段中的卷积块不同于编码阶段中的那些卷积块。如图 9-11(b)所示,解码阶段没有池化层。网络信道的数量和分辨率参数列于表 9-4 中。

表 9-4 编码器和解码器的网络设置

	卷积	输入通道	输出通道	分辨率
编码器	Conv	1	16	256×256
	EB10	16	64	256×256
	EB20	64	112	128×128
	EB30	112	160	64×64
	EB40	160	208	32×32
解码器	DB31	368	160	64×64
	DB21	272	112	128×128
	DB22	384	112	128×128
	DB11	176	64	256×256
	DB12	240	64	256×256
	DB13	304	64	256×256
	Conv	64	1	256×256

基于轴向注意力的图像融合方法的融合策略与 9.1.2 节中介绍的融合策略相同。

9.3.2 轴向注意力

近年来,Self-Attention 由于其优异的性能而在计算机视觉领域得到了广泛的研究。现有研究表明,Self-Attention 具有提取长距离语义信息的能力,可以提高网络特征提取的能力。假设输入特征图 I 和输出 O,Self-Attention 可以通过式(9-17)计算:

$$O_{ij} = \sum_{p \in N} \text{softmax}(q_{ij}^T k_p) v_p \tag{9-17}$$

式中,i、j 是输出张量的位置坐标。q、k 和 v 分别表示查询、键和值。$q_{ij}=W_q I_{ij}$,$k_{ij}=W_k I_{ij}$,$v_{ij}=W_v I_{ij}$ 是 I_{ij} 的线性投影。W_q、W_k、W_v 是可学习的。N 表示计算区域,$p=(a,b)$ 表示计算区域内所有可能的位置。然而,全局位置信息没有得到充分利用,这对于融合网络捕获空间信息非常重要。为了解决这个问题,Parmar 等[28]使用位置嵌入和局部约束来实现自注意力。对于从特征图中提取的每个计算 $N_{n \times n}$ 平方面积,O_{ij} 由式(9-18)给出:

$$O_{ij} = \sum_{p \in N_{n \times n}} \text{softmax}(q_{ij}^{\mathrm{T}} k_p + q_{ij}^{\mathrm{T}} r_{p\text{-}ij}) v_p \tag{9-18}$$

式中，$r_{p\text{-}ij}$ 是位置嵌入。$q_{ij}^{\mathrm{T}} r_{p\text{-}ij}$ 计算位置 p 和位置 i、j 之间的局部约束。并且，k 也具有位置信息，这在他们的工作中没有处理。为了解决这一问题，Wang 等[85]增加对 k 位置信息的处理通过 $k_p^{\mathrm{T}} r_{p\text{-}ij}^k$ 项。并考虑了 v_p 的位置信息。O_{ij} 可以用式(9-19)表示：

$$O_{ij} = \sum_{p \in N_{n \times n}(i,j)} \text{softmax}(q_{ij}^{\mathrm{T}} k_p + q_{ij}^{\mathrm{T}} r_{p\text{-}ij}^q + k_p^{\mathrm{T}} r_{p\text{-}ij}^k)(v_p + r_{p\text{-}ij}^v) \tag{9-19}$$

式中，$r_{p\text{-}ij}^k$ 是 k 的位置嵌入，$r_{p\text{-}ij}^v$ 代表 v 的位置嵌入。这两个矢量都以合理的计算成本实现了具有精确位置信息的远程依赖性。然而，仍然存在一个问题。当在局部正方形区域中执行局部自注意力算法时，复杂性仍然是区域长度的二次方。在本节中，采用了轴向注意力策略。这可以保持长距离语义信息并减少计算开销。首先，宽度轴上的轴向注意力层被视为简单的一维 Self-Attention，然后将相同的轴向注意力应用于高度轴。作用于宽度轴（即 $N_{1 \times n}$）时的轴向注意由式(9-20)给出：

$$O_{ij} = \sum_{p \in N_{1 \times n}(i,j)} \text{softmax}(q_{ij}^{\mathrm{T}} k_p + q_{ij}^{\mathrm{T}} r_{p\text{-}ij}^q + k_p^{\mathrm{T}} r_{p\text{-}ij}^k)(v_p + r_{p\text{-}ij}^v) \tag{9-20}$$

在宽度和高度的每个轴上计算轴向注意力，这可以将计算量从 $h^2 w^2$（Self-attention）减少到 $2hwn$（Axial-Attention）[29]，其中 h、w 表示特征图的高度和宽度。

9.3.3 训练细节

在本章所提的融合方法中采用了两阶段策略。首先，在 MS-COCO 数据集上训练自编码器网络，以提取多尺度深度特征。训练阶段的框架如图 9-12 所示，其中 I、O 是输入和输出图像。

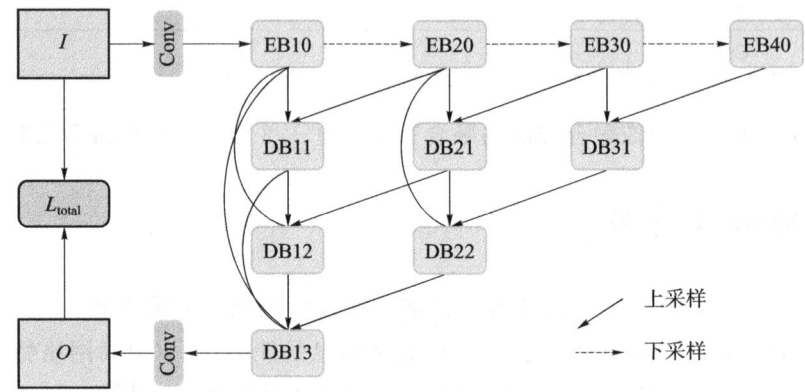

图 9-12 训练阶段的框架

其次，本小节设计了一个新的损失函数来约束网络。大多数现有方法使用 SSIM 损失函数，但它对导致图像亮度变化的均匀偏差不敏感[30]。另外，L_1 损失可以保留颜色和亮度，但它忽略了局部结构。因此，将它们结合来约束网络可以获得更好的结果。此外，本小节还从图像深层特征相似的角度出发，引入了感知损失函数[31]，以进一步增强模型性能。在训练阶段损失函数如下：

$$L_{\text{total}} = L_1 + \lambda L_{\text{ssim}} + \mu L_p \tag{9-21}$$

式中，L_p 和 L_{ssim} 分别表示像素损失和结构相似性损失。L_p 是感知损失函数。λ 和 μ 是平衡两个损失权重的参数。L_1 由式(9-22)给出：

$$L_1 = \frac{1}{N} \sum \|O - I\|_F \tag{9-22}$$

式中，O 和 I 分别表示输出图像和输入图像。$\|\cdot\|_F$ 表示 F 范数。L_p 被用于计算输入与输出图像的像素差。L_{ssim} 通过式(9-23)获得：

$$L_{\text{ssim}} = 1 - \text{SSIM}(O, I) \tag{9-23}$$

式中，SSIM(·)是结构相似性度量。度量值越大，输入图像和输出图像之间的结构相似度越高。输入和输出图像的误差可以通过 L_p 从特征图的角度来计算。L_p 定义如下：

$$L_p = \sum_{i=1}^{4} \text{MSE}(\phi_i(O), \phi_i(I)) \tag{9-24}$$

式中，$\phi_i(\cdot)$ 表示将图像输入到预训练的 Vgg19 网络之后的第 i 层特征。

9.3.4 消融研究

如 9.3.1 节所述，所提的网络增加了轴向注意力。本小节设置了消融实验为了验证轴向注意力的有效性。分别对有无轴向注意力进行了探究，消融前后融合结果对比如图 9-13 所示，实验图像从 TNO 数据集中选取。上边一行是没有注意的结果，下边一行是添加注意(NAF)后的结果。从图 9-13 中的红框可以观察到，通过含有轴向注意力的方法获得的融合图像包含更多纹理信息。在添加轴向注意力后，所提的模型提高了远程信息的处理能力，因此背景中存在统一的样式和更多细节。

图 9-13 消融前后融合结果对比　　　　图 9-13 彩图

消融研究的客观评估结果如表 9-5 所示。从表 9-5 可以看出表中除 VIF 外其他评价指标都有提升。其中 EI 边缘强度指标提升较为明显，这与主观评价中图像边缘细节更多相呼应，说明融合结果中包含更多的边缘细节信息。消融实验表明轴向注意力可以有效地提高融合性能。

表 9-5　消融研究的客观评估结果

融合模型	EI	FMI_dct	QP	VIF	AG	EN	SD
Without Axial-attention	36.323 19	0.362 77	0.350 13	**0.764 15**	3.660 91	6.904 61	40.205 74
NAF	**51.010 74**	**0.363 92**	**0.393 74**	0.759 42	**5.382 15**	**6.975 18**	**42.121 69**

9.3.5　结果分析

在本小节中,选择了一些先进的融合方法来评估融合性能,包括 FusionGAN[32]、DenseFuse[33]、DDcGAN[34]、U2fusion[35]、RFN Fuse[36]、CSF[37]、TGFuse[38]。训练期间的 epoch 和批次大小分别为 2 和 2。参数 λ 和 μ 设置为 100、1000 以平衡损失函数。训练数据集为 MS-COCO 数据集。测试图像来自 TNO① 数据集。为了与其他方法进行比较,选择了以下评价指标进行客观评估:边缘强度(EI)[39]、视觉保真度(VIF)[40]、平均梯度(AG)[41]、信息熵(EN)[42]、标准差(SD)[43]、离散余弦特征互信息(FMI_dct)[44]、相位一致性(QP)[45]、空间频率(SF)[46]。

1. 主观评价结果

现有方法与本小节提出的方法之间的比较结果如图 9-14 所示。其中 FusionGAN 的结果在某些区域是模糊的,并且包含更多的噪声。其结果中包含了过多的红外信息,例如天空的亮度。RFN-Nest 也有同样的问题,因为这些方法的红外图像信息保留过多,这导致融合的结果信息不平衡。

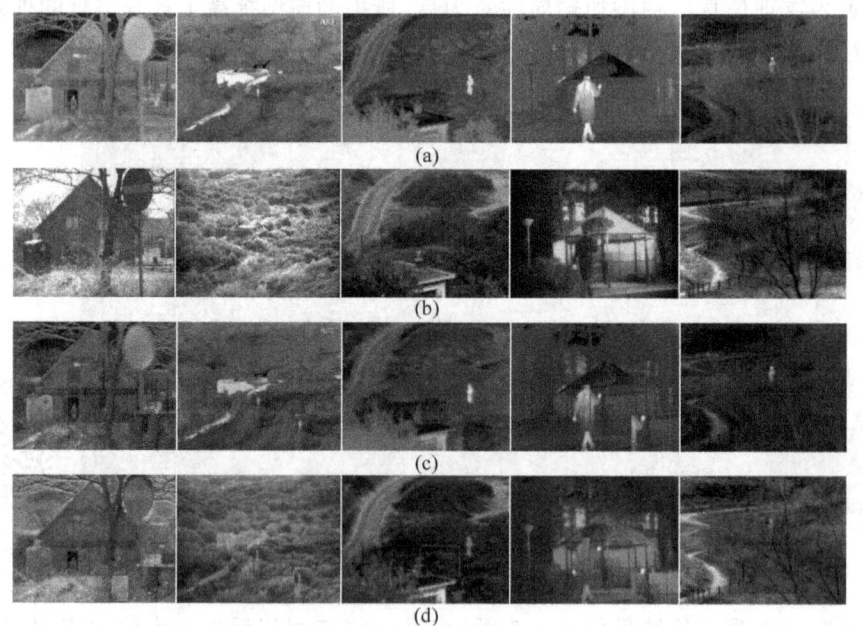

图 9-14　主观比较

其中(a)红外图像;(b)可见光图像;(c)FusionGAN;(d)RFN-Nest

---

① https://figshare.com/articles/TNO Image Fusion Dataset/1008029

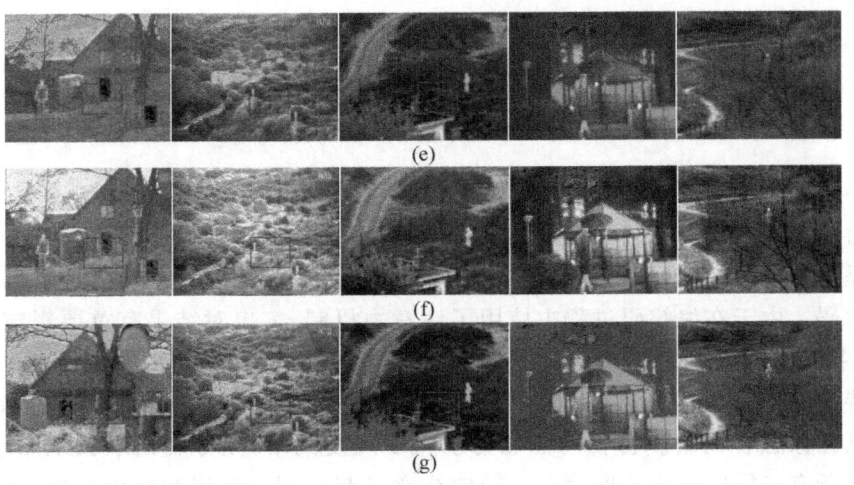

图 9-14 主观比较(续)
(e)CSF；(f)TGFuse；(g)NAF

图 9-14 彩图

本小节所提融合方法结果中的细节更加明显,这符合人类的视觉感知与其他融合方法相比,所提方法具有更好的融合性能。由于轴向注意力,可以提取远程信息,对于同一对象从源图像获得的信息量更加平衡,目标的亮度更加一致。相比之下,由于缺乏长距离依赖 FusionGAN 中的背景亮度变化很大。此外,实验表明轴向注意力可以有效提高图像中的边缘细节信息,使图像看起来更加清晰更符合人类视觉感知。

2. 客观评价结果

在本小节中,客观评价指标也被应用于对比实验。表 9-6 为 TNO 数据集的客观评估平均值。每个评估度量的最佳结果用加粗字体表示,第二个最佳结果用下画线表示。

表 9-6 彩表

表 9-6 TNO 数据集的客观评估平均值

融合模型	EI	SF	QP	VIF	AG	EN	SD
FusionGAN	22.148 33	5.790 99	0.098 87	0.453 54	2.205 17	6.362 85	26.067 31
DenseFuse	23.306 37	6.041 42	0.286 15	0.286 95	2.353 30	6.174 03	22.546 29
DDcGAN	<u>50.102 20</u>	<u>12.600 48</u>	0.007 07	**1.307 10**	5.053 22	**7.473 10**	<u>39.514 74</u>
U2fusion	48.361 72	11.301 34	0.260 41	<u>0.854 32</u>	4.772 36	6.757 08	31.708 37
RFN-Nest	29.147 34	6.127 41	0.017 74	0.345 45	2.733 75	6.841 34	35.270 43
CSF	36.818 30	8.576 18	0.248 11	0.711 46	3.609 53	6.790 53	35.716 07
TGFuse	40.178 67	10.822 00	<u>0.375 57</u>	0.754 84	4.026 72	6.919 24	**42.530 39**
Our	**51.034 38**	**15.322 23**	**0.392 69**	0.775 63	**5.381 83**	<u>6.984 09</u>	41.516 56

从表 9-6 中可以看出,空间频率 SF 值远远超过其他方法。SF 值越高,图像质量越高。SD 相对高于其他指标,它反映了图像的灰度值相对于平均灰度值的分散程度。

此外,如果融合图像的质量要由客观评价指标准确反映,则需要在多个指标中获得更好的结果,不能有较差的指标。所提的方法在客观评估上获得了 4 个最佳结果,并且在所有度量上没有最差的度量。这些评估指标表明,本小节提出的方法在细节保留方面可以取得良好的效果。

9.4 本章小结

本章提出一种基于注意力机制的融合架构。将注意力机制引入到多尺度网络中,充分利用通道注意力信息,解决基于卷积神经网络方法中细节丢失的问题。所提方法首先利用一个解码器来提取特征图的多尺度信息。再将各个尺度的特征融合,分别输入到解码器的对应接口进行解码。由于在编解码过程中使用了注意力机制,突出对结果有重要影响的通道,使得融合结果保留了更多细节和纹理特征。利用提出的网络结构,可以在重构过程中保留更多的显著特征,提高图像融合的性能。此外,本章还提出了一种基于轴向注意力和巢连接的红外和可见图像融合网络。将轴向注意力引入多尺度网络,充分利用了长距离信息。采用解码器获取所有特征图的多尺度信息。轴向注意机制应用于编码和解码之中,突出了对融合结果有重要影响的长距离相关性,因此融合结果保留了更多细节和纹理特征。此外,提出了一种新的损失函数来约束网络。这将使网络更好地提取图像特征。所提出的网络可以在重建过程中保留更多的显著特征,并提高图像融合的性能。

本章参考文献

[1] Hu J, Shen L, Albanie S, et al. Squeeze-and-Excitation Networks [J]. IEEE Transactions on Pattern Analysis and Machine Intelligence, 2020, 42(8): 2011-2023.

[2] Li B, Liu Z, Gao S, et al. CSpA-DN: Channel and Spatial Attention Dense Network for Fusing PET and MRI Images [C]; proceedings of the 2020 25th International Conference on Pattern Recognition (ICPR). IEEE, 2021: 8188-8195.

[3] Huang G, Liu Z, Maaten L V D, et al. Densely Connected Convolutional Networks [C]; proceedings of the 2017 IEEE Conference on Computer Vision and Pattern Recognition (CVPR), F 21-26 July 2017: 4700-4708.

[4] Li H, Wu X. DenseFuse: A Fusion Approach to Infrared and Visible Images [J]. IEEE Transactions on Image Processing, 2019, 28(5): 2614-2623.

[5] Li H, Wu X J, Durrani T. NestFuse: An Infrared and Visible Image Fusion Architecture Based on Nest Connection and Spatial/Channel Attention Models [J]. IEEE Transactions on Instrumentation and Measurement, 2020, 69(12): 9645-9656.

[6] 李辉. 基于表示学习的图像融合算法研究与应用 [D]; 江南大学, 2021, 23-25.

[7] 张子晗. 基于深度卷积网络的图像融合算法研究 [D]; 江南大学, 2022, 31-33.

[8] Ma J, Chen C, Li C, et al. Infrared and visible image fusion via gradient transfer and total variation minimization [J]. Information Fusion, 2016(31): 100-109.

[9] Bavirisetti D P, D Huli R. Two-scale image fusion of visible and infrared images using saliency detection [J]. Infrared Physics & Technology, 2016(76): 52-64.

[10] Bavirisetti D P, Dhuli R. Fusion of Infrared and Visible Sensor Images Based on Anisotropic Diffusion and Karhunen-Loeve Transform [J]. IEEE Sensors Journal, 2015, 16(1): 203-209.

[11] Ma J, Yu W, Liang P, et al. FusionGAN: A generative adversarial network for infrared and visible image fusion [J]. Information Fusion, 2019(48): 11-26.

[12] Li H, Wu X. DenseFuse: A Fusion Approach to Infrared and Visible Images [J]. IEEE Transactions on Image Processing, 2019, 28(5): 2614-2623.

[13] Li H, Wu X, Kittler J. Infrared and Visible Image Fusion using a Deep Learning Framework [C]; proceedings of the 2018 24th International Conference on Pattern Recognition (ICPR), IEEE, 2018: 2705-2710.

[14] Li H, Wu X-J, Kittler J. RFN-Nest: An end-to-end residual fusion network for infrared and visible images [J]. Information Fusion, 2021(73): 72-86.

[15] Prabhakar K R, Srikar V S, Babu R V. DeepFuse: A Deep Unsupervised Approach for Exposure Fusion with Extreme Exposure Image Pairs [C]; proceedings of the 2017 IEEE International Conference on Computer Vision (ICCV), F 22-29 Oct. 2017. IEEE: Italy, 2017.

[16] Xu H, Zhang H, Ma J. Classification Saliency-Based Rule for Visible and Infrared Image Fusion [J]. IEEE Transactions on Computational Imaging, 2021(7): 824-836.

[17] Fu Y, Wu X J. A Dual-branch Network for Infrared and Visible Image Fusion [J]. International Conference on Pattern Recognition (ICPR), 2021: 10675-10680.

[18] Tang W, He F, Liu Y, et al. DATFuse: Infrared and Visible Image Fusion via Dual Attention Transformer [J]. IEEE Transactions on Circuits and Systems for Video Technology, 2023: 1-1.

[19] Lin T Y, Maire M, Belongie S, et al. Microsoft COCO: Common Objects in Context [C]. Computer Vision-ECCV 2014: 13th European Conference, Zurich, Switzerland, September 6-12, 2014, Proceedings, Part V 13. Springer International Publishing, 2014: 740-755.

[20] Xydeas C S, Petrović V. Objective image fusion performance measure [J]. Electronics Letters, 2000, 36(4).

[21] Han Y, Cai Y, Cao Y, et al. A new image fusion performance metric based on visual information fidelity [J]. Information Fusion, 2013, 14(2): 127-135.

[22] Cui G, Feng H, Xu Z, et al. Detail preserved fusion of visible and infrared images using regional saliency extraction and multi-scale image decomposition [J]. Optics Communications, 2015(341): 199-209.

[23] Aardt V, Jan. Assessment of image fusion procedures using entropy, image quality, and multispectral classification [J]. Journal of Applied Remote Sensing, 2008, 2(1): 1-28.

[24] Haghighat M, Razian M A. Fast-FMI: Non-reference image fusion metric [C]; proceedings of the 2014 IEEE 8th International Conference on Application of Information and Communication Technologies (AICT). IEEE, 2014: 1-3.

[25] Zhao J, Laganiere R, Liu Z. Performance assessment of combinative pixel-level image fusion based on an absolute feature measurement [J]. Int. J. Innov. Comput. Inf. Control, 2007, 3(6): 1433-1447.

[26] Toet A. The TNO multiband image data collection[J]. Data in brief, 2017(15): 249-251.

[27] Ho J, Kalchbrenner N, Weissenborn D, et al. Axial Attention in Multidimensional Transformers [J].arXiv preprint arXiv:1912. 2019:12180.

[28] Ramachandran P, Parmar N, Vaswani A, et al. Stand-Alone Self-Attention in Vision Models [J].2019.

[29] Wang H, Zhu Y, Green B, et al. Axial-DeepLab: Stand-Alone Axial-Attention for Panoptic Segmentation [C].Computer Vision-ECCV 2020:16th European Conference, Glasgow, UK, August 23-28, 2020, Proceedings, Part IV. Cham: Springer International Publishing, 2020: 108-126.

[30] Zhao H, Gallo O, Frosio I, et al. Loss Functions for Image Restoration With Neural Networks [J].IEEE Transactions on Computational Imaging, 2017, 3(1): 47-57.

[31] Wu Y, Liu J, Jiang J, et al. Dual Attention Mechanisms with Perceptual Loss Ensemble for Infrared and Visible Image Fusion [Z].2020 8th International Conference on Digital Home (ICDH). 2020:87-92.

[32] Ma J, Yu W, Liang P, et al. FusionGAN: A generative adversarial network for infrared and visible image fusion [J].Information Fusion, 2019(48):11-26.

[33] Li H, Wu X. DenseFuse: A Fusion Approach to Infrared and Visible Images [J].IEEE Transactions on Image Processing, 2019, 28(5): 2614-2623.

[34] Ma J, Xu H, Jiang J, et al. DDcGAN: A Dual-Discriminator Conditional Generative Adversarial Network for Multi-Resolution Image Fusion [J]. IEEE Transactions on Image Processing, 2020(29):4980-4995.

[35] Xu H, Ma J, Jiang J, et al. U2Fusion: A Unified Unsupervised Image Fusion Network [J].IEEE Transactions on Pattern Analysis and Machine Intelligence, 2020, 44(1): 502-518.

[36] Li H, Wu X-J, Kittler J. RFN-Nest: An end-to-end residual fusion network for infrared and visible images [J].Information Fusion, 2021(73):72-86.

[37] Xu H, Zhang H, Ma J. Classification Saliency-Based Rule for Visible and Infrared Image Fusion [J].IEEE Transactions on Computational Imaging, 2021(7):824-836.

[38] Rao D, Wu X J, Xu T. TGFuse: An Infrared and Visible Image Fusion Approach Based on Transformer and Generative Adversarial Network [J]. IEEE Transactions on Image Processing, 2023.

[39] Xydeas C S, Petrović V. Objective image fusion performance measure [J].Electronics Letters, 2000, 36(4).

[40] Han Y, Cai Y, Cao Y, et al. A new image fusion performance metric based on visual information fidelity [J].Information Fusion, 2013, 14(2):127-135.

[41] Cui G, Feng H, Xu Z, et al. Detail preserved fusion of visible and infrared images using regional saliency extraction and multi-scale image decomposition [J]. Optics Communications, 2015(341):199-209.

[42] Tang L, Yuan J, Zhang H, et al. PIAFusion: A progressive infrared and visible image fusion network based on illumination aware [J]. Information Fusion, 2022(83): 79-92.

[43] Aardt V, Jan. Assessment of image fusion procedures using entropy, image quality, and multispectral classification [J]. Journal of Applied Remote Sensing, 2008, 2(1): 1-28.

[44] Fu Y, Wu X J, Durrani T. Image fusion based on generative adversarial network consistent with perception [J]. Information Fusion, 2021, 72: 110-125.

[45] Zhao J, Laganiere R, Zheng L. Performance assessment of combinative pixel-level image fusion based on an absolute feature measurement [J]. International Journal of Innovative Computing Information & Control Ijicic, 2007, 3(6): 1433-1447.

[46] Eskicioglu A M, Fisher P S. Image quality measures and their performance [J]. IEEE Trans Commun, 1995, 43(12): 2959-2965.

第 10 章

基于 Swin-Transformer 和混合特征聚合的红外与可见光图像融合方法

10.1 引言

现有的自编码器方法中长距离语义信息没有被充分利用。因此本章在网络中应用注意力机制和 Swin-Transformer 来缓解这一问题。此外,现有的方法通常只考虑可见光图像的背景信息和红外图像的目标亮度信息,而红外图像的背景亮度信息通常被忽略,导致红外图像中的部分背景信息细丢失。充分利用红外亮度信息会使背景更加清晰。红外图像的梯度信息也有助于生成更加清晰的图像。因此,一个新的混合特征聚合被提出来融合特征,其中包含红外亮度增强模块和纹理细节增强模块。红外亮度增强模块不仅可以增强红外目标信息,还保留了红外图像中部分背景的亮度。细节保留模块通过梯度算子提取特征图的梯度边缘信息。特征聚合中还加入了注意力机制来融合特征,能够保留更多细节。综上所述,本章的主要贡献如下:

(1) 基于注意力巢连接网络,充分利用多尺度分解和图像重建过程中的注意力信息。在解码器中采用 Swin-Transformer 提取图像特征的长距离依赖。增强模型特征提取能力。

(2) 提出了一种新的混合红外特征增强、纹理细节增强和注意力的特征聚合模块。可以充分保留来自源图像的亮度与细节信息。

(3) 实验结果表明,所提方法能够更清晰地融合红外和可见光图像,融合结果中的纹理和细节信息更多。与现有的融合方法相比,本章提出的融合框架在公开数据集上的主观视觉评价和客观评价均表现出更好的融合性能。

本章结构如下:10.2 节介绍所提的融合方法;10.3 节介绍实验与结果分析,其中包含与现有融合方法的对比分析与消融研究;10.4 节为本章小结。

10.2 融合方法

本节将详细介绍基于注意力机制和巢网络的融合模型,并介绍模型的细节以及特征聚合模块。10.2.1 节介绍融合模型及网络结构;10.2.2 节介绍所提特征聚合模块(FA);10.2.3 节介绍融合网络的训练阶段。

10.2.1 网络结构

在先前的工作基础上继续深入探究,提出的融合方法的结构图如图 10-1 所示。其中 EB 为编码器、FA 为特征聚合、DB 为解码器。本节主要介绍编码器、解码器,特征聚合在 10.2.2 节中详细介绍。

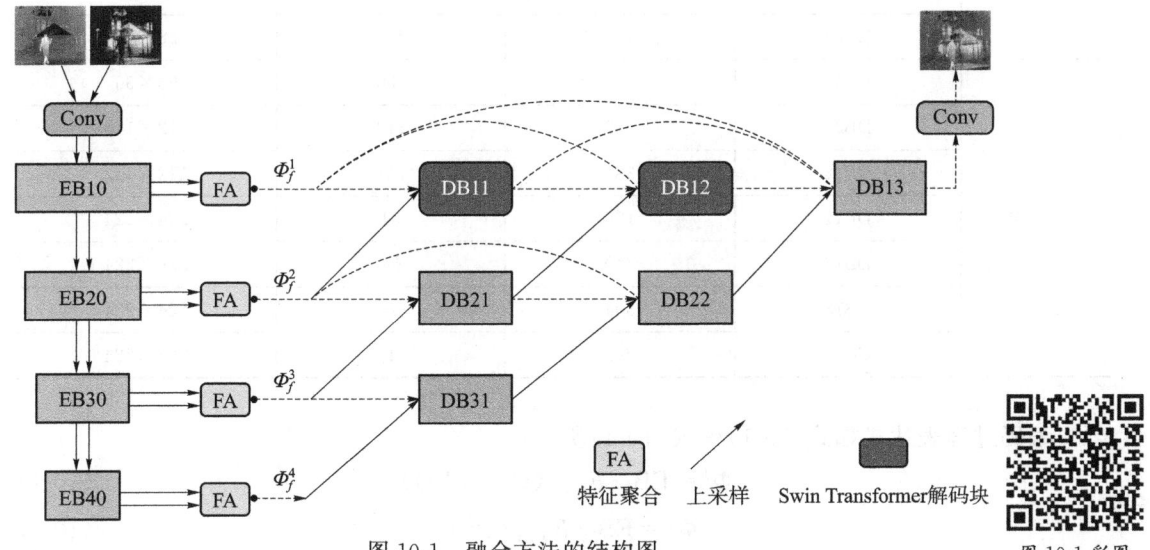

图 10-1 融合方法的结构图

图 10-1 彩图

现有的 U 形网络存在相同尺度上卷积层不深导致特征未充分利用的问题,为了缓解这个问题,本节采用巢连接策略,在同一尺度之间增加卷积层,并使用跳跃连接,在不同尺度之间采用上采样连接,来充分利用特征。由于卷积只注意局部的纹理特征没有充分利用成距离语义依赖,因此本小节在网络中使用 Swin-Transformer 来提取长距离依赖如图 10-1 所示。Swin-Transformer 相比于传统的 Transformer 有更低的计算量和更强的特征提取能力,其结构如图 10-2(a)所示。

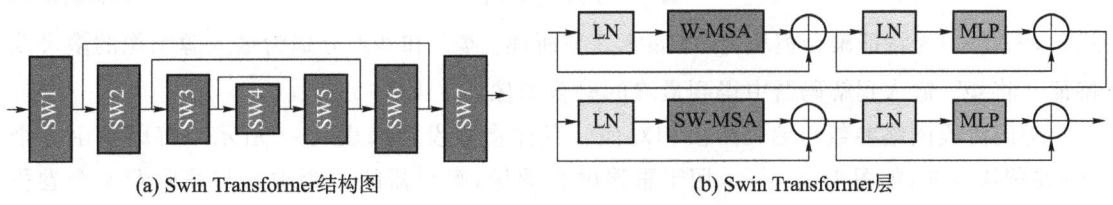

图 10-2 Swin-Transformer 解码块

编码器由 4 个卷积块组成，其中 Conv 表示卷积层，用来取图像的浅层特征信息。在编码器中，每个卷积块都包括一个 2×2 的池化层，对特征图进行下采样。与 9.2 节中所提方法不同的是 DB11 与 DB12 被替换为 Swin-Transformer 模块有效提升模型性能。

在编码阶段，图像先经过一个输出通道数为 16 的卷积层，再依次经过 EB10，通道数为 64，分辨率大小为 224×224。EB20 通道数为 112，分辨率为 112×112。EB30 通道数为 160，分辨率大小为 56×56，EB40 通道数为 208，分辨率大小为 28×28。编码器和解码器网络参数如表 10-1 所示。

表 10-1 编码器和解码器的网络参数

	卷积	输入通道	输出通道	分辨率
编码器	Conv	1	16	224×224
	EB10	16	64	224×224
	EB20	64	112	112×112
	EB30	112	160	56×56
	EB40	160	208	28×28
解码器	DB31	368	160	56×56
	DB21	272	112	112×112
	DB22	384	112	112×112
	DB11	176	64	224×224
	DB12	240	64	224×224
	DB13	304	64	224×224
	Conv	64	1	224×224

编码过程表达式如式(10-1)~式(10-4)所示：

$$\Phi^1 = \mathrm{EB}_1(F_{\mathrm{ATT}}(\mathrm{Conv}(I))) \tag{10-1}$$

$$\Phi^2 = \mathrm{EB}_2(F_{\mathrm{ATT}}(\Phi^1)) \tag{10-2}$$

$$\Phi^3 = \mathrm{EB}_3(F_{\mathrm{ATT}}(\Phi^2)) \tag{10-3}$$

$$\Phi^4 = \mathrm{EB}_4(F_{\mathrm{ATT}}(\Phi^3)) \tag{10-4}$$

式中，I、Φ 分别表示输入图像和多尺度特征。$\mathrm{EB}_m(\cdot)$ 表示多尺度特征提取函数，m 表示多尺度层数 $m \in 1,2,3,4$。Φ^m 表示各尺度所得特征图。$\mathrm{Conv}(\cdot)$ 表示卷积层。在各卷积块中采用了通道注意力模块提升模型性能。

红外和可见光图像分别经过编码器后使用特征聚合 FA 得到融合特征：

$$\Phi_f^m = \mathrm{FA}(\Phi_1^m, \Phi_2^m) \tag{10-5}$$

式中，FA($\cdot$)为特征聚合模块，具体如 8.2 节所述。Φ_1^m 和 Φ_2^m 分别为输入源图像的多尺度特征。将 Φ_f^m 输入到解码器中得到最终的融合图像。

解码阶段网络参数与编码阶段相对应。具体参数设置如表 10-1 所示。解码器由 6 个 DB 卷积块组成，如图 10-3 所示，用于重建融合图像，解码器的 4 个输入与编码器 4 个卷积块相对应。其中 DB11 和 DB12 由 Swin-Transformer 块组成如图 10-2(a)所示，每个 Swin-

Transformer 块由 7 层不同尺度的 Swin-Transformer 层组成,每个 Swin-Transformer 层如图 10-2(b)所示。

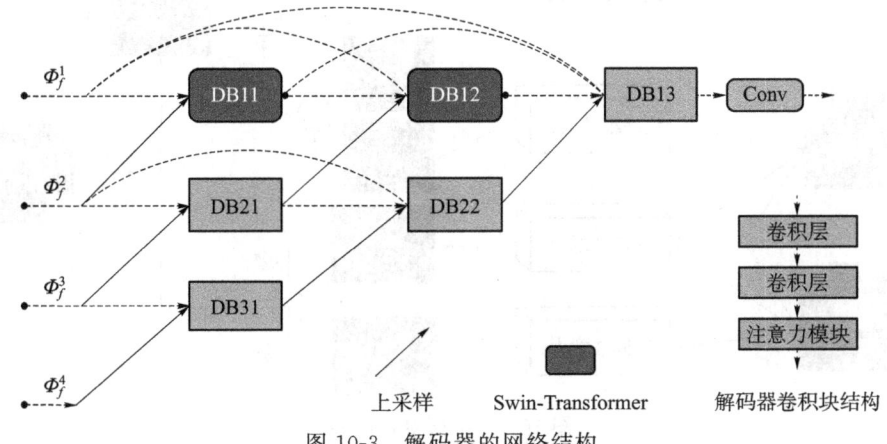

图 10-3 解码器的网络结构

编码阶段和解码阶段的卷积块不完全相同。解码阶段的卷积块由两个卷积层、池化层和注意力模块组成。如图 10-3 所示。其中第二个卷积层的核大小为 1×1,用来匹配维度。解码阶段没有用于下采样的池化层,其余卷积层保持不变。特征图上采样后拼接到同尺度特征中。

10.2.2 特征聚合模块

大多数特征融合都是基于加权平均算子生成一个加权图来融合源图像。基于这一理论,权重图的选择成为一个关键问题。而现有的方法忽略了红外图像中的背景亮度信息及红外图像的梯度信息,为此本节中设计了红外特征增强模块保留更多红外亮度信息,并且从两幅源图像中分别提取梯度信息,同时混合基于注意力机制[1]的特征聚合,达到保留更多细节的目的。在网络训练完成后,测试时将特征聚合加入到网络中,如图 10-4 所示。其中通道注意力与空间注意力与 9.2.2 节中融合策略大致相同,在本节中简要概述。两副原图像经过编码器后得到多尺度特征 Φ_1^m 和 Φ_2^m,通过 l_1-norm 和 Soft-max 算子计算得到的权重映射 β_1^m 和 β_1^m 权重图由式(10-6)所示。

$$\beta_k^m(x,y) = \frac{\|\Phi_k^m(x,y)\|_1}{\sum_{i=1}^{K}\|\Phi_i^m(x,y)\|_1} \tag{10-6}$$

式中,$\|\cdot\|_1$ 表示 L_1 范数,$k \in 1,\cdots,K$ 并且 $K=2$,(x,y) 表示多尺度深度特征和权重图中对应的位置。

$\hat{\Phi}_1^m$ 和 $\hat{\Phi}_2^m$ 表示用 β_1^m 和 β_2^m 加权的增强深度特征。增强特征 $\hat{\Phi}_k^m$ 通过式(10-7)计算。

$$\hat{\Phi}_k^m(x,y) = \beta_k^m(x,y) \times \Phi_k^m(x,y) \tag{10-7}$$

然后通过这些增强的深度特征计算出融合特征 $\hat{\Phi}_f^m$,如式(10-8)所示。

$$\hat{\Phi}_f^m(x,y) = \sum_{i=1}^{K} \hat{\Phi}_i^m(x,y) \tag{10-8}$$

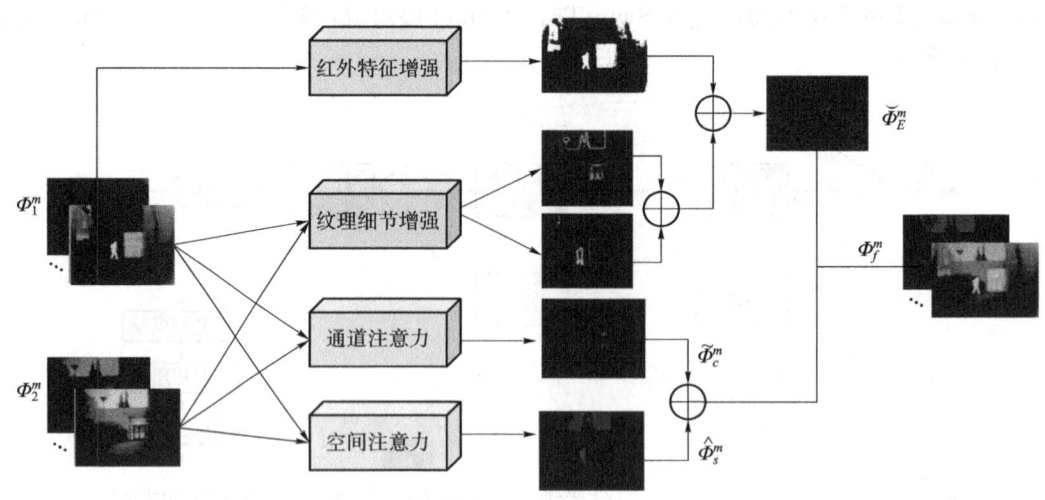

图 10-4 特征聚合框架

特征聚合输入特征图的权重向量 $\boldsymbol{\alpha}_1^m$ 和 $\boldsymbol{\alpha}_2^m$ 由式(10-9)计算得出。

$$\overline{\alpha}_k^m(n) = P(\Phi_k^m(n)) \tag{10-9}$$

式中,n 为输入特征中的通道数,$P(\cdot)$ 为全局池化。全局池化方法是通过每个通道的奇异值求和得到。奇异值往往对应着矩阵中隐含的重要信息,且重要性和奇异值大小正相关。

然后,使用 Soft-max 函数计算得到最终的加权向量 $\boldsymbol{\alpha}_1^m$ 和 $\boldsymbol{\alpha}_2^m$ 如式(10-10)所示。

$$\alpha_k^m(n) = \frac{\overline{\alpha}_k^m(n)}{\sum_{i=1}^{K} \overline{\alpha}_i^m(n)} \tag{10-10}$$

最后通道注意力模块的融合特征 $\tilde{\Phi}_f^m$ 由式(10-11)计算得到。

$$\tilde{\Phi}_f^m(n) = \sum_{i=1}^{K} \alpha_i^m(n) \times \Phi_i^m(n) \tag{10-11}$$

两幅源图像分别计算空间注意力和通道注意力得到结果和 $\hat{\Phi}_s^m$、$\tilde{\Phi}_c^m$。m 表示多尺度深度特征的层次。

在所提特征聚合中对两幅图像分别进行梯度特征提取得到梯度权重图,如式(10-12)所示:

$$\varepsilon_k^m(x,y) = \frac{S(\|\Phi_k^m(x,y)\|_1)}{\sum_{i=1}^{K} S(\|\Phi_i^m(x,y)\|_1)} \tag{10-12}$$

式中,$S(\cdot)$ 代表 Sobel 函数用于提取特征图的梯度特征。

红外特征增强模块首先将红外特征同过分割的方法分离出来,如式(10-13)所示。

$$\eta_k^m(x,y) = \gamma \times \mathrm{seg}(\Phi_{ir}^m(x,y)) \tag{10-13}$$

式中,$\mathrm{seg}(\cdot)$ 为阈值分割函数,其阈值根据背景和红外目标像素值的最大类间方差获得。γ 为平衡权重,在本节中设置为 0.3。

$$\check{\Phi}_E^m(x,y) = \varepsilon_k^m(x,y) \times \eta_k^m(x,y) \tag{10-14}$$

最终的注意力融合特征 Φ_f^m 由式(10-15)计算得到。

$$\Phi_f^m = \frac{1}{3}(\hat{\Phi}_s^m + \tilde{\Phi}_c^m + \check{\Phi}_E^m) \tag{10-15}$$

10.2.3 训练阶段

所提方法采用了两阶段训练策略。首先,训练一个可以提取图片深层特征的自动编码器;其次,训练一个可以处理这些特征重建图像的解码器。训练阶段网络结构如图 10-5 所示,其中 I 和 O 分别为输入图像和重建图像。训练数据集采用 MS-COCO[2] 数据集。

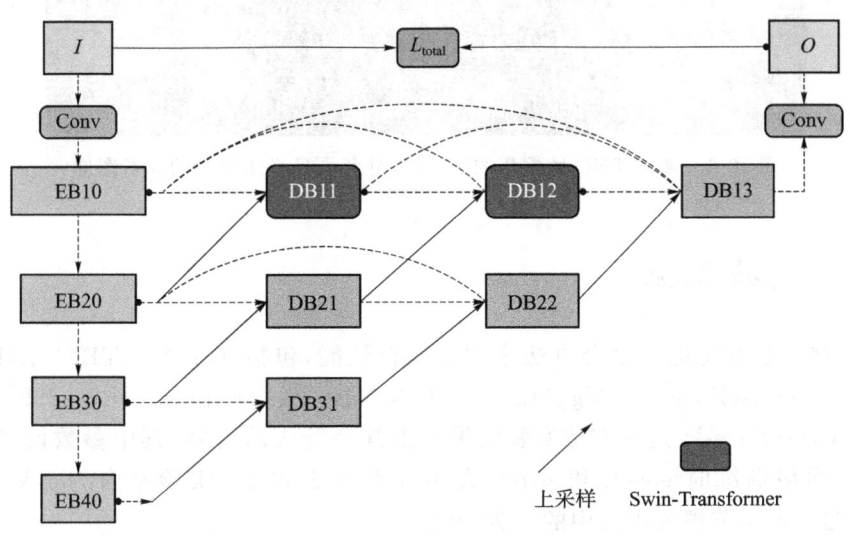

图 10-5　训练阶段网络结构

训练过程没有融合阶段,特征聚合不参与训练。只需训练解码器和编码器。在损失函数的约束下迫使网络能够重建出输入图像。在测试时编码器要分别对两幅源图像进行编码,再经特征聚合后输入到解码器。

在训练阶段,损失函数 L_{total} 定义如下:

$$L_{total} = L_{pixel} + \lambda L_{ssim} \tag{10-16}$$

式中,L_{pixel} 和 L_{ssim} 分别表示源图像和融合后图像之间的像素损失和结构相似度损失其分别由式(10-15)与式(10-16)给出。

10.3　实验与结果分析

在本节中,10.3.1 节介绍本节的实验设置;10.3.2 节介绍消融研究;10.3.3 节在主观评价方面与现有方法进行了比较,并利用多个质量评价指标对融合性能进行了客观评价。

图 10-6 所示为采用的 21 对红外和可见光测试图像的一部分。其中,上边一行是红外图像,下边一行是可见光图像。

图 10-6　来自 TNO 数据集的 21 对红外和可见光图像中的 3 对图像

10.3.1　实验设置

选择一些典型和先进的融合方法来评价融合性能，包括：GTF[3]、TIF[4]、ADF[5]、FusionGAN[6]、DenseFuse[7]、VggML[8]、RFN-Nest[9]、DeepFuse[10]、CSF[11]、Dual-branch[12]、CrossFuse[13]这些方法实验结果都由其公开代码得到，其中参数设置与其论文所述相同。网络训练时 epoch 和 batch 大小分别为 2 和 2。实验平台为 NVIDIA GTX 1080Ti GPU。本小节损失函数中的 λ 为 100。

利用以下几个质量指标对本文的融合方法和其他融合方法进行了定量比较。其中包括：边缘强度 EI[14]、视觉保真度 VIF[15]、平均梯度 AG[16]、信息熵 EN[17]、标准差 SD、离散余弦特征互信息 FMI_dct[18]、相位一致 QP[19]。测试采用的是 TNO[20] 和 MSRS 数据集[21]，分别取 21 对图像。客观评价结果从其中选取 21 对图像进行测试，取 21 对图像客观结果的平均值进行对比。

10.3.2　消融研究

如 10.2.1 节所述，本节在编解码网络中加入了注意力机制。分别对有注意力机制（Att）和没有注意力机制以及 Swin-Transformer（Att+ST）进行了实验，实验结果如图 10-7 所示，其中测试图像是从 TNO 数据集中选取的部分图像。左边一列（A）是加上注意力之后的结果，中间一列（B）是加入 Swin-Transformer，右边一列是所提融合方法的结果。可以看到加上注意力机制之后图像包含更多的纹理信息，背景中的植物细节更加清晰（如图 10-7 中红框所示）。客观评价方面，两个不同模型的融合结果评价指标如表 10-2 所示。

表 10-2　消融前后图像评价指标平均值

	SCD	MS-SSIM	MI	VIFF
Att	1.585 66	0.861 24	13.786 83	0.331 48
Att+ST	1.573 05	0.834 07	13.888 69	0.318 70
our	1.579 13	0.864 85	13.828 41	0.365 04

可以看出，加入的注意力机制对于客观评价标准的提升非常明显，各个评价标准都有不同程度的提升。客观评价结果表明网络中的注意力机制能够使融合性能得以改善。21 对图片的客观评价指标对比如图 10-7 所示。可以看到加入注意力后 VIFF、MI、MS-SSIM 这 3 个指标有明显提升。

图 10-7　消融前后融合结果对比　　　　　　　图 10-7 彩图

10.3.3　结果分析

1. 主观评价

现有融合方法和本节融合方法得到的 TNO 融合结果中选取的一对图像，如图 10-8 所示。从图中可以看出 FusionGAN 融合结果虽然有一些显著的红外特征，但有些地方比较模糊，例如草丛与路面等部分纹理细节不明显。VggML、DenseFuse、Dual-branch 的融合结果中红外信息不突出，且存在模糊现象。GTF 中丢失部分红外目标信息，例如人物脚部。TIF 融合结果较为清晰，但图像中存在噪声和信息融合不均衡现象。

此外，还可以从图 10-8 红框标记的局部放大区域进行比较。所提方法在主观评价方面比其他融合方法有更好的融合性能，融合结果中亮度信息也更均衡。RFN-Nest 融合结果相对较好，但在细节纹理保存方面稍有欠缺。从放大区域可以看出所提方法能较清晰地显示出道路上的条纹，保存更多纹理细节信息。此外为了体现模型的泛化性能本文还在 MSRS 数据集上做了对比试验如图 10-9 所示。可以看出相比 FusionGAN、RFN-Nest 所提方法的红外信息和可见光信息更加平衡，融合结果中可以保留更多细节。

2. 客观评价

本小节采用了客观评价指标进行对比，实验结果如表 10-3 所示。采用的评价指标有 7 种同 9-2 节所示指标。其中每个评价标准最好的结果用加粗字体表示。

从表 10-3 可以看出本小节方法有 3 个指标是最优的。视觉保真度(VIF)高说明融合结果具有更高的视觉保真度。平均梯度(AG)、边缘强度(EI)越高表明图像质量越高，也就更清晰。表 10-4 所示为 MSRS 数据集上的客观评价结果可以看到所提方法的 5 个指标达到最好结果与在 TNO 数据集得出结果一致，说明所提方法的泛化性能较好。

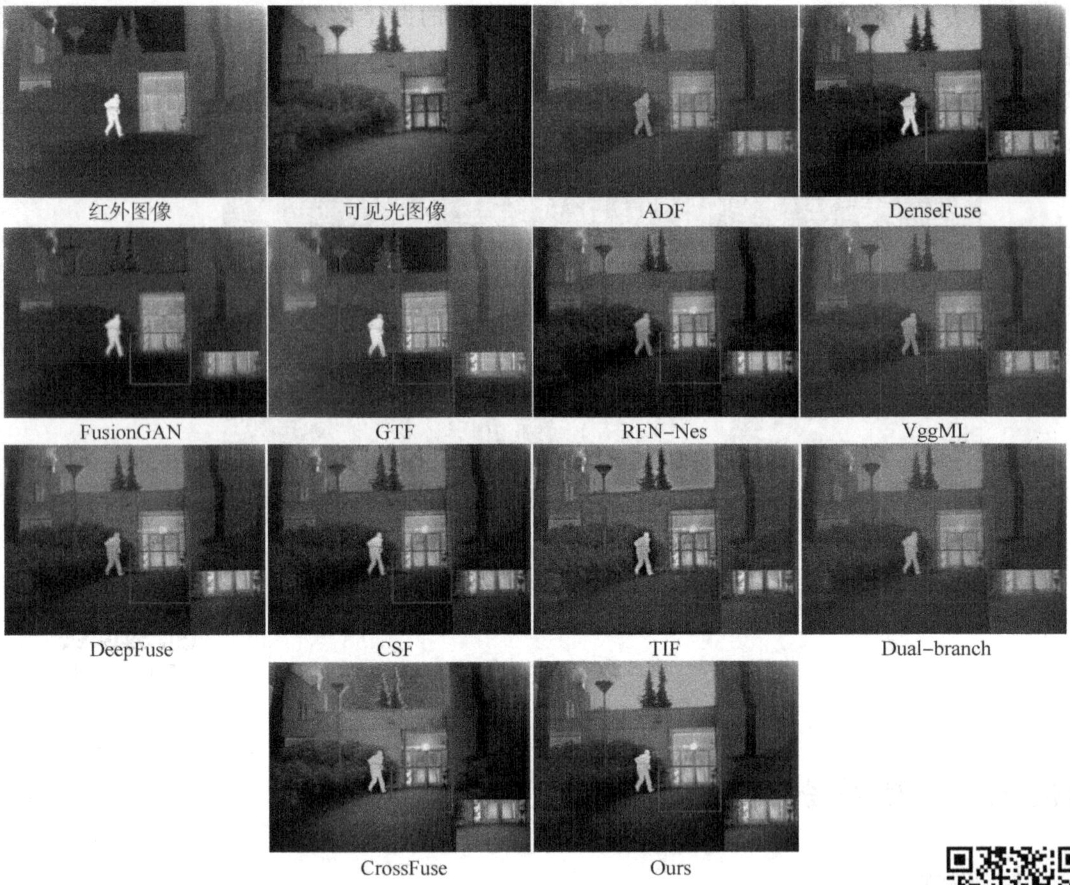

图 10-8 红外和可见光图像融合结果

图 10-8 彩图

表 10-3 TNO 数据集 21 对图像评价指标平均值

融合模型	EI	FMI_dct	QP	VIF	AG	EN	SD
GTF	32.527 70	0.108 36	0.021 77	0.453 64	3.358 74	6.635 34	31.579 11
TIF	39.235 19	0.197 43	0.114 10	0.747 60	3.895 65	6.526 02	28.241 74
ADF	35.264 16	0.281 90	0.160 59	0.312 81	3.679 47	6.273 04	23.420 29
VggML	24.005 04	0.404 63	0.289 70	0.295 09	2.426 35	6.182 60	22.706 87
FusionGAN	22.148 33	0.363 34	0.098 87	0.453 54	2.205 17	6.362 85	26.067 31
DenseFuse	23.306 37	**0.407 27**	0.286 15	0.286 95	2.353 30	6.174 03	22.546 29
RFN-Nest	29.147 34	0.106 39	0.017 74	0.345 45	2.733 75	6.841 34	35.270 43
DeepFuse	34.737 29	0.415 01	0.286 15	0.286 95	2.353 30	6.174 03	33.653 23
Dual-branch	25.078 66	0.301 16	0.291 38	0.350 70	2.470 84	6.332 31	27.023 08
CSF	36.818 30	0.256 36	0.248 11	**0.711 46**	3.609 53	6.790 53	35.716 07
CrossFuse	44.544 31	0.125 63	0.045 54	0.690 72	4.531 40	**6.997 08**	**39.902 03**
Ours	**50.766 34**	0.254 905	**0.303 399**	0.684 504	**5.389 37**	6.914 20	38.770 89

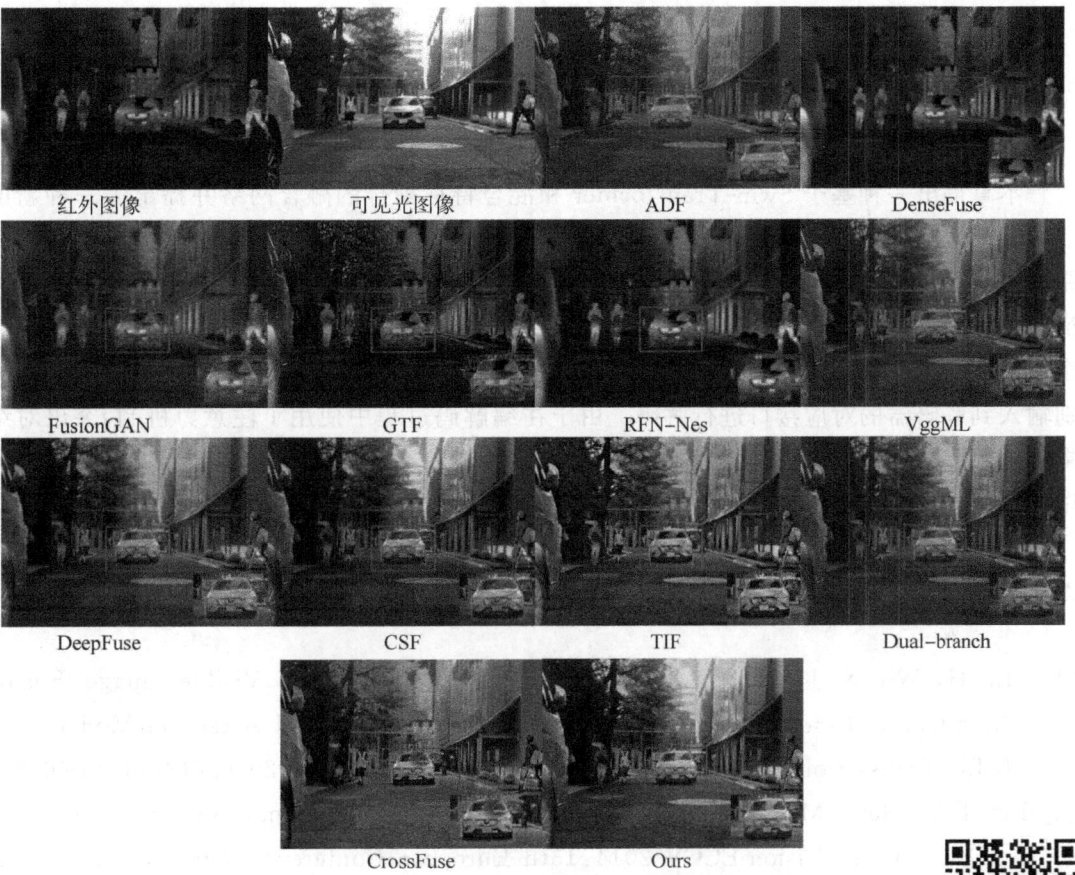

图 10-9 MSRS 数据集红外和可见光图像融合结果

表 10-4 MSRS 数据集 21 对图像评价指标平均值

融合模型	EI	FMI_dct	QP	VIF	AG	EN	SD
GTF	28.454 66	0.196 21	0.157 00	0.447 30	2.710 35	5.736 25	24.191 85
TIF	43.397 27	0.221 36	0.337 86	**1.042 71**	4.090 34	6.582 52	35.543 39
ADF	32.294 31	0.213 40	0.294 74	0.453 74	3.082 34	6.290 48	28.622 76
VggML	26.056 13	0.385 75	0.402 46	0.457 17	2.468 65	6.246 43	28.339 81
FusionGAN	16.975 83	0.317 03	0.130 58	0.332 49	1.593 56	5.603 25	19.712 31
DenseFuse	30.932 52	0.098 62	0.020 89	0.136 50	3.167 76	5.656 45	24.040 45
RFN-Nest	16.065 80	0.263 62	0.358 16	0.530 09	1.475 16	5.602 88	25.070 45
Deep-fuse	28.633 84	**0.390 21**	0.397 33	0.597 95	2.707 63	6.421 96	32.449 43
Dual-branch	26.341 84	0.285 25	0.369 61	0.504 15	2.477 27	6.214 97	31.068 96
CSF	28.936 00	0.242 74	0.346 85	0.589 95	2.713 84	6.250 18	32.166 05
CrossFuse	36.144 96	0.353 99	0.374 29	0.636 88	3.428 62	6.505 22	32.008 89
Ours	**55.885 37**	0.351 60	**0.472 74**	0.742 74	**5.664 37**	**6.734 37**	**41.750 73**

10.4 本章小结

本章提出一种基于 Swin-Transformer 和混合特征聚合的融合网络并提出了一种新的混合特征聚合模块。将 Swin-Transformer 与注意力机制引入到多尺度网络中,充分利用长距离语义信息与通道注意力信息,解决基于卷积神经网络方法中细节丢失的问题。所提特征聚合将注意力与特征增强模块混合,能够保留更多背景细节信息。所提方法首先利用一个解码器来提取特征图的多尺度信息。再将各个尺度的特征用所提特征聚合进行融合,分别输入到解码器的对应接口进行解码。由于在编解码过程中使用了注意力机制,突出对结果有重要影响的通道,使得融合结果保留了更多细节和纹理特征。利用提出的网络结构,可以在重构过程中保留更多的显著特征,提高图像融合的性能。

本章参考文献

[1] Li H, Wu X J, Durrani T. NestFuse: An Infrared and Visible Image Fusion Architecture Based on Nest Connection and Spatial/Channel Attention Models [J]. IEEE Transactions on Instrumentation and Measurement, 2020, 69(12): 9645-9656.

[2] Lin T Y, Maire M, Belongie S, et al. Microsoft COCO: Common Objects in Context [C]. Computer Vision-ECCV 2014: 13th European Conference, Zurich, Switzerland, September 6-12, 2014, Proceedings, Part V 13. Springer International Publishing, 2014: 740-755.

[3] Ma J, Chen C, Li C, et al. Infrared and visible image fusion via gradient transfer and total variation minimization [J]. Information Fusion, 2016(31): 100-109.

[4] Bavirisetti D P, D Huli R. Two-scale image fusion of visible and infrared images using saliency detection [J]. Infrared Physics & Technology, 2016(76): 52-64.

[5] Bavirisetti D P, Dhuli R. Fusion of Infrared and Visible Sensor Images Based on Anisotropic Diffusion and Karhunen-Loeve Transform [J]. IEEE Sensors Journal, 2015, 16(1): 203-209.

[6] Ma J, Yu W, Liang P, et al. FusionGAN: A generative adversarial network for infrared and visible image fusion [J]. Information Fusion, 2019(48): 11-26.

[7] Li H, Wu X. DenseFuse: A Fusion Approach to Infrared and Visible Images [J]. IEEE Transactions on Image Processing, 2019, 28(5): 2614-2623.

[8] Li H, Wu X, Kittler J. Infrared and Visible Image Fusion using a Deep Learning Framework [C]; proceedings of the 2018 24th International Conference on Pattern Recognition (ICPR), IEEE, 2018: 2705-2710.

[9] Li H, Wu X-J, Kittler J. RFN-Nest: An end-to-end residual fusion network for infrared and visible images [J]. Information Fusion, 2021(73): 72-86.

[10] Prabhakar K R, Srikar V S, Babu R V. DeepFuse: A Deep Unsupervised Approach for Exposure Fusion with Extreme Exposure Image Pairs [C]; proceedings of the 2017 IEEE International Conference on Computer Vision (ICCV), F 22-29 Oct. 2017. IEEE: Italy, 2017.

[11] Xu H, Zhang H, Ma J. Classification Saliency-Based Rule for Visible and Infrared Image Fusion [J]. IEEE Transactions on Computational Imaging, 2021(7): 824-836.

[12] Fu Y, Wu X J. A Dual-branch Network for Infrared and Visible Image Fusion [J]. International Conference on Pattern Recognition (ICPR), 2021: 10675-10680.

[13] Wang Z, Shao W, Chen Y, et al. A Cross-scale Iterative Attentional Adversarial Fusion Network for Infrared and Visible Images [J]. IEEE Transactions on Circuits and Systems for Video Technology, 2023: 1.

[14] Xydeas C S, Petrović V. Objective image fusion performance measure [J]. Electronics Letters, 2000, 36(4).

[15] Han Y, Cai Y, Cao Y, et al. A new image fusion performance metric based on visual information fidelity [J]. Information Fusion, 2013, 14(2): 127-135.

[16] Cui G, Feng H, Xu Z, et al. Detail preserved fusion of visible and infrared images using regional saliency extraction and multi-scale image decomposition [J]. Optics Communications, 2015(341): 199-209.

[17] Aardt V, Jan. Assessment of image fusion procedures using entropy, image quality, and multispectral classification [J]. Journal of Applied Remote Sensing, 2008, 2(1): 1-28.

[18] Haghighat M, Razian M A. Fast-FMI: Non-reference image fusion metric [C]; proceedings of the 2014 IEEE 8th International Conference on Application of Information and Communication Technologies (AICT). IEEE, 2014: 1-3.

[19] Zhao J, Laganiere R, Liu Z. Performance assessment of combinative pixel-level image fusion based on an absolute feature measurement [J]. Int. J. Innov. Comput. Inf. Control, 2007, 3(6): 1433-1447.

[20] Toet A. The TNO multiband image data collection [J]. Data in brief, 2017(15): 249-251.

[21] Tang L, Yuan J, Zhang H, et al. PIAFusion: A progressive infrared and visible image fusion network based on illumination aware [J]. Information Fusion, 2022(83): 79-92.

第 11 章

基于熵注意力的混合特征聚合红外与可见光图像融合方法

11.1 引言

现有的空间注意力忽略了源图像的局部边缘信息，由于池化层丢弃了部分像素，导致融合结果的细节丢失。为了解决这一问题，本章采用熵特征来保留更多的边缘细节。熵特征图可以减小不同形态图像之间的差异。所以熵特征图可以保留两个源图像中相同的信息，这些信息能够反映环境和目标信息的真实信息。并且熵特征能够表征原始图像[1]的局部结构特征和边缘信息。熵图像特征可以集成到融合策略中，充分利用从各种模态特征图中提取的相似边缘特征和局部结构特征。具体来说，本章将特征图的局部熵作为一种注意力与现有的注意力机制并置，以达到增强细节保留能力的目的。并且，根据现有的图像生成研究，设计了一个损失函数对网络的结构和像素强度进行约束，使编码器-解码器网络在特征提取和重构方面具有更好的性能。实验结果表明，与其他先进方法相比，所提方法在公共数据集上的主观和客观评价都表现得令人满意。

在本节中，将描述所提出的基于熵注意力的混合特征聚合图像融合方法；11.2 节介绍融合方法（AEFusion）；11.3 节介绍基于熵注意力的融合策略；11.4 节介绍损失函数与训练设置；11.5 节介绍实验与结果分析；11.6 节为讨论与分析；11.7 节为本章小结。

11.2 融合方法

基于先前的工作提出了一种新的融合方法，AEF 的结构框图如图 11-1 所示。网络采用巢连接结构。每个卷积块由卷积层和轴向注意力层组成。此外，基于熵注意力和通道空间注意力设计了一种新的融合策略（ECS），可以增强融合结果中边缘信息的保存。

本节所提出的方法采用巢连接结构,它是一个U形网络。U形结构可以提高网络的性能,这已在其他图像处理任务中得到证明,如图像分割、对象检测和图像分类。通过UNet[2]对巢连接进行了缩放,并证明其在图像融合任务中有效。此外,巢连接网络中相同分辨率的卷积块之间采用了密集连接。在网络中应用的密集连接可以在反向传播期间将梯度直接传递到每个卷积层,同时减少参数,如图11-1所示。

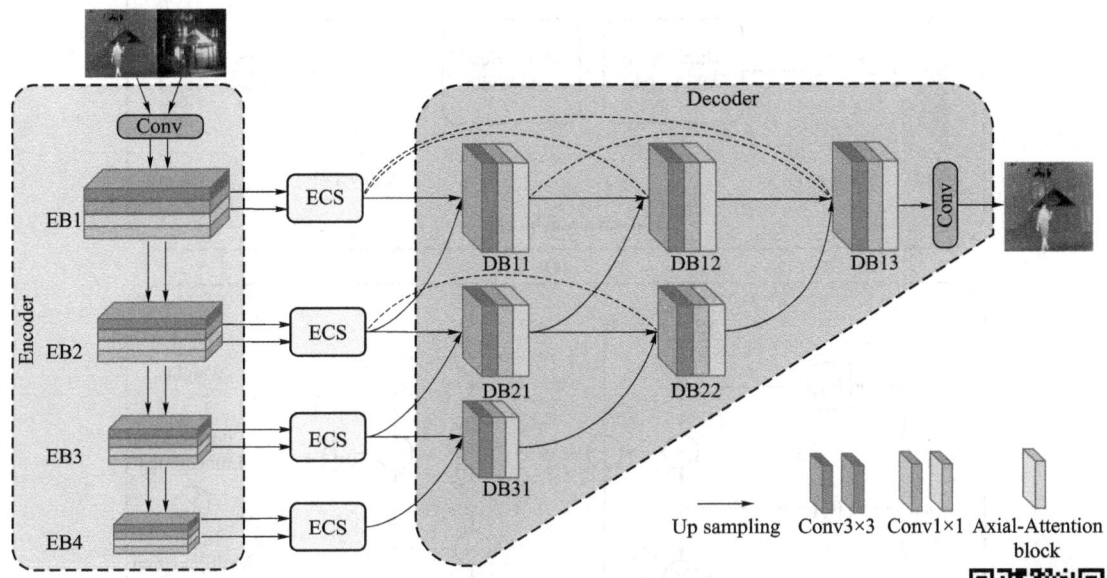

图 11-1　AEF 的结构框图

ECS 为所提融合策略

为了更好地说明所提出的方法,本节给出了所提出方法的一般流程,将两幅原始图像输入编码器以提取多尺度特征。I_1、I_2分别表示红外图像和可见图像。

$$\phi_1^0 = \mathrm{Conv}(I_1) \tag{11-1}$$

$$\phi_2^0 = \mathrm{Conv}(I_2) \tag{11-2}$$

$$\phi_1^m = \mathrm{EB}^m(I_1^{m-1}) \tag{11-3}$$

$$\phi_2^m = \mathrm{EB}^m(I_2^{m-1}) \tag{11-4}$$

式中,ϕ_1、ϕ_2分别表示两个原始图像。m表示多尺度水平,$m=1,\cdots,4$。Conv(·)表示卷积层。EB(·)表示编码器中的卷积块。

值得注意的是针对融合策略容易丢失细节信息的问题,本节提出了基于熵注意力的融合策略(ECS)。利用融合策略对每个层次的特征图进行融合,可由式(11-5)表示。11.3节详细介绍了融合策略ECS。

$$\phi_f^m = \mathrm{ECS}(\phi_1^m, \phi_2^m) \tag{11-5}$$

最后,融合的特征图被送到解码器以重建融合的图像

$$I_f = \mathrm{Conv}(\mathrm{Decoder}(I_f^m)) \tag{11-6}$$

式中,解码器 Decoder(·)是解码网络。m层多尺度特征通过上采样和拼接操作被送到解码器,以生成最终的融合图像。解码器的具体结构如图11-1所示。

然而,简单的卷积层不能提取图像中的长距离相关性信息。本节使用轴向注意力块

改进了网络的性能,如图 11-2(a)所示,以提取特征图。在轴向注意力的影响下,网络可以提取长距离语义信息,融合结果的亮度更加统一。11.5.4 节介绍了轴向注意力的消融实验。

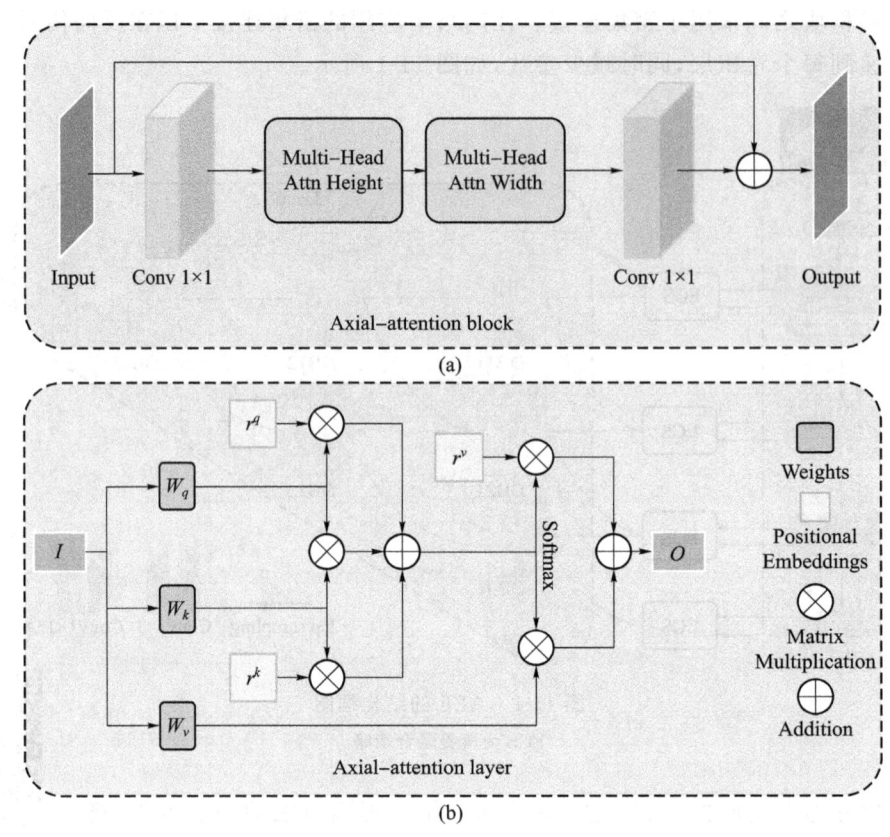

图 11-2 (a) AEFusion 中应用的轴向注意力块;(b) 轴向注意力块中的轴向注意力层,它是高度和宽度注意力的基本结构

融合网络由名为 EB 和 DB 的卷积块组成,它们分别表示编码器和解码器的卷积块。卷积块由一层 3×3 卷积和一层 1×1 卷积组成,然后是轴向注意力。在编码过程中,通过池化操作执行下采样,并且在解码器中应用相应的上采样操作。网络参数设置如表 11-1 所示。

表 11-1 网络参数设置

	层	输入通道	输出通道	分辨率
	Conv	1	16	256×256
	EB1	16	64	256×256
编码器	EB2	64	112	128×128
	EB3	112	160	64×64
	EB4	160	208	32×32

续表

	层	输入通道	输出通道	分辨率
解码器	DB31	368	160	64×64
	DB21	272	112	128×128
	DB22	384	112	128×128
	DB11	176	64	256×256
	DB12	240	64	256×256
	DB13	304	64	256×256
	Conv	64	1	256×256

11.3 基于熵注意力的融合策略

融合策略是图像融合过程中的关键部分。在现有基于自编码器的融合方法中，简单的加法和乘法运算通常被用作融合策略[3-6]。其存在像素值溢出的问题，这可以通过通道和空间注意力等注意力机制来缓解。然而，这些方法没有充分利用注意力信息，导致细节丢失。然而，熵特征图具有一些特性，可以弥补通道和空间注意力的不足，以获得更好的结果。与其他方法相比，熵特征图能够以较小的差异提取红外和可见光图像的边缘特征。这些信息反映了现场的真实性，尽可能保留更多细节。

本节提出了一种基于熵注意力的融合策略(ECS)。传统的通道注意力和空间注意力没有考虑特征图的局部细节信息，池化层丢弃了一些像素，导致细节丢失。本节提出的熵注意力可以提取特征图的边缘细节信息。在特征融合过程中，熵注意力可以有效提高融合策略的细节保持能力。消融研究见 11.5.4 节。

融合特征通过式(11-7)获得

$$\phi_f^m = \frac{1}{3}(\phi_s^m + \phi_c^m + \phi_e^m) \tag{11-7}$$

式中，ϕ_e、ϕ_c、ϕ_s 分别表示熵注意力、空间注意力和通道注意力。m 表示多尺度的层级。

(1) 熵注意力模型：尽管传统的空间注意力已广泛应用于融合任务，但它忽略了单个特征图的局部细节。本节提出了一种熵注意力模型来减少融合策略中边缘细节的损失。如图 11-3 所示，与其他注意相比，熵注意力可以保留完整的目标边缘，并减轻信息丢失的问题。例如，树枝相对完整，边缘细节更丰富。

由 ϕ_1^m、ϕ_2^m 编码器获得的 α 表示通过式(11-8)计算的熵注意力权重图：

$$\alpha_\omega^m = \frac{\|E_R(\phi_\omega^m(x,y))\|_1}{\sum_{i=1}^{\Omega}\|E_R(\phi_i^m(x,y))\|_1} \tag{11-8}$$

式中，ω 表示多尺度特征(ϕ_1^m,ϕ_2^m)并且 $\omega=1,\cdots,\Omega$，$\Omega=2$。$\|\cdot\|_1$ 表示 l_1-normal。$E(\cdot)$ 表示局部熵。R 表示计算的邻域的半径。熵可由式(11-9)给出

$$E(x,y) = \sum p_{ij} \log p_{ij} \tag{11-9}$$

式中，(x,y) 表示计算像素的坐标。i、j 是以 (x,y) 为中心点的邻域的像素坐标。p 是每个像素的概率。对数的底数是 2。使用滑动窗口计算局部熵，并且滑动窗口是半径为 R 的圆形区域。在计算每个邻域中的熵值之后，这些值被用作像素点以形成特征图。生成的特征图具有图像的局部结构信息。

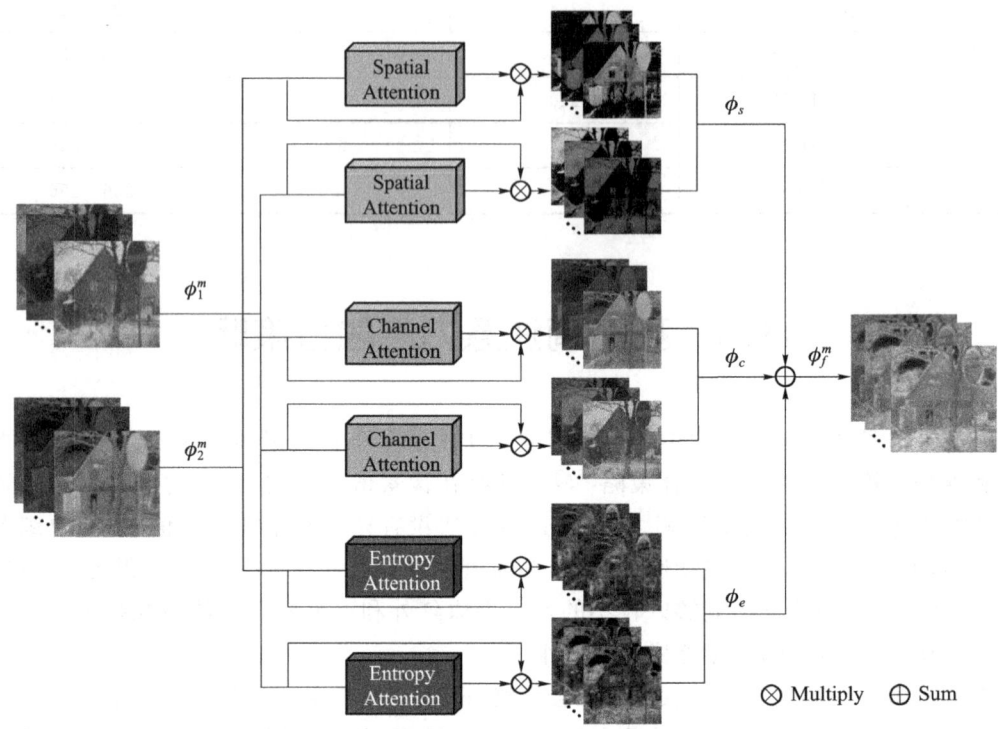

图 11-3　融合策略框架，由熵注意力、通道注意力和空间注意力（ECS）组成

本节研究 R 值变化对图像融合影响的融合结果如图 11-4 所示。相应的客观评价指标如图 11-5 所示，其中使用了 EI[7]、SSIM[8] 和 $N^{ab/f}$[9] 指标。EI 代表边缘强度评估。其值越大，融合图像中包含的边缘信息就越多。SSIM 是结构相似性的度量。其值越大，融合结果越好。$N^{ab/f}$ 表示噪声含量、值越高、噪声越多。如图 11-5 所示，当 R 等于 1 时，最高度量 EI 表示融合结果中包含更多边缘，但结果中也会有更多噪声，如图 11-5(a) 和图 11-5(c) 所示。随着 R 的增加，噪声降低，边缘细节也降低。本节的目标是在减少噪声的同时保留更详细的特征。因此，为了平衡噪声和有用信息，本节将 R 设置为 5。(x,y) 是特征图中的位置。

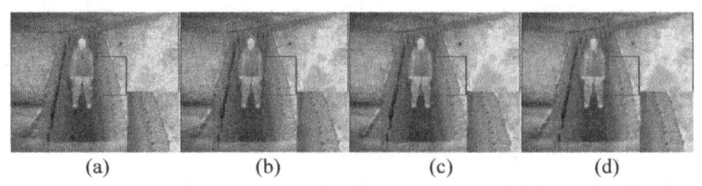

图 11-4　R 值变化对图像融合影响的融合结果　　图 11-4 彩图
其中(a)(b)(c)(d)分别对应 R 为 1、3、5、7

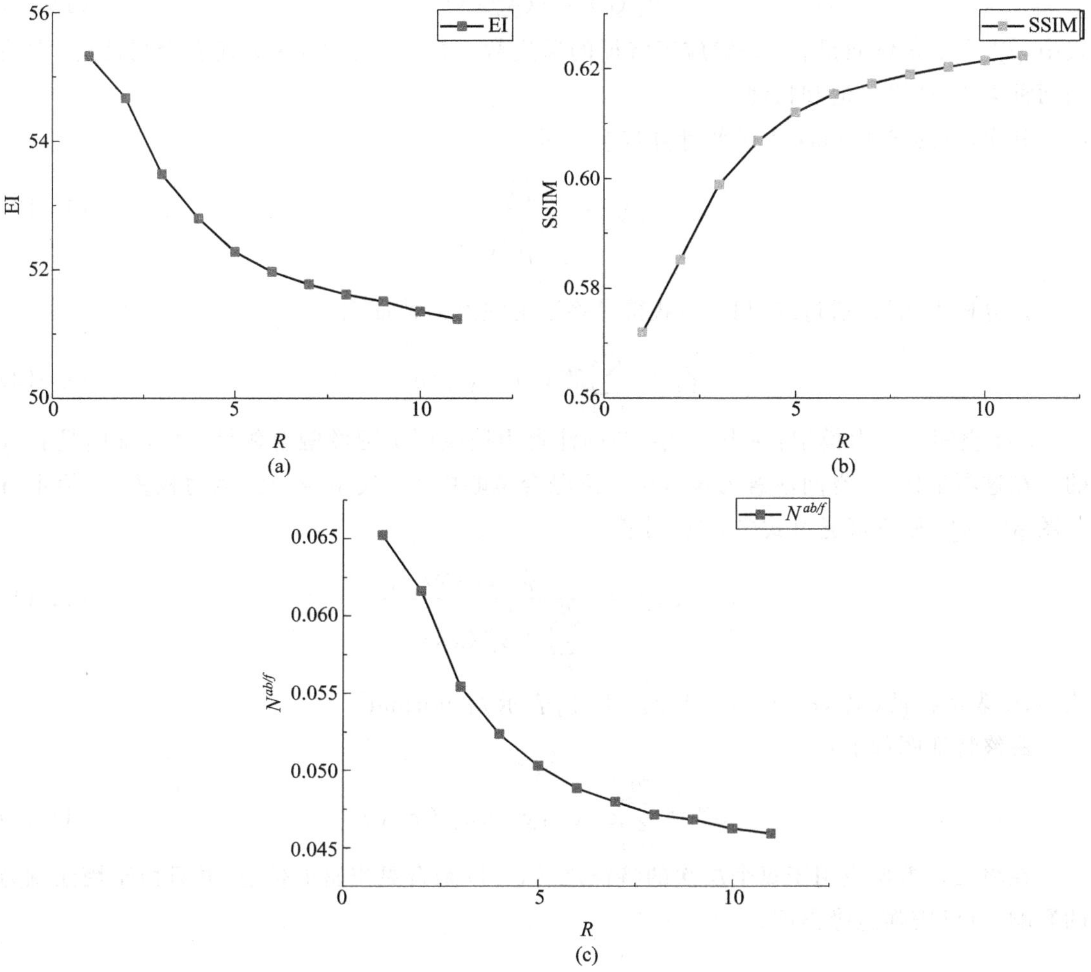

图 11-5 客观评价指标

不同 R 的客观评价指数 EI、SSIM 和 $N^{ab/f}$；EI 和 SSIM 越高，
融合性能越好，$N^{ab/f}$ 越低，融合性能越好

熵注意力特征图与输入特征相乘，以获得最终的增强特征：

$$\phi_e^m = \sum_{i=1}^{\Omega} \alpha_i^m(x,y) \times \phi_i^m(x,y) \qquad (11\text{-}10)$$

熵注意力可以增强融合结果中细节的保留并改善边缘细节。为了证明熵注意力的有效性，11.5.4 节介绍了其消融研究。

（2）通道注意力模型：近年来，通道注意力在图像处理领域有很好的表现。现有的通道注意力模型通常通采用平均池化来得到注意力权重。但平均池化操作简单，忽略了特征图中的一些有用信息。因此，在本节中采用核范数来获得相应通道的权重。具体地，对每个信道的特征图执行奇异值分解。然后通过奇异值求和获得相应的权重。奇异值通常与特征图的重要信息正相关。在本节的通道注意力模型中使用了平均池化和核池化方法。

首先，信道注意力权重的向量由式（11-11）给出：

$$\overline{\beta}_\omega^m(c) = P(\phi_\omega^m(c)) \tag{11-11}$$

式中,$\overline{\beta}_I^m$ 表示 n 维向量。c 是对应于特征的通道数。$I=1,2$。$P(\cdot)$ 代表全局池化,它使用两种策略,即平均池和核池。

其次,应用 Soft-max 大函数计算权重向量 β_1、β_2:

$$\beta_\omega^m = \frac{\overline{\beta}_\omega^m(c)}{\sum_{i=1}^{\Omega}\overline{\beta}_i^m(c)} \tag{11-12}$$

计算权重图后,通过式(11-13)获得最终通道注意力特征图:

$$\phi_c^m = \sum_{i=1}^{\Omega}\beta_i^m(c) \times \phi_i^m(c) \tag{11-13}$$

(3) 空间注意力模型:在[10,11]中,空间注意力被应用于图像融合领域,并被证明是有效的。在这项工作中,空间注意力也被引入到融合策略中。ε 表示空间注意力权重图,给定特征图 ϕ_1^m、ϕ_2^m,权重可通过式(11-14)计算:

$$\varepsilon_\omega^m(x,y) = \frac{\|\phi_\omega^m(x,y)\|_1}{\sum_{i=1}^{\Omega}\|\phi_i^m(x,y)\|_1} \tag{11-14}$$

式中,ω 表示特征(ϕ_1^m,ϕ_2^m)。$\omega=1,2$。$\|\cdot\|_1$ 表示 l_1-normal。

最终特征图如下:

$$\phi_s^m = \sum_{i=1}^{\Omega}\varepsilon_i^m(x,y) \times \phi_i^m(x,y) \tag{11-15}$$

在将融合策略应用于每个层次的特征之后,可以融合更丰富的信息,并且由于熵注意力的影响,可以增强边缘强度。

11.4 损失函数与训练设置

受图像生成任务研究[12]的启发,本节设计了一个损失函数,包括结构相似性损失、L_1 损失和感知损失。在图像生成模型中,MS-SSIM 损失导致图像亮度失真,L_1 损失可以缓解这一问题,但其约束两个图像之间结构相似性的能力不足。这两项是相辅相成的。此外,本节还引入了感知损失函数,该函数可以从源图像中提取深度特征,并使融合结果更符合人类的视觉感知。

损失函数可由式(11-16)表示:

$$L_{\text{total}} = \gamma L_1 + \eta L_{\text{MS-SSIM}} + \lambda L_{\text{per}} \tag{11-16}$$

式中,γ、η、λ 是用于平衡各种损失的参数。L_1、$L_{\text{MS-SSIM}}$、L_{per} 分别表示 L_1 损失、MS-SSIM 损失和感知损失。

L_1 损失定义如下:

$$L_1 = \frac{1}{n_p}\sum_{i=1}^{n_p}|I_i - O_i| \tag{11-17}$$

式中，I 和 O 表示自动编码器的输入图像和输出，n_p 表示特征图中的像素数。它是通过取目标值和估计值之间的绝对值获得的损失。L_1 损失对图像亮度敏感，但忽略了图像结构，因此，本节应用多尺度结构相似性损失来缓解这一问题。

$L_{\text{MS-SSIM}}$ 如式(11-8)所示：

$$L_{\text{MS-SSIM}} = 1 - \prod_{m=1}^{M} \left(\frac{2\mu_I\mu_O + c_1}{\mu_I^2 + \mu_O^2 + c_1}\right)^{\beta_m} \left(\frac{2\sigma_{\text{IO}} + c_2}{\sigma_I^2 + \sigma_O^2 + c_2}\right)^{\gamma_m} \tag{11-18}$$

式中，M 表示不同的尺度。I、O 表示输入图像和输出图像。μ 表示图像的平均值。σ 是标准偏差。σ_{IO} 表示输入和输出图像之间的协方差。

L_{per} 定义为

$$L_{\text{per}} = \sum_{l=1}^{4} \text{MSE}(\Phi_l(I), \Phi_l(O)) \tag{11-19}$$

式中，$\Phi_l(\cdot)$ 表示由加载了预训练权重的 Vgg19 网络第 l 层提取的特征。在这项研究中，应用了 4 个卷积层来提取特征。MSE($\cdot$)是均方误差函数。

在训练阶段，网络的输入是来自 MS-COCO 数据集的自然图像，损失函数迫使网络尝试重建输入图像。训练阶段的自动编码器框架如图 11-6 所示，其中 I、O 分别为输入和输出图像。从 MS-COCO 数据集中选择 80 000 张图像来训练 AEF 融合模型，并将这些图像调整为 255×255。MS-COCO 数据集由自然图像组成。训练网络的目的是学习图像中的内部关系并提取特征。训练时将这些图片打乱顺序输入网络。损失函数的参数 γ、η、λ 分别设置为 1、10、1 000。学习率设置为 0.001。在卷积层之后应用激活函数 Mish 代替 ReLU，其具有抑制大误差的特性。Mish 由式(11-20)给出：

$$\text{Mish}(x) = x \cdot \tanh(\ln(1 + e^x)) \tag{11-20}$$

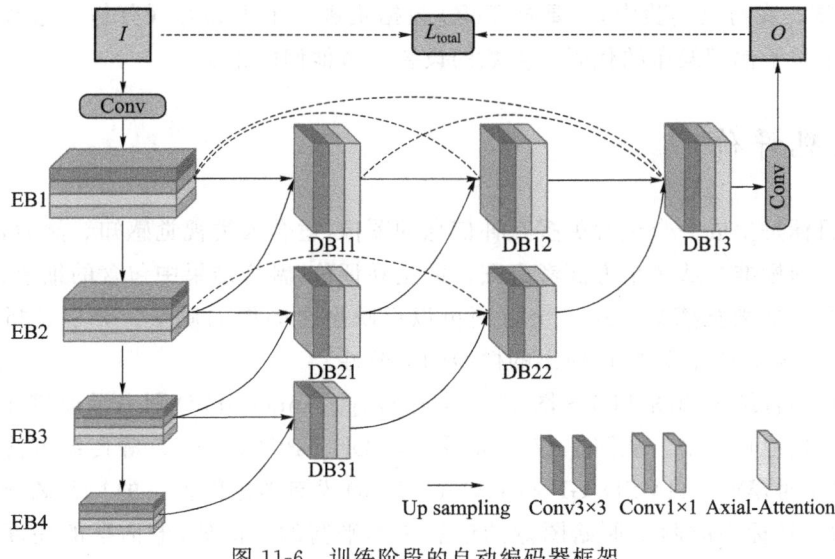

图 11-6　训练阶段的自动编码器框架

图 11-6 彩图

网络实现使用 PyTorch 框架。Adam 求解器用于优化网络。实验设备为 NVIDIA Tesla V100 GPU。

11.5 实验与结果分析

在本节中,11.5.1 节介绍本节使用的对比方法和评估指标;11.5.2 节介绍主观评价;11.5.3 节介绍客观评价。

11.5.1 对比方法和评估指标

为了验证所提出方法的有效性,从传统图像融合算法和深度学习融合算法中选择了几种最先进的图像融合方法。前者包括 ADF、Hybird_MSD[13]、HMSD_GF[14]、FPDE[15]、VSMWLS[16]、MSVD[17]、IFEVIP[18]、TIF、GTF。这些融合方法利用信号处理的算法来提取特征并产生融合图像。

基于深度学习的融合方法包括端到端方法和自动编码器方法。端到端方法包括 RFN-Nest、FusionGAN、DDcGAN。自动编码器的方法包括:NestFuse、CSF[19]、Dual Branch、DeepFuse、STDFusion[20]、PIAFusion[21]、CNN[22] 和 DenseFuse。所有的比较方法都是通过其公开的代码实现的,其中的参数是根据他们的论文设置的。

为了进行定量比较,应用了 11 个客观评估指标来评估融合性能,包括边缘强度(EI)[23]、空间频率(SF)[24]、定义(DF)[25]、平均梯度(AG)[26]、标准差(SD)、熵(EN)[27]、视觉信息保真度(VIF)[28]、相位一致性(QP)[29]、互信息(MI)[30],一种新的视觉信息保真度(VIFF)[31]和多尺度结构相似度(MS-SSIM)[32]。

本节在数据集 TNO、RoadScene① 和 MSRS② 上进行了比较实验。从每个数据集采集 21 对图像用于测试。在对比实验中,主要对 TNO 数据集进行主观和客观分析。这些比较方法的实验结果来源于他们发布的代码。参数的设置参考他们的论文。

11.5.2 主观评价

图像融合的目标是生成一个包含更多互补信息的图像,适合人类视觉感知。然而,主观质量评估没有统一的标准。从 3 个方面考虑图像的主观评价,融合结果中包含的细节、来自两个图像的信息和人类视觉感知。这 3 个方面可以反映融合图像的质量。分别分析了传统、端到端和自动编码器方法,以验证提出的模型的有效性。

各对比方法的融合结果如图 11-7～图 11-9,其中(avg)、(nuclear)分别表示通道注意力中的平均池策略和核池化策略。从图 11-7 可以看出,ADF、FPDE、MSVD 等传统方法保留的细节较少,图像相对模糊。HMSD_GF 和 Hybird_MSD 没有考虑图像中的长距离语义信息,因此包含在同一目标中的两个原始图像的信息是不平衡的。例如,电话亭的亮度不均匀,目标的亮度变化很大。

---

① https://github.com/hanna-xu/RoadScene
② https://github.com/Linfeng-Tang/MSRS

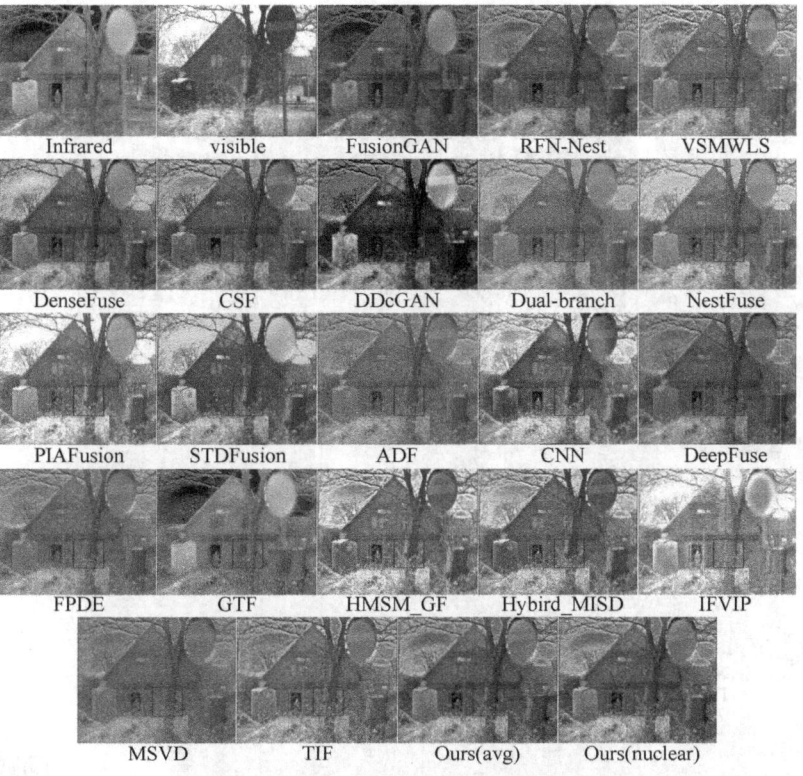

图 11-7　TNO 数据集的比较融合结果

图 11-7 彩图

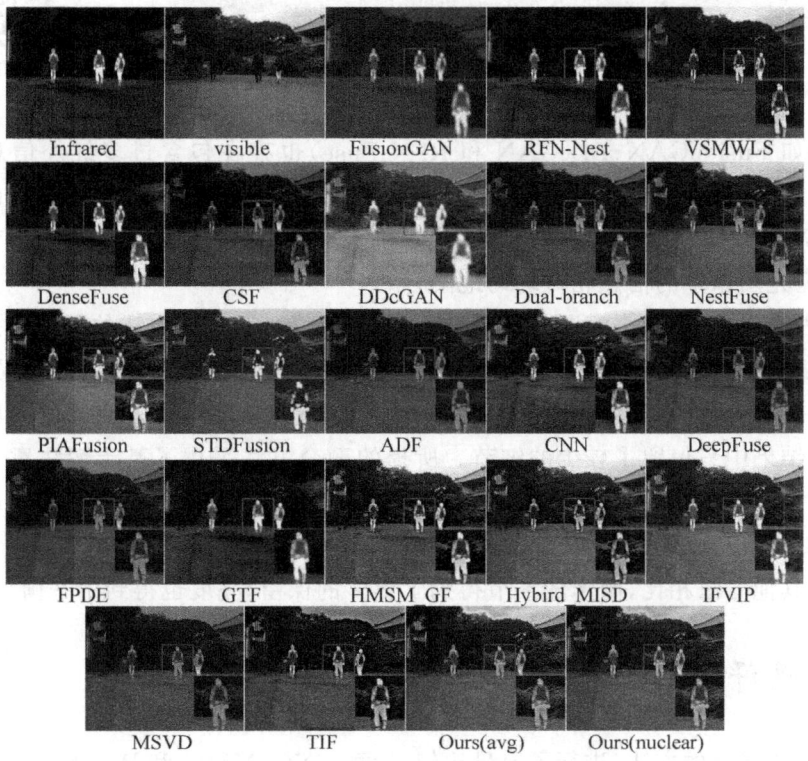

图 11-8　MSRS 数据集的比较融合结果

图 11-8 彩图

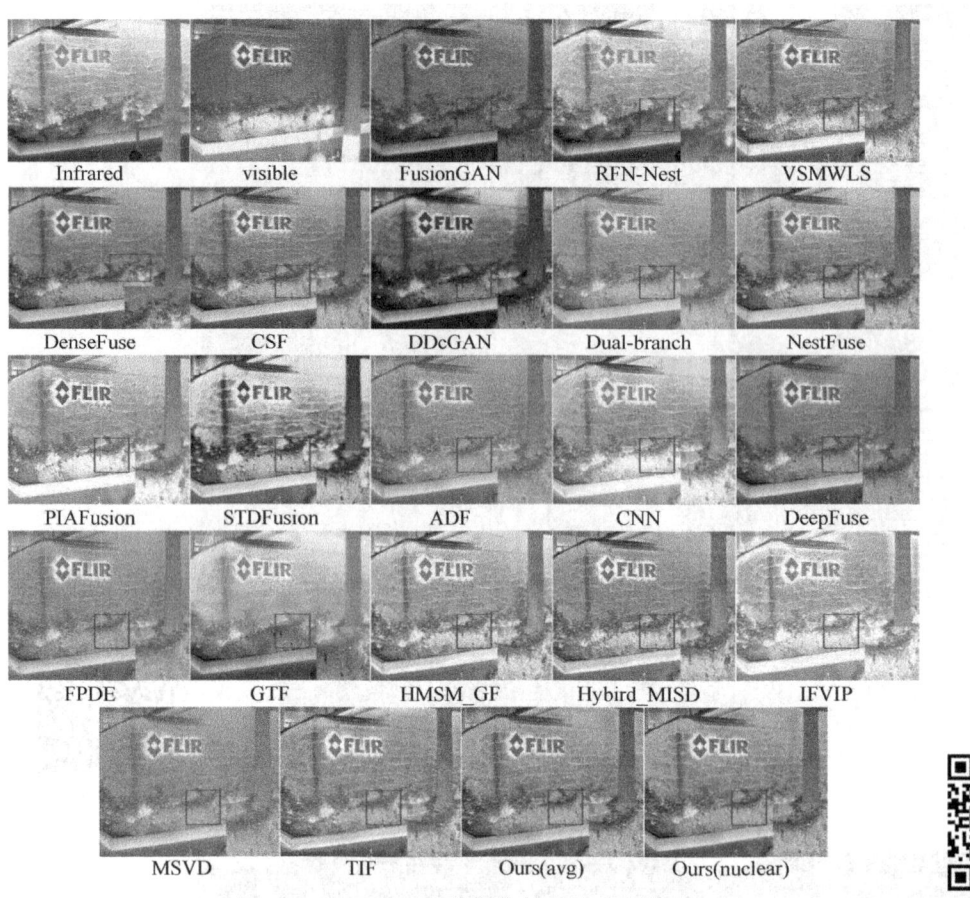

图 11-9　RoadScene 数据集的比较融合结果

端到端方法(如 FusionGAN、DDcGAN 和 RFN Fuse)也存在包含过多红外信息的问题,例如天空颜色呈现黑色。与图 11-7 中可见光图像相比,房屋更暗。同样的现象也出现在 GTF 和 VSMWS 中,而在 IFVIP 中,由于亮度过高,存在细节不明显的问题。本节中的方法将红外和可见光图像中的信息相对均匀地融合。

在自编码器方法中,来自两个源图像的信息更加平衡。然而,这些方法的结果失去了一些细节。例如,PIAFusion 融合中某些区域的高亮度会导致更多的细节信息丢失。同样,在 CNN 方法中也会丢失边缘细节。此外,由于在 DenseFuse 和 DeepFuse 中使用了简单的加法融合策略,融合结果中只保留了较少的细节。所提的融合方法采用了基于熵注意力的融合策略,以保留更多具有边缘信息的细节。例如,树干的边缘对比明显,灌木的细节也更清晰。此外,图 11-8 中放大区域的背景(即,MSRS 数据集的大多数图像包含红外目标)。在所提的结果中,与其他方法相比,灌木的细节得到了更多的保留,亮度也得到了平衡。

11.5.3　客观评价

为了客观评估所提出的方法,进行了定量比较,计算 TNO、MSRS 和 RoadScene 数据集的 21 对图像平均值列于表 11-2~表 11-4 中。最优及次优的结果用加粗字体标出。

表 11-2　对比方法在 TNO 数据集上的客观评价结果

融合方法	EI	SF	DF	AG	SD	EN	VIF	QP	MS-SSIM	MI	VIFF
ADF[8]	35.264 16	9.438 01	4.998 48	3.679 47	23.420 29	6.273 04	0.312 90	0.160 59	0.661 10	12.546 09	0.269 48
FPDE[114]	34.335 21	8.907 04	4.790 76	3.586 12	23.171 91	6.254 93	0.300 14	0.116 04	0.672 86	12.509 85	0.263 17
GTF[4]	32.527 70	9.204 43	4.544 23	3.358 74	31.579 12	6.635 34	0.453 64	0.021 77	0.729 75	13.270 68	0.489 37
MSVD[116]	32.625 45	10.312 65	5.065 15	3.439 32	30.321 60	6.613 20	0.551 93	0.087 62	0.715 22	13.226 40	0.449 57
HMSD_GF[113]	46.771 66	12.708 59	6.268 93	4.777 68	41.888 95	7.006 69	0.872 68	0.087 46	0.603 55	**14.013 38**	0.606 84
CBF[123]	53.789 87	13.591 45	6.785 95	5.298 67	35.912 54	6.857 49	0.697 34	0.022 19	0.466 79	13.714 98	0.420 67
Hybrid_MSD[11]	43.812 12	11.985 09	5.884 32	4.478 47	39.367 38	6.893 85	0.695 98	0.065 26	0.587 22	13.787 69	0.461 87
IFEVIP[117]	36.949 17	9.606 37	4.707 68	3.693 29	37.421 77	6.591 95	**0.975 53**	0.172 02	0.693 77	13.183 90	**0.753 61**
TIF[6]	39.235 19	10.370 93	4.857 43	3.895 65	28.241 74	6.526 02	0.747 60	0.115 00	0.677 23	13.052 03	0.524 82
VSMWLS[115]	44.174 95	12.160 37	6.208 77	4.596 76	33.530 79	6.640 71	0.831 63	0.147 83	0.722 57	13.281 43	0.618 68
CNN[119]	42.074 67	11.325 93	5.562 21	4.267 65	**45.540 63**	**7.067 76**	0.751 94	0.125 35	0.627 29	14.135 52	0.603 02
FusionGAN[25]	22.148 33	5.790 99	2.874 91	2.205 16	26.067 31	6.362 85	0.453 55	0.098 87	0.731 82	12.725 70	0.186 12
DenseFuse[19]	23.306 38	6.041 42	3.054 69	2.353 30	22.765 29	6.174 03	0.286 95	0.286 15	0.871 0	12.348 07	0.255 12
NestFuse[20]	36.323 19	9.798 28	4.737 39	3.660 39	40.205 74	6.904 61	0.764 15	0.350 13	0.875 23	13.809 22	0.353 46
RFN-Nest[79]	29.147 34	6.127 41	3.070 49	2.733 75	35.270 43	6.841 34	0.345 45	0.017 74	0.332 44	13.682 69	0.027 49
DDcGAN[73]	50.102 20	12.600 48	6.695 38	5.053 22	48.502 24	7.473 10	1.307 10	0.007 07	0.522 27	14.946 20	0.996 56
Dual-Branch[53]	25.078 66	6.213 67	3.039 22	2.470 84	27.023 08	6.332 31	0.350 70	0.291 38	**0.885 37**	12.664 63	0.268 87
CSF fusion[95]	36.818 30	8.576 18	4.460 46	3.609 53	35.716 07	6.790 53	0.711 46	0.248 11	0.925 09	13.581 06	0.489 07
PIAFusion[106]	43.557 07	11.458 22	5.703 91	4.415 89	40.858 42	6.677 59	0.499 05	0.024 79	0.426 53	13.355 19	0.213 53
STDFusion[118]	40.887 94	11.623 57	5.400 30	4.147 89	45.423 58	6.687 54	0.691 47	0.018 36	0.470 51	13.375 07	0.453 46
Ours-avg	**52.293 09**	**15.107 14**	**7.472 62**	**5.481 86**	38.928 16	6.965 69	0.751 08	0.314 42	0.859 27	13.931 38	0.383 13
Ours-nuclear	52.269 53	15.175 54	7.483 09	5.483 43	38.403 57	6.955 48	0.735 77	**0.316 53**	0.865 21	13.910 96	0.386 50

表 11-2 彩表

从表 11-2 中可以看出,当使用平均池策略时,EI、SF、DF 和 AG 的 4 个指标是次优的。当使用核池化策略时,SF、DF 和 AG 获得最佳结果,QP 获得第二最佳性能。在这些指标中,EI、AG 和 SF 均为梯度相关评估。它们的值越高,融合结果中保留的边缘信息就越多。DF 的定义与图像的清晰度有关。值越高,图像越清晰。此外,还可以观察到 DDcGAN 的 SD、EN、VIF 和其他指标是最优的,但边缘信息在主观评估中丢失,导致图像模糊和图像失真。

同样的结果可以在表 11-3 中看到。当采用平均池化策略时,4 个指标的评估值是最佳的,其中 3 个指标是使用核池化策略的次优指标。其他指标采用最先进的方法获得了类似的结果。

值得注意的是表 11-3 中 ADF 与 FPDE 方法在 EI、SF、DF、AG 指标得到了最优的结果。但这是由于其方法的泛化性能差,导致选取的 21 对图像中的一些图像出现了严重失真的现象。这些严重失真图像中边缘信息十分突出,而其他信息等丢失严重,最终导致有关边缘强度的评价指标数值出现异常。而所提方法在 MS-SSIM、VIFF 上得到最优,在 QP、MS-SSIM、VIFF 上得到次优结果,说明了所提方法的优越性。

表 11-3 彩表

表 11-3　对比方法在 MSRS 数据集上的客观评价结果

融合方法	EI	SF	DF	AG	SD	EN	VIF	QP	MS-SSIM	MI	VIFF
ADF[8]	32.294 31	8.902 75	3.713 07	3.082 35	28.622 76	6.290 49	0.453 74	0.294 75	0.902 95	12.580 97	0.371 68
FPDE[114]	31.851 54	8.421 20	3.676 88	3.054 18	28.367 96	6.286 66	0.440 83	0.285 86	0.893 79	12.573 33	0.363 31
GTF[4]	28.454 66	8.947 98	3.241 12	2.710 35	24.191 85	5.736 25	0.447 31	0.157 00	0.771 29	11.472 51	0.175 42
MSVD[116]	26.978 63	8.893 75	3.355 42	2.602 48	28.193 74	6.254 68	0.434 25	0.243 11	0.885 07	12.509 36	0.354 44
HMSD_GF[113]	49.700 23	14.092 87	5.567 56	4.713 55	**49.670 08**	**7.031 08**	**1.206 08**	0.346 63	0.964 29	**14.062 16**	0.724 24
CBF[123]	**58.467 03**	14.898 91	6.567 59	5.508 17	41.146 07	6.769 25	1.081 76	0.176 07	0.789 24	13.538 50	0.539 33
Hybrid_MSD[11]	47.017 40	13.491 02	5.295 38	4.465 99	47.413 19	6.992 63	1.076 72	0.337 03	0.960 86	13.985 26	0.659 57
IFEVIP[117]	42.662 27	12.194 77	4.709 53	4.027 32	48.301 05	6.886 07	1.079 01	0.369 08	0.944 67	13.772 14	0.642 98
TIF[6]	43.397 27	12.414 48	4.751 12	4.090 35	35.543 39	6.582 53	1.042 72	0.337 87	0.957 16	13.165 06	0.622 53
VSMWLS[115]	44.294 42	13.012 03	5.121 82	4.243 64	43.440 62	6.537 91	0.950 81	0.330 93	0.941 07	13.075 81	0.574 24
CNN[119]	45.635 52	13.015 88	5.092 51	4.322 73	49.313 95	6.895 53	1.061 64	0.374 76	**0.967 68**	13.791 06	0.667 95
FusionGAN[25]	16.975 84	4.726 04	1.874 42	1.593 56	19.712 31	5.603 26	0.332 50	0.130 59	0.685 40	11.206 51	0.116 25
DenseFuse[19]	30.932 52	11.498 71	4.354 58	3.167 77	24.040 45	5.656 45	0.136 50	0.020 90	0.289 17	11.312 91	0.009 94
NestFuse[20]	38.037 20	11.131 70	4.140 91	3.572 71	45.471 08	6.844 57	0.843 94	0.528 28	0.951 11	13.689 13	0.581 09
RFN-Nest[79]	16.065 81	4.421 65	1.604 32	1.475 17	25.070 45	5.602 89	0.530 09	0.358 16	0.594 63	11.205 77	0.078 70
DDcGAN[73]	48.034 38	12.608 05	5.263 96	4.507 09	46.056 02	7.327 91	1.131 27	0.195 21	0.778 36	14.655 81	0.497 43
Dual-Branch[53]	26.341 85	7.453 94	2.887 83	2.477 27	31.068 96	6.214 98	0.504 16	0.369 61	0.893 99	12.429 95	0.393 92
CSF fusion[95]	28.936 00	8.063 30	3.145 84	2.713 85	32.216 05	6.250 28	0.589 65	0.346 85	0.898 14	12.500 37	0.422 93
PIAFusion[106]	47.398 16	13.697 28	5.183 18	4.460 80	51.551 63	6.922 20	1.140 56	**0.520 04**	0.954 23	13.844 40	**0.705 83**
STDFusion[118]	36.268 15	12.040 29	4.062 58	3.442 94	40.988 42	6.093 45	0.725 33	0.503 21	0.887 55	12.186 90	0.422 96
Ours-avg	58.636 11	19.958 34	7.698 28	5.879 06	42.618 57	6.850 83	0.800 69	0.402 71	0.937 04	13.701 67	0.551 65
Ours-nuclear	58.384 98	**19.902 11**	**7.668 85**	**5.855 38**	42.391 76	6.844 44	0.797 32	0.401 67	0.937 64	13.688 89	0.551 82

此外,为了验证这些方法客观评价结果之间的差异具有统计学意义,对表 11-3～表 11-4 中所有方法的融合结果使用了 Kruskal-Wallis 检验[33]。具体来说,选择了度量标准来测量通过 TNO 数据集的比较方法生成的结果的 21 幅图像。然后,将 Kruskal-Wallis 检验应用于每个测量,并得到 p 值,如表 11-5 所示。p 的返回值小于 0.05,表明这些方法在 0.05 显著性水平上对差异具有统计学意义。

表 11-4　各方法在 RoadScene 数据集上的客观评价结果

融合方法	EI	SF	DF	AG	SD	EN	VIF	QP	MS-SSIM	MI	VIFF
ADF[8]	104.162 70	29.031 57	14.941 54	10.693 25	38.201 42	7.061 12	0.757 30	0.279 49	0.722 01	14.122 24	0.257 67
FPDE[114]	**101.795 21**	**25.820 93**	**13.911 87**	**10.371 93**	35.47	6.996 76	0.637 76	0.234 99	0.725 80	13.993 54	0.252 92
GTF[4]	43.699 29	13.860 2	5.715 07	4.333 87	46.245 82	7.380 20	0.367 19	0.189 12	0.723 51	14.760 42	0.215 28
MSVD[116]	44.731 37	15.141 73	6.777 79	4.599 16	28.237 67	6.686 08	0.324 23	0.257 16	0.826 11	13.372 18	0.277 39
HMSD_GF[113]	77.007 79	21.334 47	10.036 38	7.651 20	42.614 4	7.263 01	0.906 45	0.349 84	0.934 61	14.526 02	0.481 55
CBF[123]	74.519 99	19.046 76	9.229 78	7.243 17	43.700 49	7.344 36	0.648 15	0.250 18	0.777 43	14.688 73	0.320 80
Hybrid_MSD[11]	74.114 42	21.487 21	9.797 50	7.400 32	39.349 31	7.148 66	0.800 54	0.350 78	0.919 04	14.297 33	0.422 37
IFEVIP[117]	61.960 88	17.288 22	7.802 11	6.087 45	40.620 63	6.992 34	0.713 28	0.333 3	0.798 58	13.984 69	0.371 52
TIF[6]	63.806 4	17.377 36	7.798 48	6.234 64	35.600 33	7.055 50	0.734 42	0.344 36	0.924 77	14.111 01	0.422 83
VSMWLS[115]	78.099 41	22.833 76	10.861 76	7.947 69	39.695 03	7.195 65	0.747 5	0.323 73	0.925 7	14.391 3	0.418 35
CNN[119]	70.166 97	19.716 37	9.009 77	6.932 24	46.426 52	7.382 72	0.777 60	0.370 19	0.918 34	14.765 46	0.419 17
FusionGAN[25]	35.774 77	8.615 26	3.829 61	3.331 96	37.367 59	7.046 17	0.494 65	0.119 75	0.784 12	14.092 34	0.282 63
DenseFuse[19]	66.815 16	19.186 25	8.663 20	6.682 78	53.391 22	7.396 62	0.241 04	0.029 49	0.140 05	14.793 25	0.027 86
NestFuse[20]	58.989 99	15.374 72	6.854 52	5.684 03	53.180 81	**7.422 16**	**0.996 60**	0.315 98	0.816 24	14.844 33	0.475 70
RFN-Nest[79]	37.917 84	7.855 99	3.817 26	3.481 26	52.648 02	7.571 96	0.623 95	0.371 6	0.722 09	**15.143 92**	0.260 14
DDcGAN[73]	57.660 70	14.082 65	6.513 30	5.511 44	**58.482 07**	7.577 06	0.917 65	0.232 34	0.725 48	15.154 14	0.487 71
Dual-Branch[53]	37.397 21	9.157 80	4.490 49	3.649 18	31.961 53	6.711 14	0.348 63	0.231 13	0.846 05	13.422 29	0.329 61
CSF fusion[95]	65.102 03	16.237 52	7.785 86	6.272 03	44.246 23	7.335 97	0.734 63	0.308 14	0.921 27	14.671 94	0.473 31
PIAFusion[106]	55.356 48	17.301 97	7.381 67	5.535 12	43.739 49	6.977 17	0.669 67	0.453 36	0.773 93	13.954 35	0.296 46
STDFusion[118]	77.037 82	23.212 09	9.595 73	7.544 9	59.621 65	7.390 42	1.230 66	0.356 39	0.705 34	14.780 86	0.415 52
Ours-avg	58.636 11	19.958 34	7.698 28	5.879 06	42.618 57	6.850 83	0.800 69	**0.402 71**	**0.937 04**	13.701 67	**0.551 65**
Ours-nuclear	58.384 98	19.902 11	7.668 85	5.855 38	42.391 76	6.844 44	0.797 32	0.401 67	0.937 64	13.688 89	0.551 82

表 11-5　Kruskal-Wallis 检验的 p 值

融合方法	EI	SF	DF	AG	SD	EN	VIF	QP	MS-SSIM
p	1.626 6e-33	9.641 4e-40	5.979 3e-33	1.716 1e-33	9.424 2e-33	2.632 6e-31	1.603 0e-61	4.294 7e-67	8.642 7e-69

11.5.4　消融实验

提出的融合框架包括改进的网络和融合策略。为了验证每个组件的功效,本小节进行了消融实验,如表 11-6 所示。将所提的自动编码器与没有轴向注意的自动编码器的降级版本进行了比较。巢连接网络和融合策略由名为 NO 的通道与空间注意力组成。具有轴向注意力的网络名为 NA,没有轴向注意力的网名为 NE。

表 11-6　消融研究的融合方法结构

融合方法	Axial attention	Entropy attention	Channel attention	Spatial attention
NO			√	√
NE		√	√	√
NA	√		√	√
AEF(Ours)	√	√	√	√

1. 注意力机制消融研究

网络中轴向注意力消融研究的主观评价结果如图 11-10 所示。融合策略在网络消融实验中使用空间注意力和通道注意力(即,仅全局平均池化)。

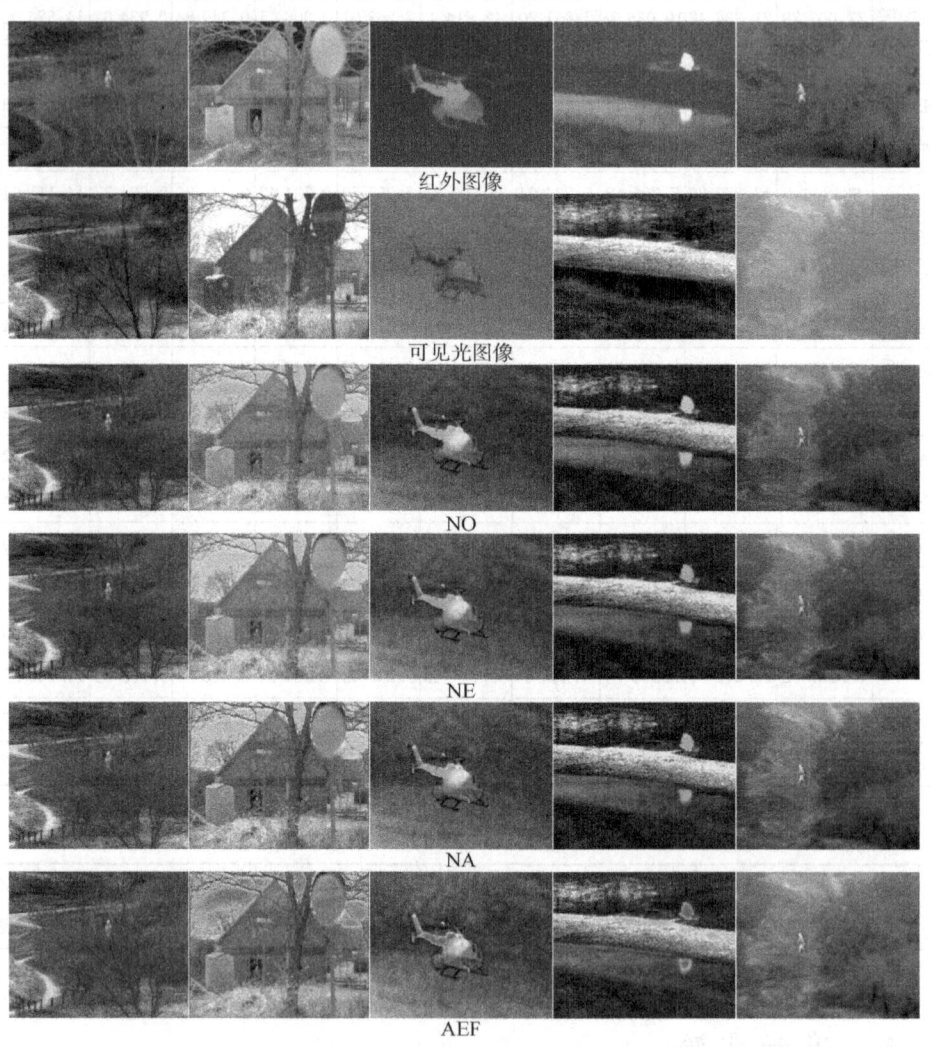

图 11-10　消融研究的主观评价结果

从图 11-10 可以看出,在轴向注意力的影响下,融合结果中的边缘信息突出,尤其是第二列图片中的灌木丛细节更清晰,包含更多纹理信息。第四张照片中的树干和灌木丛纹理更丰富。

轴向注意力消融研究的客观评价结果如表 11-7 所示。从表 11-7 中,可以观察到 SF 和 EI 显著改善,表明所提方法可以保留更多的边缘信息。

表 11-7　轴向注意力消融研究的客观评价结果

融合方法	EI	EN	SD	SF	MI
NE	36.323 19	6.904 613	40.205 74	9.798 282	13.809 23
NA	50.935 30	6.970 638	41.786 57	15.420 54	13.941 28

2. 熵注意力效果分析

通过固定网络（即巢连接轴向注意力网络）对所提出的 ECS 进行消融研究。融合策略采用了熵注意力融合策略，并与现有的空间注意力和通道注意力（CS）融合策略进行了比较，如图 11-11 所示。

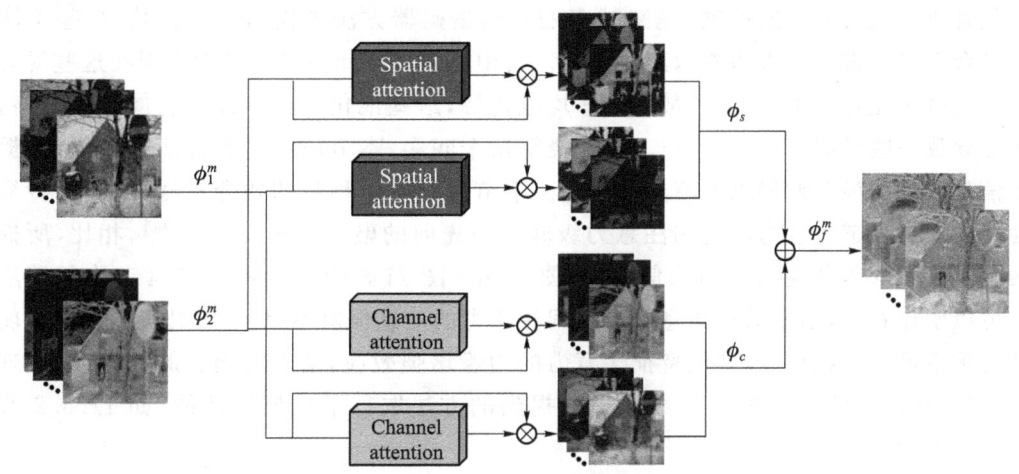

图 11-11　没有熵注意的融合策略（CS）

比较结果如图 11-10 中 NA 和 AEF 所示。在熵注意力的影响下，融合结果中的边缘信息突出。例如，第三列中的直升机轮廓更加突出，直升机的机翼细节也得到了保留，这在之前的模型中是丢失的。结果表明，基于熵注意力的融合策略可以保留更多细节。

消融研究中不同融合策略的客观评价结果如表 11-8 所示。MS-SSIM 的改进表明，两幅图像在结构上更相似。VIFF 是基于自然场景统计和人类视觉系统的图像质量度量。VIFF 值的增加表明融合结果符合人类视觉系统，也可以证明融合结果得到了改善。

表 11-8　消融研究中不同融合策略的客观评价结果

融合方法	EI	MS-SSIM	SD	VIFF	MI
NA+CS	50.935 30	0.864 28	41.516 56	0.337 17	13.941 28
AEF(ours)	52.293 09	0.865 21	38.403 57	0.386 50	13.910 96

总之，消融研究可以证明熵注意力的有效性。

11.6　讨论与分析

红外和可见光图像融合的目的是生成具有互补信息的图像。现有的基于深度学习的方法大致分为两类，包括端到端和自动编码器。端到端方法在训练过程中存在训练困难、严格的数据集要求（只能使用图像融合数据集）以及其他问题[34-37]。然而，在图像融合领域，几乎没有真值（Ground Truth）。自动编码器方法避免了这个问题。与端到端算法相比，所提出的方法可以用自然图像进行训练，并且对训练数据集的要求很低。在本节中，应用了自动编码器方法。如图 11-1 所示，巢连接结构可以在多个尺度上提取深度特征。并且，它将轴向注意力与远程语义信息提取能力相结合，这是一种有效的网络，已在多种方法中得到证明[38-40]。此外，受 Li 等[12]的启发，设计了一种新的损失函数来训练该网络。然而，基于自动编码器的方法不仅依赖于网络的编码和解码能力，而且对融合策略有很高的要求。

随着研究人员的不断探索，越来越多的自动编码器方法被提出[4,41]。其中，基于注意力的融合策略取得了令人印象深刻的效果。其中通道和空间注意力经常出现在这些融合方法中。在这些注意力中，使用了最大和平均池化层，这些池化层会导致一些像素被忽略，这最终会导致一些局部信息丢失[42]。为了缓解这个问题，本节应用了熵特征图，它能够提取边缘信息并减少模态差异以保留局部信息。本节设计了一种新的融合策略，使用熵特征图作为注意力与通道注意力和空间注意力级联。与先前的融合方法[4,43-45,46]相比，所提出的融合策略能够保留更多的边缘信息，如图 11-6～图 11-8 所示。从 11.5.4 节中的消融研究中可以明显看出，由于通道注意力和空间注意力的信息保留不完整，直升机图片中的轮廓细节几乎不可见。相反，随着熵特征注意力的边缘增强效应，信息突出。此外，与其他现有方法相比，在公开的常用的 3 个数据集中提到的方法取得了优异的性能，如 11.5.2 节和 11.5.3 节所述。

11.7　本章小结

在本章中，提出了一种基于轴向注意力的 U 形结构的融合网络，以提高红外和可见光图像融合的性能。网络可以在提取多尺度特征的同时捕获长距离语义信息。本章创新地提出了一种基于熵注意力的融合策略，该策略增强了特征表示的能力，并保留了更多的边缘细节。最终的融合结果更符合人类的视觉感知。此外，融合策略中的空间注意力采用两种池化策略，即平均池化和核池化。然而，尽管核池化具有更好的融合性能，但其计算成本高于平均池。本章不使用最大池化策略，因为它往往会丢失细节信息。

为了验证所提出方法的有效性，在 3 个公开可用的数据集上验证了所提方法的结果。所提的方法在主观和客观评估方面都取得了优异的性能。主观上，所提的方法可以生成更清晰、信息更丰富的图像，这些图像更符合人类的视觉感知。在客观评价方面，SF、EI 等指标大于其他融合方法，表明了所提方法的有效性。

本章参考文献

[1] Wachinger C, Navab N. Entropy and Laplacian images: structural representations for multi-modal registration [J]. Med Image Analysis, 2012, 16(1): 1-17.

[2] Zhou Z, Rahman Siddiquee M M, Tajbakhsh N, et al. UNet++: A Nested U-Net Architecture for Medical Image Segmentation [C], Cham, F. Springer International Publishing, 2018: 3-11.

[3] Prabhakar K R, Srikar V S, Babu R V. DeepFuse: A Deep Unsupervised Approach for Exposure Fusion with Extreme Exposure Image Pairs [C]; proceedings of the 2017 IEEE International Conference on Computer Vision (ICCV), F 22-29 Oct. 2017. IEEE: Italy, 2017.

[4] Li H, Wu X. DenseFuse: A Fusion Approach to Infrared and Visible Images [J]. IEEE Transactions on Image Processing, 2019, 28(5): 2614-2623.

[5] Fu Y, Wu X J. A Dual-branch Network for Infrared and Visible Image Fusion [J]. International Conference on Pattern Recognition (ICPR), 2021: 10675-10680.

[6] Zhang Y, Liu Y, Sun P, et al. IFCNN: A general image fusion framework based on convolutional neural network [J]. Information Fusion, 2020(54): 99-118.

[7] Xydeas C S, Petrović V. Objective image fusion performance measure [J]. Electronics Letters, 2000, 36(4).

[8] Zhou W, Bovik A C, Sheikh H R, et al. Image quality assessment: from error visibility to structural similarity [J]. IEEE Transactions on Image Processing, 2004, 13(4): 600-612.

[9] Kumar B. Multifocus and multispectral image fusion based on pixel significance using discrete cosine harmonic wavelet transform [J]. Signal, Image and Video Processing, 2013(7): 1125-1143.

[10] Li H, Wu X J, Durrani T. NestFuse: An Infrared and Visible Image Fusion Architecture Based on Nest Connection and Spatial/Channel Attention Models [J]. IEEE Transactions on Instrumentation and Measurement, 2020, 69(12): 9645-9656.

[11] Li H, Wu X, Kittler J. Infrared and Visible Image Fusion using a Deep Learning Framework [C]; proceedings of the 2018 24th International Conference on Pattern Recognition (ICPR), IEEE, 2018: 2705-2710.

[12] Zhao H, Gallo O, Frosio I, et al. Loss Functions for Image Restoration With Neural Networks [J]. IEEE Transactions on Computational Imaging, 2017, 3(1): 47-57.

[13] Zhou Z, Wang B, Li S, et al. Perceptual fusion of infrared and visible images through a hybrid multi-scale decomposition with Gaussian and bilateral filters [J]. Information Fusion, 2016(30): 15-26.

[14] Zhou Z, Dong M, Xie X, et al. Fusion of infrared and visible images for night-vision context enhancement [J]. ApplOpt, 2016, 55(23): 6480-6490.

[15] Ba Virisetti D P. Multi-sensor image fusion based on fourth order partial differential equations [C]; proceedings of the 20th International Conference on Information Fusion (Fusion), 2017: 1-9.

[16] Ma J, Zhou Z, Wang B, et al. Infrared and visible image fusion based on visual saliency map and weighted least square optimization [J]. Infrared Physics & Technology, 2017 (82): 8-17.

[17] Naidu V. Image Fusion Technique using Multi-resolution Singular Value Decomposition [J].Defence Science Journal,2011,61(5):479-484.

[18] Zhang Y,Zhang L,Bai X,et al. Infrared and Visual Image Fusion through Infrared Feature Extraction and Visual Information Preservation [J]. Infrared Physics & Technology,2017:83.

[19] Xu H,Zhang H,Ma J. Classification Saliency-Based Rule for Visible and Infrared Image Fusion [J].IEEE Transactions on Computational Imaging,2021(7):824-836.

[20] Ma J,Tang L,Xu M,et al. STDFusionNet:An Infrared and Visible Image Fusion Network Based on Salient Target Detection [J].IEEE Transactions on Instrumentation and Measurement,2021(70):1-13.

[21] Tang L,Yuan J,Zhang H,et al. PIAFusion:A progressive infrared and visible image fusion network based on illumination aware [J].Information Fusion,2022(83):79-92.

[22] Liu Y,Chen X,Cheng J,et al. Infrared and visible image fusion with convolutional neural networks [J].International Journal of Wavelets,Multiresolution and Information Processing,2018,16(3):1850018.

[23] Xydeas C S,Petrović V. Objective image fusion performance measure [J].Electronics Letters,2000,36(4).

[24] Eskicioglu A M,Fisher P S. Image quality measures and their performance [J].IEEE Trans Commun,1995,43(12):2959-2965.

[25] Wang H,Zhong W,Wang J. Research of Measurement for Digital Image Definition [J].Journal of Image and Graphics,2004,9(7):828-831.

[26] Cui G,Feng H,Xu Z,et al. Detail preserved fusion of visible and infrared images using regional saliency extraction and multi-scale image decomposition [J]. Optics Communications,2015(341):199-209.

[27] Aardt V,Jan. Assessment of image fusion procedures using entropy,image quality, and multispectral classification [J].Journal of Applied Remote Sensing,2008,2(1):1-28.

[28] Han Y,Cai Y,Cao Y,et al. A new image fusion performance metric based on visual information fidelity [J].Information Fusion,2013,14(2):127-135.

[29] Zhao J,Laganiere R,Zheng L. Performance assessment of combinative pixel-level image fusion based on an absolute feature measurement [J].International Journal of Innovative Computing Information & ControlIjicic,2007,3(6):1433-1447.

[30] Qu G,Zhang D,Yan P. Information measure for performance of image fusion [J]. Electronics Letters,2002,38(7):313-314.

[31] Yu H,Yunze C,Yin C,et al. A new image fusion performance metric based on visual information fidelity [J].Information Fusion,2013,14(2):127-135.

[32] Zhou W,Bovik A C,Sheikh H R,et al. Image quality assessment:from error visibility to structural similarity [J].IEEE Transactions on Image Processing,2004,13(4):600-612.

[33] Kruskal W H, Wallis W A. Use of Ranks in One-Criterion Variance Analysis [J]. Journal of the American Statistical Association, 1952, 47(260): 583-621.

[34] Xu H, Ma J, Jiang J, et al. U2Fusion: A Unified Unsupervised Image Fusion Network [J]. IEEE Transactions on Pattern Analysis and Machine Intelligence, 2020, 44(1): 502-518.

[35] Ma J, Yu W, Liang P, et al. FusionGAN: A generative adversarial network for infrared and visible image fusion [J]. Information Fusion, 2019(48): 11-26.

[36] Long Y, Jia H, Zhong Y, et al. RXDNFuse: A aggregated residual dense network for infrared and visible image fusion [J]. Information Fusion, 2021, 69: 128-141.

[37] Ma J, Xu H, Jiang J, et al. DDcGAN: A Dual-Discriminator Conditional Generative Adversarial Network for Multi-Resolution Image Fusion [J]. IEEE Transactions on Image Processing, 2020(29): 4980-4995.

[38] Qu L, Liu S, Wang M, et al. TransMEF: A Transformer-Based Multi-Exposure Image Fusion Framework using Self-Supervised Multi-Task Learning [J]. Proceedings of the AAAI Conference on Artificial Intelligence. 2022, 36(2): 2126-2134.

[39] Qu L, Liu S, Wang M, et al. TransFuse: A Unified Transformer-based Image Fusion Framework using Self-supervised Learning [J]. arXiv preprint arXiv: 2201.07451, 2022.

[40] Ma J, Tang L, Fan F, et al. SwinFusion: Cross-domain Long-range Learning for General Image Fusion via Swin-Transformer [J]. IEEE/CAA Journal of Automatica Sinica, 2022, 9(7): 1200-1217.

[41] Li H, Wu X J, Durrani T. NestFuse: An Infrared and Visible Image Fusion Architecture Based on Nest Connection and Spatial/Channel Attention Models [J]. IEEE Transactions on Instrumentation and Measurement, 2020, 69(12): 9645-9656.

[42] Zhang H, Xu H, Tian X, et al. Image fusion meets deep learning: A survey and perspective [J]. Information Fusion, 2021(76): 323-336.

[43] Liu J, Shang J, Liu R, et al. Attention-guided Global-local Adversarial Learning for Detail-preserving Multi-exposure Image Fusion [J]. IEEE Transactions on Circuits and Systems for Video Technology.

[44] Wang J, Yu L, Tian S, et al. AMFNet: An attention-guided generative adversarial network for multi-model image fusion [J]. Biomedical Signal Processing and Control, 2022: 78.

[45] Li B, Liu Z, Gao S, et al. CSpA-DN: Channel and Spatial Attention Dense Network for Fusing PET and MRI Images [C]; proceedings of the 2020 25th International Conference on Pattern Recognition (ICPR). IEEE, 2021: 8188-8195.

[46] Wu Y, Liu J, Jiang J, et al. Dual Attention Mechanisms with Perceptual Loss Ensemble for Infrared and Visible Image Fusion [Z]. 2020 8th International Conference on Digital Home (ICDH). 2020: 87-92.

第 12 章

基于双流交互与 Transformer 的红外与可见光图像融合方法

12.1 引言

不同于先前的工作本章提出了一种新的端到端的联合 CNN-Transformer 融合网络,称为 UCTFusion,以实现更好的融合效果。基于自编码器的方法虽然可以依靠高性能的融合策略保留更多信息。但是手工设计的融合策略存在人工干预的因素,理论上神经网络可以自主地生成融合图像。所提方法包含 3 条特征提取路径,两副源图像使用两个 CNN 路径来挖掘本地信息,以充分挖掘源图像中的局部信息。此外,本章使用 Transformer 的级联路径来探索特征之间的全局交互,并生成包含长距离语义信息的深层特征。本章在两条 CNN 路径中设计了一个跨域激活交互模块,通过两个 ReLU 整流器将去激活信息从一个分支传输到另一个分支,构建跨域交互路径。它解决了特征图在 ReLU 层丢弃信息的问题,并在跨域交互中保留了更多的上下文信息。实验表明,所提的 UCTFusion 在主观视觉描述和客观测量评估方面优于其他先进的方法,并且具有优异的融合性能和更好的泛化能力。本章的主要贡献如下:

(1) 提出了一种基于联合 CNN-Transformer 的红外与可见光图像融合算法,该框架可以充分挖掘局部和全局信息,以实现更好的互补特征集成。

(2) 设计了一个双流交互模块来保留源图像的信息。将因 ReLU 失去活信息从一个分支传输到另一个分支。这可以减少信息丢失,并避免 ReLU 函数存在信息丢失的问题。

(3) 在本章中设计了一个新的损失函数,分别在支路与融合结果处求损失。支路的重建损失函数,可以使特征交互模块尽可能充分提取特征。融合损失可以进一步使融合结果保留更多信息。

(4) 实验表明,UCTFusion 在使用公开数据集的融合结果,在主观评价与客观评价方面优于现有的融合算法。

在本章结构如下:12.2 节介绍网络结构,12.3 节介绍双支路交互策略,12.4 节介绍损失函数,12.5 介绍实验与结果分析,12.6 节为本章小结。

12.2 网络结构

所提 UCTFusion 融合方法网络结构如图 12-1 所示,其中两条支路分别提取红外和可见光图像特征的 CNN 路径。另一条转换器路径将两个源图像级联为输入,充分挖掘全局相关性并生成包含高级语义信息的深度特征。此外,本节设计了一个跨域激活交互(CDAI)模块,它通过两个 ReLU 整流器将去激活信息从一个支路传输到另一个分支,构建跨域交互路径。此操作不仅解决了 ReLU 激活功能丢失信息的限制,还为跨域交互保留了更多上下文信息。为了保留源图像中的全局语义信息网络中使用了 Transformer 模块,其结构图如图 12-2 所示。

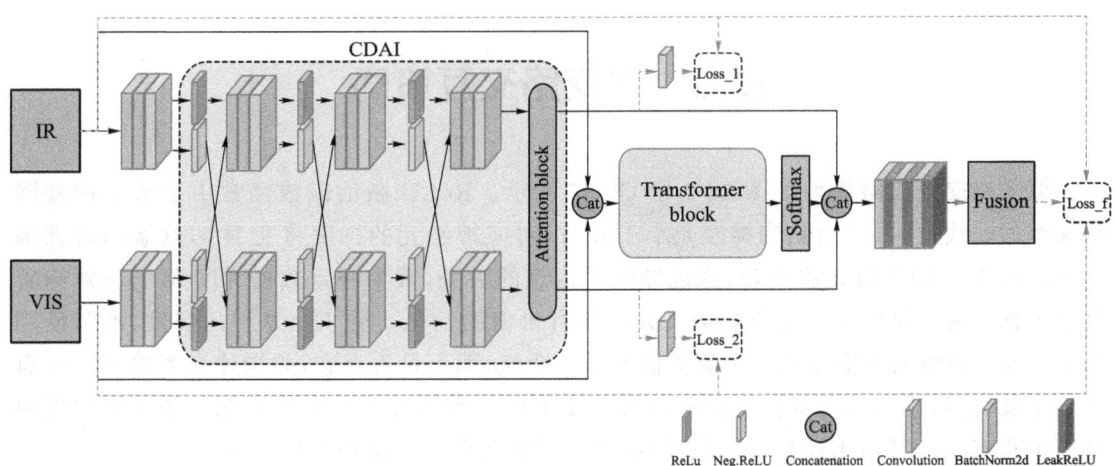

图 12-1 UCTFusion 融合方法网络结构

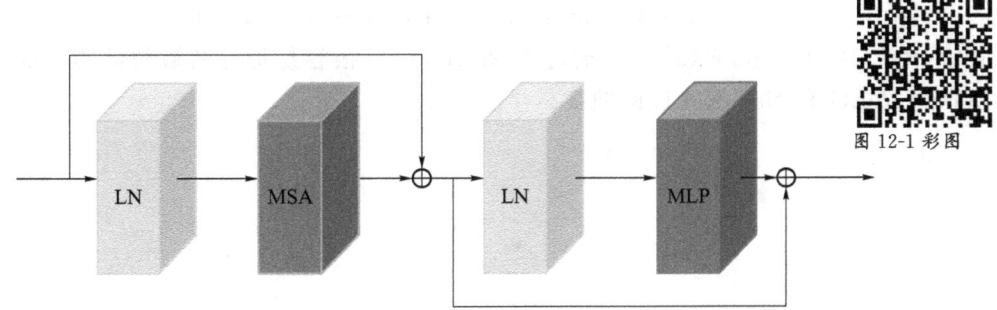

图 12-2 Transformer block 结构图

网络包含 3 个路径,其中两个路径使用红外和可见光图像作为输入来提取局部信息,其中一个路径使用级联的两个源图像作为输入以提取全局信息。首先,两个 CNN 路径使用两个卷积层从红外与可见光图像中提取浅层特征。浅层特征 F_{SF}^1 和 F_{SF}^2 由等式(12-1)定义

$$\{F_{SF}^1, F_{SF}^2\} = \{\text{Convs}(I_{ir}), \text{Convs}(I_{vis})\} \tag{12-1}$$

式中，Convs（·）表示两个连续的卷积运算。内核大小为 3×3，步长为 1。之后，提取的浅层特征通过 CDAI 模块来表示由式(12-2)定义的深度特征 F_{DF}^1 和 F_{DF}^2。

$$\{F_{DF}^1, F_{DF}^2\} = \{\text{CDAI}(F_{SF}^1), \text{CDAI}(F_{SF}^2)\} \tag{12-2}$$

式中，CDAI（·）表示本节中提出的 CDAI 模块，该模块使用两个整流器来保留更多的源图像信息并提取更详细的特征，模块细节由 12.2 节给出。第三条路径为两个源图像级联作为 Transformer 模块的输入。全局特征 F_{GF}^3 表示为式(12-3)

$$F_{GF}^3 = H_T(I_1 \oplus I_2) \tag{12-3}$$

式中，H_T（·）表示 Transformer 特征提取层，而表示级联操作。然后组合来自 3 条路径的特征，以获得表示为等式(12-4)的最终提取的特征 F：

$$F = F_{DF}^1 \oplus F_{DF}^2 \oplus F_{GF}^3 \tag{12-4}$$

最后，提取的特征被发送到重建模块，并且最终生成的图像由式(12-5)定义：

$$I_F = H_{RE}(F) \tag{12-5}$$

式中，H_{RE}（·）表示重建模块，由 3 个卷积层组成，核大小为 3×3，步长为 1。

12.3　双支路交互策略

双支路交互策略模块如图 12-1 中 CDAI 所示。ReLU 激活函数经常用于增加神经网络模型的非线性[1]。然而，当神经元小于 0 时，对应神经元的梯度将变为 0，这意味着训练中 ReLU 单元的参数无法更新，这也导致了信息的丢失（因为一旦数据梯度为 0，就意味着这些数据没有任何影响），这可能会丢失一些有价值的信息。受 Hu 等[2]的启发，本节使用 ReLU 整流器将失活信息从一个流传输到另一个流，而不是丢弃它，并构建交互路径。这有两个主要优点：①可以缓解信息丢失和 ReLU 函数导致神经元失活的问题。②所提的模块是简单且有效的其通用性高，可以应用在其他图像融合或图像处理任务中。

Neg. ReLU 的公式由式(12-6)给出：

$$\text{ReLU}^-(x) := x - \text{ReLU}(x) = \min(x, 0) \tag{12-6}$$

式中，$\text{ReLU}(x) := \max(x, 0)$。通过负 ReLU，可以很容易地保留被失活的特征。图 12-3 所示为 ReLU 和 Neg. ReLU 的曲线。

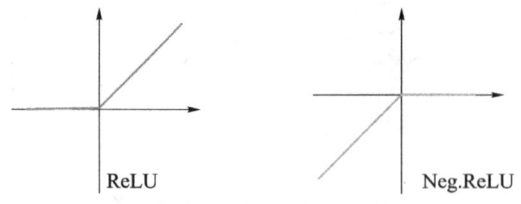

图 12-3　ReLU 与 Neg. ReLU

提取的浅层特征被输入 CDAI 模块，通过卷积块获得的特征分别表示为 X_1 和 X_2，可由式(12-7)表示。然后，通过 ReLU 获得激活后的特征图。

$$\{X_1, X_2\} = \{\text{Convs}(F_{SF}^1), \text{Convs}(F_{SF}^2)\} \tag{12-7}$$

通过式(12-6)定义的 Neg. ReLU 获得失活特征。

$$\{\text{ReLU}^-(X_1), \text{ReLU}^-(X_2)\} = \{X_1 - \text{ReLU}(X_1), X_2 - \text{ReLU}(X_2)\} \quad (12\text{-}8)$$

这两个分支分别级联 ReLU 激活特征和 Neg. ReLU 特征作为下一个卷积块的输入特征 Y_1 和 Y_2，然后重复上述操作两次，获得注意力模块的输入特征 Y_1' 和 Y_2'，并输出两条路径分别提取的深度特征 F_{DF}^1 和 F_{DF}^2。

$$Y_1 := \text{ReLU}(X_1) \oplus \text{ReLU}^-(X_2) \quad (12\text{-}9)$$

$$Y_2 := \text{ReLU}(X_2) \oplus \text{ReLU}^-(X_1) \quad (12\text{-}10)$$

$$\{F_{\text{DF}}^1, F_{\text{DF}}^2\} = \{\text{Attention}(Y_1'), \text{Attention}(Y_2')\} \quad (12\text{-}11)$$

式中，$\oplus$ 运算表示 ReLU 函数特征和 Neg. ReLU 特征之间的级联运算，注意力模块采用 CBAM[3]。从式(12-8)~式(12-11)可以看出，Y_1 和 Y_2 中的信息量等于 X_1 和 X_2 中的信息数量。该方法确保使用激活函数交互中没有信息被简单丢弃，这在很大程度上避免了 ReLU 使神经元失活，信息丢失的问题。

12.4 损失函数

为了训练网络提升模型特征提取能力，以及产生更好的融合结果，本节重新设计了损失函数。在训练阶段，所提网络的总损失函数由两部分组成，包括重建损失(L_r)和融合损失(L_f)。总损失函数 L_t 公式定义为

$$L_t = L_r + \alpha L_f \quad (12\text{-}12)$$

式中，$\alpha = 10$ 是用于平衡两个损失的超参数。

为了进一步减少信息损失，本节计算了在上下支路末端获得的特征图像和两个源图像的重建损失。在上下两路径的末端添加了一个卷积层来整理通道数。使用 $I_{\text{ori}} I_i$ 分别表示支路重建特征与输入源图像。重建损失的公式定义为

$$L_r = L_{l1}(I_{\text{ori}}, I_i) + \beta L_{\text{SSIM}}(I_{\text{ori}}, I_i) \quad (12\text{-}13)$$

式中，β 为超参数用来平衡两项损失，L_{l1} 由式(12-14)给出

$$L_{l1} = \frac{1}{HW} \sum |I_{\text{ori}} - I_i| \quad (12\text{-}14)$$

L_{SSIM} 为结构相似度损失，由式(12-15)给出

$$L_{\text{SSIM}} = 1 - \text{SSIM}(I_{\text{ori}} - I_i) \quad (12\text{-}15)$$

融合损失是最终融合图像和两幅源图像之间的损失，包括均方误差损失、结构相似性损失、梯度损失。融合损失的公式定义为

$$L_{\text{fusion}} = L_{\text{MSE}} + \lambda L_{\text{SSIM}} + \kappa L_{\text{grd}} \quad (12\text{-}16)$$

式中，λ、κ 和是超参数，用于调整 4 个损失的数量级差异。

梯度损失是计算融合图像与原始图像的梯度图像之间的均方误差损失。L_{grd} 的详细计算公式如下：

$$L_{\text{grd}}(I_{\text{ori}}, I_F) = \text{MSE}(\text{Gradient}(I_{\text{ori}}), I_F) \quad (12\text{-}17)$$

$$\text{MSE}(x, y) = \frac{1}{N} \sum_{n=1}^{N} (x_n - y_n)^2 \quad (12\text{-}18)$$

式中，MSE(x,y)是x和y之间的均方误差。原始图像的梯度图像是通过使用拉普拉斯梯度算子梯度获得的。

12.5 实验与结果分析

在本节中，通过定量和定性比较，将所提方法与几种最先进的红外与可见光图像融合算法进行了比较。首先提供了实验配置，然后给出了一些实现细节，然后讨论了消融研究。最后，在公开数据集上进行了相关实验，证明所提方法的有效性。

12.5.1 实验设置

在本节中训练数据集来自 KAIST[4]红外数据集，该数据集包含 95 328 对红外与可见光图像，从中选取 80 000 对作为训练数据，并将图片重新裁剪成 224×224 大小。实验设备采用 Tesla A100 80G GPU，代码实现使用了 PyTorch 框架。测试图像采用分别来自 TNO、MSRS 和 RoadScene 数据集中的 21 对图片。训练中 Epoch 为 2，batch size 为 32。对比方法如下：DATFuse[5]、GTF、IFEVIP、ADF、CSF、DeepFuse、FPDE、TIF、DenseFuse、FusionGAN、RFN、NestFuse、MSVD、DATFuse。

在本节中采用以下评价指标来对测试结果进行对比分别为 EI、SF、FMI_dct、DF、一种修正的互信息 QMI[6]、AG、联合信息熵 MIabf[7]、MI。融合方法结果以及客观评价结果都由公开的代码实现。

12.5.2 实验结果对比

由于在图像融合任务中没有统一的评价标准，对于图像融合算法的性能评价一般从主观与客观两方面进行评估。在本节中介绍与现有方法融合结果对比。

1. 主观评价结果

如图 12-4 所示，本节所提方法与现有的 12 种红外与可见光图像融合方法比较，本节所提方法能够保留更多边缘细节。如图中汽车的边缘相比于其他方法更加清晰轮廓更加明显，其他方法中的融合细节较少，例如 IFEVIP、ADF 和 NestFuse 中的汽车旁的灯光边缘轮廓比较模糊。在 DeepFuse 融合结果中两者几乎融为一体，其模型没有处理长距离语义信息的能力，而所提方法中特征提取能力更强可以有效利用长距离语义信息融合结果中目标较为清晰。

图 12-5 为各融合方法在 RoadScene 数据集上的主观评价结果对比可以看到 ADF、FPDE 等传统的融合方法在此数据集上表现不佳，反映出其融合方法的泛化性能差的问题。其结果中边缘信息过多但是细节信息丢失严重，以至于严重影响人类视觉感知。所提方法在此数据集上虽然表现不是最优，但融合结果依然能够达到相当的水平，也能说明所提方法具有一定的泛化性能。此外，由于 RFN-Nest、GTF 等融合方法不具备长距离语义信息的处理能力，在这些方法融合结果中目标或背景亮度不统一，对人类视觉感知会有一定影响；而所提方法具有长距离语义信息的处理能力，融合结果中的亮度分布更加平衡。MSRS 数据集主观评价结果对比如图 12-6 所示。

第 12 章　基于双流交互与Transformer的红外与可见光图像融合方法

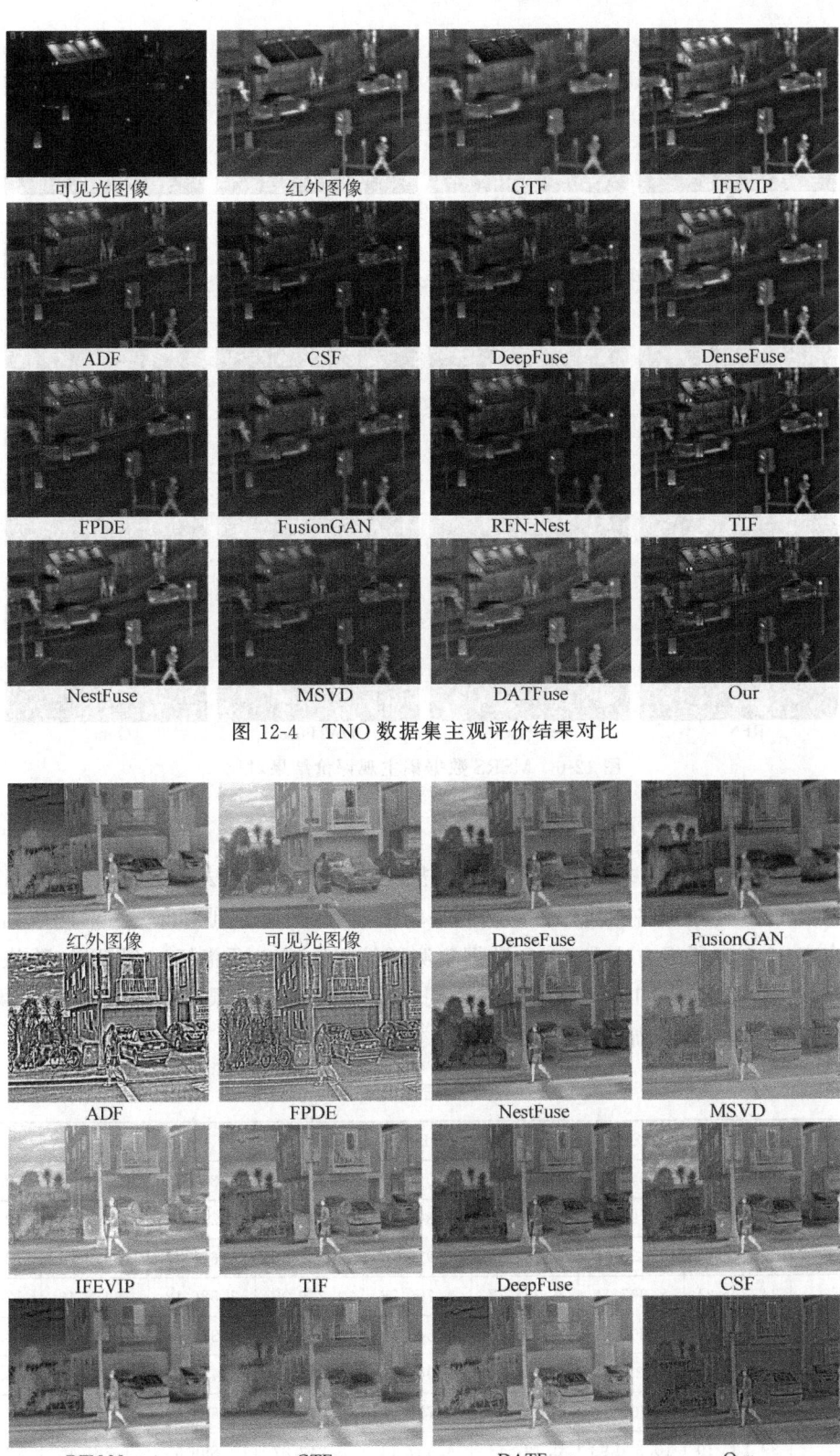

图 12-4　TNO 数据集主观评价结果对比

图 12-5　RoadScene 数据集主观评价结果对比

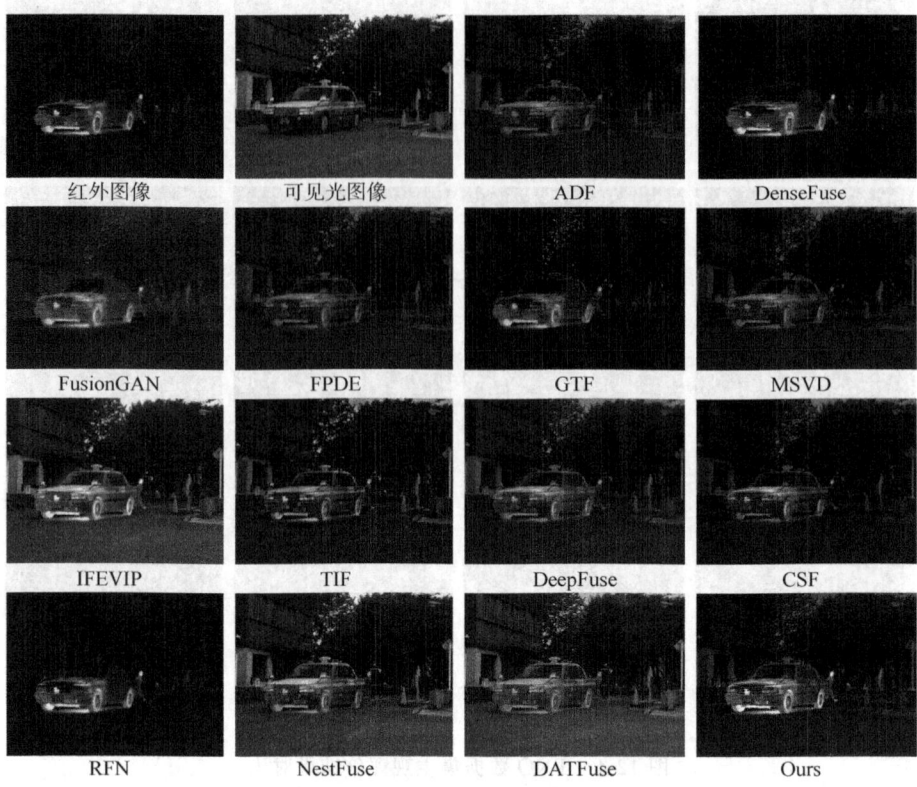

图 12-6　MSRS 数据集主观评价结果对比

2. 客观评价结果

本节还应用图像融合中常见的评价标准进行测试并对各方法测试的结果进行比较,在表 12-1～表 12-2 中给出各方法评价结果的平均值,测试图像分别来自 3 个不同数据集。可以看出在表 12-1 中所提方法在 TNO 数据集测试结果中有 4 项指标达到最好,数值最高项用加粗字体标出。其中 EI、SF 等指标高说明所提方法融合结果中包含更多的边缘信息。DF 指标高说明图像更清晰。

表 12-1　TNO 数据集的客观评价结果

融合方法	EI	SF	FMI_dct	DF	QMI	AG	MIabf	MI
DenseFuse	23.306 38	6.041 42	0.407 27	3.054 48	0.334 04	2.353 30	2.134 75	12.348 07
FusionGAN	22.148 33	5.790 99	0.363 35	2.874 91	0.347 60	2.205 16	2.248 40	12.725 70
ADF	35.264 16	9.438 01	0.281 90	4.998 48	0.232 36	3.679 47	1.477 96	12.546 08
FPDE	34.335 21	8.907 04	0.272 22	4.790 76	0.226 09	3.586 12	1.436 43	12.509 85
GTF	32.527 70	9.204 43	0.108 36	4.544 23	0.534 52	3.358 74	**3.547 55**	13.270 68
MSVD	32.625 45	10.312 65	0.187 14	5.065 15	0.257 10	3.439 32	1.681 43	13.226 40
IFEVIP	36.949 17	9.606 37	0.247 63	4.707 68	0.255 98	3.693 29	1.679 35	13.183 91
TIF	39.235 19	10.370 93	0.197 43	4.857 43	0.213 27	3.895 65	1.381 45	13.052 03
DeepFuse	34.737 29	8.917 74	**0.415 01**	4.622 26	0.337 05	3.512 96	2.233 66	13.398 69
CSF	36.818 30	8.576 18	0.256 36	4.460 46	0.297 46	3.609 53	1.999 63	13.581 06

续表

融合方法	EI	SF	FMI_dct	DF	QMI	AG	MIabf	MI
RFN-Nest	29.147 34	6.127 41	0.106 39	3.070 49	0.106 85	2.733 75	0.718 37	13.682 69
NestFuse	36.323 19	9.798 28	0.362 77	4.737 49	0.487 12	3.660 92	3.275 11	**13.809 23**
DATFuse	29.972 81	8.587 50	0.329 85	4.158 84	0.586 15	3.101 70	3.734 56	12.641 15
UCTFusion	**47.835 98**	**13.769 07**	0.387 04	**6.858 26**	0.360 15	**5.048 08**	2.334 11	12.270 9

表 12-2 为各方法在 RoadScene 数据集上的客观评价结果,可以看到 ADF 融合方法由于其泛化性能差,虽然在客观评价指标上优于其他方法,但其融合结果并不优秀,参考图 12-5 中融合结果。

表 12-2 彩表

表 12-2 RoadScene 数据集的客观评价结果

融合方法	EI	SF	FMI_dct	DF	QMI	AG	MIabf	MI
DenseFuse	57.381 61	16.094 18	0.097 66	7.074 22	0.181 28	5.572 13	1.311 62	14.703 60
FusionGAN	35.774 78	8.615 27	0.169 53	3.829 61	0.384 75	3.331 97	2.741 44	14.092 34
ADF	104.162 70	29.031 57	0.236 33	14.941 54	0.340 32	10.693 25	2.413 53	14.122 24
FPDE″	**101.795 22**	**25.820 93**	0.228 78	**13.911 87**	0.324 35	**10.371 93**	2.287 48	13.993 54
GTF	43.699 29	13.860 20	0.245 89	5.715 07	0.471 47	4.333 88	3.440 95	14.760 42
MSVD	44.731 37	15.141 73	0.194 72	6.777 79	0.377 24	4.599 17	2.619 07	13.372 18
IFEVIP	61.960 88	17.288 22	0.200 85	7.802 11	0.428 99	6.087 45	3.018 99	13.984 69
TIF	63.806 41	17.377 36	0.198 99	7.798 48	0.358 09	6.234 65	2.544 50	14.111 01
DeepFuse	54.054 56	15.083 80	0.226 70	6.899 80	0.404 84	5.304 88	2.896 84	14.242 08
CSF	65.102 04	18.186 37	0.194 24	7.785 86	0.401 65	6.272 04	2.912 86	14.671 94
RFN	37.917 84	18.186 37	0.163 17	3.817 27	0.649 05	3.481 26	4.827 89	15.143 92
NestFuse	58.540 88	15.183 49	0.180 13	6.819 63	0.486 23	5.643 39	3.567 22	**14.837 78**
DATFuse	59.934 69	16.478 15	0.425 16	8.204 03	**0.755 66**	6.057 25	**5.521 72**	14.612 15
UCTFusion	51.643 73	13.999 68	**0.330 47**	6.510 94	0.364 34	5.138 64	2.460 33	12.583 20

表 12-3 为各方法在 MSRS 数据集上的客观评价结果。在此数据集上所提方法在 EI、SF、DF、AG 上达到最优的结果,这些指标大都反映图像的边缘信息的多少。可以表明所提方法在保留图像边缘方面要优于其他现有的融合方法。

表 12-3 MSRS 数据集的客观评价结果

融合方法	EI	SF	FMI_dct	DF	QMI	AG	MIabf	MI
DenseFuse	30.932 52	11.498 71	0.098 62	4.354 58	0.123 20	3.167 77	0.750 54	11.312 91
FusionGAN	16.975 84	4.726 04	0.317 03	1.874 42	0.344 32	1.593 56	2.007 42	11.206 51
ADF	32.294 31	8.902 75	0.213 40	3.713 07	0.367 76	3.082 35	2.371 47	12.580 97
FPDE	31.851 54	8.421 20	0.230 02	3.676 88	0.365 85	3.054 18	2.360 56	12.573 33

续表

融合方法	EI	SF	FMI_dct	DF	QMI	AG	MIabf	MI
GTF	28.454 66	8.947 98	0.196 21	3.241 12	0.361 27	2.710 35	2.104 97	11.472 51
MSVD	26.978 63	8.893 75	0.203 60	3.355 42	0.375 47	2.602 48	2.413 93	12.509 36
IFEVIP	42.662 27	12.194 77	0.231 31	4.709 53	0.505 42	4.027 32	3.441 86	**13.772 14**
TIF	43.397 27	12.414 48	0.221 37	4.751 12	0.306 58	4.090 35	2.024 36	13.165 06
DeepFuse	28.633 84	7.976 58	0.390 21	3.205 13	0.423 89	2.707 64	2.763 39	12.843 93
CSF	28.936 00	8.063 30	0.242 75	3.145 84	0.383 42	2.713 85	2.450 76	12.500 37
RFN	16.065 81	4.421 65	0.263 62	1.604 32	0.629 70	1.475 17	3.582 54	11.205 77
NestFuse	38.037 20	11.131 70	**0.390 97**	4.140 91	**0.634 10**	3.572 71	**4.322 08**	13.689 13
DATFuse	41.398 88	12.137 29	0.309 33	4.808 0	0.609 68	3.968 06	4.114 55	13.533 56
UCTFusion	**58.002 35**	**19.363 48**	0.322 00	**8.120 29**	0.364 55	**5.955 80**	2.318 32	12.844 23

12.5.3 消融研究

在本节中对 Transformer 模块进行消融研究主观结果对比如图 12-7 所示。上边一行 (UCTFusion)为所提模型,下边一行为模型中去掉 Transformer 分支所得结果(no_T)。最下边一行为 CDAI 的消融结果(no_d)。可以看出在去除 Transformer 模块后图像较为模糊细节纹理信息较少,而所提模型中的细节纹理清晰背景亮度均匀,例如树干的轮廓及灌木更加清晰。

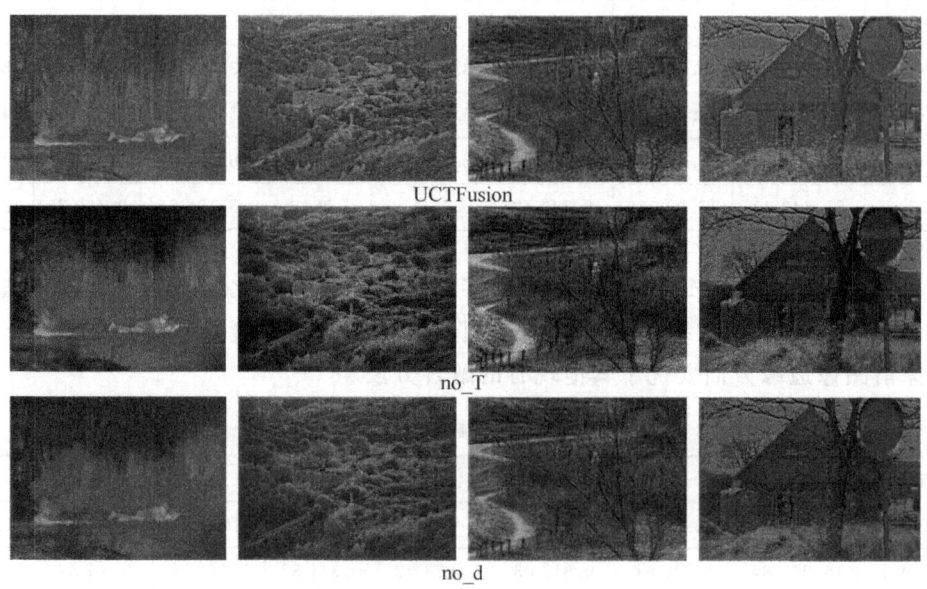

图 12-7 消融前后主观结果对比

针对 Transformer 模块消融前后的客观评价结果对比如图 12-8 所示。对于本节所提双支路交互模块进行消融研究客观评价结果如图12-9所示。分别选取EI、SF、SSIM、DF、AG、Cross Entropy评价标准进行评估,并将21张图片的评价结果以折线图的形式展示在图12-8中。以红色折线表示所提方法以黑色折线表示去掉模块之后的结果。可以看出消融前后对于图像整体质量而言有明显提升,大部分图像的评价结果都要优于之前的模型。消融实验结果能够为所提方法提供支撑。

图12-8 彩图

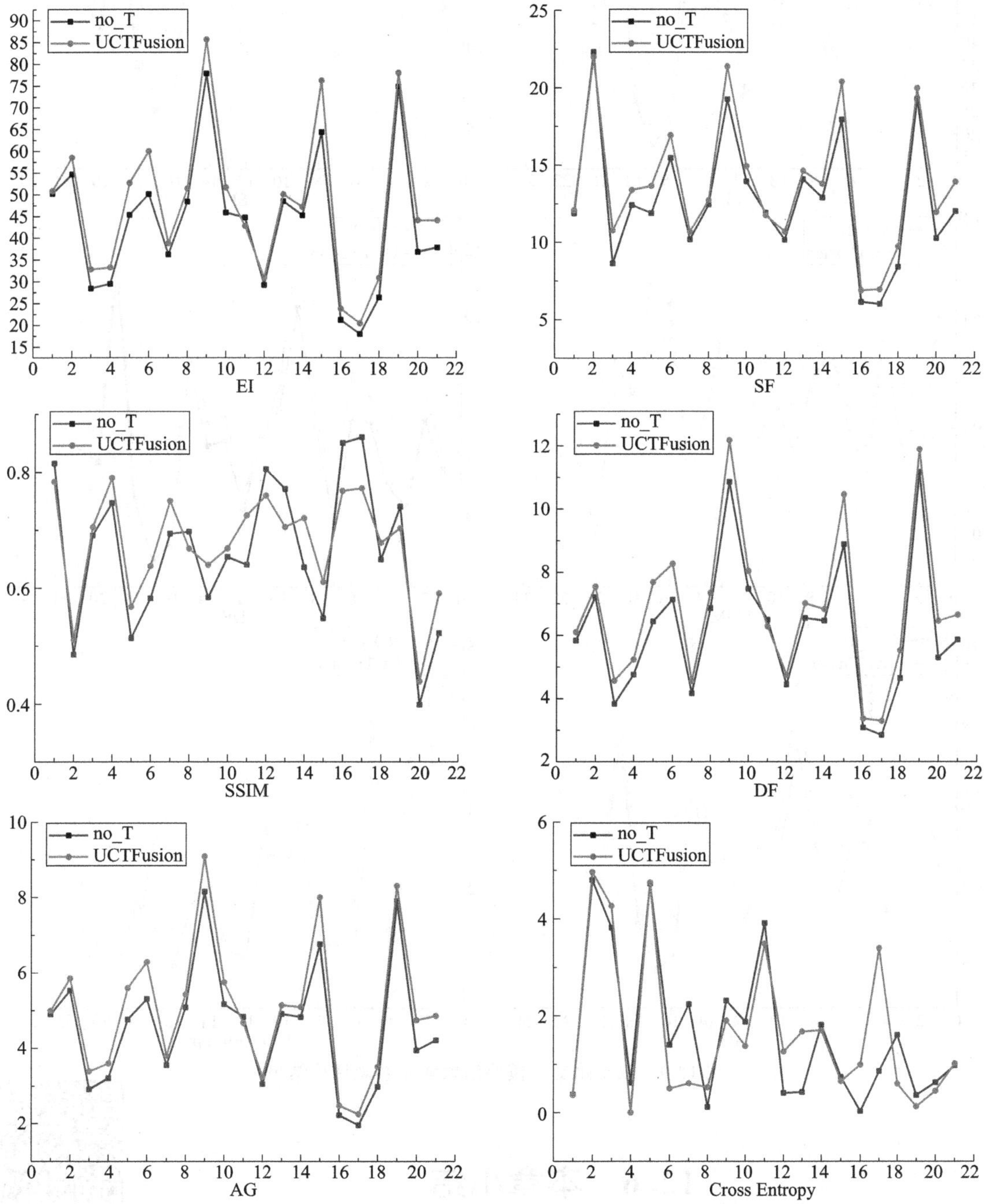

图12-8 Transformer模块消融前后客观评价结果对比

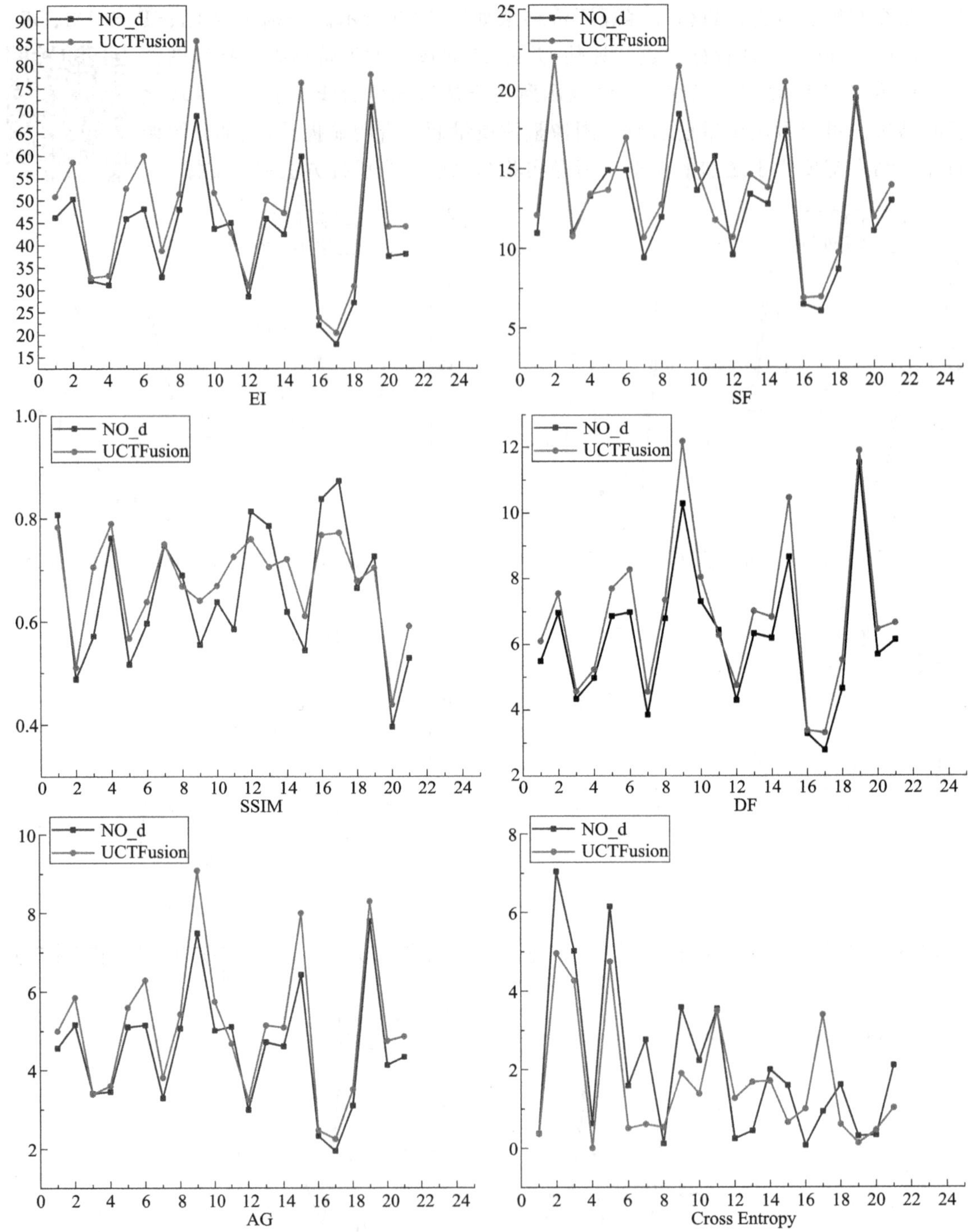

图 12-9 双支路交互模块消融实验客观评价结果

图 12-9 彩图

12.6 本章小结

在本章中,提出了一种基于联合 CNN-Transformer 的融合网络用于红外与可见光图像融合，称为UCTFusion。具体来说，所提的网络同时利用卷积神经网络和Transformer的优势，设计了一条CNN路径和一条Transformer路径，分别充分挖掘源图像的局部和全局信息。此外，本章构建了一个CDAI模块，通过两个ReLU整流器实现两条CNN路径之间的信息交互。它不仅解决了ReLU激活功能的局限性，而且为跨域交互保留了更多的上下文信息。

在3个公开数据集上进行了大量实验。实验结果表明，所提的UCTFusion在主观视觉描述和客观测量评估方面领先于其他先进的融合方法，并取得了令人满意的融合性能。实验结果表明所提模型有较强的泛化能力。

本章参考文献

[1] 卢时旭. 基于改进的DenseNet虹膜特征提取与识别算法的研究[D]；吉林大学，2020:21-23.

[2] Hu Q, Guo X. Trash or Treasure? An Interactive Dual-Stream Strategy for Single Image Reflection Separation[J]. Advances in Neural Information Processing Systems, 2021(34):24683-24694.

[3] Woo S, Park J, Lee J Y, et al. Cbam: Convolutional block attention module[C], Proceedings of the European conference on computer vision (ECCV). 2018:3-19.

[4] Hwang S, Park J, Kim N, et al. Multispectral pedestrian detection: Benchmark dataset and baseline[C], Proceedings of the IEEE conference on computer vision and pattern recognition. 2015:1037-1045.

[5] Tang W, He F, Liu Y, et al. DATFuse: Infrared and Visible Image Fusion via Dual Attention Transformer[J]. IEEE Transactions on Circuits and Systems for Video Technology, 2023:1-1.

[6] Cvejic N, Canagarajah C N, Bull D R. Image fusion metric based on mutual information and Tsallis entropy[J]. Electronics letters, 2006, 42(11):1.

[7] Ma J, Ma Y, Li C. Infrared and visible image fusion methods and applications: A survey[J]. Information Fusion, 2019:153-178.